Enke

Atlas der angewandten Anatomie der Haustiere

Herausgegeben von
Franz-Viktor Salomon
Hans Geyer

Unter Mitarbeit von
H. Černý †, M. Fersterra, H. Geyer, U. Gille,
U. Müller, O. Rieck, F.-V. Salomon, R. Sawitzki †

4., aktualisierte Auflage

130 Abbildungen

Enke Verlag · Stuttgart

Bibliografische Information
der Deutschen Nationalbibliothek

Die Deutsche Nationalbibliothek verzeichnet diese Publikation in der Deutschen Nationalbibliografie; detaillierte bibliografische Daten sind im Internet über http://dnb.d-nb.de abrufbar.

Anschriften der Herausgeber:

Prof. Dr. med. vet. Franz-Viktor Salomon
Breddert 16
40723 Hilden

Prof. Dr. med. vet. Hans Geyer
Etzelstraße 5
8610 Uster,
Schweiz

1. Auflage 1997
2. Auflage 2003
3. Auflage 2007

Unsere Homepage: www.enke.de

Printed in Germany

Umschlaggestaltung: Thieme Verlagsgruppe
Satz: Grafisches Centrum Cuno, Calbe
gesetzt in InDesign CS3
Druck: Grafisches Centrum Cuno, Calbe

ISBN 978-3-8304-1140-6 1 2 3 4 5 6

Wichtiger Hinweis:
Wie jede Wissenschaft ist die Veterinärmedizin ständigen Entwicklungen unterworfen. Forschung und klinische Erfahrung erweitern unsere Kenntnisse, insbesondere was Behandlung und medikamentöse Therapie anbelangen. Soweit in diesem Werk eine Dosierung oder eine Applikation erwähnt wird, darf der Leser zwar darauf vertrauen, dass Autoren, Herausgeber und Verlag große Sorgfalt darauf verwandt haben, dass diese Angabe dem **Wissensstand bei Fertigstellung des Werkes entspricht.**

Für Angaben über Dosierungsanweisungen und Applikationsformen kann vom Verlag jedoch keine Gewähr übernommen werden. **Jeder Benutzer ist angehalten,** durch sorgfältige Prüfung der Beipackzettel der verwendeten Präparate – gegebenenfalls nach Konsultation eines Spezialisten – festzustellen, ob die dort gegebene Empfehlung für Dosierungen oder die Beachtung von Kontraindikationen gegenüber der Angabe in diesem Buch abweicht. Eine solche Prüfung ist besonders wichtig bei selten verwendeten Präparaten oder solchen, die neu auf den Markt gebracht worden sind. Vor der Anwendung bei Tieren, die der Lebensmittelgewinnung dienen, ist auf die in den einzelnen deutschsprachigen Ländern unterschiedlichen Zulassungen und Anwendungsbeschränkungen zu achten. **Jede Dosierung oder Applikation erfolgt auf eigene Gefahr des Benutzers.** Autoren und Verlag appellieren an jeden Benutzer, ihm etwa auffallende Ungenauigkeiten dem Verlag mitzuteilen.

Vorwort zur 4. Auflage

Seit dem Erscheinen der 3. Auflage des Atlas der angewandten Anatomie der Haustiere sind nur reichliche 3 Jahre vergangen. Das weiter gewachsene Interesse an dem Buch steht gewiss im Zusammenhang mit der Aufnahme einer ganzen Reihe neuer Abbildungen, die Eingang in diese Auflage gefunden hatten. Es liegt auf der Hand, dass die Erarbeitung verbesserter Darstellungen schon gezeigter Präparate und vor allem das Entwickeln neuer Bilder klinisch relevanter anatomischer Situationen mit wachsendem Aufwand verbunden sind. In die 4. Auflage fanden vier neue Abbildungen zur Anatomie des Hundes bzw. des Pferdes Eingang, welche vier Abbildungen aus der 3. Auflage entbehrlich machten. Zudem wurde bei einer Reihe von Abbildungen, die schon seit der ersten Auflage im Buch sind, eine Verbesserung der Abbildungsqualität erreicht. Damit, so hoffen wir, ist eine weitere inhaltliche und ästhetische Abrundung des Atlas gelungen.

Frau Dr. Ulrike Arnold und Frau TÄ Gesina Cramer vom Enke Verlag danken wir ganz herzlich für Ihre Bereitschaft, sich auf unsere Wünsche einzulassen und in ausführlichen Erörterungen zu einem Ergebnis zu kommen, das allen Erwägungen Rechnung trägt und alle Beteiligten erfreut. Einen besonderen Dank sagen wir Herrn Michael Heft für seine Geduld und die Sorgfalt, die er auch diesmal wieder der Herstellung des Buches angedeihen ließ.

Leipzig und Zürich im Oktober 2010

Im Namen aller Bearbeiter
Franz-Viktor Salomon und Hans Geyer

Vorwort zur 1. Auflage

Mit den Vorarbeiten zum **Atlas der angewandten Anatomie der Haustiere** wurde in Leipzig 1983 begonnen. Am Veterinär-Anatomischen Institut der Leipziger Universität hat der Einsatz von stehend fixierten Großtieren im Unterricht eine lange Tradition. In den anatomischen Vorlesungen werden in erheblichem Umfang Fotos präparierter Regionen eingesetzt. Dabei erweist sich die farbige Markierung von besonders wichtigen Strukturen als vorteilhaft. Mit dieser Darstellungsweise wird die Verbindung von Realitätsnähe und Detailtreue, wie sie nur das Originalpräparat vermitteln kann, mit den Vorzügen kolorierter Handzeichnungen erreicht. Die Auswahl der Abbildungen orientiert sich an der diagnostischen und therapeutischen Tätigkeit des Tierarztes. Langjährige Erfahrungen der Autoren in der Lehre zeigen, dass es oft nur in ungenügendem Maße gelingt, anatomische Kenntnisse im Sinne eines anwendungsbereiten Wissens für die tierärztliche Praxis zu erhalten. Der Atlas der angewandten Anatomie soll einerseits dazu beitragen, den Studierenden praxisrelevante Schwerpunkte in der vorklinischen Ausbildung aufzuzeigen, andererseits soll er verschüttete Anatomiekenntnisse für die klinischen Unterweisungen und praktische tierärztliche Tätigkeit reaktivieren. Das vorliegende Buch erhebt natürlich keinesfalls den Anspruch, alle für die praktische Tätigkeit bedeutsamen anatomischen Zusammenhänge und Details darzustellen. Die angestrebten Verkürzungen der Unterrichtsvolumina von Grundlagenfächern zugunsten neuer und expandierender Disziplinen fordern zu stringenter Darstellung der Zusammenhänge zwischen vorklinischen und klinischen Ausbildungsinhalten heraus. Das bedeutet unter anderem, die Anatomie für Diagnostiker und Therapeuten eines gewissen „Ballastes" zu entledigen und sie zugleich aus den sich wandelnden Anforderungen der Praxis ständig neu zu begründen.

Die Autoren haben im Laufe der Arbeit am Projekt vielfältige Unterstützung erfahren. Für die konstruktiven Diskussionen über Ziele und Inhalte klinischer Anatomie zu Beginn der Arbeiten am Atlas danken wir Herrn Prof. Dr. Thomas Blaha, Frau Prof. Dr. Vera Schmidt, Herrn Prof. Dr. Joachim Schneider, Herrn Prof. Dr. Joachim Schulz und dem leider viel zu früh verstorbenen Herrn Dr. Roland Lippmann. Den Präparatoren des Leipziger Veterinär-Anatomischen Institutes, Herrn Chefpräparator Uwe Lippmann, Frau Martina Fersterra und Frau Anette Momin, gebührt unser Dank für die arbeitsaufwendige Suche nach geeigneten präparatorischen Darstellungsverfahren in der Frühphase des Projektes. Die Fähigkeit von Herrn Uwe Lippmann, jedes Tier in der bis ins Detail typischen Haltung aufzustellen, verdient unsere ganz besondere Anerkennung. Herrn Prof. Dr. Heinz-Adolf Schoon danken wir für die wertvolle Hilfe bei der Abklärung pathologischer Befunde im Bildmaterial. Um die Suche nach den richtigen Wegen fotografischer Darstellung hat sich Herr DVM Uwe Peschel wesentliche Verdienste erworben. Für besondere Initiative bei der Beschaffung von geeigneten Tieren danken wir ganz herzlich der Doktorandin Frau Anne Schulze sowie allen Mitarbeitern der Kliniken der veterinärmedizinischen Fakultät der Universität Leipzig, die uns auf vielfältige Weise unterstützt haben, insbesondere Herrn Dr. Uwe Fischer, Herrn DVM Wolfgang Rieck und der Agrargesellschaft Kliecken mbH und Co KG danken wir für die Auswahl eines trächtigen Rindes, welches aus medizinischer Indikation getötet werden musste. Bei der Bearbeitung der Topografie von Kopf und Hals in Zürich ergaben die Gespräche mit vielen Kollegen aus den Kliniken der Veterinärmedizinischen Fakultät ebenfalls zahlreiche klinische Hinweise, für die wir herzlich danken. Besonderer Dank gebührt Herrn Walter Steinmann und Herrn Beat Häusler für ihre Hilfe bei der Einstellung der Präparate, Frau Jeanne Peter und Frau Marianne Mathys für die Beschriftung und zeichnerischen Ergänzungen in den Abbildungen und Frau Marlies Balushev für die Mitarbeit an den Legenden.

Die Mehrzahl der für dieses Buch präparierten Tiere ist aus medizinischen Indikationen euthanasiert worden, woraus sich ergibt, dass vereinzelt auch geringfügig pathologische Befunde die anatomische Situation leicht modifizieren. Häufig waren aber auch viele Stunden mühevoller Präparation vergeblich, wenn starke pathologische Veränderungen das Gesamtbild verfremdeten. Bei den übrigen Tieren handelte es sich um Schlachttiere.

Für die Autoren war die Zusammenarbeit untereinander und die Identifikation aller Beteiligten mit dem Projekt eine sehr positive Erfahrung. Zu großem Dank sind alle Mitarbeiter ihren Familien gegenüber verpflichtet, die für die Investition so mancher Abend- und Nachtstunden in das Vorhaben viel Verständnis aufgebracht haben. Dem Lektor, Herrn Dr. Dr. Roland Itterheim, danken wir für seine langjährige Förderung des Gedankens, ein solches Projekt auch gegen Widerstände zu wagen und für seine derzeit freundschaftliche Unterstützung.

Leipzig und Zürich, Juni 1996

Franz-Viktor Salomon und Hans Geyer

Inhaltsübersicht

Kopf und Hals des Pferdes

Kopf und Hals des Rindes

Kopf und Hals von Schaf und Ziege

Kopf und Hals des Schweines

Kopf und Hals des Hundes

Kopf und Hals der Katze

Brust-, Bauch- und Beckenhöhle des Pferdes

Brust- und Bauchhöhle des Rindes

Bauchhöhle der Ziege

Bauchhöhle des Schweines

Leistengegend des Hundes

Brust- und Bauchhöhle des Hundes

Beckenorgane von Hund und Katze

Lendenwirbelsäule des Hundes

Vordergliedmaßen des Pferdes

Hintergliedmaßen des Pferdes

Vordergliedmaßen des Rindes

Hintergliedmaßen des Rindes

Vordergliedmaßen des Hundes

Hintergliedmaßen des Hundes

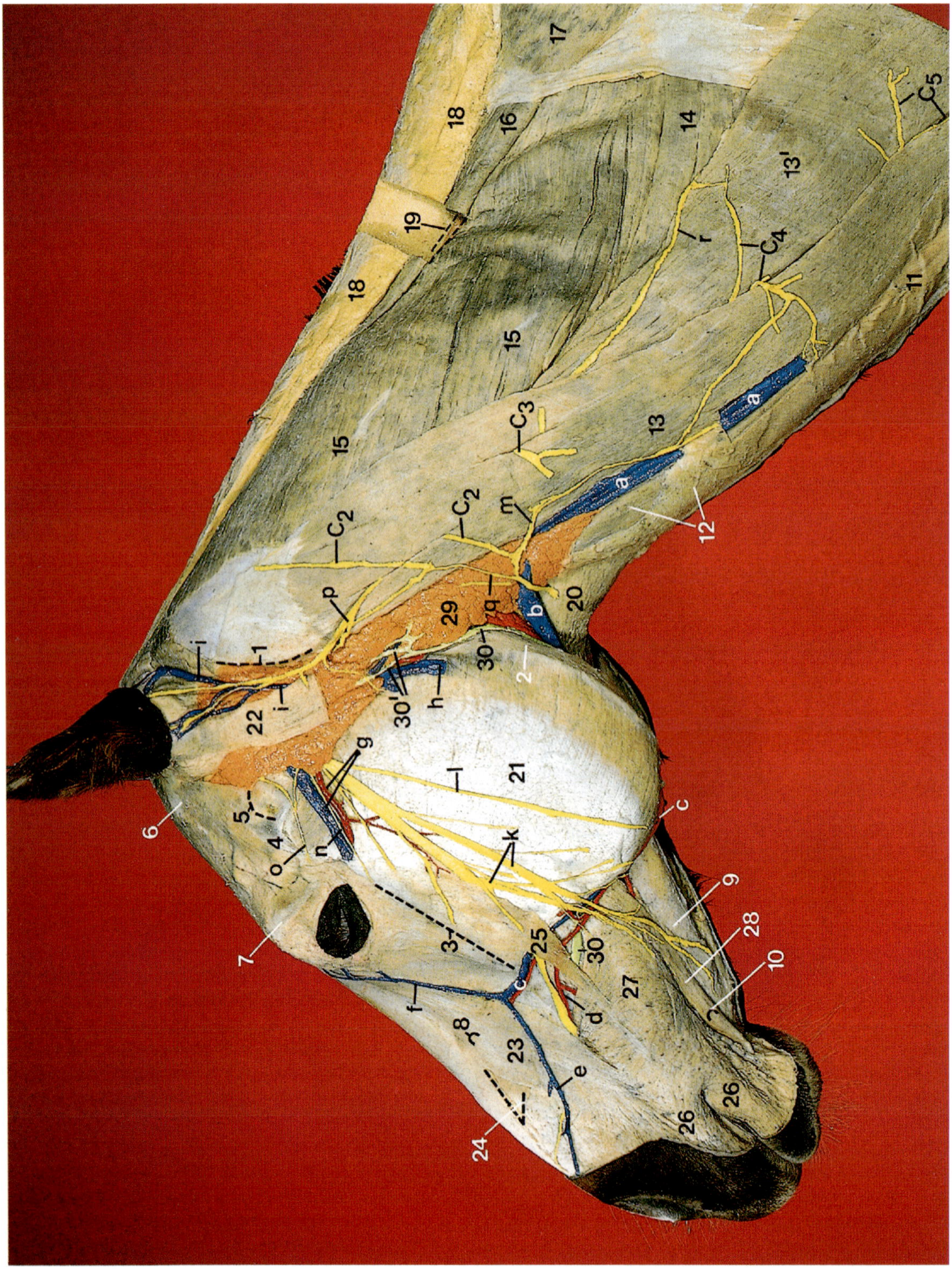
17
18
16
14
C5
13'
19
r
C4
18
11
15
a
C3
13
15
a
C2
m
C2
12
p
20
29
q
b
i
1
30
2
i
30'
h
22
g
21
l
5
c
6
4
k
n
o
9
28
7
3
25
30
10
f
c
27
d
8
23
e
26
26
24

Abb. 1 Kopf und Hals eines Pferdes, oberflächliche Schicht (Warmblutpferd, 14 Jahre alt).

1 Atlasflügel, Ala atlantis
2 Angulus mandibulae
3 Crista facialis, darunter Kieferhöhle
4 Arcus zygomaticus
5 Lage des Kiefergelenkes
6 Scutulum
7 knöcherner Augenbogen
8 Lage des Foramen infraorbitale
9 Corpus mandibulae
10 Lage des Foramen mentale

11 M. cutaneus colli
12 M. sternocephalicus
13 M. brachiocephalicus; 12-13 = Begrenzung der **Drosselrinne**
13 M. omotransversarius
14 M. serratus ventralis
15 M. splenius = Verbindung von Hinterhaupt und Hals zum Widerrist
16 M. rhomboideus cervicis
17 M. trapezius, Pars cervicalis
18 Kammfett
19 Nackenstrang, Funiculus nuchae
20 M. omohyoideus
21 M. masseter
22 M. parotidoauricularis
23 M. levator nasolabialis
24 M. levator labii superioris
25 M. zygomaticus
26 M. orbicularis oris (Lippenschliesser)
27 M. buccinator
28 M. depressor labii inferioris
29 Glandula parotis
30 Ductus parotideus, 30' Speichelgänge zum Ductus parotideus.

a V. jugularis externa, gut geeignet zur **Blutentnahme** und **intravenösen Injektion**
b V. linguofacialis
c A. und V. facialis
d A. labialis superior
e V. dorsalis nasi
f V. angularis oculi
g V. und A. transversa faciei – Arterie zur **arteriellen Blutentnahme,** Blutgasanalyse!
h Ramus massetericus der V. maxillaris
i V. auricularis caudalis.

k–m N. facialis, für mimische Muskulatur: k sein Ramus buccalis dorsalis, l sein Ramus buccalis ventralis,
m sein Ramus cutaneus colli
n N. transversus faciei des N. auriculotemporalis (des N. mandibularis)
o Ramus zygomaticotemporalis des N. zygomaticus (des N. maxillaris)
p N. auricularis magnus des C2
q N. transversus colli des C2
r Ramus dorsalis des N. accessorius.
C_2–C_5 Halsnerven, Rami ventrales.

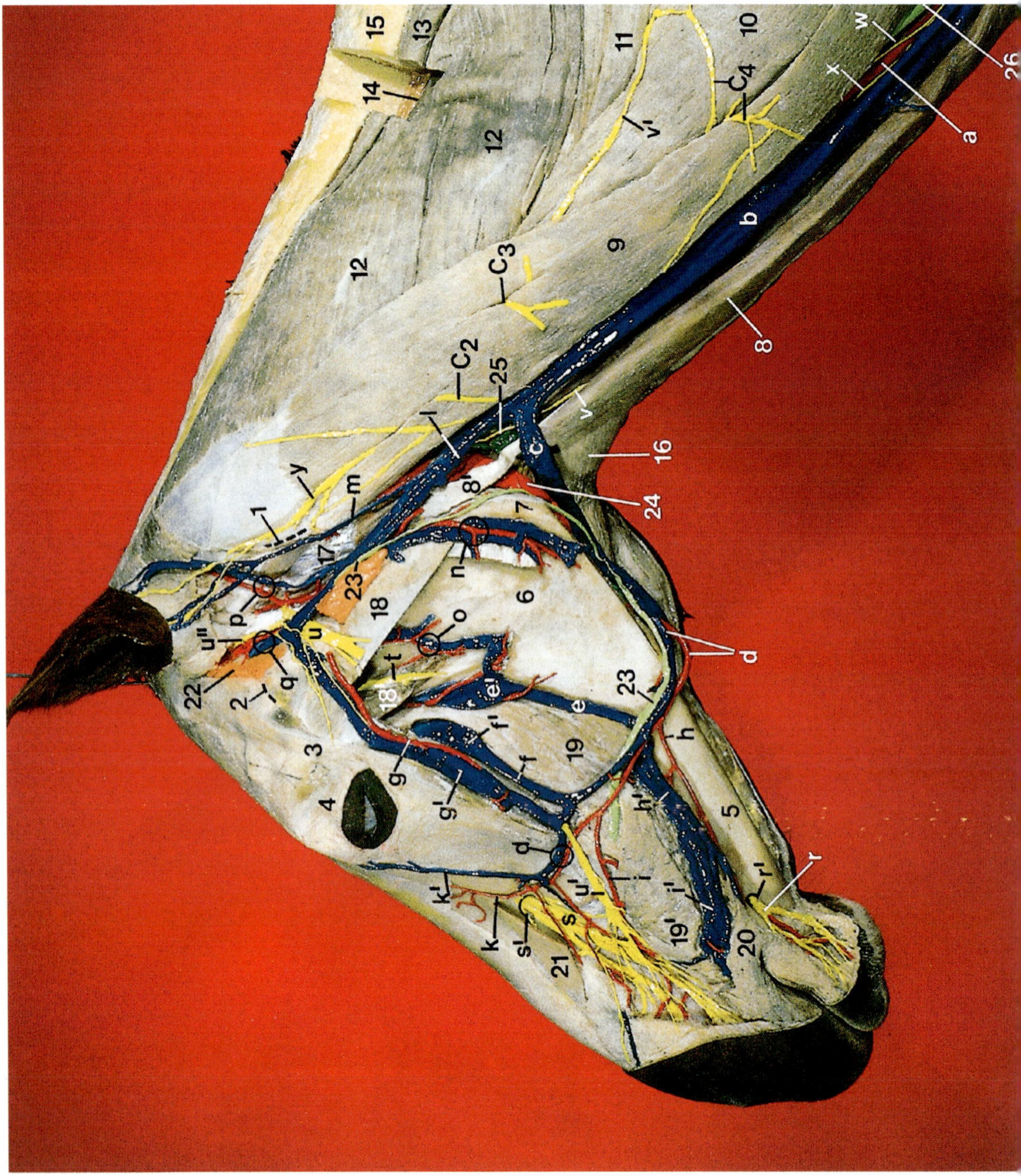
15
13
14
12
11
10
w
x
26
a
C4
v'
b
9
C3
8
C2
25
l
16
c
24
y
m
8'
1
7
17
n
23
6
p
18
u''
o
d
u
t
22
q
2
18'
e'
e
f'
h
3
19
f
g
g'
4
h'
5
r
r'
u'
i
i'
k'
k
s
s'
19'
20
21

Abb. 2 Kopf und Hals eines Pferdes, mittlere Schicht, mit Darstellung der Venen. Die Glandula parotis und der M. masseter sind zum grossen Teil, der Halshautmuskel ganz entfernt (Warmblutpferd, 14 Jahre alt).

1 Ala atlantis
2 Lage des Kiefergelenkes
3 Arcus zygomaticus
4 knöcherner Augenbogen
5 Corpus mandibulae
6 Ramus mandibulae
7 Angulus mandibulae

8 M. sternocephalicus, als M. sternomandibularis ausgebildet, 8' seine Endsehne zum Unterkieferast; Das **Viborg'sche Dreieck** als möglicher **Zugang zur lateralen Bucht des Luftsackes** wird begrenzt von der Endsehne des M. sternomandibularis (8'), dem Kaudalrand des Unterkiefers (7) und ventral von der V. linguofacialis (c).
9 M. brachiocephalicus, der kraniale Teil ist als M. cleidomastoideus ausgebildet; Von 8 und 9 wird die **Drosselrinne** begrenzt mit der V. jugularis externa (b).
10 M. omotransversarius
11 M. serratus ventralis
12 M. splenius
13 M. rhomboideus cervicis
14 Nackenstrang, Funiculus nuchae
15 Kammfett
16 M. omohyoideus
17 M. occipitomandibularis
18–18' M. masseter; 18 kaudaler Stumpf, 18' Teil der Pars profunda
19–19' M. buccinator; 19 tiefliegende Pars molaris, 19' oberflächliche Pars buccalis
20 M. orbicularis oris
21 Stumpf des M. levator labii superioris
22 Rest der Glandula parotis
23 Ductus parotideus
24 Glandula mandibularis
25 Ln. cervicalis profundus cranialis
26 Esophagus

a A. carotis communis
b V. jugularis externa
c V. linguofacialis
d A. und V. facialis
e A. und V. buccalis mit Sinus (e')
f V. profunda faciei mit Sinus (f')
g A. und V. transversa faciei mit Sinus (g'). Die Venensinus werden mit Hilfe des M. masseter entleert. Bei rostral tief gehaltenem Kopf Abfluss zur V. facialis (d), bei hoch gehaltenem Kopf Abfluss zur V. maxillaris (l).
h–h' A. und V. labialis inferior
i–i' A. und V. labialis superior
k–k' A. und V. angularis oculi
l V. maxillaris
m V. occipitalis
n A. und V. masseterica ventralis
o A. und V. masseterica dorsalis
p A. und V. auricularis caudalis
q A. und V. temporalis superficialis.
r N. mentalis des N. alveolaris inferior aus Foramen mentale (r') austretend – sensibel zu Unterlippe
s Äste des N. infraorbitalis (des N. maxillaris), am Foramen infraorbitale (s') austretend, – sensibel zu Nase und Oberlippe
t N. massetericus (motorisch) des N. mandibularis
u–u" N. facialis (für mimische Muskulatur): u kaudaler Stumpf, u' rostraler Stumpf seines R. buccalis dorsalis, u" N. auriculopalpebralis
v–v' N. accessorius: v R. ventralis für M. sternomandibularis – **Neurektomie bei Kopperoperation,** v' R. dorsalis für M. trapezius
w Truncus vagosympathicus
x N. laryngeus recurrens
y N. auricularis magnus des C_2
C_2–C_4 Halsnerven, Rami ventrales

19
18
17
7
8
16'
16
9
10
1'
14
1
15
11
14
12
31
32
31
13
a
x
w'
z
12
38
30
b
38
x
b
29
29
y
26
36
c
20
2
34
35
25
w
d
v
21
6
u
e
v
33
l
d
j
k
o
p
3
l
t
q
m
24
24
s
r
h
i
28
q
23
4
n'
n
t'
P3
g
P2
27
22
21
f
g
37
s''
5
s'

Abb. 3 Kopf und Hals eines Pferdes, tiefe Mittelschicht, der linke Unterkiefer und mehrere Venen zur Darstellung der Luftsacktopographie sowie der grossen Arterien und Nerven **entfernt** (Warmblutpferd, 14 Jahre alt).

1–1' Processus transversi des 4. und 3. Halswirbels
2 Ala atlantis
3 Kiefergelenk
4 Crista facialis
5 rostraler Stumpf des Corpus mandibulae
6 Stylohyoid
7 Nackenstrang, Funiculus nuchae
8 M. rhomboideus cervicis, kaudaler Stumpf
9 M. splenius, kaudaler Stumpf
10 M. serratus ventralis
11 M. cleidocephalicus, kaudaler Stumpf
12 M. sternomandibularis mit R. ventralis des N. accessorius (y), der in Muskelnähe bei der **Kopperoperation** neurektomiert wird.
13 M. longus capitis
14 Mm. intertransversarii
15 M. scalenus ventralis
16 M. longissimus atlantis, 16' M. longissimus capitis
17 M. semispinalis capitis
18 M. obliquus capitis caudalis
19 M. obliquus capitis cranialis
20 Stumpf des M. occipitomandibularis
21–21' M. digastricus: 21 kaudaler, 21' rostraler Bauch
22 M. mylohyoideus
23 M. buccinator, Pars molaris
24 M. pterygoideus medialis
24' M. pterygoideus lateralis
25 Pharynxschnürer
26 Stumpf des M. omohyoideus
27 Corpus linguae
28 Glandulae buccales
29 Glandula mandibularis
30 Glandula thyreoidea
31 Esophagus – auch beim Pferd gibt es **Schlundverstopfungen**
32 Trachea
33–34 linker Luftsack, Diverticulum tubae auditivae: 33 laterale Bucht – lateral vom Stylohyoid, 34 mediale Bucht – ist grösser als die laterale, liegt medial vom Stylohyoid und reicht weiter kaudal als die laterale Bucht.
35 Ln. retropharyngeus medialis
36 Ln. retropharyngeus lateralis (kleiner als der mediale) – beide Lnn. (35 und 36) werden auch **Luftsacklymphknoten** genannt. Sie erhalten Lymphe aus dem Ln. mandibularis sowie dem hinteren Teil der Nasenhöhle und der Rachengegend und können bei eitrigen Infektionen **Abszesse** bilden, die in den Luftsack durchbrechen
37 Ln. mandibularis
38 Lnn. cervicales profundi craniales

a A. carotis communis
b A. thyreoidea cranialis
c A. occipitalis
d A. carotis externa
e A. lingualis
f A. und V. sublingualis
g A. und V. facialis
h V. profunda faciei
i V. transversa faciei
j A. auricularis caudalis
k A. temporalis superficialis
l A. maxillaris, l' A. alveolaris inferior
m N. maxillaris
n Äste des N. infraorbitalis (des N. maxillaris) aus Foramen infraorbitale (n') austretend
o N. mandibularis und Äste (p-s): p N. masticatorius, q N. buccalis; r N. lingualis; s Stumpf des N. alveolaris inferior, s' sein N. mentalis am Foramen mentale (s") austretend
t kaudaler Stumpf des N. facialis, t' rostraler Stumpf seines R. buccalis dorsalis
u N. glossopharyngeus
v N. hypoglossus
w–w' Kehlkopfnerven des N. vagus: w N. laryngeus cranialis (vorwiegend sensibel), w' N. laryngeus recurrens (vorwiegend motorisch) – beim **Kehlkopfpfeifer** (Roarer) ist meist der linksseitige N. recurrens gelähmt
x Truncus vagosympathicus
y N. accessorius, R. ventralis zum M. sternomandibularis
z Ast vom 1. und 2. Halsnerven zum M. sternohyoideus

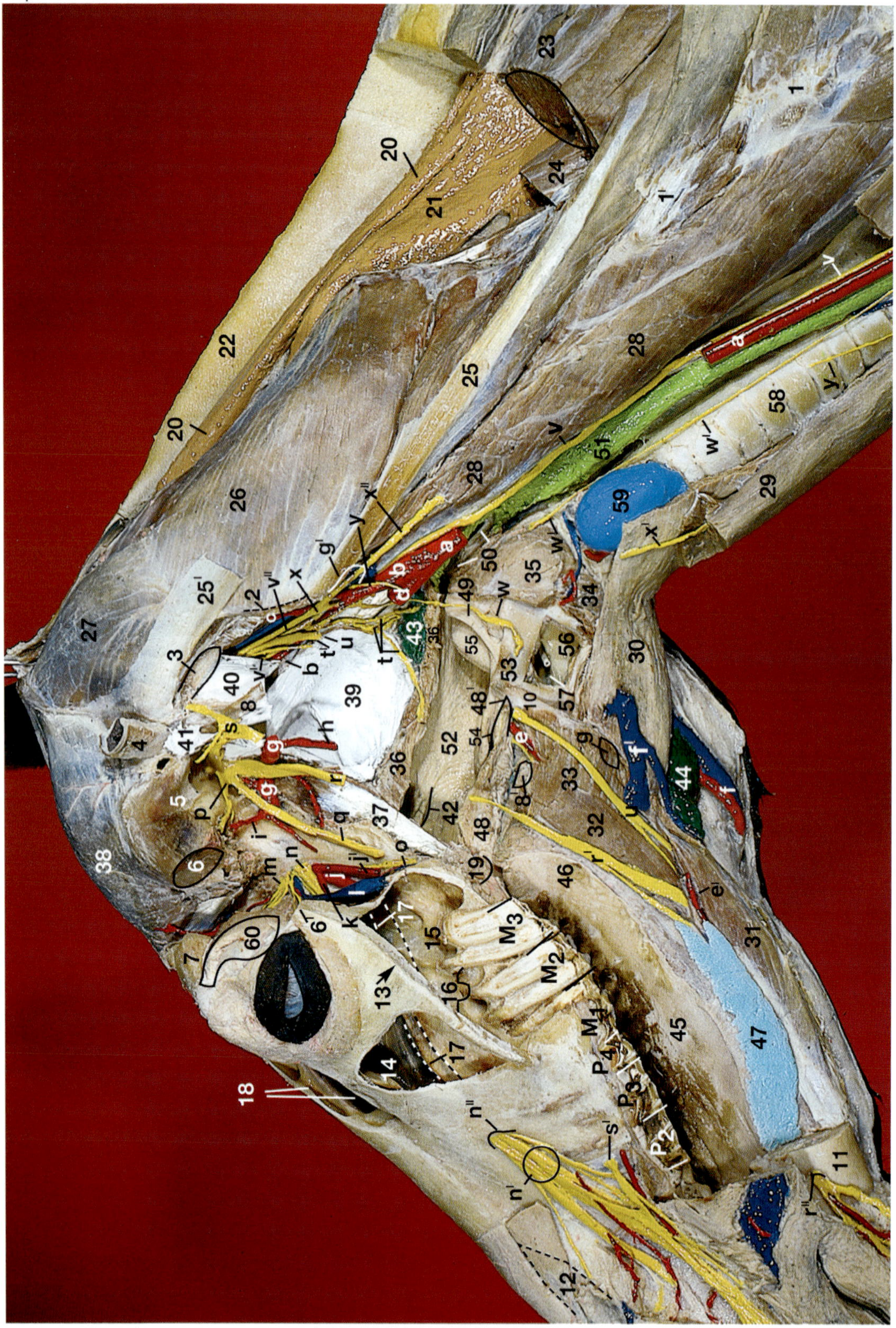
1
1'
2
3
4
5
6
6'
7
8
8'
9
10
11
12
13
14
15
16
17
18
19
20
21
22
23
24
25
25'
26
27
28
29
30
31
32
33
34
35
36
37
38
39
40
41
42
43
44
45
46
47
48
48'
49
50
51
52
53
54
55
56
57
58
59
60
M1
M2
M3
P2
P3
P4
a
b
d
e
e'
f
f'
g
g'
h
i
j
j'
k
l
m
n
n'
n''
o
p
q
r
r'
r''
s
s'
t
t'
u
v
v'
v''
w
w'
x
x'
x''
y
y'

Abb. 4 Kopf und Hals eines Pferdes, tiefste Schicht nach Eröffnung von Nasennebenhöhlen, Rachen, Luftsack und Kehlkopf. Der Jochbogen und das Stylohyoid sowie die Arteria carotis communis und ihre Äste sind teilweise entfernt (Warmblutpferd, 14 Jahre alt).

1-1' Processus transversi des 4. und 3. Halswirbels
2 Ala atlantis
3 Processus paracondylaris des Os occipitale
4 Knorpel des äusseren Gehörganges
5 Kiefergelenk
6–6' Stümpfe des Arcus zygomaticus
7 Stumpf des knöchernen Augenbogens
8–8' Stylohyoid: 8 dorsaler, 8' ventraler Stumpf
9 Lage des Basihyoids
10 Thyreohyoid
11 Stumpf des Corpus mandibulae
12 Lage der Incisura nasomaxillaris, bedeckt vom Stumpf des M. levator labii superioris
13 Crista facialis
14–17 Kieferhöhle: 14 Sinus maxillaris rostralis; 15 Sinus maxillaris caudalis; 16 Trennwand zwischen beiden Sinus, in ihrer Lage oft variabel. Die Kieferhöhlen werden durch Abrieb und Ventralwachsen der Backenzähne mit zunehmendem Alter grösser. Häufig **Kieferhöhlenvereiterung** nach Zahnfachentzündungen oder Zahnfrakturen. **Zugang zur Kieferhöhle:** dorsomedial von Crista facialis (13)
17 Canalis infraorbitalis mit gleichnamigen Gefässen (k) und Nerven aus dem N. maxillaris (n)
18 Sinus conchofrontalis
19 Hamulus pterygoideus
20 Nackenstrang, Funiculus nuchae
21 Nackenplatte, Lamina nuchae
22 Kammfett
23 M. semispinalis capitis, kaudaler Stumpf
24 M. multifidus cervicis
25 M. longissimus atlantis, 25' Endsehne des M. longissimus capitis
26 M. obliquus capitis caudalis
27 M. obliquus capitis cranialis
28 M. longus capitis
29 M. sternomandibularis, den M. sternohyoideus bedeckend
30 M. omohyoideus, rostraler Stumpf
31 M. geniohyoideus (Zungenstrecker)
32 M. styloglossus
33 M. hyoglossus
34 M. cricothyreoideus
35 M. cricopharyngeus sowie weitere Schlundkopfschnürer (36)
37 M. tensor veli palatini, zieht um Hamulus pterygoideus zum Gaumensegel
38 M. temporalis.
39–41 Linker Luftsack: 39 mediane Wand, 40 Rest der kaudalen Wand. Die weiss bemalte Schleimhaut zeigt die Ausdehnung der medialen Bucht (39–40) bis zum Stumpf des Stylohyoids (8). Die kaudal der Luftsackwand anliegenden Gefässe, wie die A. carotis interna (b) und Nerven (t–v), sind bei **Luftsackerkrankungen** (z.B. Mykosen) oft mitbetroffen, was zu Blutungen und Schlundkopflähmungen führen kann. 41 Schleimhautreste der lateralen Bucht mit ihrer Aussackung in Richtung Ohr
42 Luftsackklappe mit Ostium tubae auditivae des rechten Luftsackes
43 Ln. retropharyngeus medialis der linken Seite
44 Ln. mandibularis

45–46 Zunge: 45 Corpus, 46 Radix
47 Glandulae sublinguales
48 Gaumensegel, 48' sein kaudaler Rand
49 ringförmige Schleimhautfalte (Plica palatopharyngea), die den Recessus piriformis von dorsal begrenzt. Diese Schleimhautfalte ist wie eine Leitschiene, unter der die Flüssigkeit dem Oesophagusvorhof (50) zufliesst.
50 Oesophagusvorhof, Vestibulum oesophagi = Pars oesophagea pharyngis, von links eröffnet
51 Oesophagus
52 Atmungsrachen = Pars nasalis pharyngis
53–57 Kehlkopf, Larynx: 53 Cartilago thyreoidea, die zusammen mit der linken Kehlkopfwand gefenstert wurde. 54 Epiglottis; 55 Processus corniculatus der Cartilago arytaenoidea; 56 rechte Plica vocalis; 57 rechter Ventriculus laryngis, nach kaudolateral ziehend – das Plastikröhrchen zeigt die Verlaufsrichtung
58 Trachea
59 Glandula thyreoidea
60 Glandula lacrimalis

a A. carotis communis
b A. carotis interna (für Gehirn)
c A. occipitalis
d A. carotis externa
e A. lingualis, e' A. sublingualis
f rechte A. und V. facialis f' Stumpf der linken V. linguofacialis
g A. maxillaris, g' Rest der V. maxillaris
h A. alveolaris inferior
i A. temporalis profunda caudalis
j A. palatina major, j' A. palatina minor
k A. infraorbitalis
l Stumpf der V. profunda faciei
m N. ophthalmicus

n N. maxillaris, n' Äste des N. infraorbitalis am Foramen infraorbitale (n") austretend
o N. palatinus minor des N. maxillaris
p–r Äste des N. mandibularis: p N. masticatorius, q N. buccalis, r gemeinsamer Stumpf von N. alveolaris inferior und N. lingualis (r'), r" N. mentalis des N. alveolaris inferior am Foramen mentale austretend
s Stumpf des N. facialis, s' rostraler Stumpf seines R. buccalis dorsalis
t Pharynxäste aus N. glossopharyngeus und N. vagus, t' N. glossopharyngeus
u N. hypoglossus
v Truncus vagosympathicus, v' Kaudalende des Ggl. cervicale craniale des N. sympathicus, v" N. vagus
w N. laryngeus cranialis des N. vagus (Kehlkopf - vorwiegend sensibel), w' N. recurrens = N. laryngeus caudalis des N. vagus (Kehlkopf - vorwiegend motorisch). Beim **Kehlkopfpfeifer** Lähmung des N. recurrens.
x N. accessorius: x' sein ventraler Ast zum M. sternomandibularis, x" sein dorsaler Ast zum M. trapezius
y Ast vom 1. und 2. Halsnerven zum M. sternohyoideus

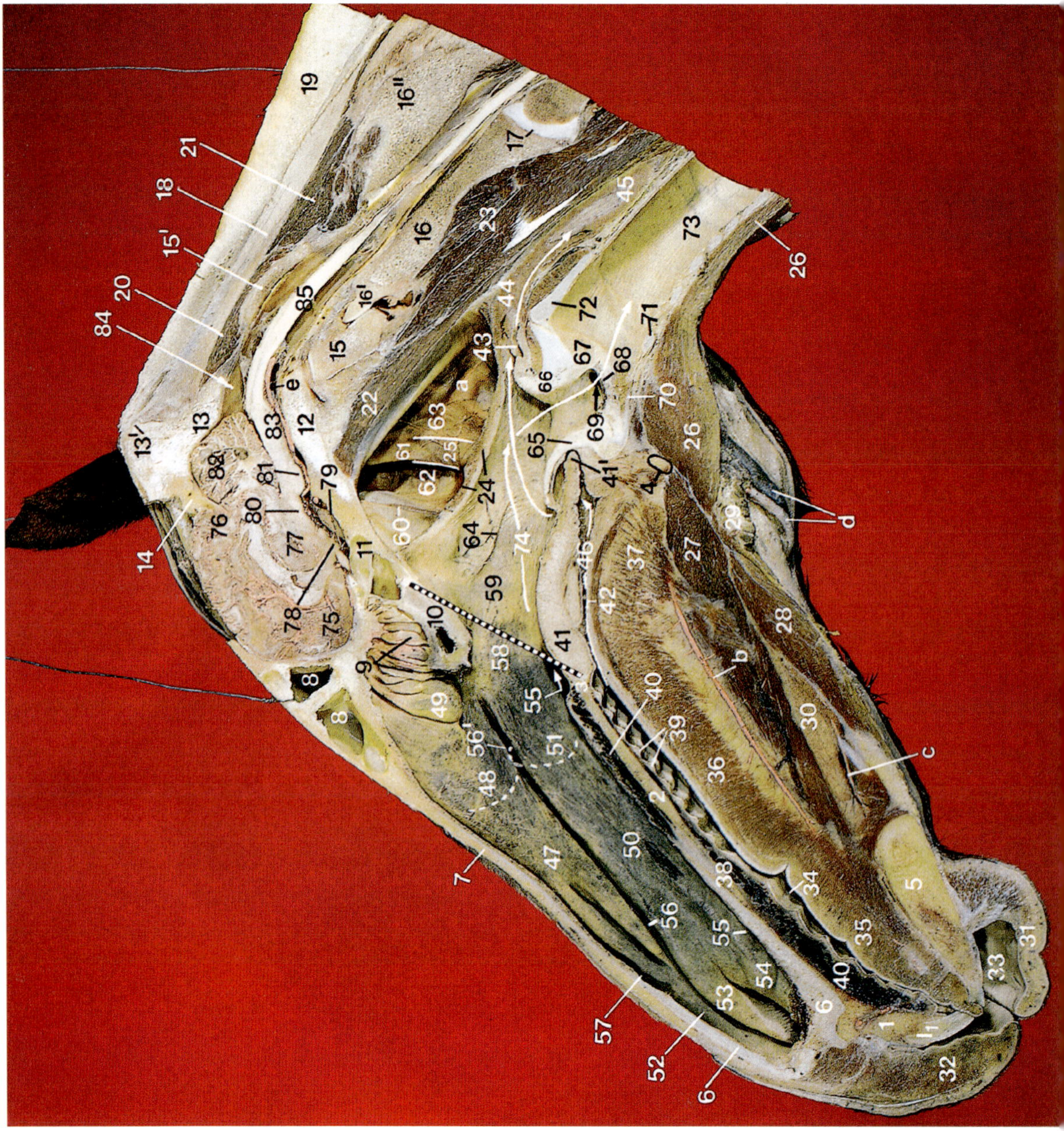

19
16''
21
18
15'
20
84
17
45
23
16
73
26
85
16'
44
72
71
15
43
67
68
66
e
a
13
83
12
22
63
70
13'
65
69
26
82
81
61
25
62
79
24
41'
4
80
76
77
60
64
74
46
37
27
29
d
14
11
59
42
78
75
10
41
28
9
8
58
3
40
55
b
49
8
56'
51
39
30
c
48
36
2
50
47
7
38
34
5
56
55
35
31
54
40
33
53
6
57
1
1_1
52
32
6

Abb. 5 Paramedianschnitt durch den Kopf und den kranialen Teil des Halses vom Pferd. Ansicht von links nach Entfernung des Nasenseptums (Warmblutpferd, 14 Jahre alt).

1 Os incisivum
2 Processus palatinus der Maxilla
3 Choanenrand des Os palatinum
4 Basihyoid
5 Corpus mandibulae nahe der Symphysis mandibulae
6 Rand des entfernten Nasenseptums
7 Os nasale
8 Os frontale mit Sinus frontalis
9 Os ethmoidale mit Muscheln der Endoturbinalia III und IV
10 Os palatinum, Pars perpendicularis mit Sinus
11 Os sphenoidale mit Sinus. – Die Nasennebenhöhlen von 10 und 11 kommunizieren weit als Sinus sphenopalatinus
12–13 Os occipitale: 12 Basioccipitale, 13 Squama occipitalis; 13' ihre Protuberantia occipitalis – Ansatz des Nackenstranges
14 Tentorium cerebelli osseum
15–15' Atlas: Arcus ventralis, 15' Arcus dorsalis
16–16" Axis: 16 Corpus, 16' Dens, 16" Processus spinosus
17 Discus intervertebralis
18 Nackenstrang, Funiculus nuchae
19 Kammfett
20 M. rectus capitis dorsalis major
21 M. obliquus capitis caudalis
22 M. longus capitis
23 M. longus colli
24 Mm. constrictores pharyngis = Pharynxschnürer
25 M. stylopharyngeus caudalis = Pharynxerweiterer, vom Stylohyoid (61) her kommend strahlt er von dorsal in die Pharynxwand ein. Er ist von der Luftsackschleimhaut bedeckt.
26 M. sternohyoideus
27 M. hyoglossus, 26–27 = Zurückzieher der Zunge
28 M. geniohyoideus, Zungenstrecker

29 Rechter Ln. mandibularis
30 Glandulae sublinguales
31 Unterlippe
32 Oberlippe
33 Vestibulum oris
34 Mundhöhle, Cavum oris proprium

35–37 Zunge: 35 Apex, 36 Corpus, 37 Radix
38–40 Palatum durum, harter Gaumen: 39 Gaumenstaffeln, Rugae palatinae, 40 Venengeflechte
41 Gaumensegel, Velum palatinum = weicher Gaumen, 41' sein kaudales Ende. Das **lange Gaumensegel** kann beim Pferd **nur ungenügend angehoben** werden, weshalb das Pferd nur erschwert durch die Mundhöhle atmen kann. Bei Schluckbeschwerden durch Lähmung am Pharynx fließt der Nahrungsbrei teilweise durch den Nasenraum zurück, da auch hier das lange Gaumensegel zu wenig angehoben wird.
42 Rachenenge, Isthmus faucium
43 Recessus piriformis am Übergang in den Oesophagusvorhof
44 Pars esophagea pharyngis, Oesophagusvorhof
45 Wand des Esophagus
46 Verlauf des Nahrungsweges durch Anheben des Gaumensegels.

47–57 Nasenhöhle: 47 dorsale Nasenmuschel = Nasoturbinale, im kaudalen Teil Endoturbinale I des Os ethmoidale; 48 rostrales Ende des Sinus conchae dorsalis; 49 mittlere Nasenmuschel (Endoturbinale II); 50 ventrale Nasenmuschel = Maxilloturbinale; 51 rostrales Ende des Sinus conchae ventralis. Beachte: Die Nasenmuscheln sind sehr gut durchblutet zur Temperierung der Atemluft – beim **Manipulieren** mit Sonden und Instrumenten sowie bei starker Anstrengung **Blutungsgefahr.** 52 Gerade Falte, Plica recta; 53 Flügelfalte, Plica alaris; 54 Bodenfalte, Plica basalis; 55 Atmungsgang, Meatus nasi ventralis – **Einführen von Sonden, Kathetern, Laryngoskop:** wegen des gegen dorsal leitenden Wulstes der Plica basalis müssen die Instrumente bewusst gegen ventral geführt werden, um in den Atmungsgang und nicht an die Muscheln zu gelangen. 56 Sinusgang, Meatus nasi medius, mit schlitzförmiger Öffnung in der Tiefe bei 56' als Zugang zur Kieferhöhle, der die anderen Nasennebenhöhlen angeschlossen sind. 57 Riechgang, Meatus nasi dorsalis.

58 Grenze der Nasenhöhle zum Atmungsrachen
59 Atmungsrachen, Pars nasalis pharyngis
60–64 rechter Luftsack, Diverticulum tubae auditivae: 60 knorpelige Stütze der Tuba auditiva. Durch das Stylohyoid (61) wird der Luftsack je in eine kleinere laterale Bucht (62) und eine grössere mediale Bucht (63) unterteilt. Hinter der Luftsackschleimhaut erkennt man die A. carotis externa (a), in deren Nähe die Luftsacklymphknoten (Ln. retropharyngeus medialis und lateralis) liegen. 64 Luftsackklappe mit Ostium pharyngeum tubae auditivae an der lateralen Wand des Atmungsrachens. Der freie Rand der Luftsackklappe ist rostral und ventral gerichtet und ermöglicht so das Eingehen mit **Kathetern** oder dem **Laryngoskop.**
65 Epiglottis; Kehlkopf in Atemstellung
66–67 Cartilago arytaenoidea: 66 Schnäuzchen, Processus corniculatus; 67 Processus vocalis
68 Plica vocalis
69 seitliche Kehlkopftasche, Ventriculus laryngis – Pfeil in Richtung ihrer Ausdehnung nach kaudal und lateral. Die Schleimhaut des Ventriculus laryngis wird bei der **Kehlkopfpfeiferoperation** entfernt.
70 Incisura caudalis der Cartilago thyreoidea; **operativer Zugang zum Kehlkopf** von ventral
71–72 Cartilago cricoidea – gut **palpierbar:** 71 Anulus, 72 Lamina
73 Trachea
74 Luftweg
75–84 Gehirn: 75–76 Grosshirn: 75 Lobus frontalis, 76 Lobus occipitalis; 77 Thalamus des Diencephalons; 78 Hypothalamus; 79 Hypophyse; 80 Crus cerebri; 81 Pons; 82 Kleinhirn; 83 Medulla oblongata; 84 Cisterna cerebellomedullaris, **Liquorpunktion** durch Spatium atlantooccipitale in Pfeilrichtung.
85 Medulla spinalis.

a A. carotis externa von Luftsackschleimhaut bedeckt
b A. lingualis
c A. sublingualis
d A. und V. facialis
e A. basilaris am Hirnstamm

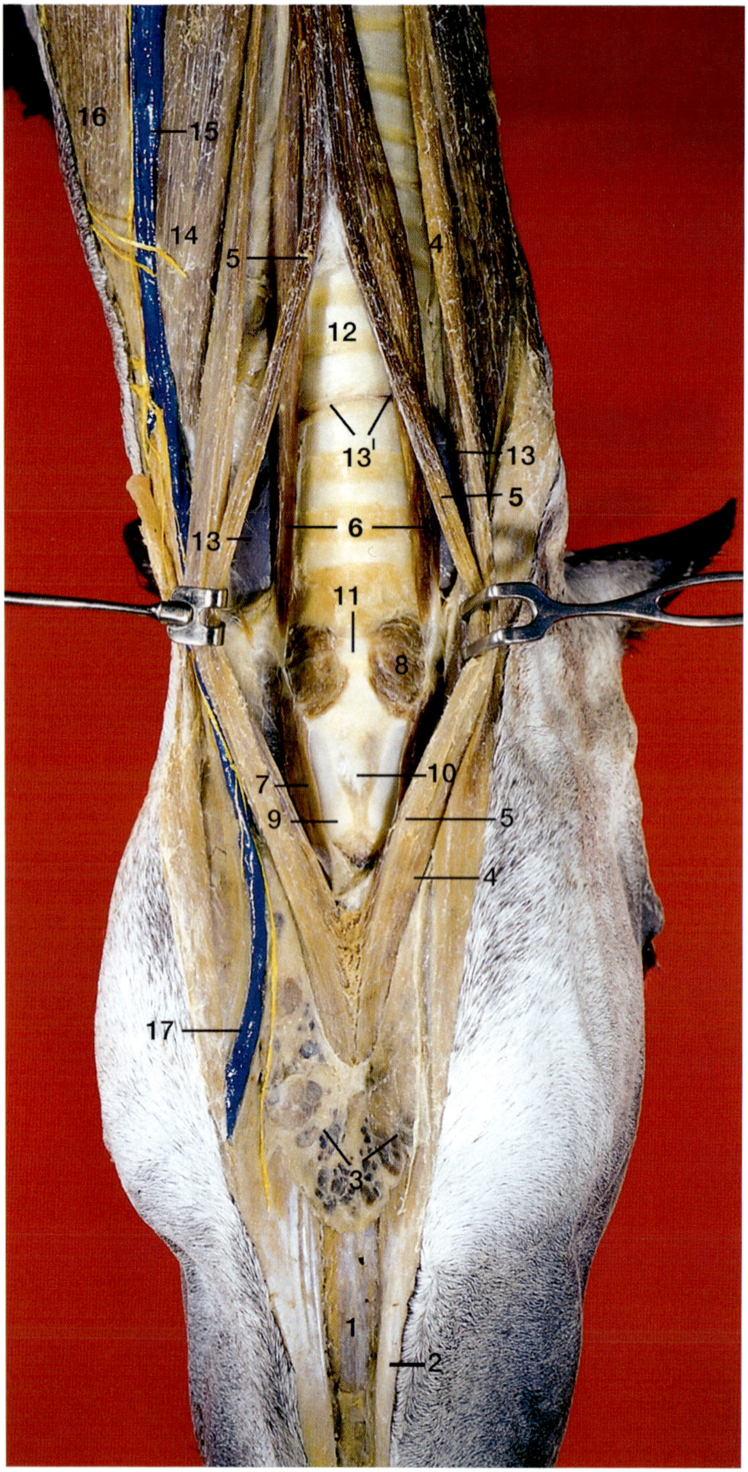
16
15
14
5
4
12
13'
13
5
6
13
11
8
10
7
9
5
4
17
3
1
2

Abb. 6 Kehlgang und kranialer Halsbereich eines Pferdes, Ventralansicht.

1 M. mylohyoideus
2 Corpus mandibulae
3 Lnn. mandibulares; **palpierbar;** Zufluß der Lymphe aus den rostralen 2/3 der Nasenhöhle und der Mundhöhle, Abfluss zu den Lnn. retropharyngei
4 M. omohyoideus
5 M. sternohyoideus
6 M. sternothyroideus
7 M. thyrohyoideus
8 M. cricothyroideus; einer der Stimmritzenverenger
9 Schildknorpel, Cartilago thyroidea
10 Lig. cricothyroideum; Der ventrale operative Zugang zur Kehlkopfhöhle **(Kehlkopfpfeiferoperation)** erfolgt in der Medianlinie. Nach dem Hautschnitt werden die bindegewebig verlöteten Mm. sternohyoidei stumpf getrennt. Das dadurch sichtbare Lig. cricothyroideum wird gemeinsam mit der innen anliegenden Kehlkopfschleimhaut zwischen Rostralende des Ringknorpels und Kaudalende des Schildknorpelkörpers median durchtrennt. Damit ist der Zugang zu den beiderseits gelegenen Kehlkopftaschen gegeben. Deren Schleimhaut wird in das Kehlkopflumen gestülpt und abgesetzt. Durch Vernähen der Schnittkanten kommt es zur Bildung von Narbengewebe, welches die Stimmfalten strafft.
11 Ringknorpelreif
12 Trachea
13 Schilddrüsenlappen; meist **palpierbar**
13' Isthmus fibrosus der Schilddrüse; zwischen 3. und 4. Trachealring
14 M. sternocephalicus
15 V. jugularis externa
16 M. cleidocephalicus
17 V. facialis; Gemeinsam mit der Vene verläuft die A. facialis (Abb. 1 Detail c), an der im Bereich der Incisura vasorum facialium der **Puls** gefühlt werden kann.

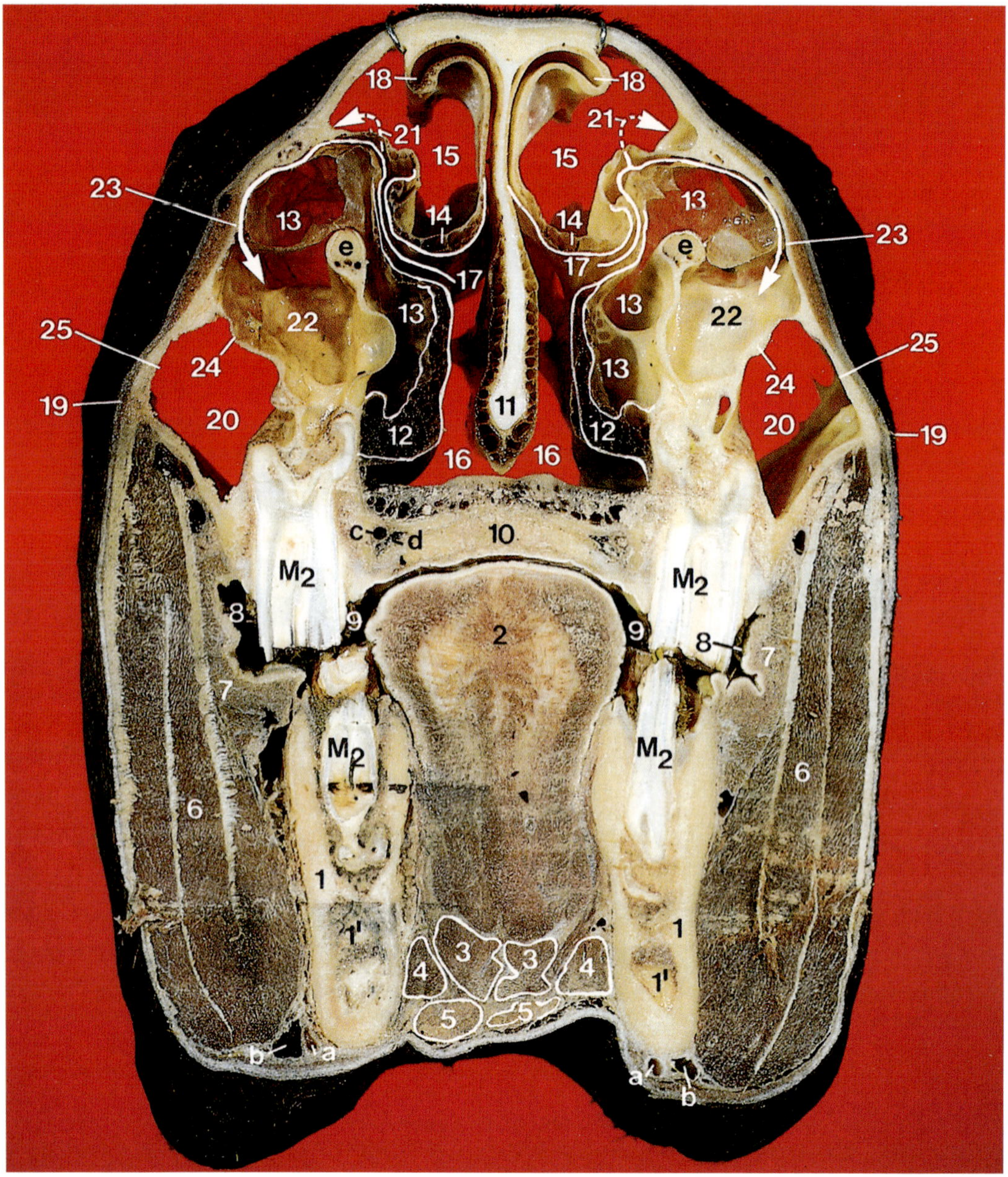
18
18
21
21
15
15
23
13
14
14
13
23
e
e
17
17
13
13
22
22
25
24
25
24
13
13
19
20
11
12
12
20
19
16
16
c
d
10
M2
M2
8
9
2
9
8
7
7
M2
M2
6
6
1
1
1'
3
3
4
4
1'
5
5
b
a
a
b

Abb. 7 Querschnitt durch den Kopf eines Pferdes, Mitte der Crista facialis, Ansicht von rostral (Warmblutpferd, ca. 15 Jahre alt).

1 Corpus mandibulae, 1' Wurzelspitzen des M1
2 Corpus linguae
3 M. geniohyoideus
4 M. digastricus, rostraler Bauch
5 Ln. mandibularis
6 M. masseter
7 Backe
8 Vestibulum buccale
9 Cavum oris proprium
10 harter Gaumen am Übergang ins Gaumensegel
11 Septum nasi am Übergang in das Septum pharyngis
12–13 Ventrale Nasenmuschel: 12 Venengeflecht der Schleimhaut, 13 Sinus conchae ventralis
14–15 dorsale Nasenmuschel mit Venengeflecht der Schleimhaut, 15 Sinus conchae dorsalis
16 Meatus nasi ventralis = Atmungsgang (**Einführen** von **Sonden** und **Laryngoskop**)
17 Meatus nasi medius = Sinusgang
18 Meatus nasi dorsalis = Riechgang
19 Crista facialis
20–24 Sinus maxillaris, oft vereitert bei Veränderungen im Bereich der Oberkieferbackenzähne: 20 Sinus maxillaris caudalis = grosse Kieferhöhle, 21 ihr Zugang vom Sinusgang, 22 Sinus maxillaris rostralis = kleine Kieferhöhle, 23 ihr Zugang vom Sinusgang, 24 schräg verlaufendes Septum zwischen beiden Kieferhöhlen
25 Zugang zur Kieferhöhle durch **Trepanation**

a A. facialis
b V. facialis
c Arteria palatina major
d V. palatina major
e Canalis infraorbitalis mit N. infraorbitalis

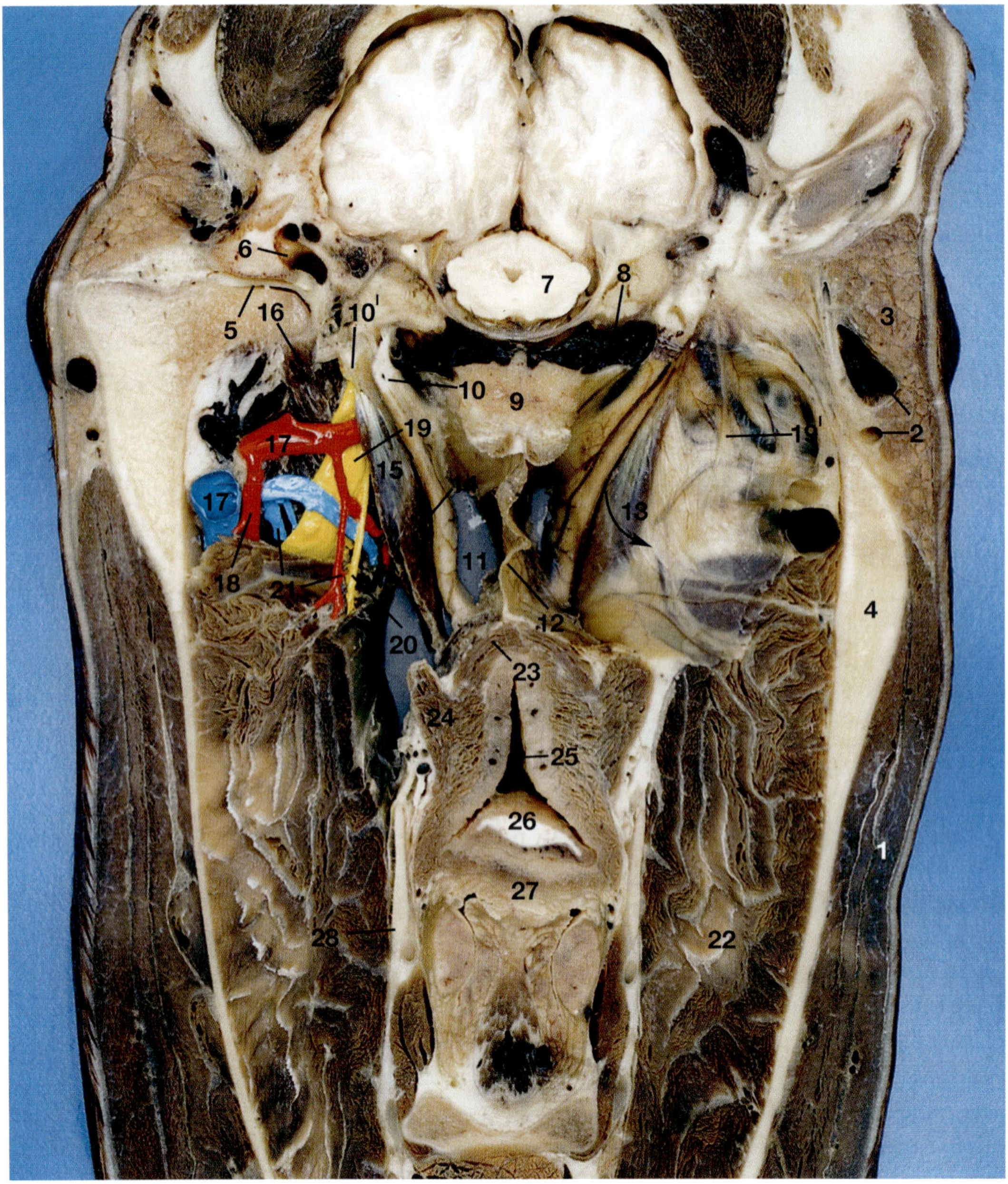
6
7
8
5
16
10'
3
10
9
19
19'
2
17
15
17
13
11
18
21
12
4
20
23
24
25
26
1
27
28
22

Abb. 8 Schräger Transveralschnitt durch den Kopf eines Pferdes, Ansicht von kaudal auf die Vorderwand des Luftsacks. Links ist die Luftsackschleimhaut zur Verdeutlichung der darunterliegenden Strukturen entfernt.

1 M. masseter
2 A. et V. transversa faciei; Die Arterie kann zur **Gewinnung arteriellen Blutes** punktiert werden.
3 Parotis (s.a. Abb.1 Nr. 29 und Abb.9 Nr. 18)
4 Ramus mandibulae
5 Kiefergelenk mit Diskus
6 Anschnitt der Cochlea in der Pars petrosa des Felsenbeins; Bei schweren Luftsackerkrankungen können **Frakturen des Felsenbeins** und **Schädigungen des Innenohrs** sowie des N. vestibulocochlearis (VIII) (**Vestibularsymptomatik**) auftreten.
7 Mesencephalon
8 Sinus cavernosus, zu den Sinus durae matris gehörend
9 Corpus ossis basisphenoidalis
10 mediale, 10' laterale Platte des Tubenknorpels. Die knorplige Stütze der Tuba auditiva bildet zunächst ein ventral offenes Halbrohr. Die laterale Platte wird rostral zunehmend kleiner, während sich die mediale Platte stark verbreitert und dorsomedial der Rachenöffnung der Ohrtrompete eine Vorwölbung (Torus tubarius) verursacht.
11 Anschnitt der kaudodorsalen Nische des Nasenrachens (Recessus pharyngeus)
12 mediane Trennwand zwischen den Luftsäcken beider Seiten
13 Zugang vom Ostium pharyngeum tubae auditivae
14 M. levator veli palatini; Schmales Muskelband, welches Nr. 15 medial anliegt. Der Muskel bildet lateral des Ostium tubae auditivae einen leichte Vorwölbung (Torus levatorius).
15 M. tensor veli palatini; Sein Ursprung ist stark sehnig durchsetzt. Er verläuft um den Hamulus pterygoideus an die Aponeurosis pharyngea.
16 M. pterygoideus lateralis
17 A. et V. maxillaris
18 A. alveolaris inferior; Sie zieht in den Canalis mandibulae.
19 gemeinsamer Stamm für die Nn. lingualis, mylohyoideus und alveolaris inferior des N. mandibularis. 19' Chorda tympani (durch die Schleimhaut hindurchscheinend, links vom Schnitt zerstört); Sie verläuft medial um die A. maxillaris. Sie gehört zum Intermediusanteil des VII. Gehirnnerven und leitet via N. lingualis Geschmacksimpulse und parasympathische Fasern für die Gll. mandibularis und sublingualis polystomatica; **Sensibilitätsausfälle** (Zunge, Kinngegend, Unterkieferzähne, Geschmack) sind bei Luftsackerkrankungen möglich.
20 N. pterygoideus medialis (motorisch zum gleichnamigen Muskel)
21 Rami pterygoidei der A. et V. maxillaris
22 M. pterygoideus medialis
23 M. pterygopharyngeus im Rachendach (Sphinkter des Nasopharynx)
24 N. stylopharyngeus caudalis (Schlundkopferweiterer)
25 kaudales Ende der Pars nasalis pharyngis; **Vergrößerungen des Luftsacks (Empyem, Tympanie)** können Pharynx und Larynx komprimieren und damit zu Dyspnoe bis hin zur Erstickung führen.
26 Anschnitt der Epiglottis
27 Palatum molle s. Velum palatinum
28 Anschnitt des Stylohyoids

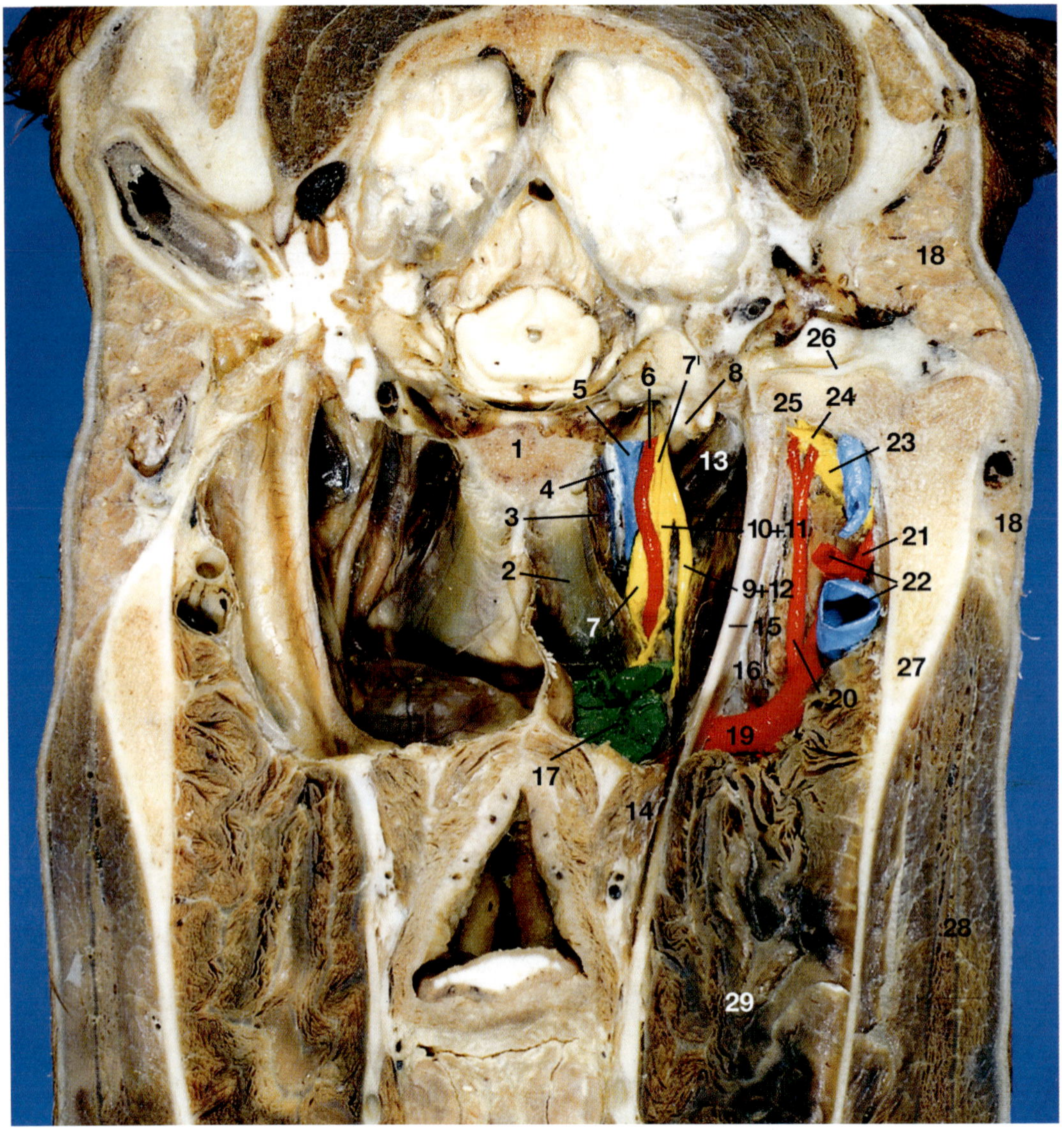
18
26
7'
8
6
5
25
24
23
1
13
4
3
10+11
18
21
2
9+12
22
7
15
27
16
20
19
17
14
28
29

Abb. 9 Schräger Transveralschnitt durch den Kopf eines Pferdes dicht hinter dem rostralen Ende des Luftsacks, Ansicht von kranial. Links ist die Luftsackschleimhaut zur Verdeutlichung der darunterliegenden Strukturen entfernt.

1 Corpus ossis basisphenoidalis
2 M. longus capitits
3 M. rectus capitis ventralis; 2 + 3 Kopfbeueger
4 Membrana atlantooccipitalis ventralis (Verstärkung der Kapsel des Kopfgelenks). Beide Synovialsäcke des Kopfgelenks kommunizieren meist ventral miteinander.
5 V. occipitalis
6 A. carotis interna; Sie bildet den Scheitel der, die mediale Luftsackbucht dominierenden Falte. **Luftsackmykosen** treten bevorzugt in diesem Bereich auf. Durch sie bedingte Gefäßerosionen führen zum beidseitigen Ausfluss von hellem arteriellen Blut aus der Nase.
7 Ganglion cervicale craniale, 7' N. caroticus internus; Schädigungen des Kopfsympathikus bei Luftsackerkrankungen sind besonders auffällig durch den Ausfall der Augenäste von 7' an den M. dilatator pupillae (**Miosis**), den M. tarsalis (leichte **Ptosis)** und den M. orbitalis (leichter **Enophthalmus** mit partiellem Nickhautvorfall) = **HORNER-Syndrom**
8 Tubenknorpel
9 N. glossopharyngeus (IX); Er bildet zusammen mit dem N. hypoglossus eine kleine Falte lateral in der medialen Luftsackbucht. Die Schädigung seiner Pharynxäste (sowie die der Nn. vagus und accesorius) bei Luftsackerkrankungen führt zu einer **Hemiplegia pharyngis** und Dorsalverlagerung des weichen Gaumens und damit zur **Dysphagie.**
10 N. vagus (X); Schädigung des Nerven bei Luftsackerkrankungen können sich in **Dysphagie** (s. Nr. 9), **Hemiplegia laryngis** (Kehlkopfpfeifen) bis hin zu einer **Parasympathikolyse** der Brust- und Bauchhöhlenorgane manifestieren.
11 N. accessorius (XI)
12 N. hypoglossus (XII); Die Schädigung des Nerven führt zu **Störungen der Zungenmotorik,** chronischer Ausfall zu einer halbseitigen **Zungenatrophie.**
13 Gemeinsamer Ursprung von M. digastricus (kaudaler Teil) und M. occipitomandibularis
14 M. stylopharyngeus caudalis
15 Stylohyoid, den Luftsack in eine kleinere laterale und eine größere mediale Bucht gliedernd.
16 M. stylohyoideus
17 Lnn. retropharyngei mediales (s. Abb. 3, Nr. 35)
18 Parotis; Sie liegt dem Luftsack kaudolateral an, weshalb **Parotisschmerz** ein häufiges Symptom bei Luftsackerkrankungen ist. Schwellungen der Parotisgegend sind dagegen sehr selten.
19 A. carotis externa; Sie ist, wie auch ihre Aufzweigungen (20–22) durch die **Pulsation endoskopisch deutlich sichtbar**. Gefäßerosionen wie an der A. carotis interna sind aber äußerst selten.
20 A. et V. auricularis caudalis
21 A. temporalis superficialis
22 A. et V. maxillaris
23 N. facialis (VII); Eine **Fazialislähmung** kann gelegentlich bei ausgedehnten Luftsackerkrankungen oder Hämatomen im Bereich der lateralen Luftsackbucht auftreten.
24 N. auriculotemporalis des N. mandibularis
25 Proc. condylaris der Mandibula
26 Discus articularis im Kiefergelenk
27 Ramus mandibulae
28 M. masseter
29 M. pterygoideus medialis

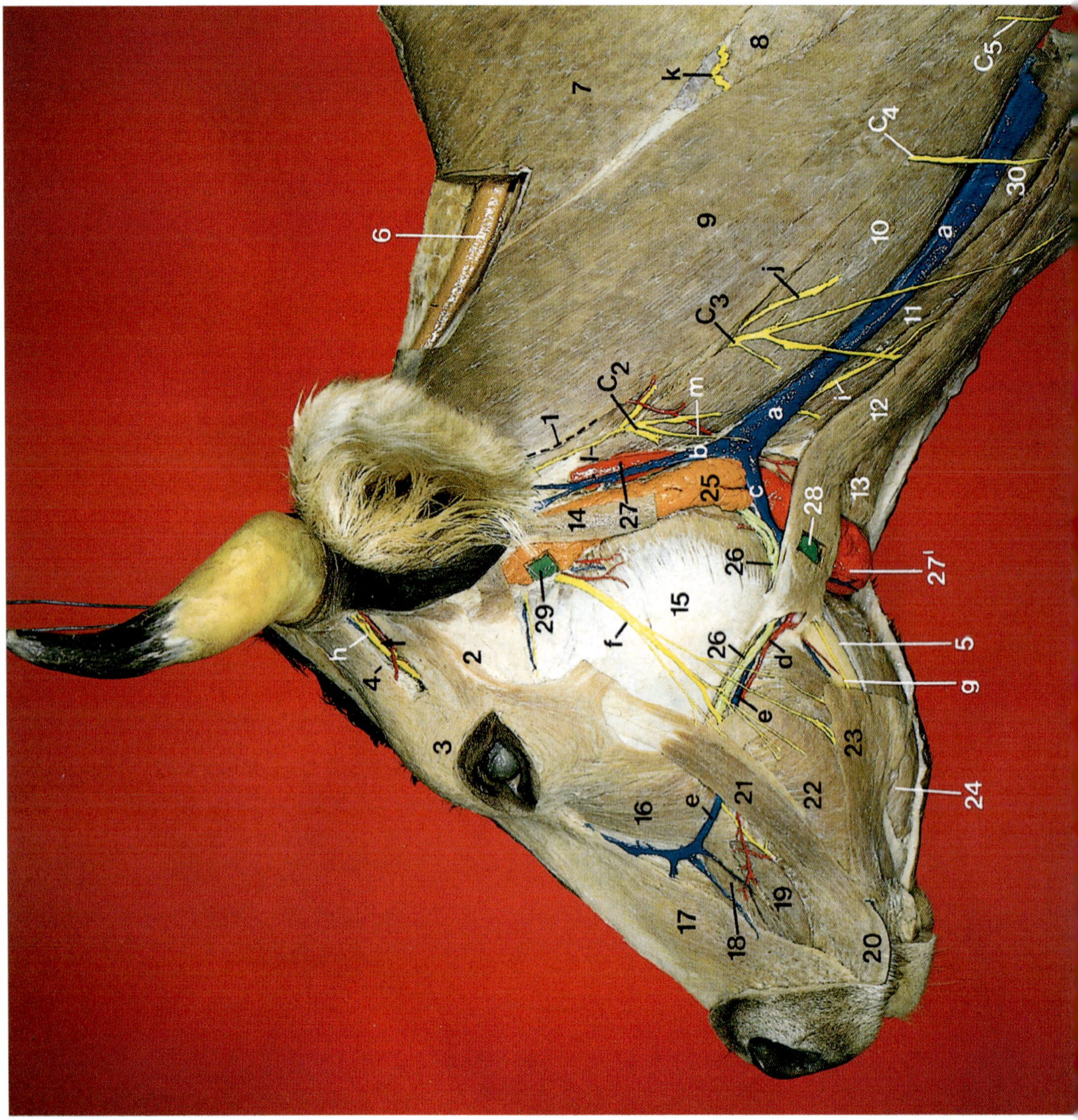
1
2
3
4
5
6
7
8
9
10
11
12
13
14
15
16
17
18
19
20
21
22
23
24
25
26
27
27'
28
29
30
a
b
c
d
e
f
g
h
i
i'
k
l
m
C2
C3
C4
C5

Abb. 10 Kopf und Hals vom Rind, oberflächliche Schicht (Schweizer Braunviehkuh, $2^1/_2$ Jahre alt).

1 Atlasflügel, Ala atlantis
2 Jochbogen, Arcus zygomaticus
3 knöcherner Augenbogen
4 Linea temporalis des Os frontale
5 Corpus mandibulae
6 Nackenstrang, Funiculus nuchae.
7 M. trapezius, Pars cervicalis
8 M. omotransversarius
9–10 M. brachiocephalicus: 9 M. cleidooccipitalis, 10 M. cleidomastoideus
11–12 M. sternocephalicus: 11 M. sternomastoideus, 12 M. sternomandibularis
13 M. sternohyoideus
14 M. parotidoauricularis
15 M. masseter
16 M. malaris
17 M. levator nasolabialis
18 M. levator labii superioris
19 M. depressor labii superioris
20 M. orbicularis oris
21 M. zygomaticus
22 M. buccinator
23 M. cutaneus labiorum
24 M. mylohyoideus, den M. geniohyoideus bedeckend
25 Glandula parotis
26 Ductus parotideus
27–27' Glandula mandibularis: der im Kehlgang liegende Teil (27') ist **gut fühlbar**
28 Ln. mandibularis, bei normaler Grösse wegen Glandula mandibularis **nicht fühlbar**
29 Ln. parotideus;
30 Esophagus

a V. jugularis externa, gut geeignet zur **Blutentnahme** und **intravenösen Injektion**
b V. maxillaris
c V. linguofacialis
d A. facialis, **Pulsfühlstelle**
e V. facialis
f–g N. facialis (für mimische Muskulatur): f sein R. bucalis dorsalis, g sein R. bucalis ventralis
h R. cornualis des N. zygomaticus (des N. maxillaris), begleitet von Rr. cornuales aus A. und V. temporalis superficialis. Pfeil = Stelle der **Leitungsanaesthesie**
i–k N. accessorius: i sein Ast für M. sternocephalicus, j sein Ast für M. cleidomastoideus, k sein Ast für M. trapezius
l–m 2. Halsnerv (C2): l N. auricularis magnus, m N. transversus colli
C_2–C_5 Halsnerven, Rami ventrales

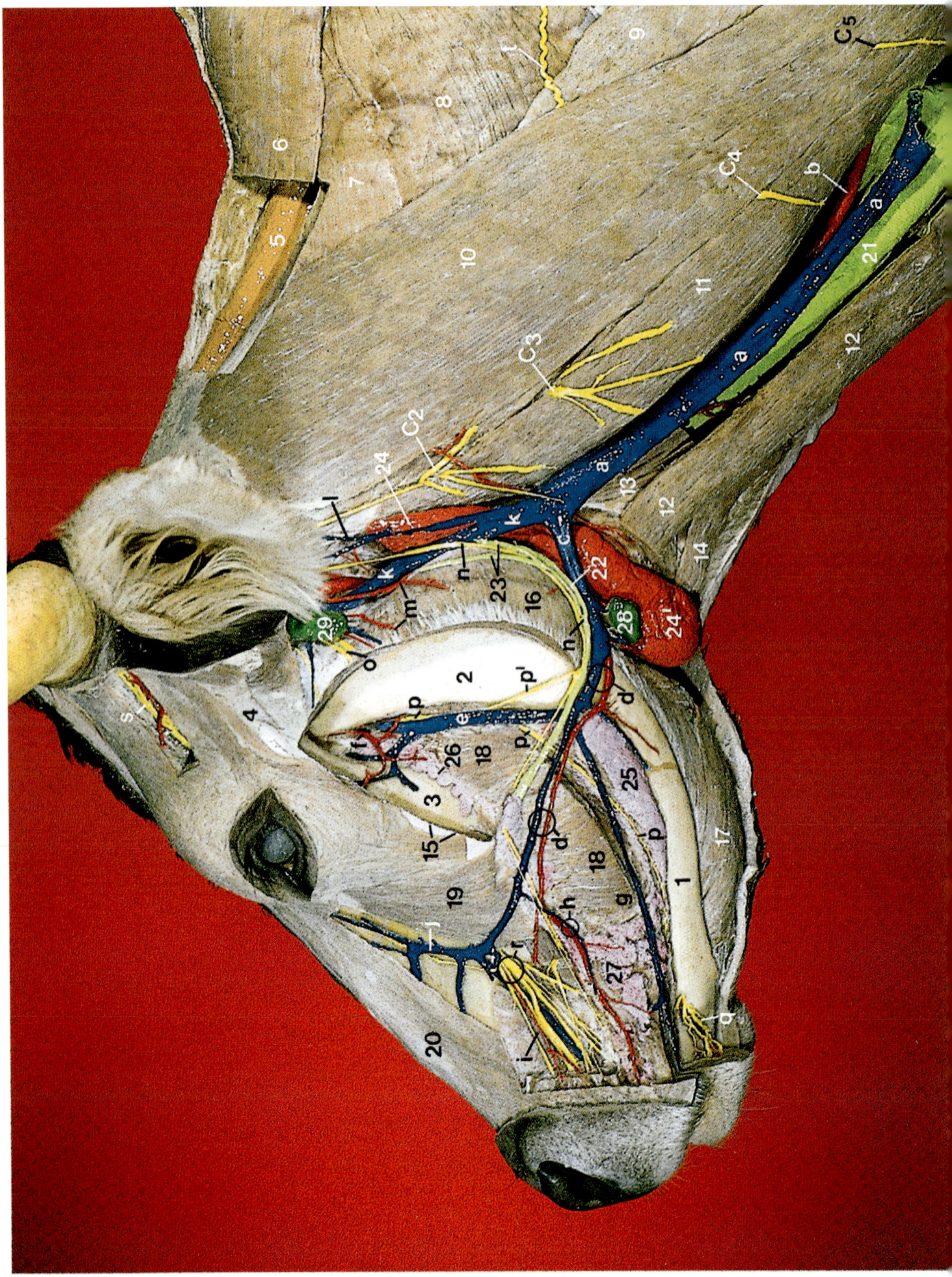
C5
9
8
6
7
5
C4
b
a
10
11
21
C3
a
12
C2
24
a
13
12
l
k
n
23
14
22
16
k
m
29
28
24'
o
2
p'
n
p
d'
e
f
p
26
18
25
3
15
d
18
17
19
s
4
p
1
g
h
j
r
27
q
i
20

Abb. 11 Kopf und Hals vom Rind, mittlere Schicht. Glandula parotis und Teile des Musculus masseter und der Gesichtsmuskulatur entfernt (Schweizer Braunviehkuh, $2^1/_2$ Jahre alt).

1 Corpus mandibulae
2 Ramus mandibulae
3 Maxilla
4 Arcus zygomaticus
5 Nackenstrang, Funiculus nuchae

6 M. rhomboideus cervicis
7 M. splenius
8 M. serratus ventralis
9 M. omotransversarius
10–11 M. brachiocephalicus: 10 M. cleidooccipitalis, 11 M. cleidomastoideus
12–13 M. sternocephalicus: 12 M. sternomandibularis, kranial abgesetzt; 13 Stumpf des M. sternomastoideus, kaudaler Teil entfernt
14 M. sternohyoideus
15–16 M. masseter, gefenstert: 15 sein dorsaler, 16 sein kaudaler Rest
17 M. mylohyoideus
18 M. buccinator
19 M. malaris
20 M. levator nasolabialis

21 Esophagus, Halsteil (nur bei **Verstopfung fühlbar**)
22 Ductus parotideus
23 zwei grosse Speichelgänge aus der Glandula parotis, die nach Entfernung der Drüse sichtbar sind und sich zum Ductus parotideus vereinigen.
24–24' Glandula mandibularis: nur der im Kehlgang liegende Teil (24') ist **fühlbar**. Der Ln. mandibularis (28) ist bei normaler Grösse nicht von der Drüse abzugrenzen, er kann bei **Vergrößerung** aber deutlich **gefühlt** werden.

25–27 Glandulae buccales: 25 ventrale, 26 kaudodorsale, 27 rostrale Drüsenteile
28 Ln. mandibularis
29 Ln. parotideus

a V. jugularis externa
b A. carotis communis. Beachte die Nähe beider Gefässe (a und b) im kaudalen Halsgebiet sowie ihre enge Nachbarschaft zum Oesophagus.
c V. linguofacialis
d A. + V. facialis
e V. profunda faciei
f A. buccalis aus A. maxillaris
g V. labialis inferior superficialis
h A. + V. labialis superior
i A. infraorbitalis
j V. angularis oculi
k V. maxillaris
l V. auricularis caudalis
m Rami masseterici der A. carotis externa

n–o N. facialis für mimische Muskulatur: n R. ventralis, o Stumpf des R. dorsalis
p N. buccalis des N. mandibularis, p' sein R. parotideus
q N. mentalis des N. alveolaris inferior (sensibel zu Kinnpolster)
r Äste des N. infraorbitalis (sensibel zu Oberlippe und Nase)
s R. cornualis des N. zygomaticus, begleitet von Arterien und Venenast
t Ast des N. accessorius zum M. trapezius
C_2–C_5 Halsnerven, Rami ventrales

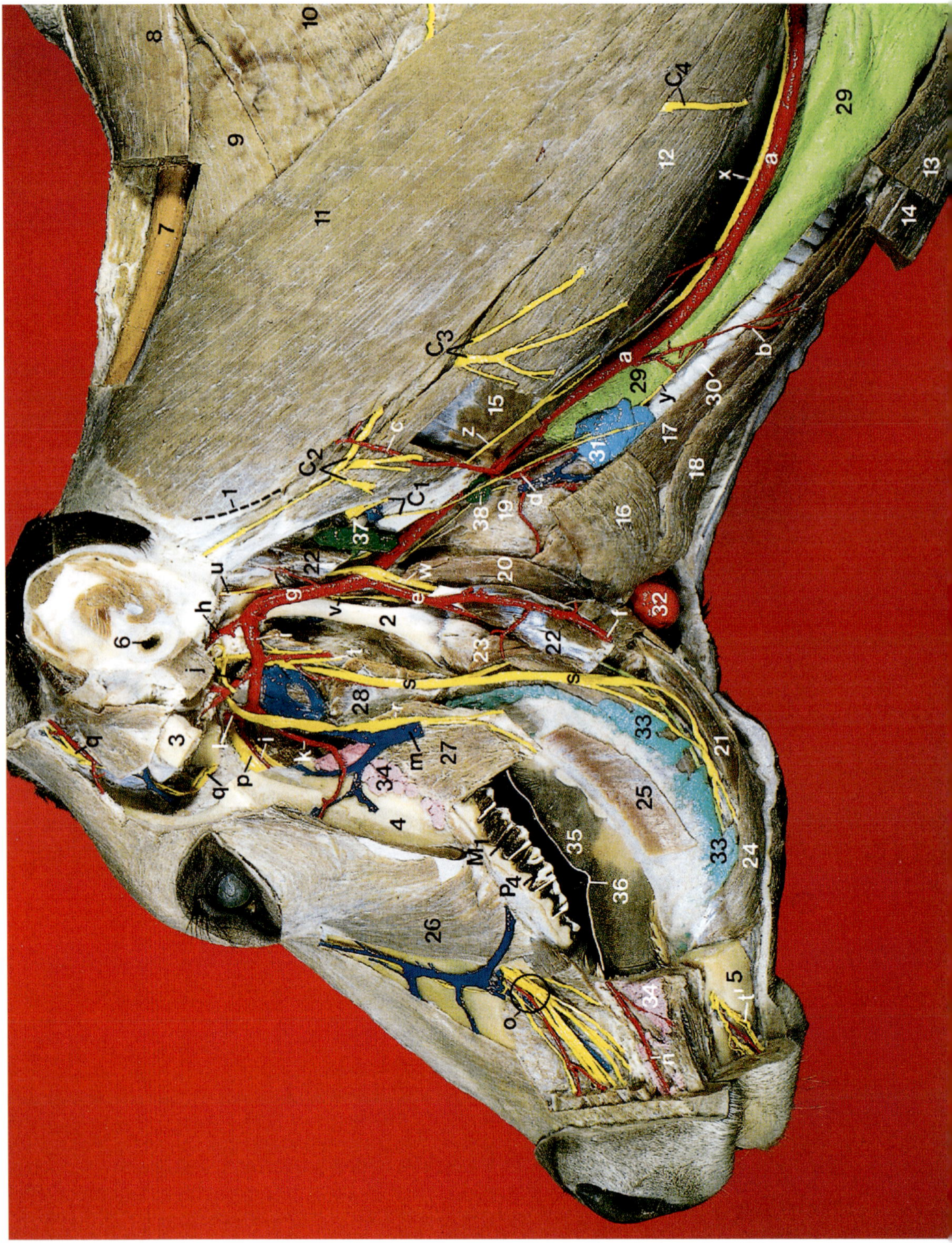

1
2
3
4
5
6
7
8
9
10
11
12
13
14
15
16
17
18
19
20
21
22
23
24
25
26
27
28
29
30
31
32
33
34
35
36
37
38
C1
C2
C3
C4
M1
P4
a
b
c
d
e
f
g
h
i
k
l
m
n
o
p
q
r
s
t
u
v
w
x
y
z

Abb. 12 Kopf und Hals vom Rind, tiefe Schicht mit Arterien und Nerven. Die V. jugularis externa und ihre großen Äste, die linke Glandula mandibularis sowie Teile des Unterkiefers und des Jochbogens und die Ohrmuschel sind entfernt (Schweizer Braunviehkuh, $2^1/_2$ Jahre alt).

1 Ala atlantis
2 Stylohyoid
3 Arcus zygomaticus, kaudaler Teil
4 Maxilla
5 Corpus mandibulae, rostraler Teil
6 äußerer Gehörgang

7 Nackenstrang, Funiculus nuchae
8 M. rhomboideus cervicis
9 M. splenius
10 M. serratus ventralis
11–12 M. brachiocephalicus: 11 Pars occipitalis des M. cleidocephalicus, 12 Pars mastoidea des M. cleidocephalicus
13–14 M. sternocephalicus, kaudale Stümpfe: 13 Pars mandibularis, 14 Pars mastoidea
15–16 M. omohyoideus, Mittelteil entfernt: 15 sein kaudaler Stumpf vom 3.–4. Halswirbel kommend, 16 sein rostraler Stumpf
17 M. sternothyroideus
18 M. sternohyoideus – Vorsicht beim **Einschütten von Medikamenten!** Durch zu starkes Strecken des Kopf-Halsgelenkes können beide Muskeln (17–18) so angespannt werden, dass Zungenbein und Kehlkopf kaudal gehalten werden und sich nicht, wie beim normalen Schlucken, rostral bewegen können. Verschlucken und Aspirationspneumonie sind die Folge.

19 Pharynxschnürer, Mm. constrictores pharyngis
20 M. stylohoideus, rostraler Stumpf – der kaudodorsale Teil ist entfernt
21 M. geniohyoideus
22 M. digastricus, rostraler Stumpf – der Mittelteil ist entfernt, 22' sein kaudodorsaler Stumpf
23 M. styloglossus
24–25 M. mylohyoideus: 24 sein rostraler Teil, 25 sein kaudaler Teil nahe seines Ansatzes am Alveolarrand des entfernten Unterkiefers
26 M. malaris
27 M. buccinator, kaudaler Rest
28 M. pterygoideus medialis, dorsaler Stumpf

29 Esophagus
30 Trachea, ihr Halsteil (gut **palpierbar**)
31 Glandula thyroidea
32 rechte Glandula mandibularis
33 Glandulae sublinguales
34 Glandulae buccales
35–36 Zunge: 35 Torus linguae, 36 Futterloch, Fossa linguae – Einspießen von Grannen kann das Angehen von **Strahlenpilzerkrankung** verursachen.
37 Ln. retropharyngeus lateralis
38 Ln. cervicalis profundus cranialis

a A. carotis communis
b Ast für ventrale Halsmuskeln
c Ast für dorsale Halsmuskeln
d A. thyroidea cranialis mit Ästen auch für Larynx und Pharynx
e A. linguofacialis
f A. facialis
g A. carotis externa
h A. temporalis superficialis
i A. maxillaris
j A. temporalis profunda caudalis
k A. buccalis
l A. ophthalmica externa
m V. profunda faciei
n A. labialis superior
o A. infraorbitalis und Äste des N. infraorbitalis des N. maxillaris
p N. maxillaris

q R. cornualis des N. zygomaticus (des N. maxillaris)
r N. buccalis des N. mandibularis
s N. lingualis des N. mandibularis
t Stumpf des N. alveolaris inferior, t' sein N. mentalis
u Stumpf des N. facialis
v N. glossopharyngeus
w N. hypoglossus
x Truncus vagosympathicus
y N. laryngeus recurrens
z N. accessorius
C_1–C_4 Halsnerven, Rami ventrales

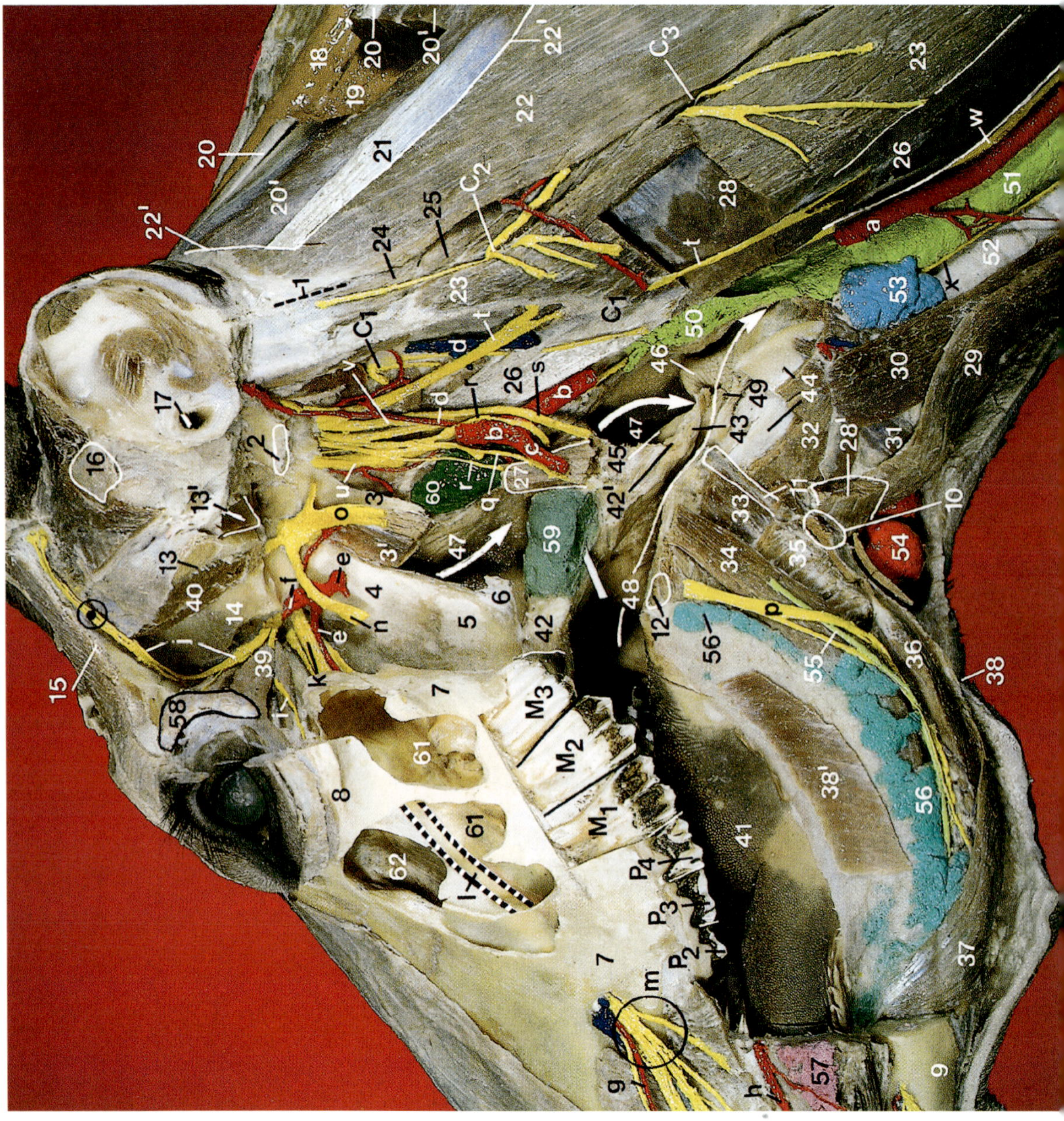

15
16
17
13
13'
40
14
39
58
2
3
3'
4
5
6
7
8
61
62
M1
M2
M3
P2
P3
P4
42
42'
59
60
47
45
43
44
49
46
50
51
52
53
54
10
11
12
55
56
38
38'
36
37
41
57
9
29
30
31
32
33
34
35
28
28'
26
23
22
22'
21
20
20'
18
19
24
25
27
48
C1
C2
C3

Abb. 13 Kopf und Hals vom Rind, tiefste Schicht zur Darstellung von Rachen, Kieferhöhle und tiefliegenden Nerven. Der Jochbogen, der knöcherne Augenbogen und das Stylohyoid sowie mehrere Gefässabschnitte sind weitgehend oder ganz entfernt (Schweizer Braunviehkuh, 2 1/2 Jahre alt).

1 Ala atlantis
2 Ansatzstelle des Zungenbeins (Tympanohyoid) am Felsenbein
3 Processus muscularis des Felsenbeins mit Stumpf des M. tensor veli palatini (3')
4 Os sphenoidale
5 Os palatinum
6 Hamulus pterygoideus
7 Maxilla
8 Os zygomaticum am rostralen Ende des Arcus zygomaticus
9 Corpus mandibulae
10 Lage des Basihyoids
11 Thyreohyoid
12 rostraler Stumpf des Stylohyoids
13 kaudaler Stumpf des Arcus zygomaticus mit Discus (13') im Kiefergelenk
14 Processus coronoideus des Ramus mandibulae
15 Linea temporalis des Os frontale
16 Scutulum
17 äusserer Gehörgang
18 Nackenstrang, Funiculus nuchae
19 Nackenplatte, Lamina nuchae

20–20' M. semispinalis capitis: 20 M. biventer cervicis, 20' M. complexus
21 Sehne des M. longissimus capitis
22–23 M. brachiocephalicus: 22 M. cleidooccipitalis, sein dorsaler Teil ist über der Schnittlinie (22') entfernt; 23 M. cleidomastoideus
24 M. obliquus capitis cranialis
25 M. intertransversarius longus
26 M. longus capitis
27 Stumpf des M. stylopharyngeus caudalis – Erweiterer des Pharynx, der am Stylohyoid entspringend von dorsal in die Pharynxwand einstrahlt
28 M. omohyoideus, 28' sein Stumpf am Basihyoid
29 M. sternohyoideus
30 M. sternothyreoideus (29 und 30: Rückwärtszieher von Zunge und Kehlkopf)
31 M. cricothyreoideus
32 M. thyreohyoideus
33 M. ceratohyoideus
34 M. styloglossus
35 M. hyoglossus
36 M. geniohyoideus
37–38 M. mylohyoideus: 37 sein rostraler Teil; 38 sein kaudaler Teil, 38' in Nähe seines Ansatzes am Alveolarrand des Unterkiefers
39 Augenmuskeln
40 Stumpf des M. temporalis

41 Torus linguae
42 Velum palatinum, 42' sein kaudales Ende
43 Schleimhautfalte, vom Gaumensegel ausgehend
44 Cartilago thyreoidea
45 Epiglottis
46 Processus corniculatus (= Schnäuzchen) der Cartilago arytaenoidea
47 Pars nasalis pharyngis = Atmungsrachen: der dicke Pfeil bezeichnet den Luftweg
48 Pars oralis pharyngis = Rachenenge
49 Recessus piriformis
50 Pars oesophagea pharyngis = Oesophagusvorhof: der dünne Pfeil zeigt den Weg der Flüssigkeit durch den Recessus piriformis in den Oesophagusvorhof
51 Oesophagus
52 Trachea

53 Glandula thyreoidea
54 rechte Glandula mandibularis
55 Ductus mandibularis der linksseitig entfernten Drüse – der Gang zieht rostral und mündet an der Caruncula sublingualis kaudal der Incisivi
56 Glandulae sublinguales
57 Glandulae buccales
58 Glandula lacrimalis
59 Tonsilla palatina, Grubenmandel: das weisse Plastikröhrchen zeigt den Zugang zur Mandelgrube
60 Ln. retropharyngeus medialis, medial vom Stylohyoid gelegen; dieser Ln. kann sich bei starker **Vergrößerung** soweit kaudal vorwölben, dass er zwischen Wirbelsäule und Kehlkopf **fühlbar** wird.
61 Sinus maxillaris, mit ventral angrenzenden Wurzeln der Backenzähne
62 Verbindung zum Sinus palatinus

a A. carotis communis
b A. carotis externa
c A. linguofacialis
d A. und V. auricularis caudalis
e A. maxillaris
f A. ophthalmica externa
g A. infraorbitalis
h A. labialis superior

i R. zygomaticofacialis des N. maxillaris
j R. cornualis des N. zygomaticus (des N. maxillaris) mit **Anästhesiestelle** O
k–m N. infraorbitalis des N. maxillaris: l Nerv und Arterie im Canalis infraorbitalis, m Äste zu Oberlippe und Nase
n Stumpf des N. buccalis des N. mandibularis
o gemeinsamer Anfangsteil von N. lingualis und N. alveolaris inferior des N. mandibularis
p N. lingualis
q N. glossopharyngeus
r Nervenäste zu Pharynx
s N. hypoglossus
t N. accessorius
u Ganglion cervicale craniale des N. sympathicus
v N. vagus
w Truncus vagosympathicus
x N. laryngeus recurrens (zu Kehlkopf, vorwiegend motorisch)

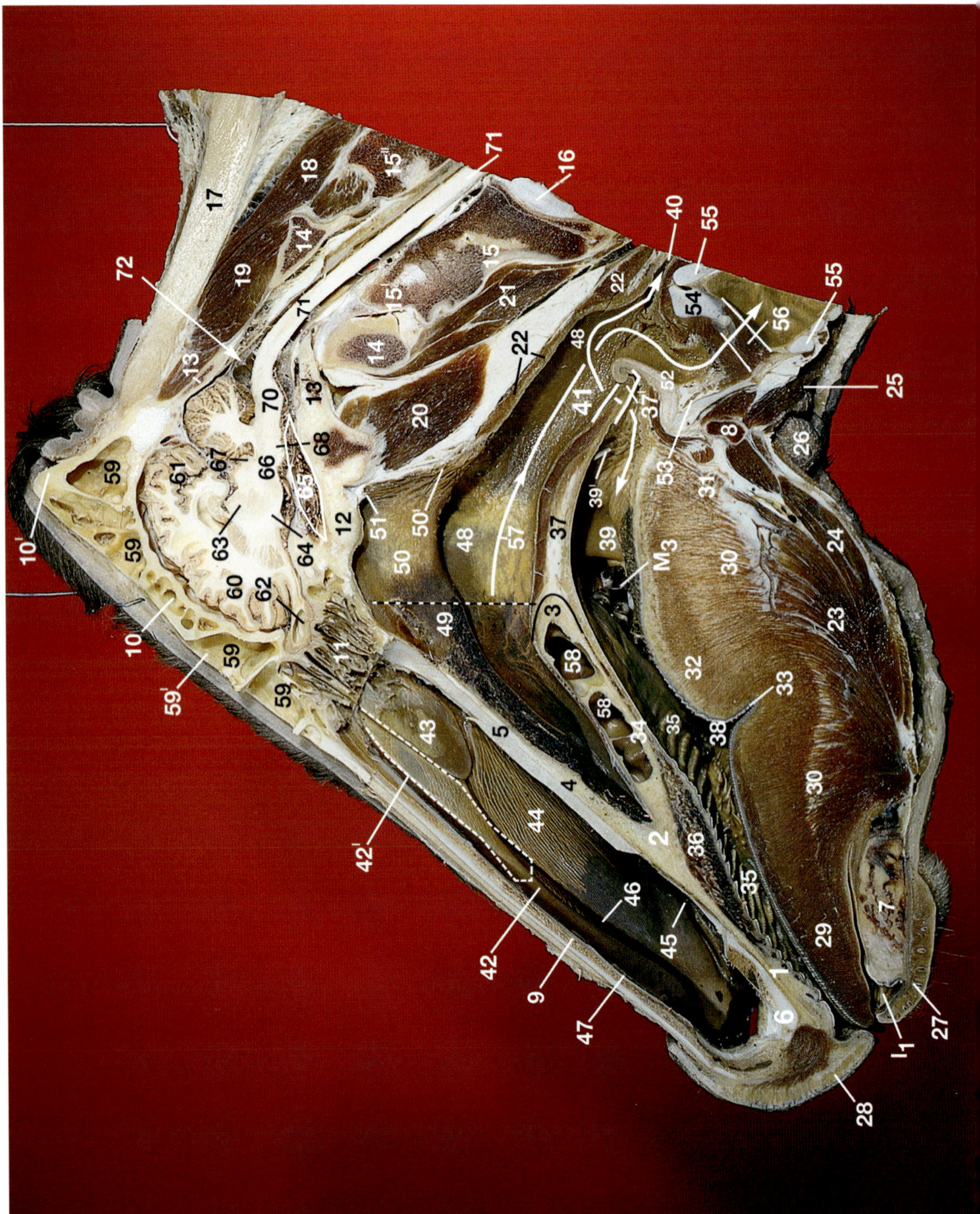

Abb. 14 Paramedianschnitt durch den Kopf und kranialen Halsteil vom Rind nach Entfernung des Nasenseptums. Ansicht von von links (Schweizer Braunviehkuh, 2½ Jahre alt).

1 Os incisivum
2 Maxilla
3 Choanenrand des Os palatinum
4 Vomer
5 Nasenseptum (hyaliner Knorpel)
6 rostrales Ende des Nasenseptums – **Nasenringe** sollten vor dem rostralen Ende des Septums angebracht werden.
7 Corpus mandibulae nahe der Symphysis mandibulae
8 Basihyoid
9 Os nasale
10 Os frontale, 10' seine Protuberantia intercornualis
11 Os ethmoidale mit Muscheln der Endoturbinalia III und IV
12 Os sphenoidale
13–13' Os occipitale: 13 Squama, 13' Pars basilaris
14–14' Atlas: 14 Arcus ventralis, 14' Arcus dorsalis
15–15" Axis: 15 Corpus, 15' Dens, 15" Processus spinosus
16 Discus intervertebralis
17 Nackenstrang, Funiculus nuchae
18 M. semispinalis capitis
19 M. rectus capitis dorsalis major
20 M. longus capitis
21 M. longus colli
22 Pharynxschnürer
23 M. genioglossus
24 M. geniohyoideus, (23–24 Zungenstrecker)
25 M. sternohyoideus (Kaudalzieher von Zunge und Kehlkopf)
26 Rechte Glandula mandibularis
27 Unterlippe
28 Oberlippe, mit Nasenspiegel zu Flotzmaul verschmolzen
29–33 Zunge: 29 Apex, 30 Corpus, 31 Radix, 32 Torus, 33 Fossa = Futterloch – Einspießen von Grannen, kann zu **Strahlenpilzerkrankung** führen.
34–36 Palatum durum, harter Gaumen mit Rugae palatinae, Gaumenstaffeln (35) und Venengeflecht (36)
37 Velum palatinum, Gaumensegel = weicher Gaumen, 37' sein kaudales Ende. Das kurze Gaumensegel kann beim Rind gut angehoben werden, so dass die Bissen zum Wiederkauen vollständig in die Rachenenge (39) und die Mundhöhle gelangen, und das Rind auch problemlos durch die Mundhöhle atmen kann.
38 Mundhöhle
39 Rachenenge, Isthmus faucium, mit Sonde (39') im Zugang zur Tonsilla palatina
40 Pars oesophagea pharyngis = Vestibulum oesophagi, Oesophagusvorhof
41 Pfeil = Nahrungsweg nach kaudal, und in rostraler Richtung beim Wiederkauen.
42–47 Nasenhöhle: 42 dorsale Nasenmuschel = Nasoturbinale, mit Umriss des Sinus conchae dorsalis (42'). Im kaudalen Teil der dorsalen Nasenmuschel bildet das Endoturbinale I des Os ethmoidale das Gerüst der Muschel. 43 Mittlere Nasenmuschel (Endoturbinale II); 44 ventrale Nasenmuschel = Maxilloturbinale; 45 Atmungsgang, Meatus nasi ventralis – **Einführen von Sonden** via Nase; 46 Sinusgang, Meatus nasi medius; 47 Riechgang, Meatus nasi dorsalis.
48–51 Atmungsrachen = Pars nasalis pharyngis: 49 Grenze der Nasenhöhle zum Atmungsrachen; 50 Septum pharyngis mit Tonsilla pharyngea (50'); 51 Mündung der Tuba auditiva (lateral, nicht sichtbar).
52–56 Kehlkopf: 52 Epiglottis; 53 Cartilago thyreoidea; 54 Processus corniculatus (= Schnäuzchen) der Cartilago arytaenoidea; 55 Cartilago cricoidea; 56 Plica vocalis
57 Luftweg
58 Sinus palatinus mit breitem Zugang von der Kieferhöhle
59 Sinus frontalis, 59' sein medianes Septum
60–61 Grosshirnrinde: 60 Lobus frontalis, 61 Lobus occipitalis
62 Bulbus olfactorius des Rhinencephalons
63 Thalamus
64 Hypothalamus des Diencephalons
65 Hypophyse, umgeben von Arterien
66 Crus cerebri
67 Vierhügelplatte
68 Pons
69 Kleinhirn
70 Medulla oblongata
71 Rückenmark, Medulla spinalis
72 Cisterna cerebellomedullaris – **Liquorpunktion** durch Spatium atlantooccipitale möglich

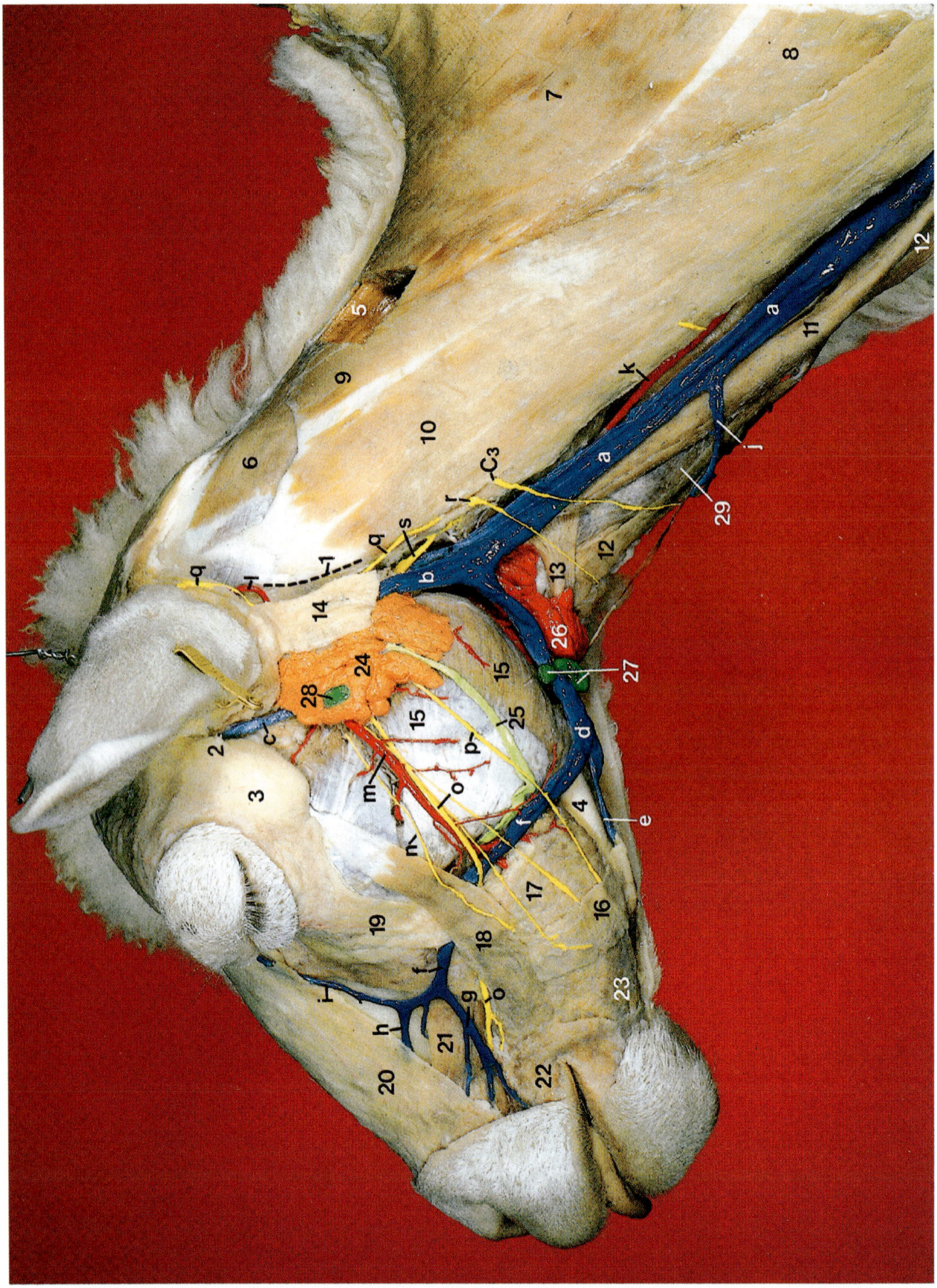
2
3
4
5
6
7
8
9
10
11
12
13
14
15
16
17
18
19
20
21
22
23
24
25
26
27
28
29
a
b
c
d
e
f
g
h
i
j
k
l
m
n
o
p
q
s
C3

Abb. 15 Kopf und Hals eines Schafes, oberflächliche Schicht (weißes Alpenschaf, weiblich ca. 5 Jahre alt).

1 Ala atlantis
2 Arcus zygomaticus
3 Fettkörper in der Schläfengegend
4 Corpus mandibulae
5 Nackenstrang, Funiculus nuchae
6 M. splenius

7 M. trapezius, Pars cervicalis
8 M. omotransversarius
9–10 M. brachiocephalicus: 9 M. cleidooccipitalis (sein Kranialteil über dem M. splenius ist gefenstert),
10 M. cleidomastoideus
11 M. sternocephalicus (= M. sternomastoideus)
12 M. sternohyoideus
13 M. omohyoideus
14 M. parotidoauricularis
15 M. masseter
16 M. cutaneus faciei (Reststreifen)
17 M. buccinator
18 M. zygomaticus
19 M. malaris
20 M. levator nasolabialis
21 M. levator labii superioris
22 M. orbicularis oris
23 M. depressor labii inferioris

24 Glandula parotis
25 Ductus parotideus
26 Glandula mandibularis
27 Lnn. mandibulares
28 Ln. parotideus; 27–28 **Abszessbildung** bei Lymphadenitis purulenta
29 Glandula thyreoidea

a V. jugularis externa zur **Blutentnahme** und **intravenösen Injektion:** Wegen der lockeren Haut und des Vlieses kann sie oft nur mässig gestaut und palpiert werden in der vom M. brachiocephalicus und M. sternocephalicus begrenzten Drosselrinne.
b V. maxillaris
c V. temporalis superficialis
d V. linguofacialis
e V. labialis inferior
f V. facialis
g V. labialis superior
h V. lateralis nasi
i V. angularis oculi
j V. thyroidea media
k A. carotis communis
l Ast der A. auricularis caudalis
m A. transversa faciei
n N. transversus faciei des N. auriculotemporalis (des N. mandibularis)
o–p N. facialis: o R. buccalis dorsalis, p R. buccalis ventralis
q–r 2. Halsnerv (C2), Anteile des Ventralastes: q N. auricularis magnus, r N. transversus colli
s N. accessorius, R. dorsalis
C_3 3. Halsnerv, oberflächlicher Anteil seines Ventralastes

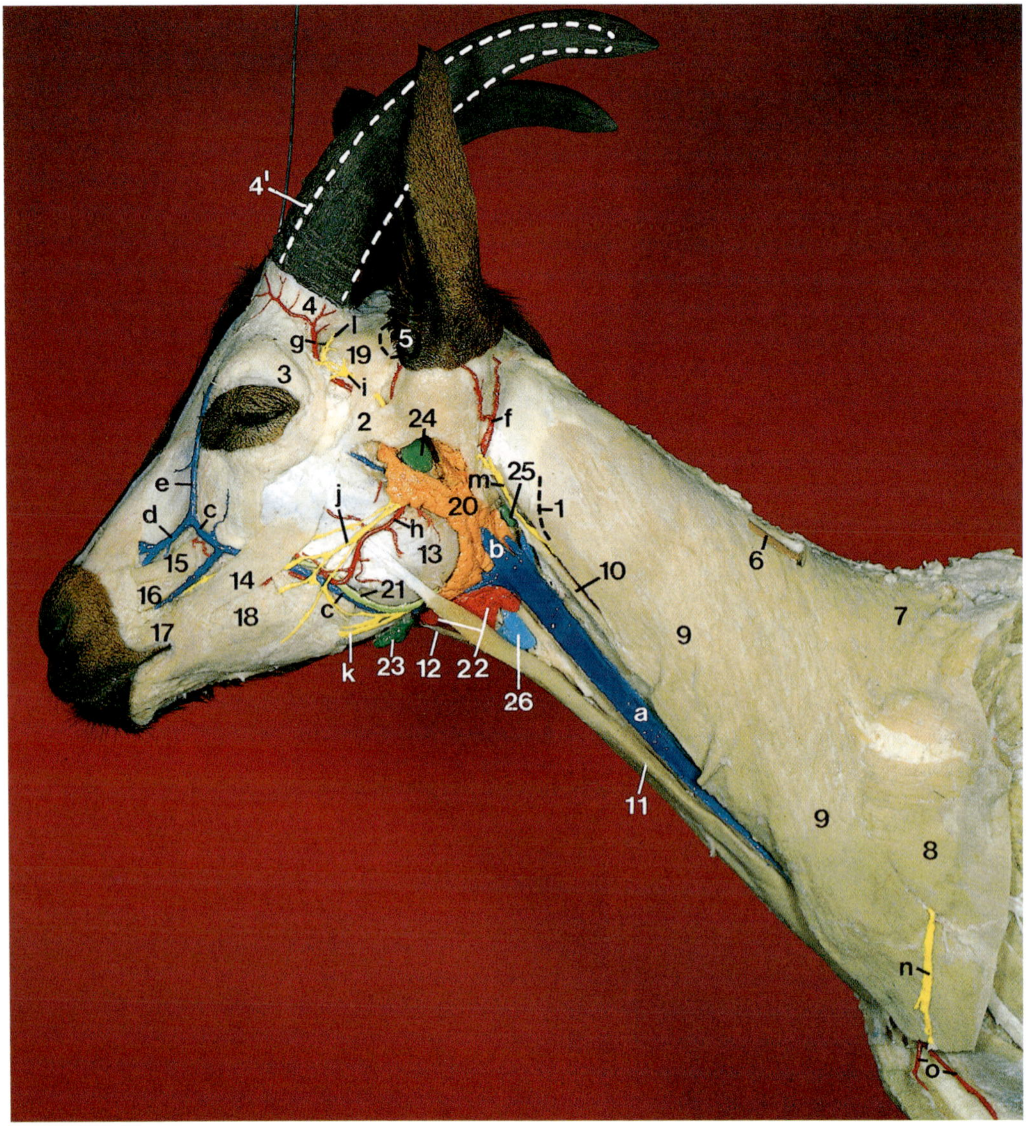
4'
4
g
l
19
5
3
i
2
24
f
e
25
m
d
c
j
20
1
h
15
13
b
10
6
14
16
21
c
7
18
17
9
k
23
12
22
26
a
11
9
8
n
o

Abb. 16 Kopf und Hals eines gehörnten Ziegenbockes, oberflächliche Schicht (gemsfarbige Gebirgsziege, 6 Monate alt, kastriert im Alter von 4 Wochen).

1 Ala atlantis
2 Arcus zygomaticus
3 knöcherner Augenbogen
4 Hornfortsatz, Processus cornualis, 4' Ausdehnung des knöchernen Hornfortsatzes bis in Nähe der Hornspitze
5 Scutulum
6 Nackenstrang, Funiculus nuchae

7 M. trapezius, Pars cervicalis
8 M. omotransversarius
9–10 M. brachiocephalicus: 9 M. cleidooccipitalis, 10 M. cleidomastoideus
11 M. sternomandibularis
12 M. omohyoideus
13 M. masseter
14 M. zygomaticus
15 M. levator labii superioris
16 M. caninus
17 M. orbicularis oris
18 M. buccinator
19 Scutulum- und Ohrmuskeln

20 Glandula parotis
21 Ductus parotideus
22 Glandula mandibularis
23 Ln. mandibularis
24 Ln. parotideus
25 Ln. retropharyngeus lateralis; 23–25 **Abszessbildungen** bei Lymphadenitis purulenta!
26 Thymus, kraniale Portion des Lobus cervicalis

a V. jugularis externa zur **Blutentnahme** und **intravenösen Injektion**
b V. maxillaris
c V. facialis
d V. dorsalis nasi
e V. angularis oculi
f A. auricularis caudalis
g A. cornualis der A. temporalis superficialis, oft Blutung beim **Enthornen** von Jungtieren durch Brennen.
h A. transversa faciei
i–k N. facialis: i N. auriculopalpebralis; j R. buccalis dorsalis, k R. buccalis ventralis
l N. cornualis des N. zygomaticus (N. maxillaris)
m N. auricularis magnus des 2. Halsnerven (C2)
n Ast des N. axillaris
o A. thoracica externa

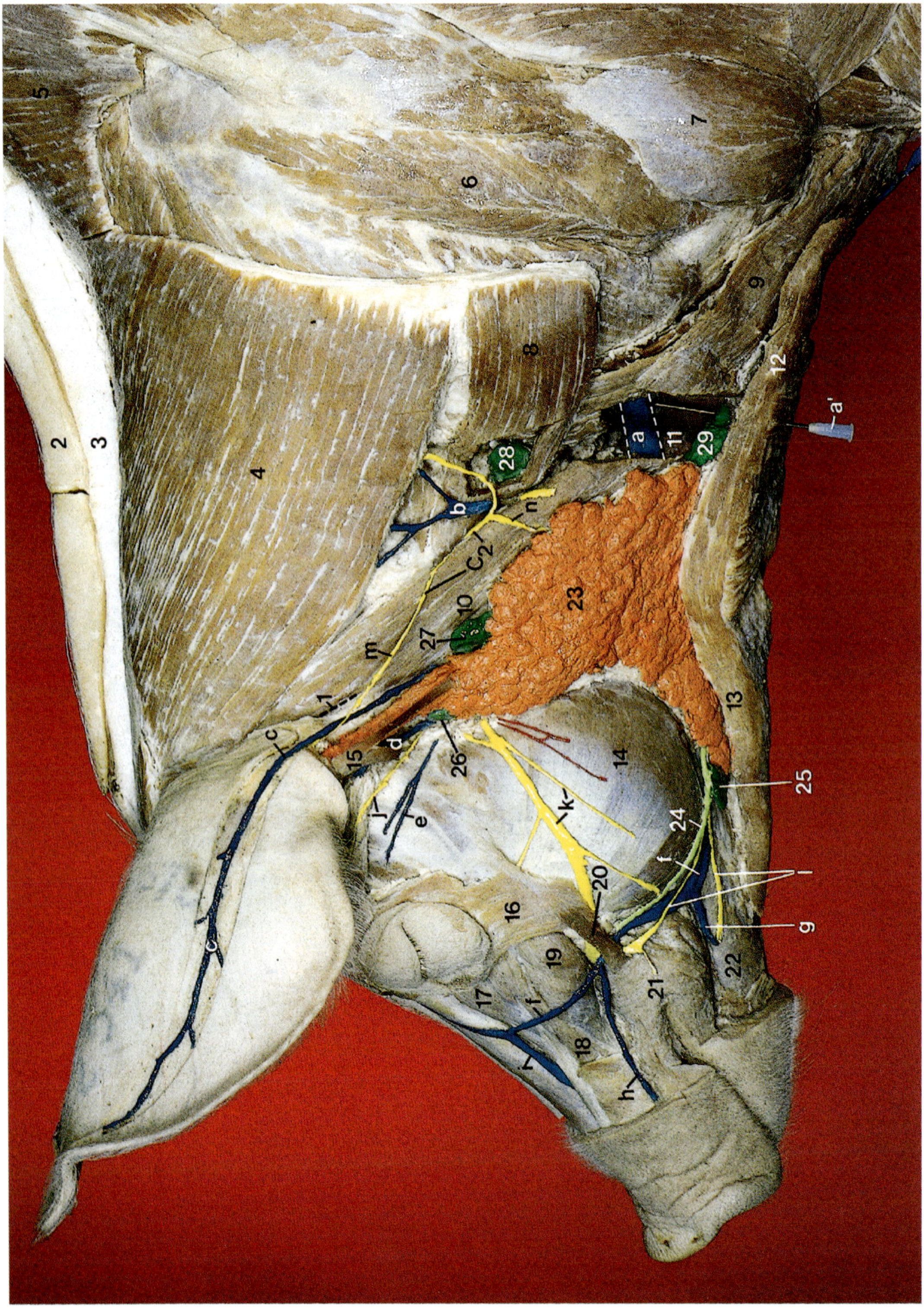

Abb. 17 Kopf und Hals eines Schweines, oberflächliche Schicht (veredeltes Landschwein, weiblich, 6 Monate alt, 100 kg Körpergewicht). Das Platysma ist entfernt.

1 Ala atlantis
2–3 dorsaler Halsspeck: 2 subkutaner Anteil, 3 subfaszialer Anteil, zwischen oberflächlicher und tiefer Faszienschicht gelegen. Ein Ligamentum nuchae fehlt beim Schwein.

4–5 M. trapezius: 4 Pars cervicalis, 5 Pars thoracica
6 M. infraspinatus
7 M. deltoideus
8 M. omotransversarius
9–10 M. brachiocephalicus: 9 M. cleidobrachialis, 10 M. cleidocephalicus
11 M. sternocephalicus
12 M. cutaneus colli
13 M. cutaneus faciei
14 M. masseter
15 M. parotidoauricularis
16 M. malaris
17 M. levator labii superioris
18 M. caninus
19 M. depressor labii superioris
20 M. zygomaticus
21 M. orbicularis oris
22 M. depressor labii inferioris
23 Glandula parotis
24 Ductus parotideus
25 Ln. mandibularis
26 Ln. parotideus
27 Ln. retropharyngeus lateralis
28 Buglymphknoten, Ln. cervicalis superficialis dorsalis
29 Ln. cervicalis superficialis ventralis

a V. jugularis externa. Bei der Punktion zur **Blutentnahme** wird die Kanüle (a') von der Drosselgrube ca. 5 cm nach kaudodorsal geschoben.
b R. ascendens der V. cervicalis superficialis
c R. auricularis der V. cervicalis superficialis s. V. cervicoauricularis, gut geeignet zur **intravenösen Injektion.**
d–e V. temporalis superficialis: d Ast zum Ohr, e Ast zur Schläfengegend
f V. facialis
g V. labialis inferior
h V. labialis superior
i V. dorsalis nasi.
j-l N. facialis: j N. auriculopalpebralis, k R. buccalis dorsalis, l R. buccalis ventralis
m–n 2. Halsnerv (C2): m N. auricularis magnus, n N. transversus colli

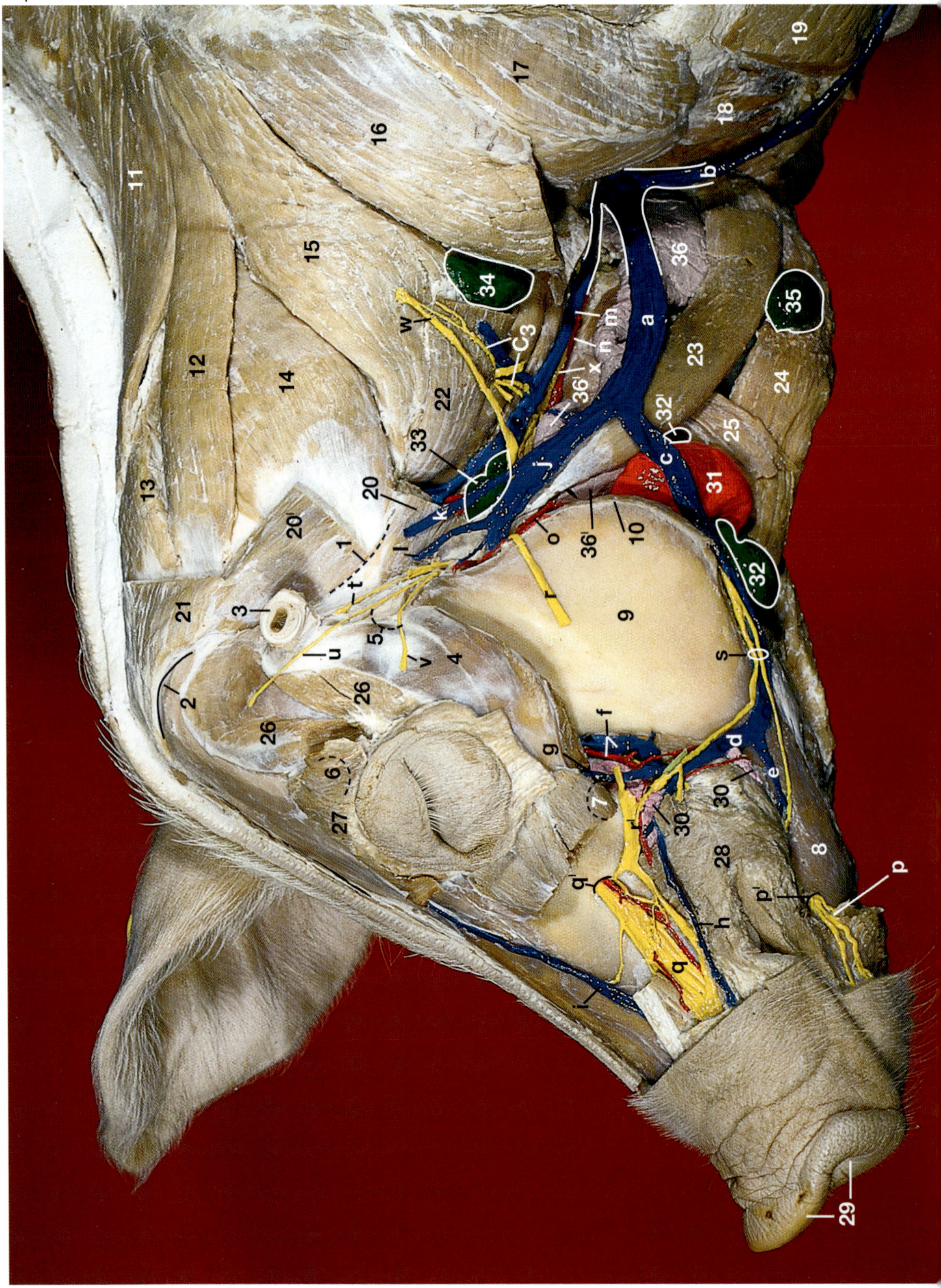
1
2
3
4
5
6
7
8
9
10
11
12
13
14
15
16
17
18
19
20
20'
21
22
23
24
25
26
27
28
29
30
31
32
32'
33
34
35
36
36'
C3
a
b
c
d
e
f
g
h
i
j
k
l
m
n
o
p
p'
q
q'
r
r'
s
t
u
v
w
x

Abb. 18 Kopf und Hals eines Schweines, mittlere Schicht in Seitenansicht mit Venen und Glandula mandibularis. Die Ohrmuschel, die Glandula parotis und der M. masseter sowie Teile der Mm. trapezius, brachiocephalicus und subclavius sind entfernt (veredeltes Landschwein, weiblich, 6 Monate alt, 100 kg Körpergewicht).

1 Ala atlantis
2 Crista nuchae
3 Knorpel des äusseren Gehörganges
4 Arcus zygomaticus
5 Lage des Kiefergelenks
6 Processus zygomaticus des Os frontale
7 Tuber maxillae
8–10 Mandibula: 8 Corpus, 9 Ramus, 10 Processus angularis
11 M. rhomboideus cervicis

12 M. rhomboideus capitis
13–14 M. splenius capitis: 13 Pars occipitalis, 14 Pars mastoidea. Die kräftige Muskulatur der dorsalen Halshälfte ist gut geeignet zur **intramuskulären Injektion.**
15 M. serratus ventralis
16 M. subclavius, dorsaler Stumpf
17 M. supraspinatus
18 M. pectoralis profundus
19 M. brachiocephalicus, kaudaler Stumpf.
20–20' M. brachiocephalicus, kraniale Stümpfe von M. cleidomastoideus (20) und M. cleidooccipitalis (20')
21 Kranialer Stumpf des M. trapezius
22 kranialer Stumpf des M. omotransversarius
23 M. sternocephalicus als M. sternomastoideus ausgebildet
24 M. sternohyoideus
25 M. omohyoideus
26 M. temporalis
27 M. frontoscutularis (Stumpf)
28 M. orbicularis oris

29 Rüsselscheibe
30 Glandulae buccales
31 Glandula mandibularis
32 Ln. mandibularis, 32' Ln. mandibularis accessorius
33 Ln. retropharyngeus medialis
34 Ln. cervicalis superficialis dorsalis = Buglymphknoten
35 Ln. cervicalis superficialis ventralis
36 Thymus, Lobus cervicalis, 36' seine kraniale Portion

a V. jugularis externa
b V. cephalica
c V. linguofacialis
d V. facialis
e V. labialis inferior
f V. und A. buccalis
g V. profunda faciei
h V. labialis superior
i V. dorsalis nasi
j V. maxillaris
k V. auricularis caudalis
l V. temporalis superficialis
m V. jugularis interna
n A. carotis communis
o A. facialis

p N. mentalis des N. alveolaris inferior, am Foramen mentale (p') austretend
q Äste des N. infraorbitalis (des N. maxillaris), sensibel zu Oberlippe und Nase mit Rüsselscheibe, begleitet von A. infraorbitalis; q' Foramen infraorbitale
r–v N. facialis: r R. buccalis dorsalis, r' dessen rostraler Stumpf, s R. buccalis ventralis, t N. auricularis caudalis; u–v N. auriculopalpebralis: u R. auricularis rostralis, v R. zygomaticus. Die Äste u und v enthalten auch sensible Fasern vom N. auriculotemporalis des N. mandibularis.
w N. accessorius, R. dorsalis zum M. trapezius
x Truncus vagosympathicus
C_3 Ventraläste des 3. Halsnerven

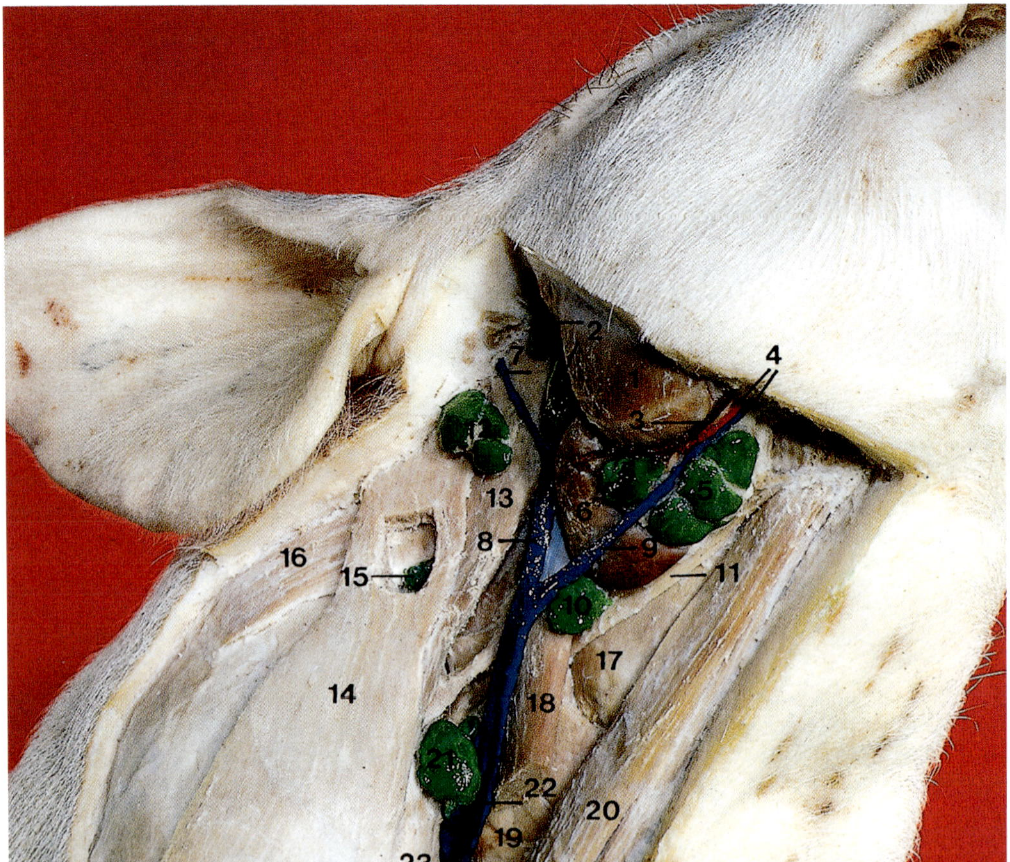
1
2
3
4
5
6
7
8
9
10
11
13
14
15
16
17
18
19
20
21
22
23
24
25
26
27

Abb. 19 Hals eines Schweines, Ventrolateralansicht, Gl. parotis entfernt.

1 M. masseter
2 Lnn. parotidei des Lc. parotideum
3 Ductus parotideus
4 A. et V. facialis
5 Lnn. mandibulares des Lc. mandibulare
6 Gl. mandibularis
7 V. auricularis caudalis
8 V. maxillaris
9 V. linguofacialis
10 Lnn. mandibulares accessorii des Lc. mandibulare
11 M. omohyoideus
12 Lnn. retropharyngei laterales des Lc. retropharyngeum
13 M. cleidocephalicus, Pars mastoidea
14 M. cleidocephalicus, Pars occipitalis
15 Lnn. cervicales superficiales dorsales des Lc. cervicale superficiale
16 M. omotransversarius
17 M. thyrohyoideus
18 M. sternocephalicus (teiweise entfernt), unter dessen Endsehne liegen die Lnn. retropharyngei mediales des Lc. retropharyngeum
19 Thymus (den M. sternothyroideus bedeckend)
20 M. sternohyoideus
21 Lnn. cervicales superficiales ventrales des Lc. cervicale superficiale
22 V. jugularis externa; **Punktion:** Einstich 2 Finger breit vor und seitlich des Manubrium sterni, Stichrichtung dorsal bzw. kaudodorsal, 3-6 cm tief
23 M. subclavius
24 M. pectoralis descendens der Mm. pectorales superficiales
25 Manubrium sterni
26 V. cephalica
27 M. pectoralis transversus der Mm. pectorales superficiales

1
2
3
4
5
6
7
7'
8
9
10
11
12
13
14
15
16
17
18
19
20
21
22
23
a
b
c
d
e
f
g
h
j
k
l
m
n
o
p
q
q'

Abb. 20 Kopf und Hals eines Hundes, oberflächliche Schicht (Dogge, ca. 5 Jahre alt, Hängeohr nach oben befestigt).

1 Arcus zygomaticus
2 Knorpel des senkrechten Teils vom äusseren Gehörgang
3 Ala atlantis
4 Nackenstrang
5 Spina scapulae

6 M. trapezius, Pars cervicalis
7 M. deltoideus, Pars scapularis, 7' seine Pars acromialis
8 M. omotransversarius
9 M. serratus ventralis
10 M. splenius
11 Pars cleidocervicalis des M. brachiocephalicus
12 M. sternocephalicus
13 M. parotidoauricularis
14 Scutulum- und Ohrmuskeln
15 M. masseter
16 M. zygomaticus
17 M. buccinator
18 M. orbicularis oris
19 M. levator nasolabialis

20 Lnn. mandibulares, **fühlbar:** normal haselnussgross

21 Glandula mandibularis, **fühlbar:** normal kastaniengross
22 Glandula parotis
23 Ductus parotideus

a V. jugularis externa, wegen lockerer Haut oft nur **schlecht zu stauen** und zu fühlen
b V. maxillaris
c V. temporalis superficialis
d V. linguofacialis
e V. facialis
f A. und V. labialis inferior
g V. lateralis nasi
h V. omobrachialis
i R. praescapularis der A. und V. cervicalis superficialis
j R. dorsalis des N. accessorius
k–l 2. Halsnerv: k N. auricularis magnus, l N. transversus colli
m–q N. facialis: m R. transversus colli, n ein weiterer Ast zum Kehlgang, o R. buccalis dorsalis, p R. buccalis ventralis, q N. auriculopalpebralis, q' sein R. zygomaticus

5
a
b
6
7
a
8
i
k
4
3
a
c
15
d
n
14
12
f
g
2
e
m
13
11
m
h
10
9
1
1
m
15
15
15

Abb. 21 Kopf und Hals eines Hundes von ventral mit Darstellung der klinisch wichtigen Blutgefässe (Dogge, ca. 5 Jahre alt).

1 Corpus mandibulae
2 Lage des Basihyoids
3 Kaudalende des Kehlkopfes, Cartilago cricoidea
4 Trachea
5 Manubrium sterni.
6 M. brachiocephalicus
7 M. sternocephalicus, trennt die V. jugularis externa (a) von der A. carotis communis (k)
8 M. sternohyoideus
9 M. digastricus
10 M. mylohyoideus
11 M. masseter

12 Glandula parotis
13 Ductus parotideus
14 Glandula mandibularis
15 Lnn. mandibulares

a V. jugularis externa
b V. omobrachialis
c V. maxillaris
d V. linguofacialis
e V. facialis
f V. lingualis
g Arcus hyoideus
h R. submentalis
i V. laryngea impar
j V. thyreoidea caudalis, Vorsicht bei **Tracheotomie**
k A. carotis communis. Zur **operativen Freilegung** zwischen M. sternocephalicus (7) und M. sternohyoideus (8) eingehen und Arterie an der Seite der Trachea aufsuchen. – Die A. carotis communis war bei diesem Hund nur von einer sehr dünnen V. jugularis interna begleitet.
l Truncus vagosympathicus
m–n N. facialis: m R. buccalis ventralis, n R. transversus colli

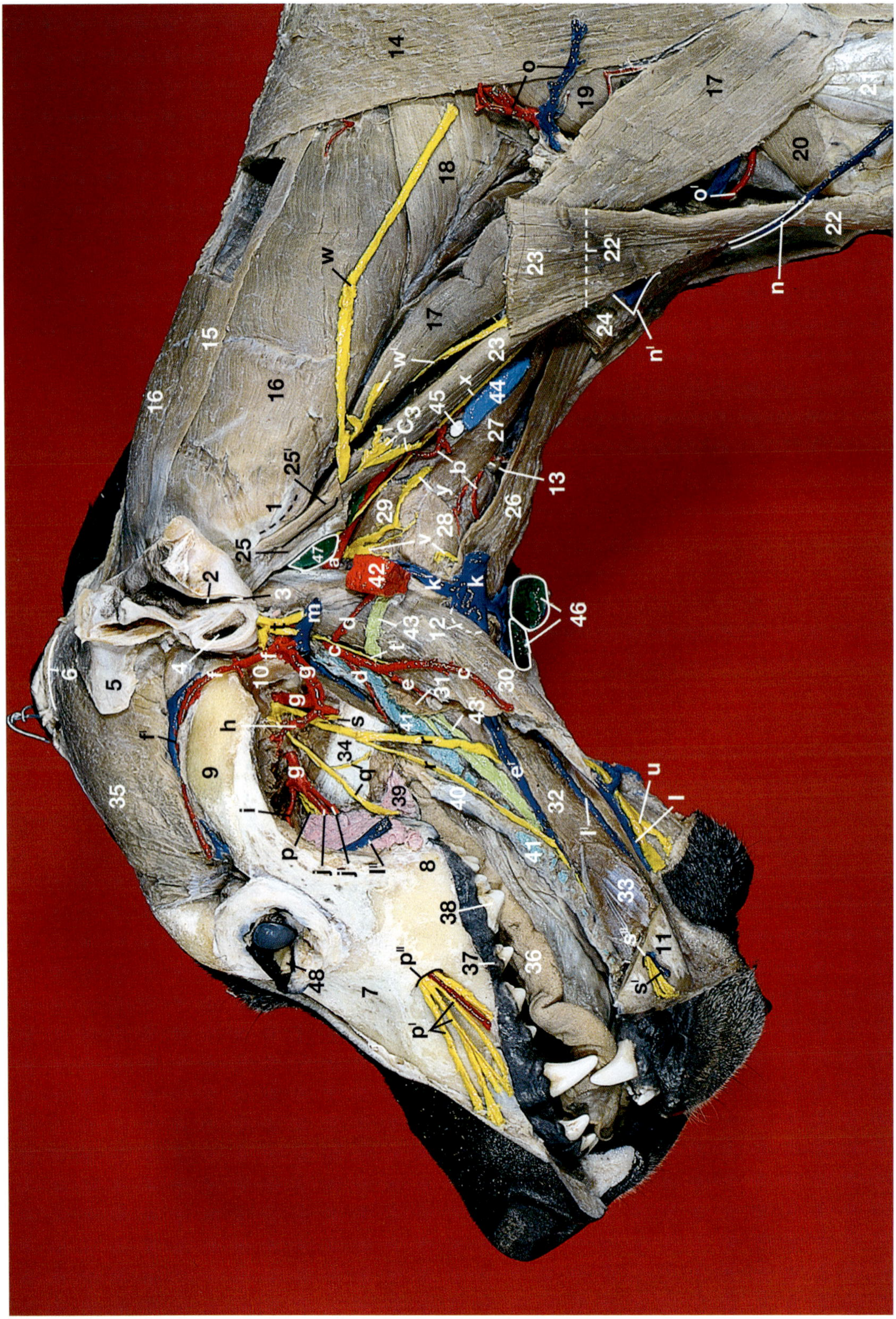
14
o
19
17
21
20
18
o'
22
22'
23'
n
w
24
n'
17
w'
23
15
16
16
45
x
44
C3
27
25'
b
y
13
1
29
28
26
25
v
47
a
42
k'
k
2
3
m
t
43
12
46
4
d
c
t'
6
5
f
10
g
e
31
c
30
f
43'
h
s
g
f'
41
r
e'
9
34
r
u
g
q
39
40
32
l
35
i
l'
p
j
j'
l'
41
8
33
38
s''
s'
11
37
36
48
p''
7
p'

Abb. 22 Kopf und Hals eines Hundes, mittlere Schicht. Unterkiefer und Teile der Ohrmuschel entfernt (Dogge, ca. 5 Jahre alt).

1 Ala atlantis
2–4 äußerer Gehörgang – häufiger Sitz von **Otitis externa:** 2 senkrechter Teil, seitlich eröffnet; 3 Übergang des senkrechten in den horizontalen Teil in Form eines Knicks; 4 horizontaler Teil
5 Scutulum
6 Crista sagittalis externa
7 Corpus maxillae
8 Tuber maxillae
9 Arcus zygomaticus
10 Kiefergelenk
11 Stumpf des Corpus mandibulae
12 Lage des Basihyoids
13 Kaudalende des Kehlkopfes

14 M. trapezius, Pars cervicalis
15 M. rhomboideus capitis
16 M. splenius capitis
17 M. omotransversarius
18 M. serratus ventralis
19 M. supraspinatus
20 M. infraspinatus
21 M. deltoideus, Pars acromialis
22–23 M. brachiocephalicus: 22 M. cleidobrachialis, 22' Clavicularstreifen; 23 M. cleidomastoideus, der M. cleidocervicalis (23') ist kranial entfernt.
24–25 M. sternocephalicus: 24 kaudaler Stumpf, 25 kraniale Stümpfe des M. sternomastoideus (25) und des M. sternooccipitalis (25')
26 M. sternohyoideus
27 M. sternothyroideus
28 M. thyrohyoideus
29 Pharynxschnürer
30 M. digastricus, Öffner der Maulspalte, sein rostraler Ansatz am Unterkiefer ist abgetrennt
31 M. mylohyoideus, Kaudalteil
32 M. geniohyoideus
33 M. genioglossus
32–33 Zungenstrecker
34 Stumpf des M. pterygoideus medialis
35 M. temporalis, Schliesser der Maulspalte, „Schnappmuskel“

36 Corpus linguae
37 Zahnfleisch, Gingiva
38 Reisszahn = P4
39 Glandula zygomatica, Backendrüse
40 Kante der Mundhöhlenschleimhaut
41 Glandula sublingualis polystomatica
42 Rest von Glandula mandibularis und Glandula sublingualis monostomatica
43 ihre parallel verlaufenden Ausführungsgänge die an einer Stelle voneinander getrennt wurden; ventral = Ductus mandibularis (43').
44 Glandula thyreoidea
45 Glandula parathyreoidea externa, äusseres Epithelkörperchen
46 Lnn. mandibulares
47 Ln. retropharyngeus medialis
48 Lymphfollikel an der Innenseite des 3. Augenlides, oft vergrössert. Das 3. Augenlid ist gegen außen umgebogen.

a A. carotis communis
b A. thyroidea cranialis mit Ästen
c A. facialis
d Rami glandulares
e A. sublingualis; e' V. sublingualis
f A. temporalis superficialis; f' V. temporalis superficialis
g A. maxillaris
h A. temporalis profunda caudalis
i A. ophthalmica externa
j A. infraorbitalis; j' A. buccalis
k V. linguofacialis; k' Pharynxäste
l V. labialis inferior der rechten Seite; l' V. submentalis; l" V. profunda faciei
m Stumpf der V. maxillaris mit Ast zum Gaumensegel
n V. omobrachialis aus V. jugularis externa (n' = kurzer Stumpf)
o R. praescapularis, o' R. acromialis der A. und V. cervicalis superficialis

p N. maxillaris des N. trigeminus; p' Äste des N. infraorbitalis am Foramen infraorbitale (p") austretend – sensibel zu Oberlippe und äusserer Nase
q–s N. mandibularis: q N. buccalis, r N. lingualis, s Stumpf des N. alveolaris inferior, s' sein N. mentalis am Foramen mentale (s") austretend – sensibel zu Unterlippe
t–u Stümpfe vom N. facialis: t' sein Ramus digastricus, u sein R. buccalis ventralis
v Äste an Pharynx aus N. glossopharyngeus und N. vagus
w–x N. accessorius: w-w' Äste des R. dorsalis zu M. trapezius (w) und zu M. cleidocephalicus (w'), x R. ventralis zu M. sternocephalicus
y Ventralast des 1. Halsnerven zu M. sternohyoideus und M. sternothyroideus
C_3 Ventraläste des 3. Halsnerven

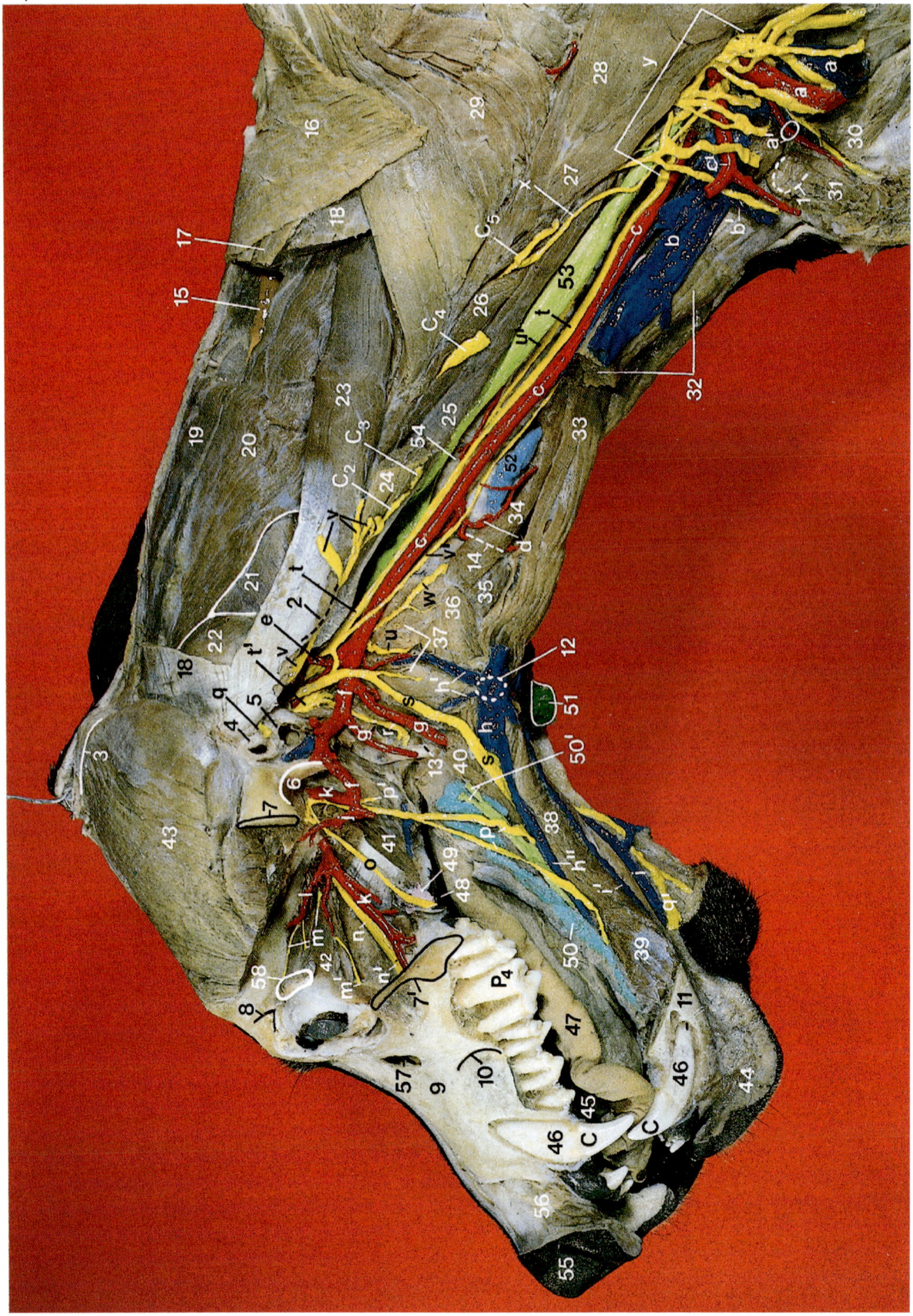

3
4
5
6
7
7'
8
9
10
11
12
13
14
15
16
17
18
19
20
21
22
23
24
25
26
27
28
29
30
31
32
33
34
35
36
37
38
39
40
41
42
43
44
45
46
47
48
49
50
50'
51
52
53
54
55
56
57
58
C_2
C_3
C_4
C_5
P_4
C
a
a'
b
b'
c
d
e
f
g
g'
h
h'
h''
k
l
m
m'
n
n'
o
p
p'
q
r
s
t
t'
u
u'
v
w
x
y

Abb. 23 Kopf und Hals eines Hundes, tiefe Schicht mit Arterien und Nerven. Die Schultergliedmasse, grosse Venenabschnitte und die Ohrmuschel sowie der größte Teil des Jochbogens und des Unterkiefers sind entfernt (Dogge, ca. 5 Jahre alt).

1 Manubrium sterni
2 Ala atlantis
3 Crista sagittalis externa
4 äusserer Gehörgang, horizontaler Teil
5 Bulla tympanica des **Mittelohrs eröffnet,** was auch **operativ bei Vereiterung** geschehen kann
6 Kiefergelenk
7–7' Arcus zygomaticus: 7 kaudaler, 7' rostraler Stumpf
8 Processus zygomaticus des Os frontale
9 Maxilla mit Foramen infraorbitale (10), die Nasenäste des N. infraorbitalis sind entfernt
11 rostraler Stumpf des Corpus mandibulae
12 Lage des Basihyoids
13 Stylohyoid
14 Kaudalende des Kehlkopfes
15 Nackenstrang, Funiculus nuchae

16 M. trapezius
17 M. rhomboideus capitis
18 M. splenius capitis
19–20 M. semispinalis capitis: 19 M. biventer cervicis, 20 M. complexus
21 M. obliquus capitis caudalis
22 M. obliquus capitis cranialis
23 M. longissimus capitis
24 M. omotransversarius
25 M. longus capitis
26 Mm. intertransversarii
27 M. scalenus medius
28 M. scalenus dorsalis
29 M. serratus ventralis
30 M. pectoralis profundus
31 M. pectoralis superficialis
32 Stumpf des M. sternocephalicus, der kraniale Ansatz ist ganz entfernt
33 M. sternohyoideus
34 M. sternothyroideus
35 M. cricothyroideus
36 M. thyrohyoideus
37 Pharynxschnürer
38 M. geniohyoideus
39 M. genioglossus
40 M. styloglossus
41 M. pterygoideus
42 Augenmuskelpyramide
43 M. temporalis
44 Unterlippe
45 Mundhöhle, Cavum oris proprium
46 Wurzel der Canini (C), die stark gebogenen Wurzeln erschweren Behandlungen des ebenfalls gebogenen Wurzelkanals und lassen den Caninus zu dem am **schwersten extrahierbaren Zahn** werden. P_4 = Reisszahn.
47 Zunge, ihr Corpus
48 Rachenenge, Isthmus faucium, dorsal begrenzt vom Gaumensegel

49 Rest der Glandula zygomatica, Backendrüse
50 Glandula sublingualis polystomatica, 50' Ductus sublingualis major und Ductus mandibularis
51 Ln. mandibularis der rechten Seite
52 Glandula thyroidea
53 Oesophagus
54 Trachea
55 Nasenspiegel
56 rostraler Teil der seitlichen Nasenwand, teilweise von Knorpeln gestützt
57 Recessus maxillaris
58 Glandula lacrimalis

a A. und V. subclavia, a' A. und V. thoracica externa
b V. jugularis externa, b' V. cephalica
c A. carotis communis, c' A. cervicalis superficialis
d A. thyroidea cranialis
e A. occipitalis
f A. carotis externa
g A. lingualis, g' A. facialis
h V. linguofacialis, h' Pharynxäste, h" V. sublingualis
i rechte V. labialis inferior, begleitet vom R. buccalis ventralis des N. facialis (q'); i' V. submentalis
j A. temporalis superficialis
k A. maxillaris
l A. ophthalmica externa
m sensible Äste aus N. trigeminus (von N. ophthalmicus und N. zygomaticus des N. maxillaris) zur Augengegend, m' Ast des N. oculomotorius
n N. maxillaris des N. trigeminus, sein N. infraorbitalis (n') läuft begleitet von Arterie im Canalis infraorbitalis der Maxilla
o–p N. mandibularis: o N. buccalis, p N. lingualis, p' N. alveolaris inferior
q Stumpf des N. facialis, q' R. buccalis ventralis des rechten N. facialis
r N. glossopharyngeus
s N. hypoglossus
t Truncus vagosympathicus, t' Ganglion cervicale craniale des N. sympathicus, der schwach sichtbaren A. carotis interna anliegend
u N. laryngeus cranialis des N. vagus, u' N. laryngeus recurrens des N. vagus
v Äste aus R. dorsalis des N. accessorius (zu M. trapezius und M. cleidocephalicus), v' Ventralast des N. accessorius zu M. sternocephalicus
w Ventralast des 1. Halsnerven zu M. sternohyoideus und M. sternothyreoideus
x Ast des 5. Halsnerven zum N. phrenicus; y Plexus brachialis aus Ventralästen des 6.–8. Halsnerven und des 1.–2. Brustnerven
C_2-C_5 Stumpf der Ventraläste des 2.–5. Halsnerven

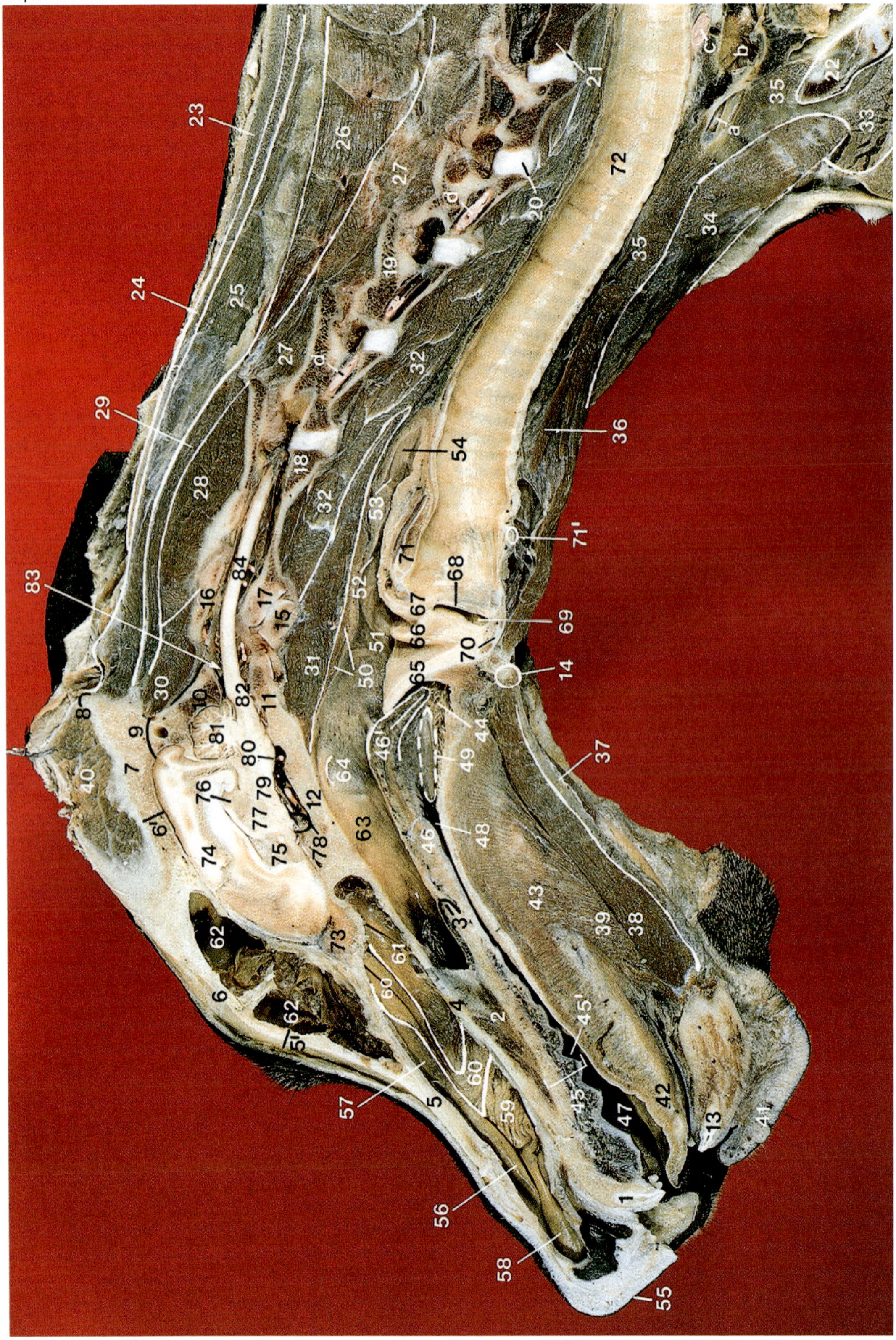
23
24
25
26
27
19
d
20
21
72
c
b
22
35
33
a
34
35
29
27
d
32
36
28
18
54
32
53
71'
71
68
83
16
84
17
15
52
67
66
69
31
51
70
14
65
50
30
10
82
11
8
9
81
80
44
46'
49
37
7
40
76
79
64
12
6'
77
78
63
46
48
74
75
62
73
43
3
39
38
61
60
6
62
4
2
45'
5'
60
57
59
5
45
47
42
13
41
1
56
58
55

Abb. 24 Paramedianschnitt durch den Kopf und Hals eines Hundes. Ansicht von links nach Entfernung des Nasenseptums. Ab dem 3. Halswirbel verläuft der Schnitt weiter rechts paramedian, so dass in Halsmitte die Wirbelkörper und der Wirbelkanal nicht mehr getroffen sind (Dogge, ca. 5 Jahre alt).

1 Os incisivum mit I1 der linken Seite
2 Processus palatinus der Maxilla
3 Choanenrand des Os palatinum
4 Vomer
5 Os nasale, 5' seine Grenze zum Os frontale
6 Os frontale, 6' seine Grenze zum Os parietale
7 Os parietale
8 Crista nuchae
9 Grenze zwischen Os interparietale und Os occipitale
10–11 Os occipitale: 10 Squama, 11 Pars basilaris
12 Os sphenoidale
13 Corpus mandibulae nahe der Symphyse mit linkem I1
14 Basihyoid
15–16 Atlas: 15 Arcus ventralis, 16 Arcus dorsalis
17–18 Axis: 17 Dens, 18 Körper
19 rechter Processus transversus des 4. Halswirbels
20 Discus intervertebralis zwischen 5. und 6. Halswirbel. **Bandscheibenvorfälle** besonders bei Dackeln und Zwergrassen am Hals und am Übergang der Brust- in die Lendenwirbel. Zugang zum Discus im Halsbereich von ventral. Eröffnung des Anulus fibrosus (= Discusfensterung) zu Therapie und Prophylaxe.
21 Körper des 7. Halswirbels
22 Manubrium sterni
23 M. rhomboideus cervicis
24 M. splenius capitis
25 M. semispinalis capitis: sein M. biventer cervicis
26 M. spinalis cervicis
27 M. multifidus cervicis
28 M. obliquus capitis caudalis
29 M. rectus capitis dorsalis major
30 M. rectus capitis dorsalis minor
31 M. longus capitis
32 M. longus colli
33 M. pectoralis superficialis
34 M. sternocephalicus
35 M. sternohyoideus
36 Rest des M. sternohyoideus der linken Seite
37 M. mylohyoideus
38 M. geniohyoideus
39 M. genioglossus
40 M. temporalis
41 Unterlippe
42–43 Zunge: 42 Apex, 43 Corpus
44 hohe Papillae filiformes an der Radix
45 harter Gaumen, Palatum durum mit Venengeflecht und Gaumenstaffeln, Rugae palatinae (45')
46 Gaumensegel, Velum palatinum, 46' sein kaudaler Rand. Das **Laryngoskop** wird von der Rachenenge um den kaudalen Rand des Gaumensegels in den Atmungsrachen geführt.
47 Mundhöhle, Cavum oris proprium
48 Rachenenge, Isthmus faucium
49 Tonsilla palatina, Grubenmandel im Schleimhautbogen zwischen Zungengrund und Gaumensegel, medial bedeckt von einer Schleimhautfalte. Der wulstförmig verdickte Grubenrand der Mandel (gestrichelt umrandet) ist von der Mundhöhle sichtbar. **Mandelvergrösserungen** kommen häufig sekundär in Folge von anderen inneren Erkrankungen vor.
50 Muskulatur der Rachenwand, Pharynxschnürer
51 Kehlrachen, Pars laryngea pharyngis
52 Ösophagusvorhof, Pars esophagea pharyngis
53 Limen pharyngoesophageum, nur beim Flfr. als Grenzfalte zwischen Pharynx und Oesophagus (54)

55 Nasenspiegel
56 gerade Falte, Plica recta
57 Concha nasalis dorsalis
58 Flügelfalte, Plica alaris
59 Concha nasalis ventralis, Maxilloturbinale
60 Concha nasalis media (Endoturbinale II des Os ethmoidale)
61 weitere Conchae ethmoidales
62 Stirnhöhle
63 Atmungsrachen, Pars nasalis pharyngis
64 Ostium pharyngeum tubae auditivae
65–71 Kehlkopf, Larynx: 65 Epiglottis; 66 Processus cuneiformis; 67 Cartilago arytaenoidea mit Schnäuzchen = Processus corniculatus; 68 Stimmfalte, Plica vocalis – auch beim Hund kommen **Lähmungen der Kehlkopfmuskulatur** und der Stimmfalte (rechts wie links) infolge Schädigung der Nn. recurrentes recht häufig vor. 69 Ventriculus laryngis; 70 Cartilago thyroidea; 71–71': Cartilago cricoidea, 71 Lamina, 71' Anulus
72 Trachea

73–81 Gehirn: 73 Bulbus olfactorius des Rhinencephalons; 74 Grosshirnrinde, Lobus parietalis; 75 Corpus striatum; 76 Ammonshorn; 77 Thalamus; 78 Hypophyse; 79 Crus cerebri; 80 Pons; 81 Kleinhirn, Cerebellum
82 Medulla oblongata
83 Cisterna cerebellomedullaris – Punktion zur **Liquorgewinnung** durch Spatium atlantooccipitale in Pfeilrichtung.
84 Rückenmark, Medulla spinalis

a V. jugularis externa
b V. brachiocephalica = gemeinsamer Stamm von V. subclavia und V. jugularis externa
c–d Arterien, gefüllt mit rosarot gefärbter Gummimilch (Latex): c A. carotis communis dextra; d A. vertebralis im Canalis transversus

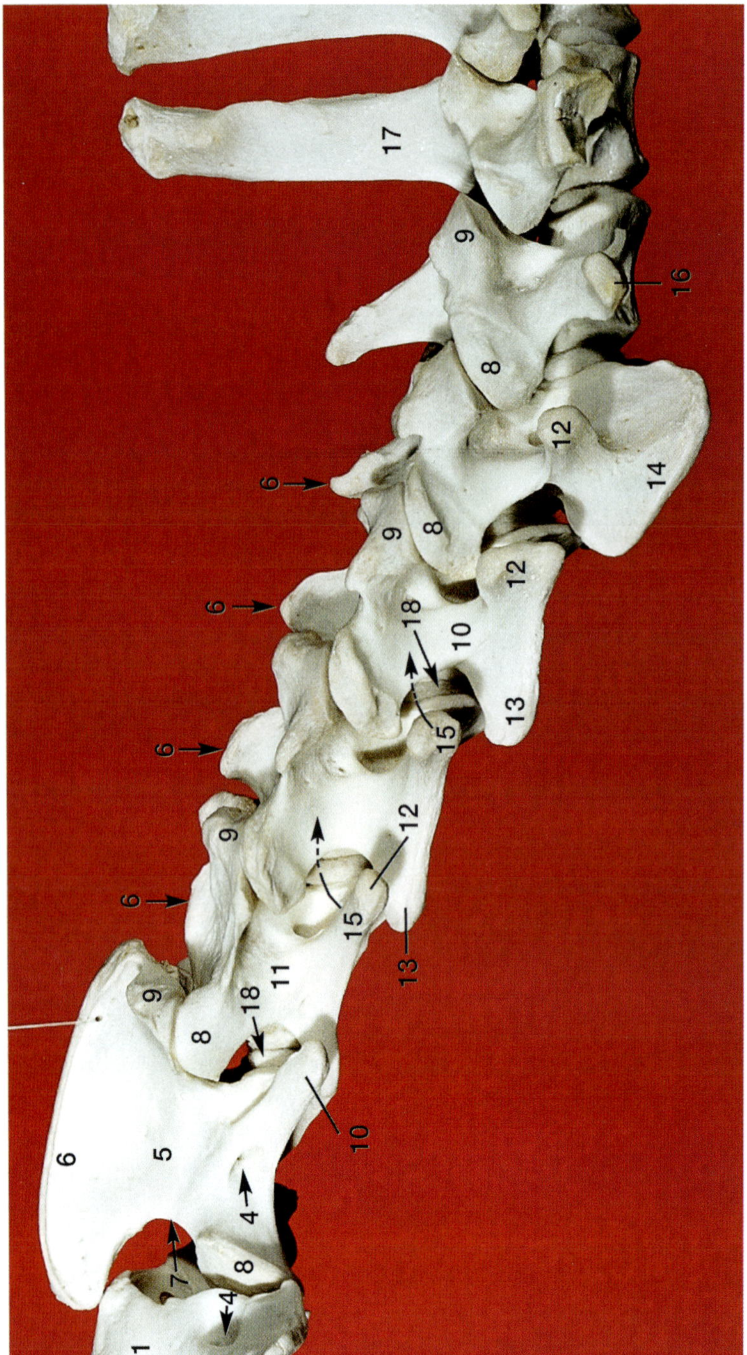
17
9
16
8
12
14
6
9
8
12
6
18
10
13
15
6
12
9
15
6
13
11
18
9
8
10
6
5
4
7
8
4
1
2
3

Abb. 25 Halswirbelsäule eines Hundes, linke Ansicht.

1 Atlas
2 Ala atlantis; zur topographischen Orientierung **tastbar**
3 For. vertebrale laterale; Austritt des 1. Halsnerven
4 For. transversarium; Passage von A., V. und N. vertebralis
5 Axis; **Subluxation von Atlas und Axis** durch Fehlen oder Abtrennung des Dens axis oder Beschädigung der Bänder gelegentlich bei Zwerghunderassen
6 Proc. spinosus
7 Incisura vertebralis cranialis
8 Proc. articularis cranialis
9 Proc. articularis caudalis
10 Proc. transversus
11 3. Halswirbel
12 Tuberculum dorsale des Proc. transversus
13 Tuberculum ventrale des Proc. transversus
14 Lamina ventralis (am 6. HW anstelle des Tuberculum ventrale); Instabilität eines oder mehrerer Wirbel (C5–C7) bzw. deren Deformation führt zur Verengung des Wirbelkanals → **zervikale Spondylopathie** oder **Wobbler-Syndrom** (bes. bei Dogge und Dobermann)
15 Forr. intervertebralia; Austritt der Halsnerven
16 Tuberculum dorsale des Proc. transversus des 7. HW
17 1. Brustwirbel
18 nachgebildete Zwischenwirbelscheiben; **Diskushernien** der Halswirbelsäule am häufigsten zwischen C2 und C3 (bes. bei Jack-Russel-Terrier, Dackel, Cocker-Spaniel, Beagle)

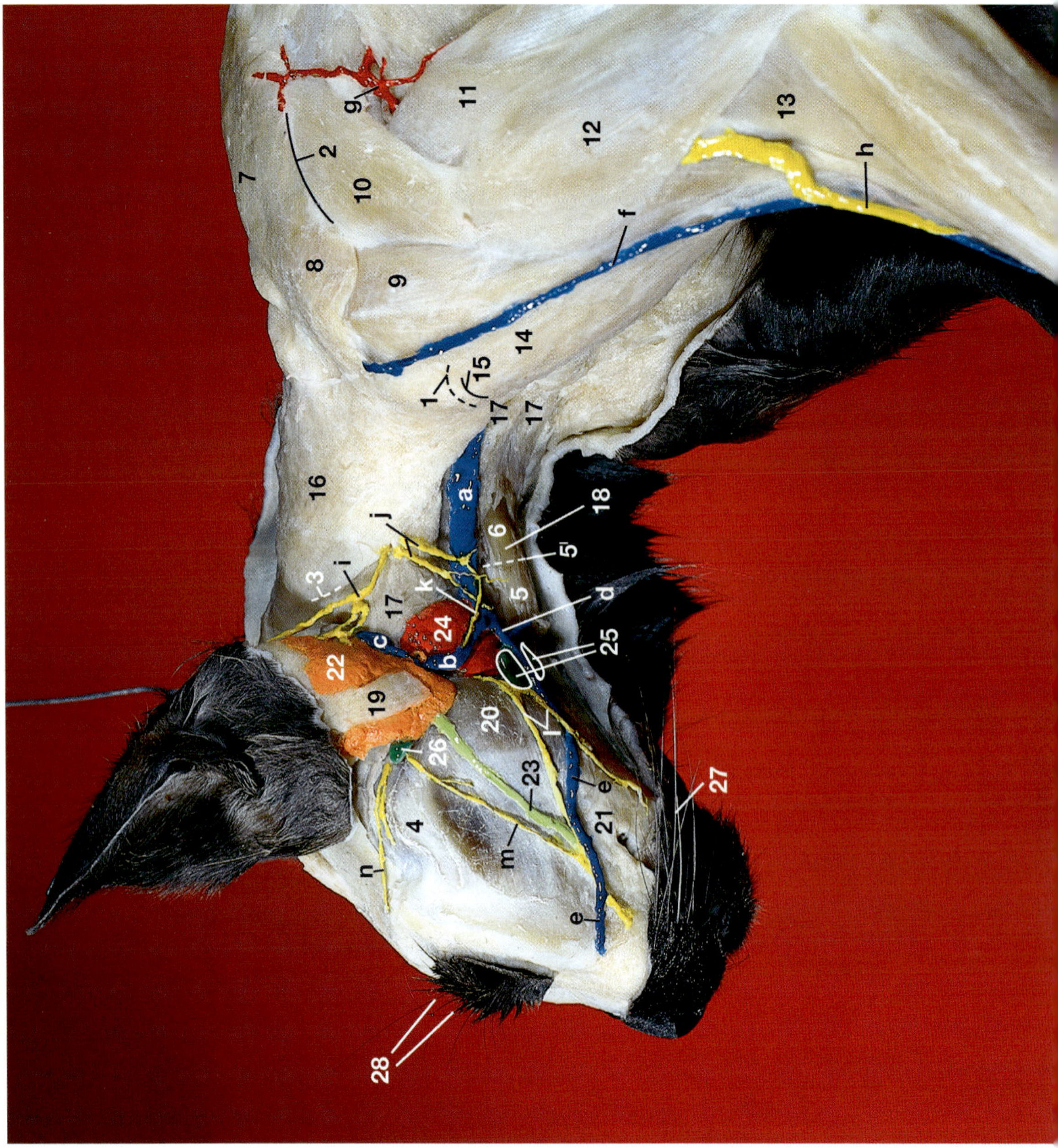
1
2
3
4
5
5'
6
7
8
9
10
11
12
13
14
15
16
17
18
19
20
21
22
23
24
25
26
27
28
a
b
c
d
e
f
g
h
i
j
k
l
m
n

Abb. 26 Kopf, Hals und Schultergürtel einer Katze, oberflächliche Schicht (Mischling, erwachsen).

1 Tuberculum majus humeri
2 Spina scapulae
3 Ala atlantis
4 Arcus zygomaticus
5 Kehlkopf, 5' sein kaudales Ende
6 Trachea; 5 und 6 sind bedeckt von den dünnen Mm. sternohyoidei (18).

7 M. trapezius
8 M. omotransversarius
9–10 M. deltoideus: 9 Pars acromialis, 10 Pars scapularis
11–12 M. triceps brachii: 11 Caput longum, 12 Caput laterale
13 M. extensor carpi radialis
14–16 M. brachiocephalicus: 14 M. cleidobrachialis, 15 Bereich der Clavicula, 16 M. cleidocephalicus
17 M. sternocephalicus
18 M. sternohyoideus
19 M. parotidoauricularis
20 M. masseter
21 M. orbicularis oris
22 Glandula parotis
23 Ductus parotideus
24 Glandula mandibularis, **fühlbar**, haselnussgross
25 Lnn. mandibulares, meist 2 Knoten **fühlbar** (um 10 mm lang, 3-5 mm dick)
26 Ln. parotideus
27 Sinushaare an der Oberlippe („Schnurrbart")
28 Sinushaare am oberen Augenlid.

a V. jugularis externa
b V. maxillaris
c V. auricularis caudalis
d V. linguofacialis
e V. facialis
f V. cephalica – am Unterarm geeignet zur **Blutentnahme** und **intravenösen Injektion**
g A. thoracodorsalis
h N. radialis
i–j 2. Halsnerv: i N. auricularis magnus, j Nn. transversi colli
k–n N. facialis: k R. transversus colli (Verbindung zu C_2), l R. buccalis ventralis, m R. buccalis dorsalis, n N. auriculopalpebralis

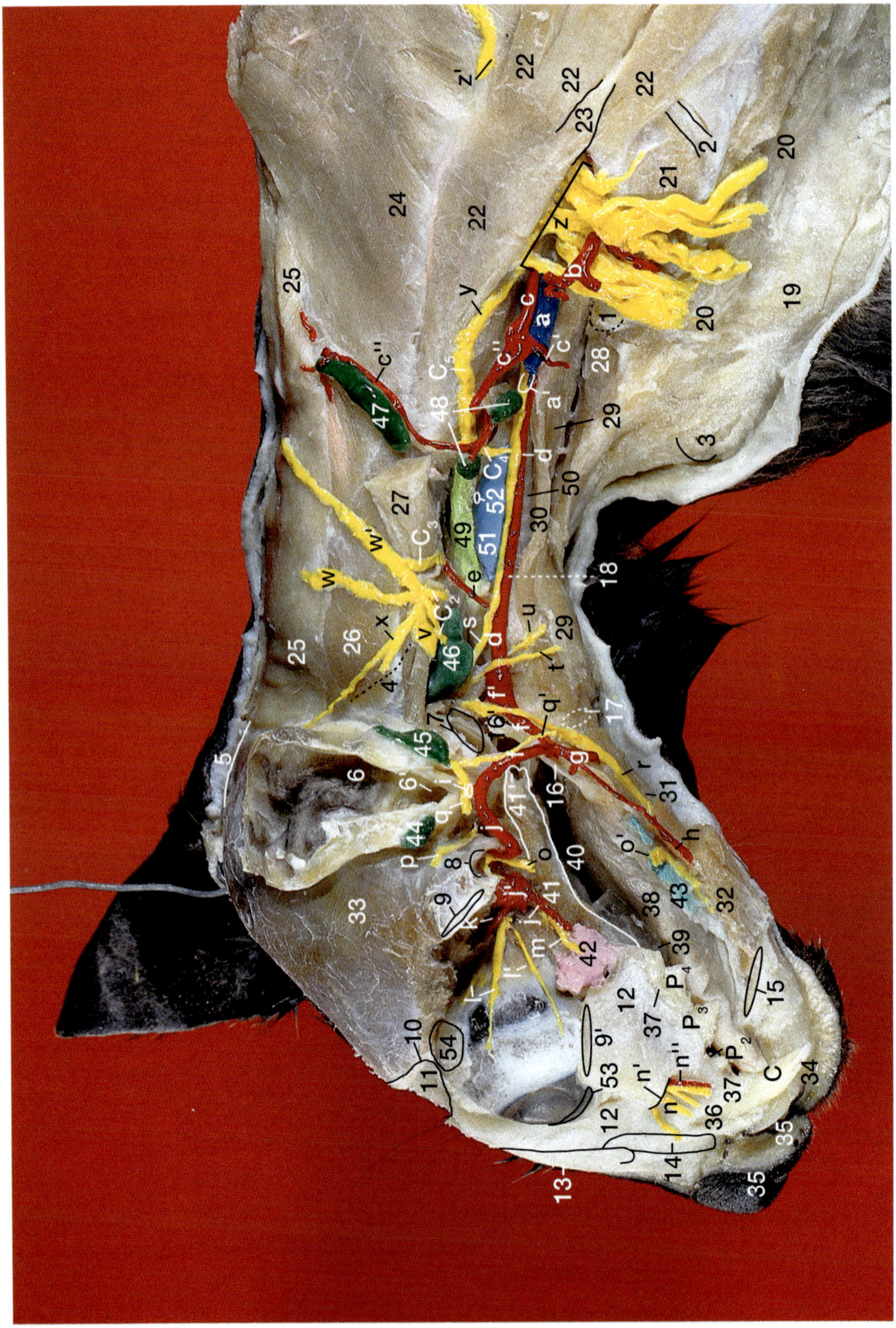

Abb. 27 Kopf, Hals und vorderer Brustbereich der Katze, tiefe Schicht mit Arterien und Nerven. Linke Schultergliedmaße sowie große Teile des Jochbogens und des Unterkiefers entfernt (Mischling, erwachsen).

1 Manubrium sterni
2 zweite Rippe
3 Kranialrand des Tuberculum majus des rechten Humerus
4 Ala atlantis
5 Crista sagittalis externa
6–6' äußerer Gehörgang. Der senkrechte Teil ist eröffnet und erlaubt den Blick in den horizontalen Teil (6'). Der äußere Gehörgang ist oft Sitz **chronischer Entzündungen,** die häufig durch **Räudemilben** verursacht werden.
7 Bulla tympanica des Mittelohrs, eröffnet
8 Kiefergelenk
9–9' Arcus zygomaticus: 9 kaudaler Stumpf, 9' rostraler Stumpf
10 Stumpf des verkürzten Processus zygomaticus des Os frontale
11 laterale Ausdehnung des Sinus frontalis
12 Maxilla
13 Os nasale
14 Os incisivum
15 Stumpf des Corpus mandibulae nahe der Symphyse. An der schmalen Symphysis mandibulae entstehen oft **Frakturen.**
16–16' Stylohyoid, das proximale Tympanohyoid (16') ist von seinem Ansatz am Felsenbein abgetrennt
17 Lage des Basihyoids
18 kaudales Ende des Kehlkopfes
19 M. pectoralis superficialis
20 M. pectoralis profundus
21 M. rectus thoracis
22 M. scalenus dorsalis mit 3 Bäuchen
23 M. scalenus medius, von erster Rippe
24 M. serratus ventralis
25 M. rhomboideus capitis, den M. semispinalis capitis bedeckend
26 M. splenius capitis
27 M. omotransversarius, rostraler Stumpf
28 M. sternocephalicus, kaudaler Stumpf
29 M. sternohyoideus
30 M. sternothyroideus
31 M. geniohyoideus
32 rostraler Stumpf des M. digastricus
33 M. temporalis
34 Unterlippe
35 Oberlippe mit Nasenspiegel
36 Wurzel des Caninus in der Maxilla
37 Zahnhälse des Caninus (C) und der Prämolaren (P): häufig **Gingivitis** und **Zahnstein**
38 Corpus linguae, stark verhornte, raue Papillae filiformes auf dem Zungenrücken
39 Mundhöhle
40 Rachenenge, Pars oralis pharyngis
41–41' Gaumensegel, Velum palatinum, 41' sein kaudaler Rand, Arcus veli palatini
42 dorsale Backendrüse, Glandula zygomatica
43 Glandula sublingualis polystomatica
44 Ln. parotideus
45 Ln. retropharyngeus lateralis
46 Ln. retropharyngeus medialis
47 Ln. cervicalis superficialis dorsalis, Buglymphknoten
48 Lnn. cervicales profundi
49 Esophagus
50 Trachea
51 Glandula thyroidea
52 Umriss des äußeren Epithelkörperchens, Glandula parathyroidea externa, lateral an Schilddrüse liegend
53 drittes Augenlid, **fällt schon bei mäßiger Exsikkose vor,** z.B. bei Spulwurmbefall
54 Glandula lacrimalis

a–a' Stumpf der V. jugularis externa, a' kurzer Stumpf der dünnen V. jugularis interna, die die A. carotis communis begleitet
b Stumpf der A. subclavia mit Ästen
c–c" A. cervicalis superficialis, c' ihr R. ascendens, c" ihr R. praescapularis
d A. carotis communis
e A. thyroidea cranialis
f–f' A. carotis externa nach Abgang der A. carotis interna bei f'
g A. lingualis
h A. facialis
i Stumpf der A. temporalis superficialis
j–j' A. maxillaris mit Rete mirabile (j')
k A. ophthalmica externa
l–l' sensible Äste für Augensegment aus N. ophthalmicus des N. trigeminus und vom N. zygomaticus (l') des N. maxillaris
m N. maxillaris des N. trigeminus
n–n" sensible Äste des N. infraorbitalis (aus N. maxillaris) für Oberlippe und Nase, aus Foramen infraorbitale (n') austretend, begleitet von A. infraorbitalis (n")
o–p N. mandibularis: o gemeinsamer Stumpf von N. lingualis und N alveolaris inferior, o'' N. lingualis; p N. auriculotemporalis
q–q' N. facialis: q R. buccalis dorsalis, q' R. buccalis ventralis
r N. hypoglossus
s Truncus vagosympathicus. Der N. laryngeus recurrens (= N. laryngeus caudalis) verläuft entlang der Trachea und ist hier verdeckt von der A. carotis communis.
t N. laryngeus cranialis des N. vagus
u Ventralast des 1. Halsnerven zu M. sternohyoideus und M. sternothyroideus
v–w' N. accessorius: v kranialer Teil, w R. dorsalis für M. cleidocephalicus, w' R. dorsalis für M. trapezius
x N. auricularis magnus des 2. Halsnerven
y Ast aus 5. Halsnerven für N. phrenicus
z–z' Plexus brachialis aus Ventralästen des 6.–8. Halsnerven und der ersten beiden Brustnerven, z' N. thoracicus longus aus Plexus brachialis (für M. serratus ventralis)
C2–C5 Ventraläste des 2.–5. Halsnerven

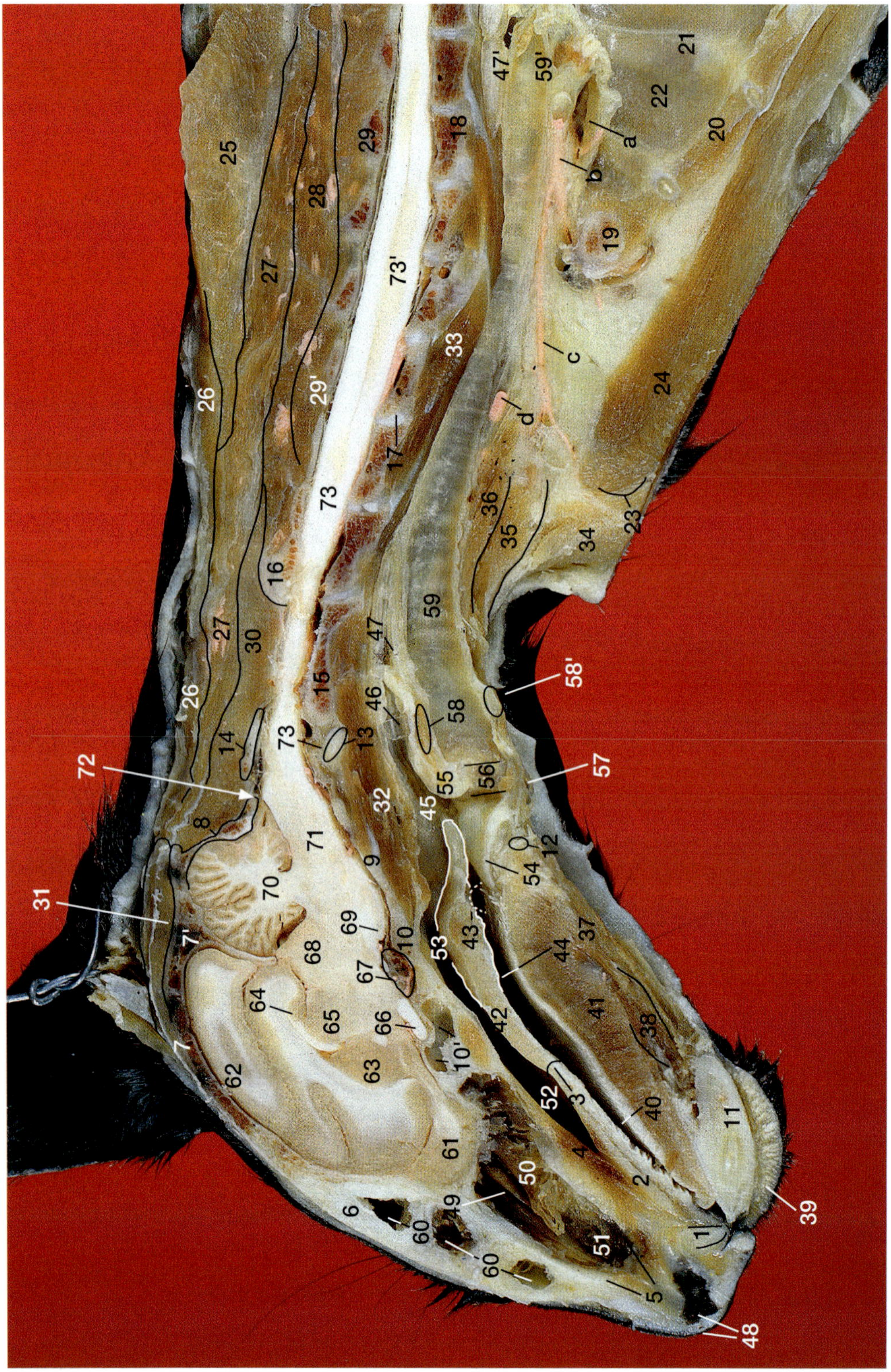
25
26
27
28
29
29'
73'
18
47'
59'
21
22
20
a
b
19
33
c
24
d
17
73
16
30
36
35
34
23
59
47
15
46
58
58'
14
13
72
8
55
56
57
45
32
71
12
54
9
31
70
7'
69
10
53
43
44
37
68
67
64
65
66
42
41
38
7
10'
62
63
52
3
40
11
61
50
2
4
6
49
60
51
1
39
5
48

Abb. 28 Paramedianschnitt durch Kopf, Hals und Vorderbrust der Katze. Ansicht von links nach Entfernung des Nasenseptums. Die rechte Schultergliedmaße ist proximal am Oberarm abgesetzt (Mischling, erwachsen).

1 Os incisivum mit I1
2 Processus palatinus der Maxilla
3 Choanenrand des Os palatinum
4 Vomer
5 Rand des entfernten Nasenseptums
6 Os frontale
7–7' Os parietale mit knöchernem Hirnzelt (7')
8–9 Os occipitale: 8 Squama, 9 Pars basilaris
10–10' Os sphenoidale mit Sinus sphenoidalis (10')
11 Corpus mandibulae in Nähe der Symphyse mit I_1, der linken Seite
12 Basihyoid
13–14 Atlas: 13 Arcus ventralis, 14 Arcus dorsalis
15–16 Axis: 15 Körper, 16 Kaudalende des Processus spinosus
17 Discus intervertebralis zwischen 4. und 5. Halswirbel
18 erster Brustwirbel
19 Ansatz der ersten linken Rippe am Manubrium sterni
20 Sternebrae
21 dritte Rippe der rechten Seite
22 Pleura costalis
23 kranialer Rand des Tuberculum majus des rechten Humerus
24 M. pectoralis profundus
25 M. rhomboideus cervicis der linken Seite
26 Kante des M. splenius capitis der rechten Seite
27 M. semispinalis capitis
28 M. spinalis cervicis
29–29' M. multifidus thoracis, 29' M. multifidus cervicis
30 M. obliquus capitis caudalis, bedeckt vom M. rectus capitis dorsalis major
31 M. temporalis
32 M. longus capitis
33 M. longus colli
34 M. brachiocephalicus, kaudaler Teil
35 M. sternocephalicus
36 M. sternohyoideus
37 M. geniohyoideus
38 M. genioglossus
39 Unterlippe
40 Mundhöhle, Cavum oris proprium
41 Zungenkörper, Corpus linguae
42 Gaumensegel, Velum palatinum
43 Lage der rechten Tonsilla palatina, kleine Grubenmandel im Schleimhautbogen lateral zwischen Zunge und Gaumensegel
44 Rachenenge, Pars oralis pharyngis
45 Kehlrachen, Pars laryngea pharyngis mit Rachendach. Gelegentlich **Einspießen von Fremdkörpern** ins Rachendach
46 Ösophagusvorhof, Pars esophagea pharyngis
47–47' Esophagus, 47' seine Pars thoracica
48 Nasenspiegel und Nasenöffnung
49–51 Nasenhöhle, Cavum nasi der rechten Seite: 49 Concha nasalis dorsalis; 50 Conchae ethmoidales; 51 Concha nasalis ventralis. Die Nasenhöhle mit ihren Muscheln ist der Sitz des oft hartnäckigen **Katzenschnupfens,** wobei häufig auch die Sinus, wie der Sinus frontalis (60) mitbetroffen sind.
52 Choanengang, Meatus nasopharyngeus
53 Atmungsrachen, Pars nasalis pharyngis
54–58' Kehlkopf, Larynx: 54 Epiglottis; 55 Cartilago arytenoidea; 56 Bereich der Stimmfalte, Plica vocalis, rasche Schwingungen beim Schnurren; 57 Cartilago thyroidea, 58 Cartilago cricoidea: 58 Lamina, 58' Anulus
59 Trachea, 59' ihre Pars thoracica, kranial der Bifurcatio tracheae
60 Sinus frontalis mit Conchae ethmoidales
61–71 Gehirn: 61 Bulbus olfactorius des Rhinencephalons; 62 Großhirnrinde, Lobus parietalis; 63 Corpus striatum; 64 Ammonshorn; 65 Thalamus; 66 N. opticus; 67 Hypopyse; 68 Corpora quadrigemina; 69 Pons; 70 Kleinhirn, Cerebellum; 71 Medulla oblongata
72 Cisterna cerebellomedullaris, nur tangential getroffen; Punktion zur **Liquorgewinnung** durch Spatium atlanto occipitale in Pfeilrichtung.
73–73' Rückenmark, Medulla spinalis. Die Verdickung des Halsmarkes, Intumescentia cervicalis (73'), liegt kranial vom Plexus brachialis.

a V. cava cranialis
b–d Arterien mit rosarot gefärbter Gummimilch (Latex) injiziert: b A. subclavia dextra, c A. cervicalis superficialis, d A. carotis communis dextra

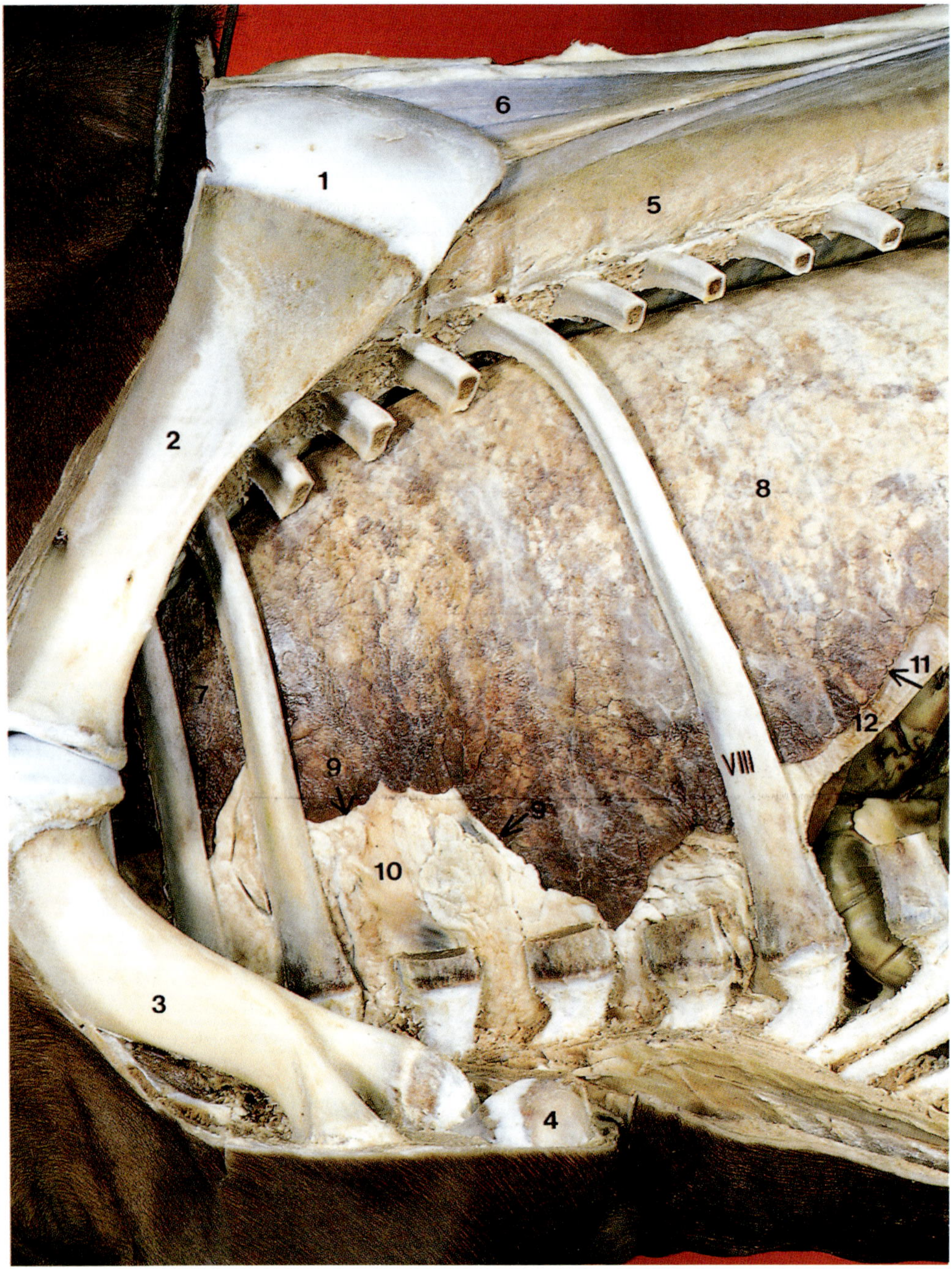
6
1
5
2
8
7
11
12
VIII
9
9
10
3
4

Abb. 29 Brusthöhle eines Pferdes von links, Rippen teilweise entfernt, VIII bezeichnet die 8. Rippe (Mischling, erwachsen).

1 Cartilago scapulae
2 Scapula
3 Humerus
4 Olecranon
5 M. longissimus thoracis
6 M. spinalis thoracis et cervicis
7 Lobus cranialis der linken Lunge
8 Lobus caudalis der linken Lunge, **perkutane Lungenbiopsie** im 7. oder 8. Interkostalraum in Höhe einer Horizontalen durch das Buggelenk möglich
9 Incisura cardiaca
10 Herz im Herzbeutel (Im 3.-5. Interkostalraum liegt das Herz der seitlichen Brustwand direkt an und erzeugt bei Perkussion eine **absolute Herzdämpfung**.)
11 Margo acutus pulmonis (umfaßt die Margines ventralis und basalis); Die **Kaudalausdehnung der Lunge** ist mit drei Hilfslinien zu bestimmen:
1. Hüfthöckerlinie (H-Linie)
2. Sitzbeinhöckerlinie (S-Linie)
3. Buggelenklinie (B-Linie)
Die Kaudalgrenze der Lunge schneidet die H-Linie im 16., die S-Linie im 14. und die B-Linie im 10. Interkostalraum. Die Ventralgrenze wird im 6. Interkostalraum erreicht. Das Feld für die Perkussion und Auskultation ist wegen der geringen Dicke des Gewebes im Bereich der Lungenränder kleiner. Das für die **Perkussion** und **Auskultation** geeignete Gebiet stellt ein Dreieck zwischen Angulus caudalis scapulae, Tuber olecrani und Proximalende der 16. Rippe dar.
12. Diaphragma (teilweise entfernt, darunter Darmkonvolut sichtbar)

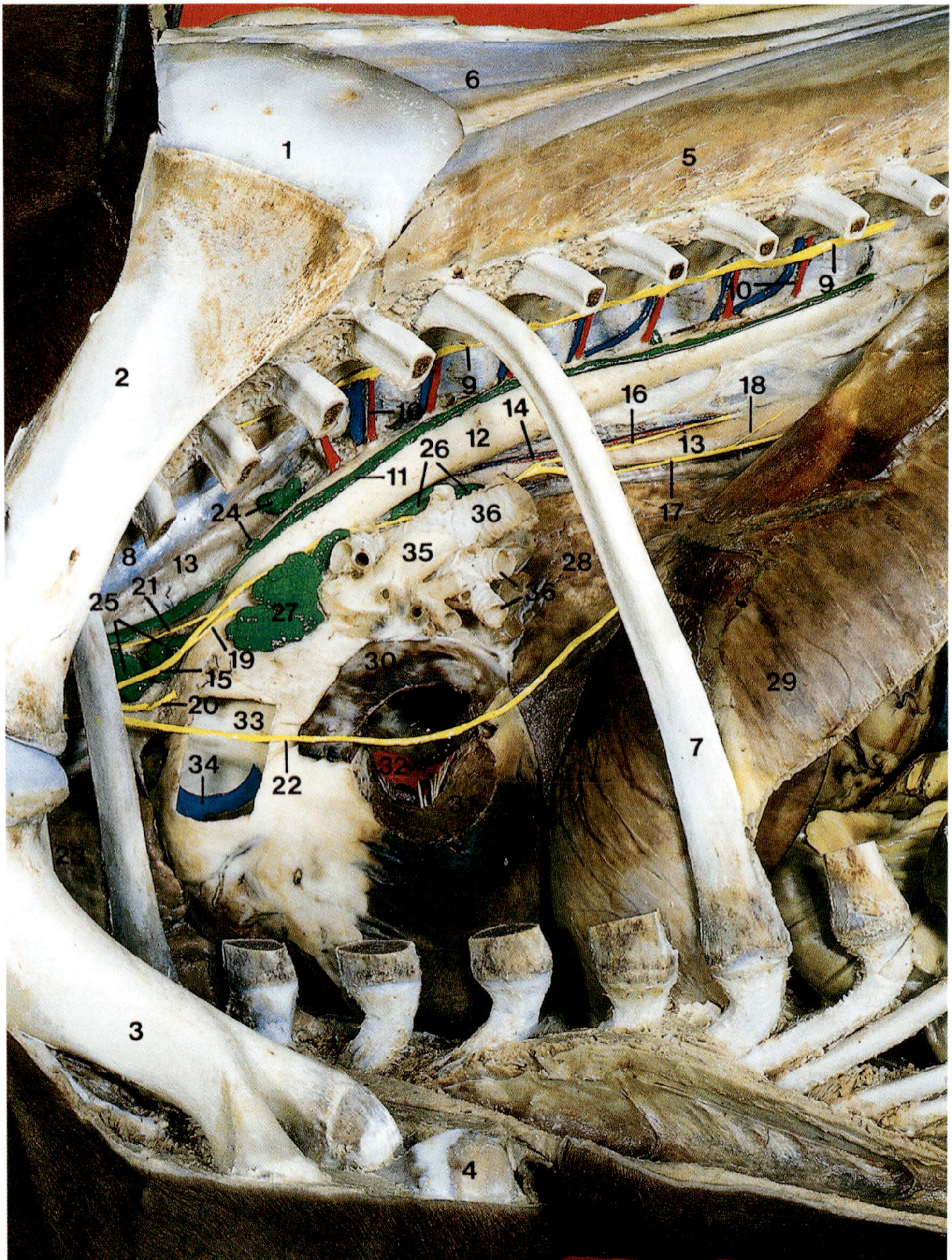
6
1
5
2
9
10
9
16
9
16
18
14
12
13
26
11
17
36
24
35
8
13
28
21
25
36
27
19
30
15
29
20
33
7
34
22
32
3
4

Abb. 30 Brusthöhle eines Pferdes von links, Rippen teilweise entfernt, linke Lunge entfernt.

1 Cartilago scapulae
2 Scapula
3 Humerus
4 Olecranon
5 M. longissimus thoracis
6 M. spinalis thoracis et cervicis
7 8. Rippe; **Thorakozentese** zur Entnahme von Pleuraflüssigkeit im 6. oder 7. Interkostalraum distal der Rippenfugen
8 Brustportion des M. longus colli
9 Truncus sympathicus
10 Aa. et Vv. intercostales dorsales
11 Ductus thoracicus (hier über die gesamte Länge links der Aorta gelegen, im Regelfall beim Pferd rechtsseitiger Verlauf bis 4./5. Brustwirbel, danach Übertritt auf die linke Seite der Luft- und Speiseröhre)
12 Aorta thoracica
13 Esophagus
14 Rami esophagei der A. et V. bronchoesophagea
15 N. vagus
16 Ramus dorsalis des linken N. vagus (vereinigt sich vor der Passage des Hiatus esophageus mit dem Ramus dorsalis des rechten N. vagus zum Truncus vagalis dorsalis)
17 Ramus ventralis des linken N. vagus (vereinigt sich vor der Passage des Hiatus esophageus mit dem Ramus ventralis des rechten N. vagus zum Truncus vagalis ventralis)
18 Ramus esophageus
19 linker N. laryngeus recurrens (Abzweigung vom N. vagus, schlägt sich nach medial um die Aorta, zieht durch Mittelfellspalt zum Brusteingang und von dort ventrolateral der A. carotis communis kopfwärts, versorgt als N. laryngeus caudalis die Kehlkopfmuskeln exkl. den M. cricothyroideus; Die enge Lagebeziehung des Nerven zum Aortenbogen und den Lnn. tracheobronchales (bifurcationis) sinistri werden als Faktoren für die Ätiologie der Hemiplegia laryngis, das **Kehlkopfpfeifen**, angesehen.)
20 N. depressor (entspringt aus N. laryngeus cranialis und meist mit zweiter Wurzel aus dem Vagusstamm, läuft kurz nach seinem Ursprung mit dem Truncus vagosympathicus vereinigt zum Brusteingang, isoliert sich dort, zieht zwischen Aorta und Truncus pulmonalis und bildet dort feine Netze; führt afferente, viszerosensible Fasern zum Vasomotorenzentrum des Hirnstammes – „**Depressorreflex**")
21 Ramus cardiacus des N. vagus
22 N. phrenicus (Ursprung aus den Ventralästen des 5.–7. Halsnerven, führt motorische Fasern für das Zwerchfell und sensible Fasern aus dem Mittelfell und dem Herzbeutel)
23 Lobus thoracicus sinister des Thymus
24 Lnn. thoracici aortici des Lc. thoracicum dorsale
25 Lnn. mediastinales craniales des Lc. mediastinale
26 Lnn. mediastinales caudales des Lc. mediastinale
27 Lnn. tracheobronchales (bifurcationis) sinistri des Lc. bronchale
28 Lobus accessorius der rechten Lunge
29 Diaphragma
30 linkes Herzohr (gefenstert)
31 Wand des linken Ventrikels
32 Valva atrioventricularis sinistra s. bicuspidalis s. mitralis (**Auskultation** im 5. Interkostalraum dorsal des Olecranon in Höhe einer Horizontalen zwischen Schulter- und Ellbogengelenk); **Auskultation** der **Valva aortae** im 4. IKR
33 Truncus pulmonalis (gefenstert)
34 Valva trunci pulmonalis **(Auskultation** im 3. Interkostalraum in gleicher Höhe wie Valva bicuspidalis (32)
35 A. pulmonalis sinistra
36 Bronchien

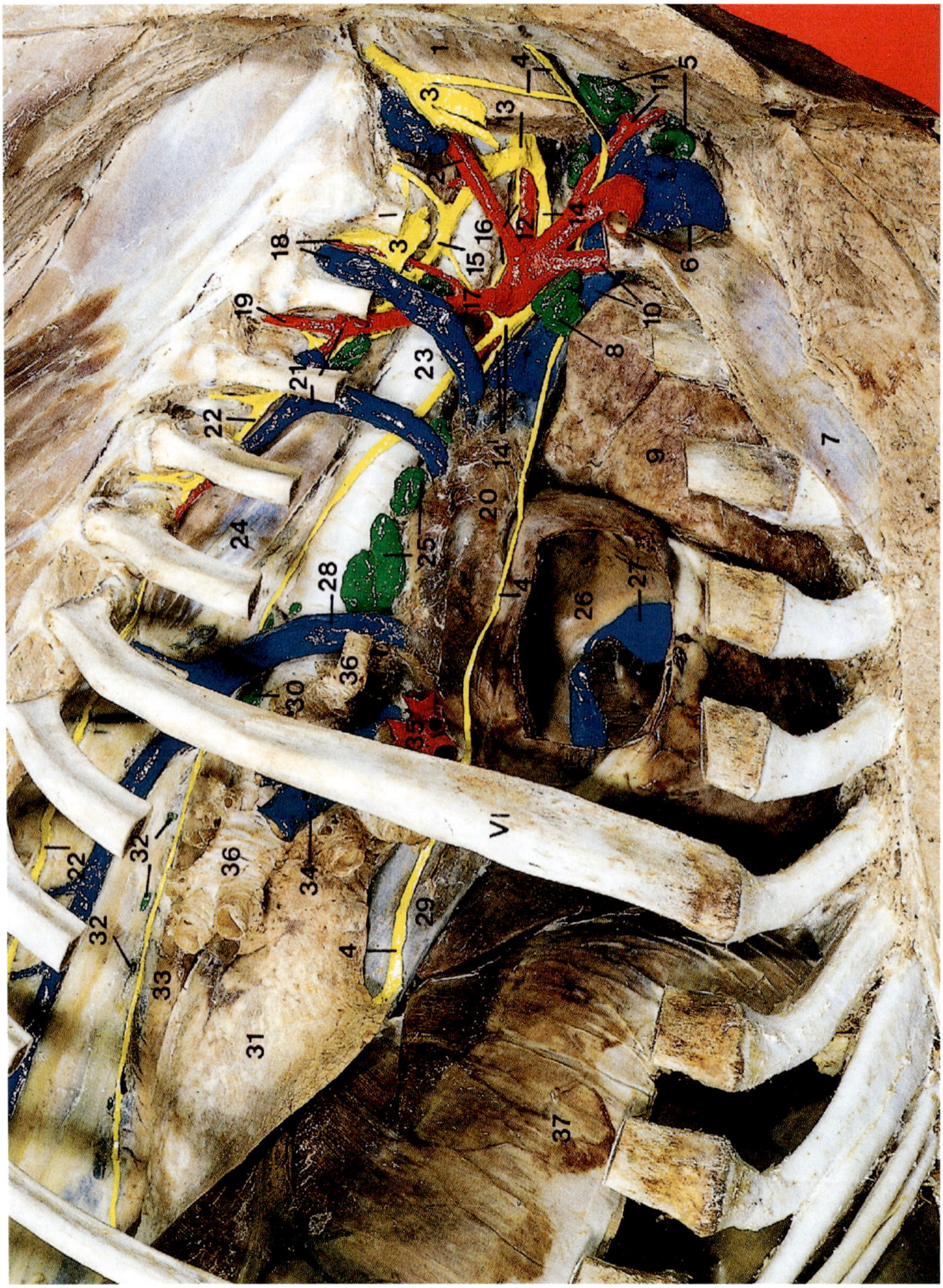
1
2
3
3
4
4
5
6
7
8
9
10
11
12
13
14
14
14'
15
16
17
18
19
20
21
22
22
23
24
25
26
27
28
29
30
31
32
32
33
34
35
36
36
37
VI

Abb. 31 Brusthöhle und Brusteingang eines Pferdes von rechts, I und VI bezeichnen die 1. bzw. 6. Rippe, die Lymphknoten sind vergrößert (Vollblut, 1 Jahr alt).

1 M. scalenus ventralis
2 A., V. et N. vertebralis (Ursprung der Vene entfernt)
3 Äste des Plexus brachialis (teilweise entfernt)
4 N. phrenicus
5 Lnn. cervicales profundi caudales des Lc. cervicale profundum
6 A. et V. axillaris, Arterie ist am Umschlag um die 1. Rippe fühlbar, **Punktion** zur Gewinnung arteriellen Blutes
7 M. rectus thoracis
8 Lnn. mediastinales craniales (teilweise entfernt) des Lc. mediastinale
9 Thymus
10 A. et V. thoracica interna
11 A. cervicalis superficialis
12 Tr. bicaroticus
13 Tr. vagosympathicus
14 N. vagus
14′ seine Aufzweigung in Tr. vagalis dorsalis und ventralis
15 Ganglion cervicothoracicum (stellatum), **Ggl.-stellatum-Blockade:** Einstich handbreit oberhalb des Buggelenks in Richtung 7. Halswirbel, nach Auftreffen auf den Knochen Kanüle ca. 2 cm zurückziehen und wieder unter leichter Medialneigung vorschieben
16 N. laryngeus recurrens dexter, vom N. vagus kommend, um den Tr. costocervicalis umschlagend (siehe auch Legende zu Abb. 30, Nr. 19)
17 Tr. costocervicalis
18 A. et V. cervicalis profunda
19 A. scapularis dorsalis
20 V. cava cranialis
21 A. et V. intercostalis suprema
22 Truncus sympathicus
23 Trachea
24 M. longus colli
25 Lnn. mediastinales medii des Lc. mediastinale
26 Herz (rechtes Atrium eröffnet), **Herzstoß** und **absolute Herzdämpfung** im 3. und 4. IKR
27 Valva atrioventricularis dextra (tricuspidalis), **Auskultation** distal im 3. und 4. IKR
28 V. azygos dextra
29 V. cava caudalis
30 Lnn. tracheobronchales (bifurcationis) dextri des Lc. bronchale
31 Lobus accessorius der rechten Lunge, durch Gekröse der hinteren Hohlvene vom Lobus caudalis abgetrennt, übrige Lungenlappen entfernt, **Lungenperkussionsfeld** wie links (siehe Legende zu Abb. 29, Nr. 11)
32 Lnn. mediastinales caudales des Lc. mediastinale
33 Speiseröhre
34 A. pulmonalis
35 Vv. pulmonales
36 Bronchien
37 Zwerchfell

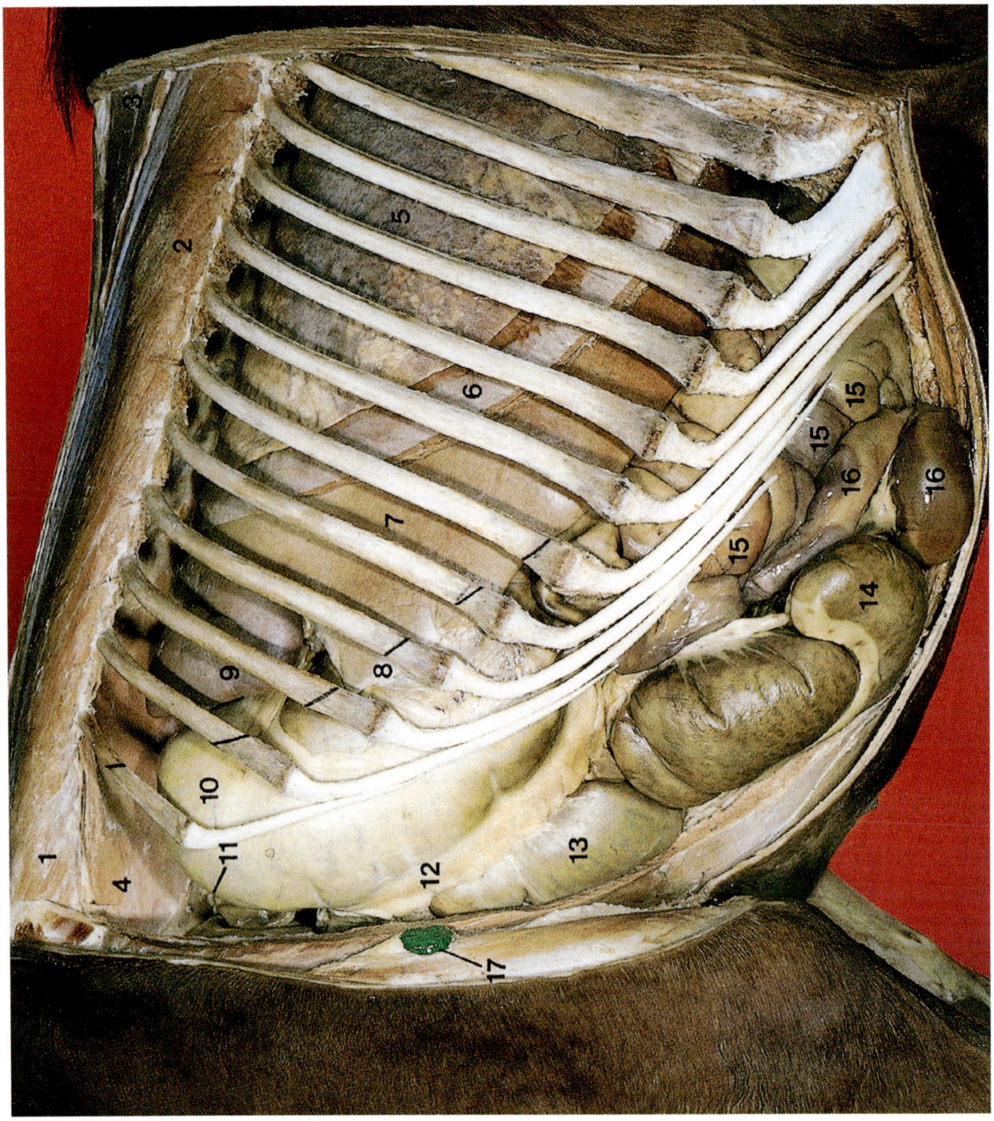
1
2
3
4
5
6
7
8
9
10
11
12
13
14
15
15
15
15
16
16
17

Abb. 32 Brust- und Bauchhöhle eines Pferdes von rechts, Ursprungslinie der Pars costalis des Zwerchfells an der Innenfläche der letzten Rippen außen schwarz markiert (Vollblut, 1 Jahr alt).

1 M. longissimus lumborum
2 M. longissimus thoracis
3 M. spinalis thoracis et cervicis
4 innere Lendenmuskulatur
5 rechte Lunge (**Perkussion** und **Auskultation** s. Legende zu Abb. 29, Nr. 11)
6 Pars costalis des Zwerchfells (von der Schnittlinie bis zu seiner Ursprungslinie innen an den Rippen/Rippenknorpeln entfernt)
7 Leber (Lobus hepatis dexter); Die Leber des Pferdes liegt vollständig im intrathorakalen Abschnitt der Bauchhöhle. In der seitlichen Projektion ist sie weitgehend von der Lunge überlagert. Eine **Leberdämpfung** ist entweder nicht oder nur auf der rechten Seite dicht vor der kaudalen Lungengrenze nachweisbar. **Punktionsstelle** auf der rechten Körperseite: Auf einer Horizontalen durch die Mitte der Verbindungslinie zwischen Tuber coxae und Tuber ischiadicum im 13. bis 15. IKR
8 Ligamentum triangulare dextrum
9 rechte Niere; liegt vollständig oder fast vollständig intrathorakal, ventral großflächig mit dem Blinddarmkopf verwachsen und deshalb der rektalen Untersuchung **nicht zugänglich** (Der Endabschnitt der Pars descendens duodeni ist hier abweichend von seiner üblichen Lage am Lateralrand der rechten Niere [s. Abb. 33, Nr. 10] unter der Niere gelegen)
10 Basis ceci; füllt die rechte Fossa paralumbalis aus, reicht vom Beckeneingang weit in den intrathorakalen Teil der Bauchhöhle hinein, bindegewebig mit rechtem Pankreaslappen, rechter Niere, Gekrösewurzel und rechter dorsaler Längslage des Colon ascendens verwachsen, **Punktionsstelle (Cecocentesis)**: Handbreit ventral der Enden der Lendenwirbelquerfortsätze
11 Curvatura ceci major **(rektal palpierbar)**
12 lateraler Bandstreifen (Tenia lateralis)
13 Corpus ceci, **Zäkotomie** in der rechten Regio hypochondriaca in Höhe der 11.–17. Rippe, zwei Finger breit parallel zum Rippenbogen
14 Apex ceci
15 Colon ventrale dextrum, **Kolotomie** s. Legende zu Abb. 33, Nr. 14
16 Jejunumschlinge (Die Leerdarmschlingen liegen vornehmlich im linken dorsalen Quadranten der Bauchhöhle. Das bis zu 60 cm lange Gekröse gestattet aber auch erhebliche Verschiebungen bis auf die ventrale Bauchwand.)
17 **Kniefaltenlymphknoten** (Lnn. subiliaci des Lc. inguinofemorale), am Vorderrand des M. tensor fasciae latae in der Mitte der Verbindung zwischen Hüfthöcker und Kniescheibe **tastbar**

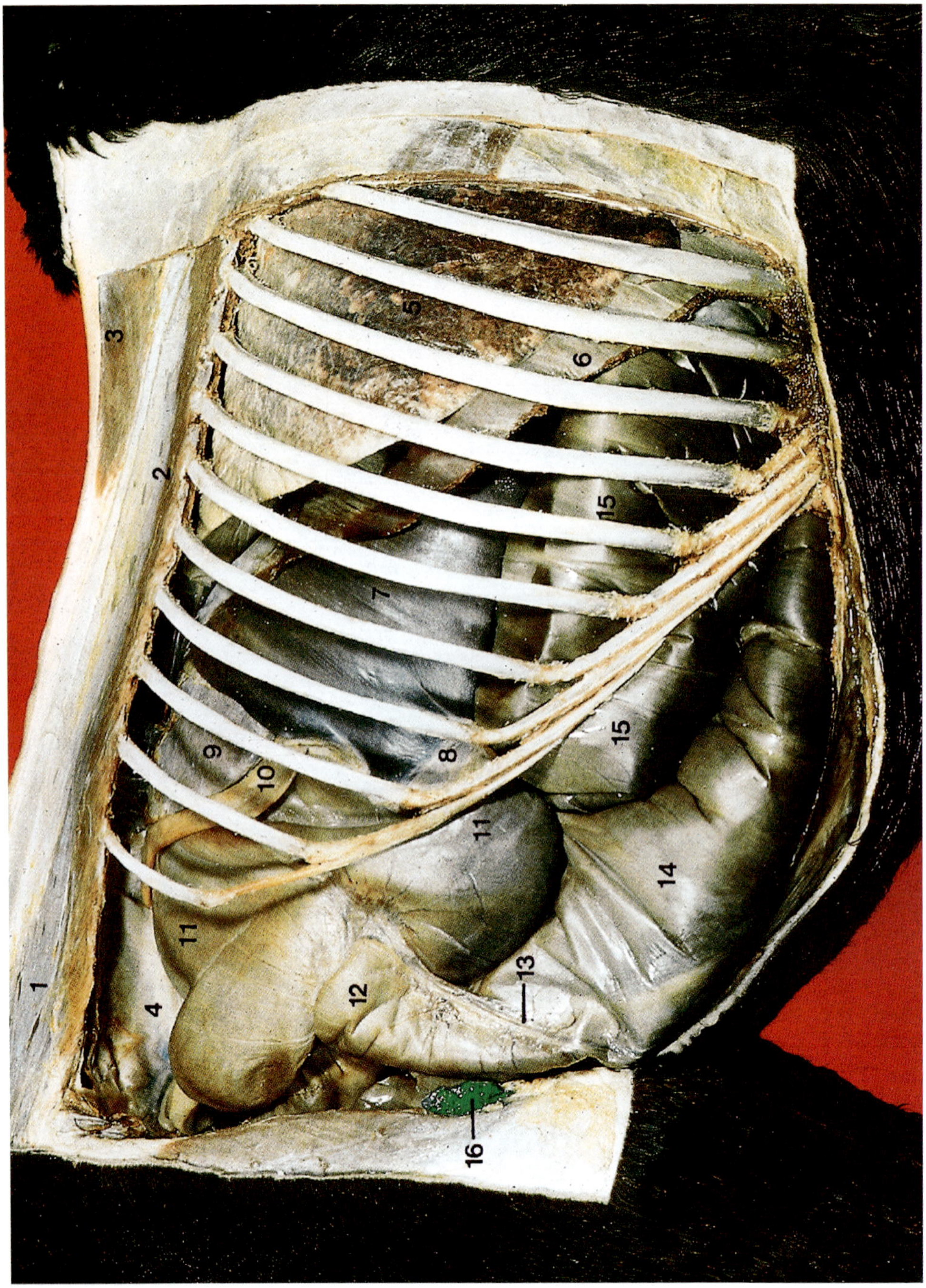
1
2
3
4
5
6
7
8
9
10
11
12
13
14
15
16

Abb. 33 Brust- und Bauchhöhle eines Pferdes von rechts (Pony, 10 Jahre alt).

1 M. longissimus lumborum
2 M. longissimus thoracis
3 M. spinalis thoracis et cervicis
4 innere Lendenmuskulatur
5 rechte Lunge **(Perkussion** und **Auskultation** s. Legende zu Abb. 29, Nr. 11)
6 Pars costalis des Zwerchfells (von der Schnittlinie bis zur Ursprungslinie, [s. Legende zu Abb. 32, Nr. 6] entfernt)
7 Lobus dexter der Leber (**Leberdämpfung** und **Punktionsstelle** s. Legende zu Abb. 32, Nr. 7)
8 Ligamentum triangulare dextrum
9 rechte Niere (s.a. Abb. 32, Nr. 9)
10 Pars descendens duodeni; Das Duodenum hat durch vielfältige Befestigung an benachbarte Organe eine relativ konstante Lage. Die Pars cranialis ist durch das Lig. hepatoduodenale an der Leberpforte, die Pars descendens an das Pankreas, die rechte Niere und den Blinddarmkopf angeheftet. Die den Blinddarmkopf kaudal umfassende Flexura duodeni caudalis ist, besonders im verstopften Zustand, **rektal palpierbar.**
11 Basis ceci (s.a. Abb. 32, Nr. 10)
12 Ursprung der rechten ventralen Längslage des Colon ascendens am Ostium cecocolicum
13 Tenia libera lateralis des Colon ventrale dextrum (Hier inseriert die Plica cecocolica, die am lateralen Bandstreifen des Blinddarmes entspringt.)
14 Colon ventrale dextrum (Corpus und Apex ceci liegen hier nicht sichtbar zwischen den ventralen Kolonlagen.), **Kolotomie** des großen Kolons in der rechten Regio hypochondriaca in Höhe 7.–11. Rippe, zwei Finger breit parallel zum Rippenbogen; An der rechten ventralen Längslage sind 4 Bandstreifen und 4 Poschenreihen vorhanden.
15 Colon dorsale dextrum, wegen des erheblichen Lumens auch **„magenähnliche Erweiterung“**, Ampulla coli, genannt; **rektal palpierbar,** Verwechslungsmöglichkeit mit dem im wesentlichen links der Medianebene gelegenen Magen beachten! An der rechten dorsalen Längslage sind 3 Bandstreifen aber keine Poschen vorhanden.
16 Kniefaltenlymphknoten (s. Legende zu Abb. 32, Nr. 17)

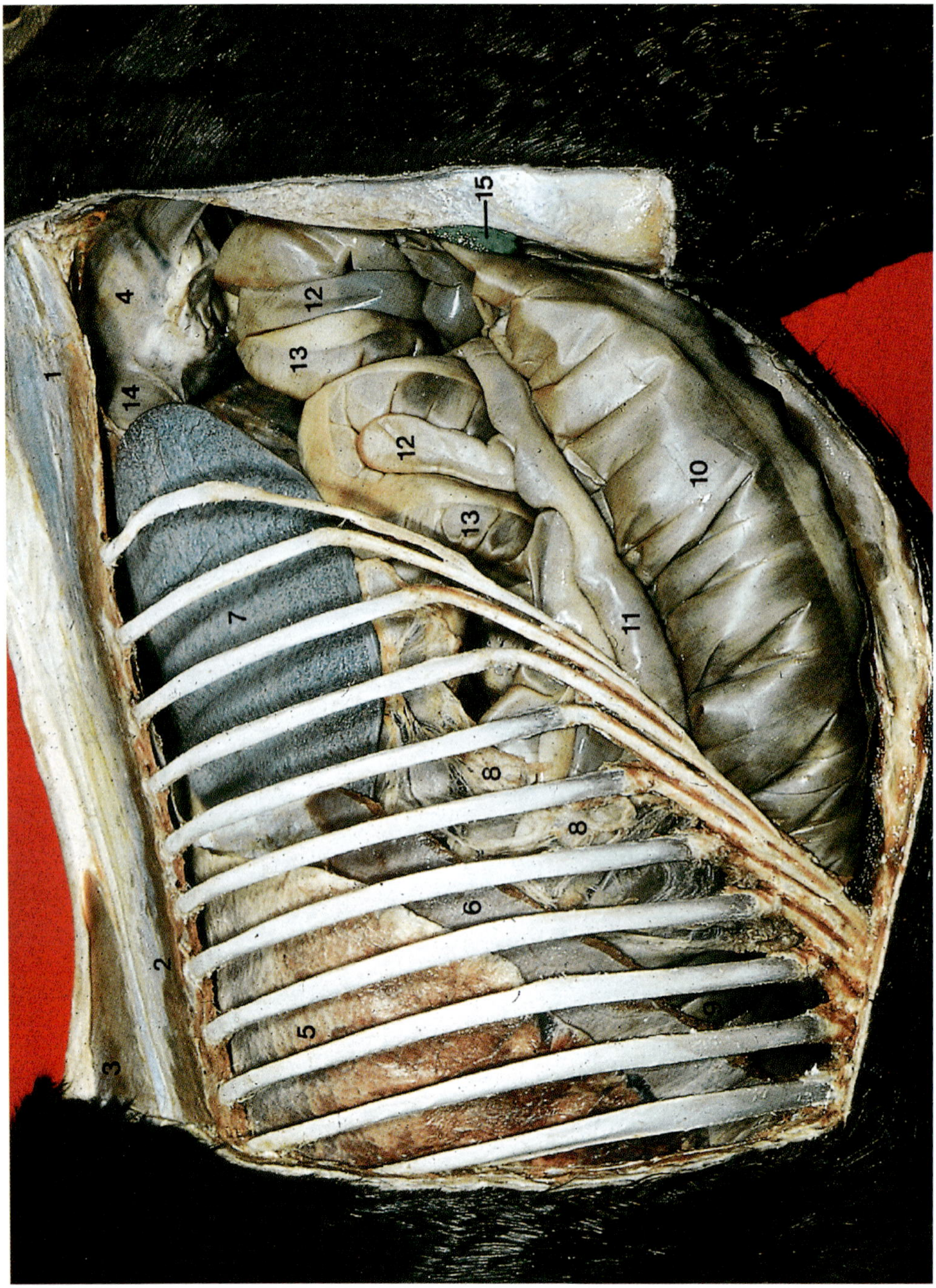
15
4
12
1
13
14
12
10
13
7
11
8
8
6
2
5
9
3

Abb. 34 Brust- und Bauchhöhle eines Pferdes von links (Pony, 10 Jahre alt).

1 M. longissimus lumborum
2 M. longissimus thoracis
3 M. spinalis thoracis et cervicis
4 innere Lendenmuskulatur
5 linke Lunge (**Perkussion** und **Auskultation** s. Legende zu Abb. 29, Nr. 11)
6 Pars costalis des Zwerchfells (von der Schnittlinie bis zur Ursprungslinie [s. Legende zu Abb. 32, Nr. 6] entfernt)
7 Milz, Extremitas dorsalis (**rektal palpierbar**) zwischen linker Niere und Bauchwand gelegen und durch das Lig. phrenicolienale am Zwerchfell befestigt, Extremitas ventralis kann bis in die untere Hälfte des 9.–11. IKR reichen; Durch das Lig. gastrolienale ist die Milz mit der großen Magenkrümmung verbunden. Bei stark gefülltem Magen ist die Milz weiter nach kaudal verschoben. Über das Lig. lienorenale (**Milz-Nieren-Band**) besteht eine Verbindung zur linken Niere.
8 Omentum majus, Jejunumschlingen und linke dorsale Längslage des Colon ascendens bedeckend
9 Lobus sinister der Leber
10 Colon ventrale sinistrum, trägt 4 Bandstreifen und 4 Poschenreihen; Da nur die rechten Kolonlagen über das Mesocolon ascendens an der kranialen Gekrösewurzel befestigt sind, kommen Drehungen um die Längsachse (**Torsio coli**) und Verlagerungen nur an den linken Längslagen und der Beckenflexur vor. **Kolotomie** s. Legende zu Abb. 33, Nr. 14
11 Colon dorsale sinistrum, besitzt einen Bandstreifen und keine Poschen; **Kolotomie** s. Legende zu Abb. 34, Nr. 14
12 Jejunumschlingen, liegen mit den Schlingen des Colon descendens vermengt vornehmlich im linken dorsalen Quadranten der Bauchhöhle (s.a. Legende zu Abb. 32, Nr. 16)
13 Colon descendens, besitzt zwei kräftige Bandstreifen und zwei deutliche Poschenreihen; bei **rektaler Untersuchung** leicht an den charakteristischen Kotballen erkennbar; Das kleine Kolon erreicht eine Länge bis zu 4 m und sein langes Gekröse (bis 90cm) erlaubt beträchtliche Lageveränderungen, u.a. in die Beckenhöhle hinein. Das Fassungsvermögen des kleinen Kolons beträgt beim Pony 2,5–4,5 l (bei großen Pferderassen 15–17 l). Durch Volumenregistrierung einer per Klysma applizierten Flüssigkeitsmenge kann eine **Obstipation des kleinen Kolons** beim Pony ausgeschlossen werden.
14 linke Niere, unter 17./18. Rippe bis 2./3. Lendenwirbelquerfortsatz gelegen, **rektal palpierbar.** Die linke Niere ist leichter beweglich als die rechte. Eine **perkutane Biopsie** der linken Niere unter rektaler Kontrolle ist möglich.
15 Kniefaltenlymphknoten (s. Legende zu Abb. 32, Nr. 17)

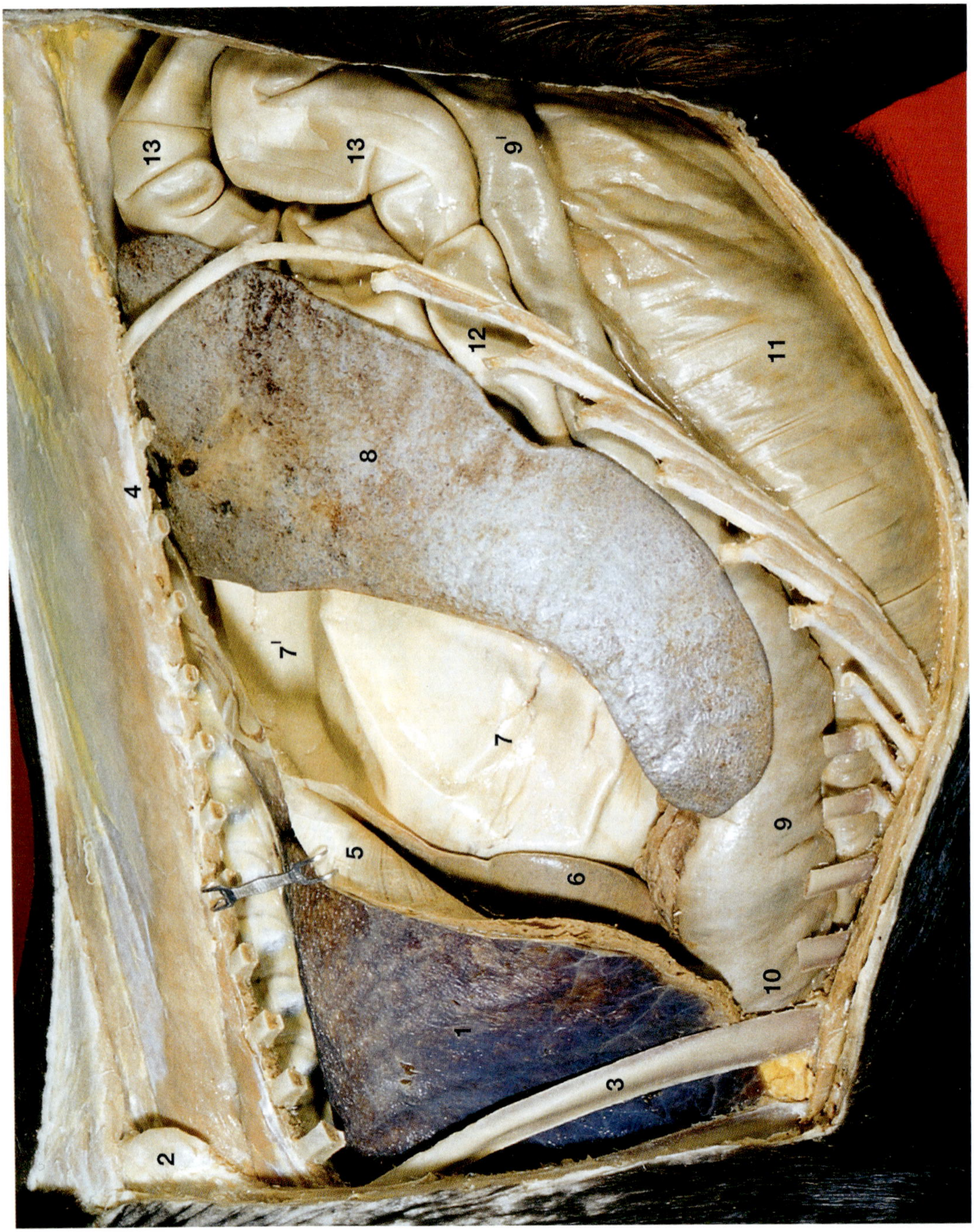
13
13
9'
12
11
8
4
7'
7
5
6
9
10
1
3
2

Abb. 35 Brust- und Bauchhöhle eines Pferdes von links.

1 linke Lunge; **Kaudalausdehnung, Perkussion** und **Auskultation** s. Legende zu Abb. 29, Nr. 11
2 Cartilago scapulae
3 6. Rippe
4 M. longissimus
5 Zwerchfell, teilweise entfernt
6 Leber (Lobus hepatis sinister lateralis); Im 7.–9. IKR unterhalb der Lungengrenze ist eine **transkutane Ultraschalluntersuchnung** möglich.
7 Magen; Fassungsvermögen 8–15 Liter; liegt auch bei maximaler Füllung vollständig intrathorakal und zum größten Teil links, ist der herkömmlichen **klinischen Untersuchnung nicht zugänglich**
7' Saccus cecus ventriculi; überragt die Kardia dorsal und reicht am weitesten kaudal (14.-15. IKR); dort oft Larven der **Magendasselfliegen,** *Gasterophilus intestinalis,* die in der hier befindlichen Gasblase des Magens Sauerstoff aufnehmen können; Im 14. IKR ist am lateralen Rand des M. iliocostalis (hier entfernt) eine **Trokarierung** möglich, aber wegen Verletzung von Zwerchfell und Pleura überaus riskant.
8 Milz, hier in klassischer plumper Sensenblattform; Extremitas dorsalis rektal **palpierbar**; Bei starker Magenfüllung Verschiebung nach kaudal
9 Colon dorsale sinistrum
9' aus der Beckenflexur, Flexura pelvina, hervorgehender Abschnitt des Colon dorsale sinistrum; Der Kolondurchmesser nimmt vom Colon ventrale sinistrum zur Beckenflexur stark ab. Dadurch werden **Obstipationen** dieses Darmabschnitts begünstigt. Eine obstipierte Beckenflexur ist bei rektaler Untersuchnung als eine horizontal vor dem Beckeneingang liegende offene Schleife tastbar. Die folgende linke dorsale Längslage ist dann leer und kaum tastbar.
10 Flexura diaphragmatica
11 Colon ventrale sinistrum; Die linken Kolonlagen sind frei beweglich und können sich um ihre Längsachse verdrehen (**Torsio coli ascendentis**). Ursache kann eine Obstipation des Colon dorsale sinistrum sein, die dazu führt, dass diese schwerer werdende Kolonlage absinkt, während die prästenotische ventrale Lage durch Auffüllung mit Gas aufsteigt.
12 Jejunum; Der Leerdarm liegt, vermischt mit Schlingen des Colon descendens (13), vorwiegend im linken dorsalen Quadranten der Bauchhöhle. Das lange Gekröse ermöglicht den Eintritt von Jejunumschlingen in **Bruchpforten** (Hernien), **Gekröseverdrehungen** (Volvulus mesenterialis) und **Dünndarmverknotungen** (Volvulus nodosus).
13 Colon descendens; bis 4m lang; in Schlingen im linken dorsalen Quadranten der Bauchhöhle gelegen, vermischt mit Schlingen des Jejunums (12); 2 Bandstreifen; nicht selten **Anschoppungen von trockenem Darminhalt** (Obstipatio coli descendentis), die von rektal freigespült werden können (s.a. Legende zu Abb. 34, Nr. 13).

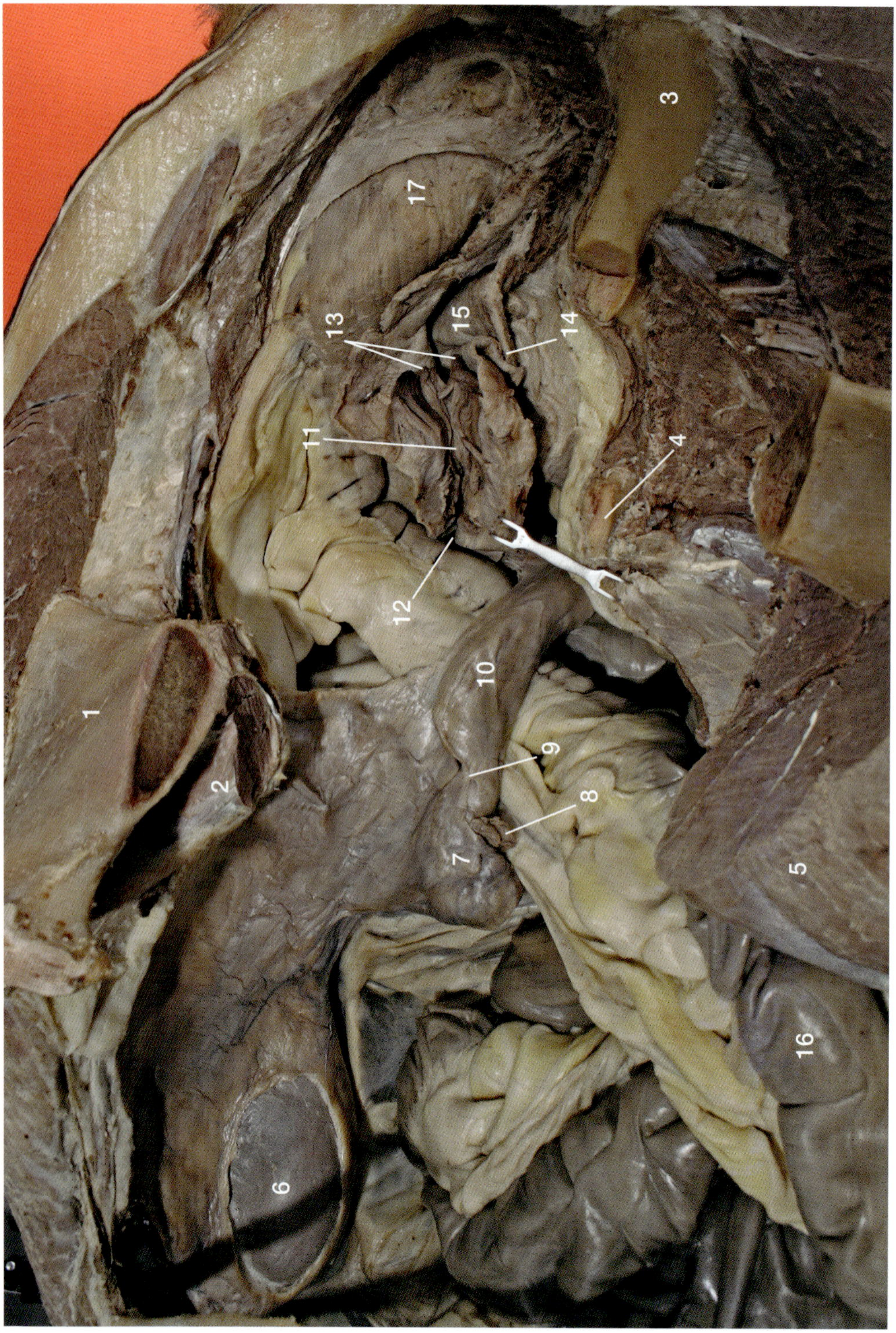
3
17
13
15
14
11
4
12
10
1
9
2
8
7
5
16
6

Abb. 36 Beckenhöhle einer stehend fixierten Stute, linke Seitenansicht, linkes Hüftbein und Oberschenkelknochen z.T. entfernt.

1 Ala ossis ilii, am Übergang zum Corpus abgesägt
2 M. iliopsoas, abgeschnitten
3 Tabula ossis ischii, am Übergang zum Corpus abgesägt
4 Corpus ossis pubis des rechten Hüftbeins
5 M. quadriceps femoris, proximale Abschnitte entfernt
6 linke Niere, Bauchfellüberzug und subseröses Fett (Capsula adiposa) teilweise entfernt; **palpierbar, Hernia spatii lienorenalis, Ultrasonographie, transkutane Biopsie** s. Legende zu Abb. 37, Nr. 4
7 linkes Ovar, z.T. in der Eierstockstasche verborgen; **palpatorische Untersuchung** s. Legende zu Abb. 37, Nr. 8)
8 Infundibulum tubae uterinae; **Passagestörungen des Eileiters** durch Verklebung im Bereich des Infundibulums
9 Lig. ovarii proprium, verbindet Uterushorn mit Extremitas uterina des Ovars
10 linkes Uterushorn, etwa 25 cm lang; **transrektale Kontrolle** durch Vorschieben der Hand in das an einem langen Gekröse befestigte Colon descendens, **transrektale Ultraschalluntersuchung**
11 Cervix uteri, etwa 6–7 cm lang, längs aufgeschnitten, mit Schleimhautlängsfalten; **vaginale Untersuchung** der Cervix mittels Scheidenspekulum
12 Ostium uteri internum, Gestalt trichterförmig
13 Portio vaginalis mit Ostium uteri externum, stülpt sich in das Scheidenlumen vor
14 Fornis vaginae, umgibt allseitig die Portio vaginalis der Cervix uteri
15 Vagina, etwa 25 cm lang, proximaler Abschnitt, längs aufgeschnitten
16 Colon descendens, steigt zwischen linkem und rechtem Uterushorn in seine Position dorsal des distalen Genitaltrakts auf, dort Übergang in den Mastdarm; langes Mesocolon descendens ermöglicht große Beweglichkeit bei **transrektaler Untersuchung**, enthält viel mehr Fett als das Mesojejunum
17 Rectum, etwa 30 cm lang; bei transrektaler Untersuchung die an der dorsalen Wand des Mastdarms gelegene deltaförmige Schwachstelle der Darmwand beachten (Perforationsgefahr)!

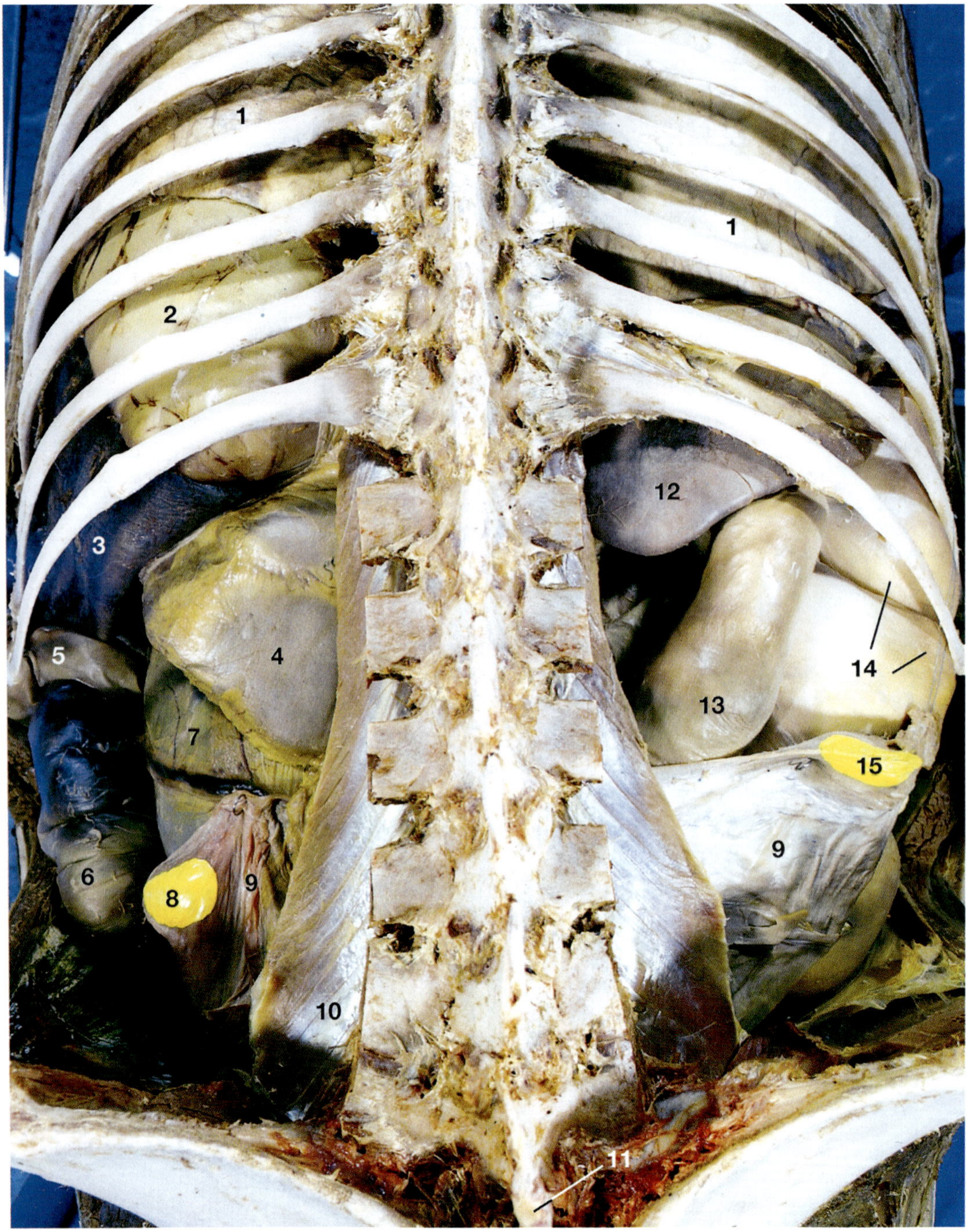
1
1
2
3
4
5
6
7
8
9
9
10
11
12
13
14
15

Abb. 37 Bauchhöhlenorgane eines weiblichen Pferdes, Dorsalansicht, leicht von kaudal.

1 Lunge
2 Magen; vollständig intrathorakal gelegen, durch transrektale Palpation nicht zu erreichen
3 Milz; Extremitas dorsalis transrektal **palpierbar**, s.a. Abb. 34 Nr. 7
4 linke Niere; transrektal **palpierbar**; zwischen 17. Rippe und 2.-3. Lendenwirbelquerfortsatz gelegen (mitunter weiter kaudal); Bei transrektaler Untersuchnung kann vom linken Pol der Niere in kranioventraler Richtung das Lig. lienorenale erreicht werden. Dort können in das „Spatium lienorenale" eingetretene Darmabschnitte (**„Hernia spatii lienorenalis"**) palpiert werden. Die Nieren können transkutan und transrektal **ultrasonographisch** untersucht werden. Eine **transkutane Nierenbiopsie** ist möglich, indem die linke Niere vom Rektum her manuell an der seitliche Bauchwand fixiert wird. s.a. Abb. 34 Nr. 14 und 36 Nr. 4
5 Jejunum
6 Colon descendens s. Legende zu Abb. 34 Nr. 13
7 Flexura pelvina s. Legende zu Abb. 35 Nr. 9'
8 linkes Ovar; Zur transrektalen **palpatorischen Untersuchung** der Eierstöcke verfolgt die Hand das Uterushorn bis zu seinem kranialen Ende. Von dort ist entlang des Eierstockgekröses das Ovar zu finden. Eine Präzisierung der Palpationsbefunde ist durch **transrektale Ultraschalluntersuchung** der Ovarien zu erreichen.
9 Mesometrium
10 M. iliopsoas
11 Dornfortsatz des 6. Lendenwirbels
12 rechte Niere; zwischen 16. Rippe und 2. Lendenwirbelquerfortsatz (mitunter weiter kranial); berührt mit ihrer Ventralfläche die Flexura duodeni caudalis; oft breitflächig bindegewebig mit dem Blinddarmkopf verklebt; **kaudaler Nierenpol** in Abhängigkeit von der Größe des Pferdes und der Armlänge des Untersuchers eventuell **tastbar** (nicht bei Verklebung mit dem Blinddarmkopf)
13 Flexura duodeni caudalis und Übergang in die Pars transversa; durch bindegewebige Verklebung mit dem Blinddarmkopf lagestabilisiert
14 Blinddarmkopf s. Legende zu Abb. 32 Nr. 10
15 rechtes Ovar; palpatorische Untersuchung s. Nr. 8

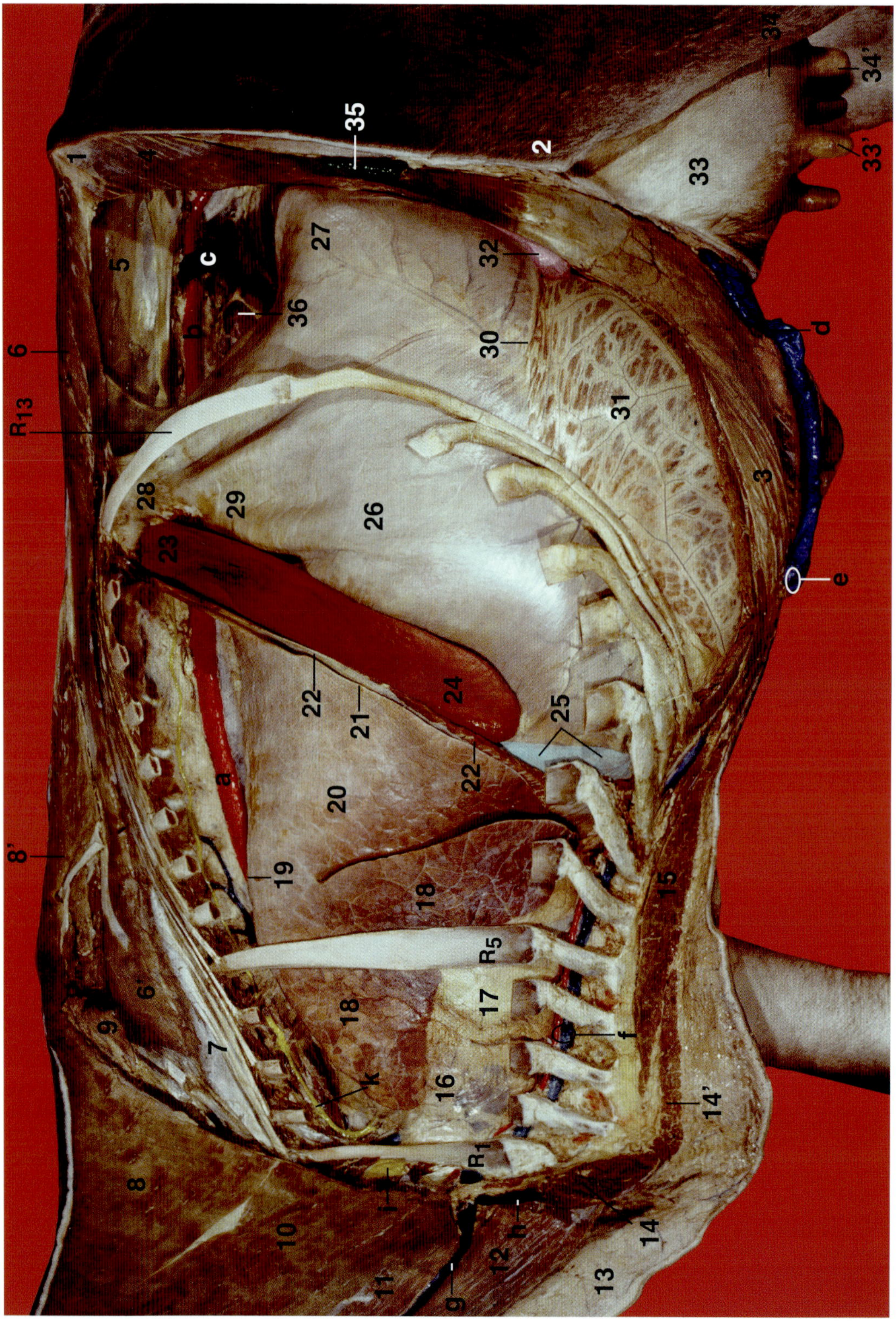
1
2
3
4
5
6
6'
7
8
8'
9
10
11
12
13
14
14'
15
16
17
18
19
20
21
22
23
24
25
26
27
28
29
30
31
32
33
33'
34
34'
35
36
R1
R5
R13
a
b
c
d
e
f
g
h
i
k

Abb. 38 Brust- und Bauchsitus eines Rindes, linke Seitenansicht, oberflächliche Schicht nach Entfernung der Schultergliedmaße. Der kaudale, freie Teil des dorsalen Pansensacks ist abgesenkt (Braunviehkuh, 5 Jahre alt, 5 Tage nach der Geburt).

$R_{1', 5', 13'}$: 1., 5. und 13. Rippe.

1 Tuber coxae
2 Kniefalte
3 M. rectus abdominis in Rektusscheide
4 M. obliquus internus abdominis
5 M. psoas major (= Filet)
6 M. longissimus lumborum et thoracis (6')
7 M. iliocostalis
8 M. trapezius cervicis et thoracis (8')
9 Stumpf des M. serratus ventralis, Pars cervicalis
10 M. omotransversarius
11 M. brachiocephalicus
12 M. sternocephalicus
13 Subcutis der ventralen Hautfalte am Hals = Triel
14 M. pectoralis superficialis, Pars desdendens, 14' seine Pars transversa
15 M. pectoralis profundus
16 Präkardiales Mediastinum
17 Herz, bedeckt vom Mediastinum und Perikard – hier perkutorische **Herzdämpfung**
18–21 linke Lunge: 18 zweigeteilter Lobus cranialis, 19 Margo obtusus, 20 Lobus caudalis, 21 Margo acutus, beachte die steil abfallende kaudale Lungengrenze – wegen des angrenzenden Pansens und seiner Gase wird die **kaudale Lungengrenze** durch Perkussion auf der rechten Seite erfasst.
22 Zwerchfellrest, der laterale Teil wurde reseziert
23–24 Milz: 23 Basis am dorsalen Pansensack verklebt, 24 Apex, frei beweglich
25 Haube
26–29 dorsaler Pansensack, 27 sein kaudaler Blindsack nach ventral gesunken, da frei beweglich – daher **Pansenstich** bei Blähung mit dorsaler Gasblase handbreit hinter letzter Rippe, nicht weiter kaudal, und handbreit unter den Lendenwirbelquerfortsätzen ausführen. Stichrichtung gegen kranial in Richtung des rechten Ellbogens, 28 Verklebungsbezirk des dorsalen Pansensackes, 29 Stelle der **Pansenauskultation** im vorletzten Interkostalraum – zur Abgrenzung gegen Labmagengeräusche, die hier bei Labmagenverlagerung zu hören sind – Doppelauskultation, da die Pansengeräusche auch in der linken Hungergrube auskultiert werden
30 Linke Pansenlängsfurche – Ansatz des grossen Netzes
31 ventraler Pansensack, bedeckt vom Paries superficialis des grossen Netzes
32 Uterus – beim **Kaiserschnitt** kann der trächtige Uterus hinter dem Pansen von seiner rechtsseitigen Lage nach links in die Schnittwunde in der linken Bauchwand vorgelagert werden
33–34 Euter: 33 Bauchviertel, 34 Schenkelviertel – beachte die regelmässig ausgebildeten gut melkbaren Zitzen (33'–34')
35 Kniefaltenlymphknoten, Ln. subiliacus, gut **fühlbar**
36 linke Niere, rektal gut **fühlbar**

a Aorta thoracica
b Aorta abdominalis
c V. ovarica, führt auch das venöse Blut vom Uterus
d V. epigastrica caudalis superficialis
e Milchnäpfchen = Eintrittsstelle der V. subcutanea abdominis in die Bauch-Brustwand. Nach Eintritt in die Brusthöhle mündet sie in die V. thoracica interna (f)
f A. und V. thoracica interna
g V. jugularis externa
h V. cephalica
i Plexus brachialis
k Grenzstrang des N. sympathicus

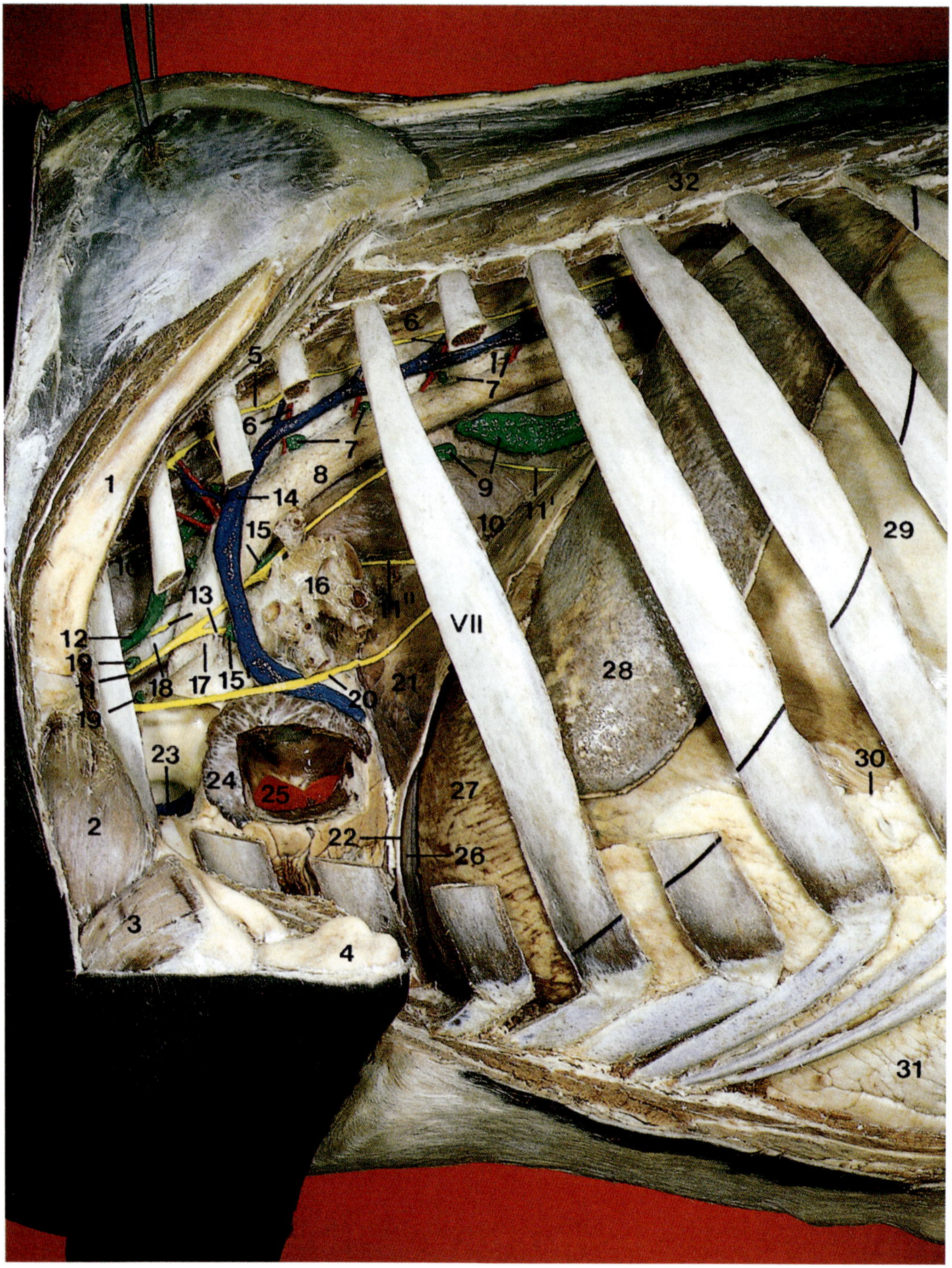
32
5
6
6
17
7
7
7
8
9
1
14
11'
10
29
15
16
11''
13
VII
12
19
18
17
15
28
20
21
19
23
30
24
25
27
2
22
26
3
4
31

Abb. 39 Brust- und kraniale Bauchhöhle eines Rindes von links, die Linien auf den Rippen markieren die Ansatzlinie des entfernten Zwerchfells, VII bezeichnet die 7. Rippe.

1 Schulterblatt
2 M. brachialis
3 M. extensor carpi radialis
4 Olecranon
5 Truncus sympathicus (Grenzstrang)
6 Aa. et Vv. intercostales dorsales
7 Lnn. thoracici aortici des Lc. thoracicum dorsale
8 Aorta thoracica
9 Lnn. mediastinales caudales des Lc. mediastinale
10 Esophagus
11 N. vagus, 11´sein Truncus vagalis dorsalis, 11´´ sein Truncus vagalis ventralis
12 Ductus thoracicus
13 N. laryngeus recurrens sinister, um Ligamentum arteriosum und Aorta umschlagend
14 V. azygos sinistra
15 Ln. tracheobronchalis (bifurcationis) medius des Lc. bronchale
15´ Ln. tracheobronchalis (bifurcationis) sinister des Lc. bronchale
16 Wurzel der entfernten linken Lunge mit Anschnitten der Bronchien und der A. et V. pulmonalis
17 Ligamentum arteriosum (BOTALLI)
18 Trachea
19 Lnn. mediastinales craniales des Lc. mediastinale
20 N. phrenicus
21 Lobus accessorius der rechten Lunge
22 Zwerchfell (teilweise entfernt)
23 Valva trunci pulmonalis im eröffneten Truncus pulmonalis, **Auskultation** ventral im (3.)4. IKR
24 Auricula sinistra, gefenstert
25 Valva atrioventricularis sinistra (bicuspidalis, mitralis), **Auskultation** ventral im 5. IKR; **Auskultation der Valva aortae**: ventral im 4. IKR
26 Rand des Lobus hepatis sinister
27 Haube, **perforierende Fremdkörper** können die eng benachbarten Organe Milz, Leber, Psalter, Zwerchfell, Lobus accessorius der Lunge, Perikard und Herz verletzen
28 Milz, Dorsalende unter den wirbelseitigen Enden der letzten Rippen, Ventralende kann bis zum 7. Rippenknorpelgelenk reichen, **Palpation** und **Perkussion** sind **nicht** möglich; **Biopsie** im oberen Teil des 11./12. IKR, in der Phase der Ausatmung, um eine Verletzung der Lunge zu vermeiden
29 Saccus dorsalis ruminis
30 Sulcus longitudinalis sinister
31 Paries superficialis des Omentum majus
32 M. longissimus

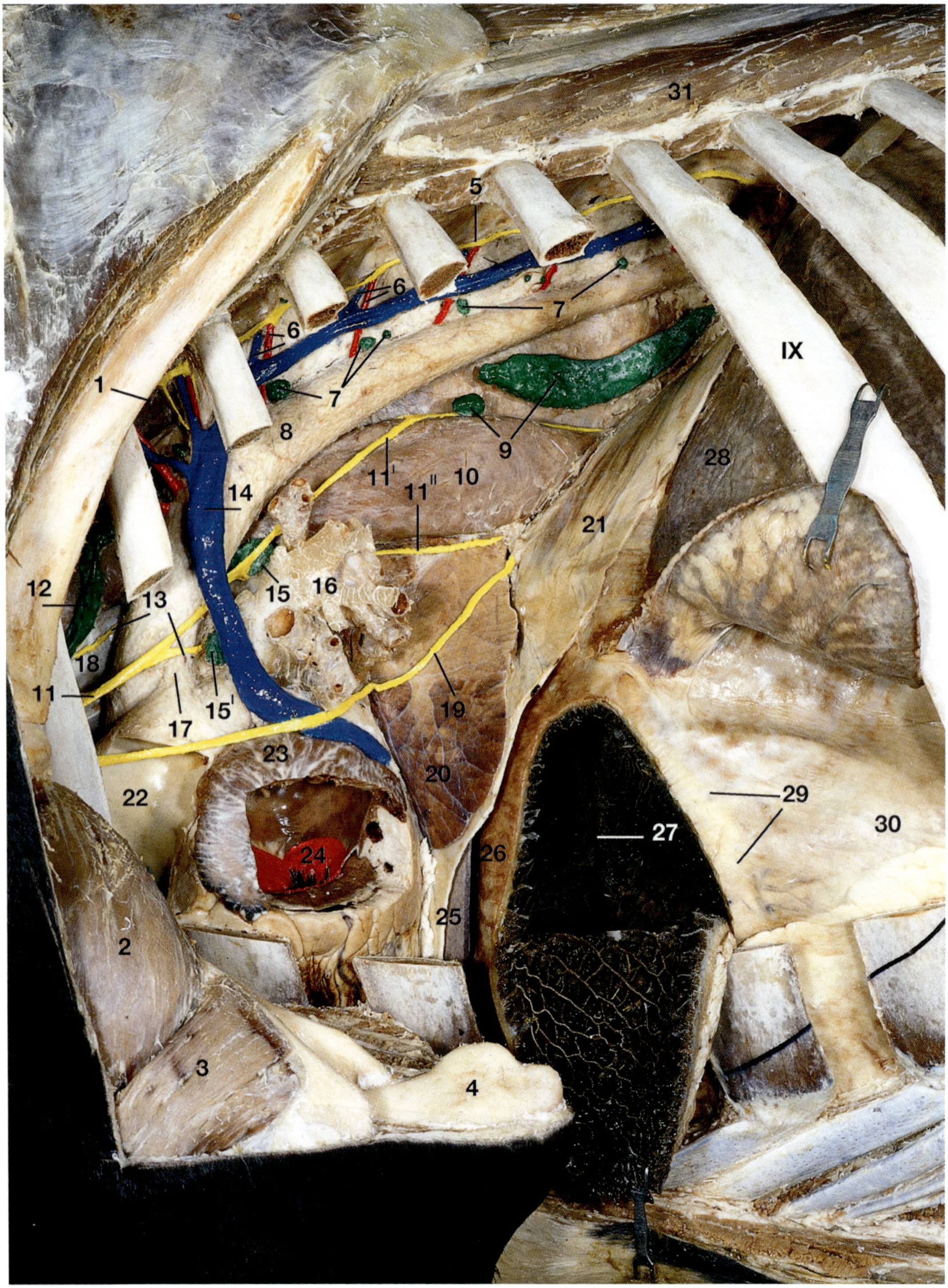
31
5
6
6
7
7
1
6
7
IX
8
9
11'
11''
10
28
14
21
12
13
15
16
18
11
17
15'
19
23
22
20
29
27
30
24
26
25
2
3
4

Abb. 40 Brust- und kraniale Bauchhöhle eines Rindes von links mit eröffneter Haube, IX bezeichnet die 9. Rippe.

1 Margo caudalis der Scapula
2 M. brachialis
3 M. extensor carpi radialis
4 Olecranon
5 Truncus sympathicus (Grenzstrang)
6 Aa. et Vv. intercostales dorsales
7 Lnn. thoracici aortici des Lc. thoracicum dorsale
8 Aorta thoracica
9 Lnn. mediastinales caudales des Lc. mediastinale
10 Esophagus
11 N. vagus, 11´sein Truncus vagalis dorsalis, 11´´ sein Truncus vagalis ventralis
12 Ductus thoracicus
13 N. laryngeus recurrens sinister, um Ligamentum arteriosum und Aorta umschlagend
14 V. azygos sinistra
15 Ln. tracheobronchalis (bifurcationis) medius des Lc. bronchale
15´ Ln. tracheobronchalis (bifurcationis) sinister des Lc. bronchale
16 Wurzel der entfernten linken Lunge mit Anschnitten der Bronchien und der A. et V. pulmonalis
17 Ligamentum arteriosum (BOTALLI)
18 Trachea
19 N. phrenicus
20 Lobus accessorius der rechten Lunge
21 Zwerchfell (teilweise entfernt)
22 Truncus pulmonalis, gefenstert
23 Auricula sinistra, gefenstert
24 Valva atrioventricularis sinistra (bicuspidalis, mitralis), **Auskultation** ventral im 5. IKR
25 Rand des Lobus hepatis sinister
26 Haube (eröffneter Wandteil nach unten geklappt)
27 Sulcus reticuli (Haubenabschnitt der Magenrinne), ist nach vorsichtiger Weitung **für die Hand passierbar,** damit Zugang zum Psalter und über diesen in den Labmagen möglich
28 Milz (teilweise nach oben geklappt)
29 Sulcus ruminoreticularis
30 Atrium ruminis (Schleudermagen)
31 M. longissimus

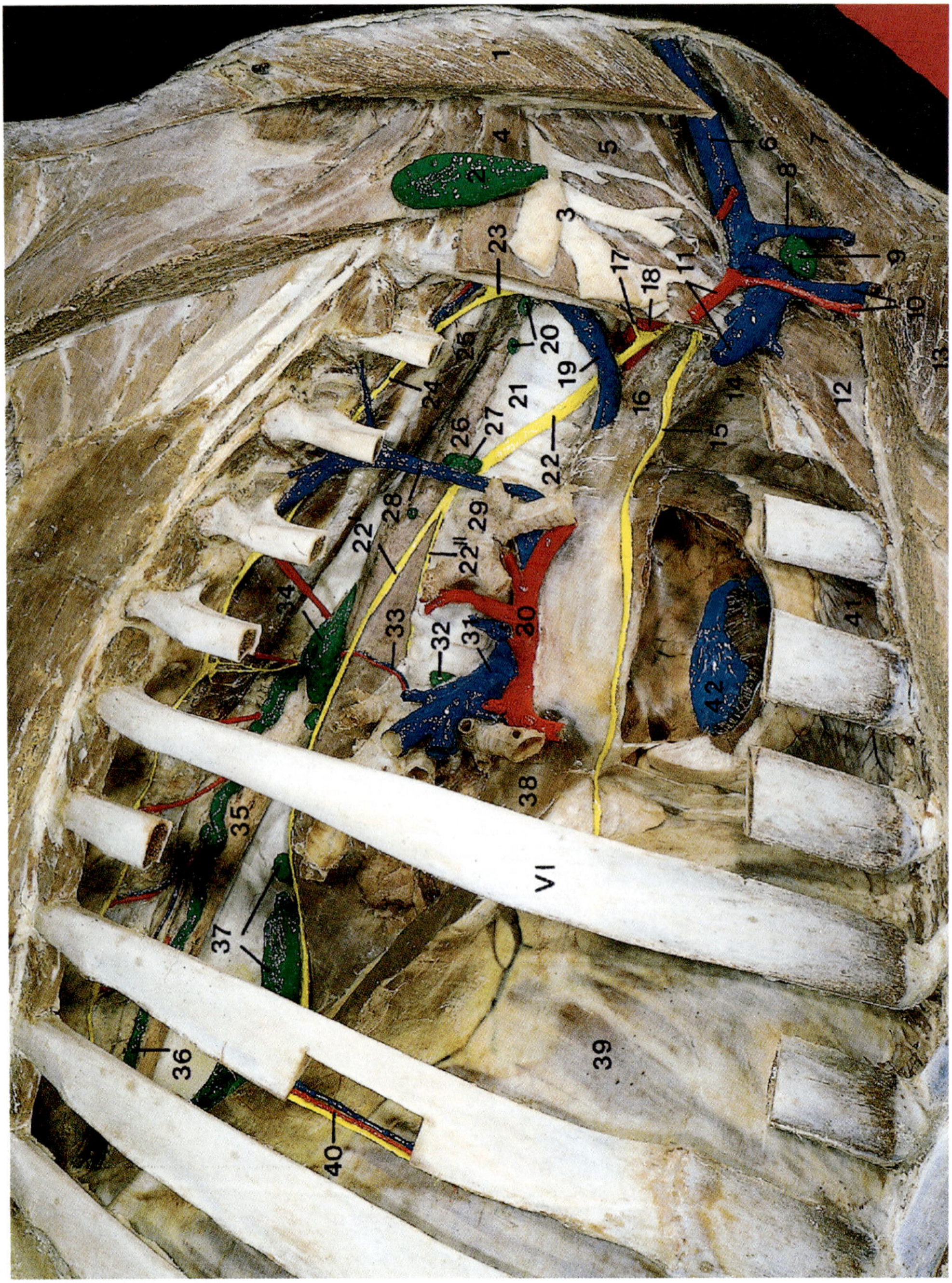
1
2
3
4
5
6
7
8
9
10
11
12
13
14
15
16
17
18
19
20
21
22
22'
22''
23
24
25
26
27
28
29
30
31
32
33
34
35
36
37
38
39
40
41
42
VI

Abb. 41 Brusthöhle eines Rindes von rechts, Vordergliedmaße und Lunge entfernt, VI bezeichnet die 6. Rippe.

1 M. brachiocephalicus (kaudal entfernt)
2 Lnn. cervicales superficiales (**Buglymphknoten**) des Lc. cervicale superficiale, durch die ihn bedeckenden M. omotransversarius und M. brachiocephalicus oberhalb des Schultergelenkes **palpierbar** (zur Orientierung: hinter dem Lymphknoten verläuft die kraniale Schulterkontur)
3 Stümpfe des Plexus brachialis, **Anästhesie** in Höhe einer Horizontalen durch das Akromion, 12–14 cm kranial von diesem bei zunächst horizontaler und dann distaler Stichrichtung
4 M. scalenus dorsalis (kaudal entfernt, zieht bis zur 4. Rippe)
5 M. scalenus ventralis
6 V. jugularis externa im Sulcus jugularis
7 M. sternocephalicus
8 V. cephalica
9 Lnn. cervicales profundi caudales des Lc. cervicale profundum
10 A. et V. thoracica externa
11 A. et V. axillaris, Arterie kann am Umschlag um die 1. Rippe palpiert werden (**Punktion** zur Gewinnung arteriellen Blutes)
12 M. rectus thoracis
13 M. pectoralis descendens
14 Thymus
15 N. phrenicus
16 V. cava cranialis
17 N. laryngeus recurrens dexter
18 A. subclavia dextra
19 V. costocervicalis
20 Lnn. mediastinales craniales des Lc. mediastinale
21 Trachea
22 rechter N. vagus, 22´ sein dorsaler Ast, 22´´ sein ventraler Ast; Die dorsalen Äste des rechten und linken N. vagus vereinigen sich zum Tr. vagalis dorsalis, die ventralen Äste zum Tr. vagalis ventralis
23 Ganglion stellatum, **Ggl.-stellatum-Blockade** im Schnittpunkt einer Horizontalen durch das Tuberculum majus und einer Transversalen durch den tastbaren Querfortsatz des 6. Halswirbels, Stichrichtung medial in Richtung 1. Brustwirbel
24 Truncus sympathicus
25 M. longus colli
26 Esophagus
27 Ln. tracheobronchalis cranialis des Lc. bronchale
28 V. azygos dextra
29 Bronchus trachealis
30 Äste der Vv. pulmonales
31 Äste der A. pulmonalis
32 Ln. tracheobronchalis [bifurcationis] dexter des Lc. bronchale
33 A. et V. bronchoesophagea
34 Lnn. mediastinales medii des Lc. mediastinale
35 Aorta thoracica
36 Ductus thoracicus
37 Lnn. mediastinales caudales des Lc. mediastinale
38 V. cava caudalis
39 Zwerchfell
40 V. et A. intercostalis dorsalis VIII und Ventralast des N. thoracicus VIII (N. intercostalis VIII) im Sulcus costae (8. Rippe gefenstert), zur Schonung dieser Strukturen **Eingriffe in den Interkostalraum** am Kranialrand der Rippe durchführen
41 Herz, **Skeletotopie**: 3.–5. Rippe, **Herzstoß** rechts kaum vorhanden
42 Valva atrioventricularis dextra [tricuspidalis] (rechter Vorhof des Herzens geöffnet)

18
14
2
3
11
12
1
2
13
4
10
15
17
1
9
7
1
5
19
6
8
16

Abb. 42 Seitliche Bauchwand eines Rindes, oberflächliche Schicht, Ansicht von rechts.

1 M. obliquus externus abdominis
2 Muskelwulst, gebildet durch den M. obliquus internus abdominis; Der vom Tuber coxae entspringende und fleischig an der letzten Rippe und am Rippenbogen inserierende Schenkel (Crus costocoxale) stellt die Ventralgrenze der Hungergrube dar
3 M. obliquus internus abdominis
4 letzte Rippe
5 Ramus cutaneus lateralis ventralis des 12. Thorakalnerven (Th 12)
6 Endaufzweigungen des Ramus cutaneus ventralis des 12. Thorakalnerven (Th 12)
7 Ramus cutaneus lateralis ventralis des 13. Thorakalnerven (Th 13)
8 Ramus cutaneus ventralis des 13. Thorakalnerven (Th 13)
9 Ramus cutaneus lateralis des N. iliohypogastricus, letzterer geht aus dem Ventralast des 1. Lendennerven (L 1) hervor, teilt sich subperitoneal in einen Ramus medialis und einen Ramus lateralis; Der Ramus lateralis versorgt motorisch die Mm. transversus abdominis, obliquus internus abdominis, obliquus externus abdominis und gabelt sich in einen Ramus cutaneus lateralis für die Haut der Flankengegend und einen Ramus cutaneus ventralis für den M. rectus abdominis sowie die Haut ventral am Bauch und am Euter bzw. Preputium
10 Ramus cutaneus lateralis des N. ilioinguinalis, letzterer geht aus dem Ventralast des 2. Lendennerven (L 2) hervor, verhält sich wie 9
11 Ramus cutaneus lateralis dorsalis des 2. Lendennerven (L 2); Die Rami cutanei laterales dorsales versorgen die Haut der seitlichen Bauchwand bis in die Höhe des Kniegelenkes. Sie gehen aus den Rami dorsales der Lendennerven hervor und werden bei der **distalen Paravertebralanästhesie nicht erreicht!**
12 Ramus cutaneus lateralis dorsalis des 1. Lendennerven (L 1)
13 Ramus cutaneus lateralis dorsalis des 13. Thorakalnerven (Th 13)
14 Ramus cutaneus lateralis dorsalis eines weiteren Lendennerven
15 12. Rippe
16 M. cutaneus trunci, wird vom N. thoracicus lateralis des Plexus brachialis innerviert und daher bei **paravertebraler Anästhesie nicht mit erreicht!**
17 **Kniefaltenlymphknoten,** Lnn. subiliaci des Lc. inguinofemorale (inguinale superficiale), **palpierbar** am Kranialrand des M. tensor fasciae latae zwischen Tuber coxae und Kniefalte
18 Tuber coxae
19 Kniefalte, Plica lateralis, entsteht durch Übertritt der Haut und der Fascia trunci superficialis vom Bauch auf den Oberschenkel; für **subkutane Injektionen** geeignet

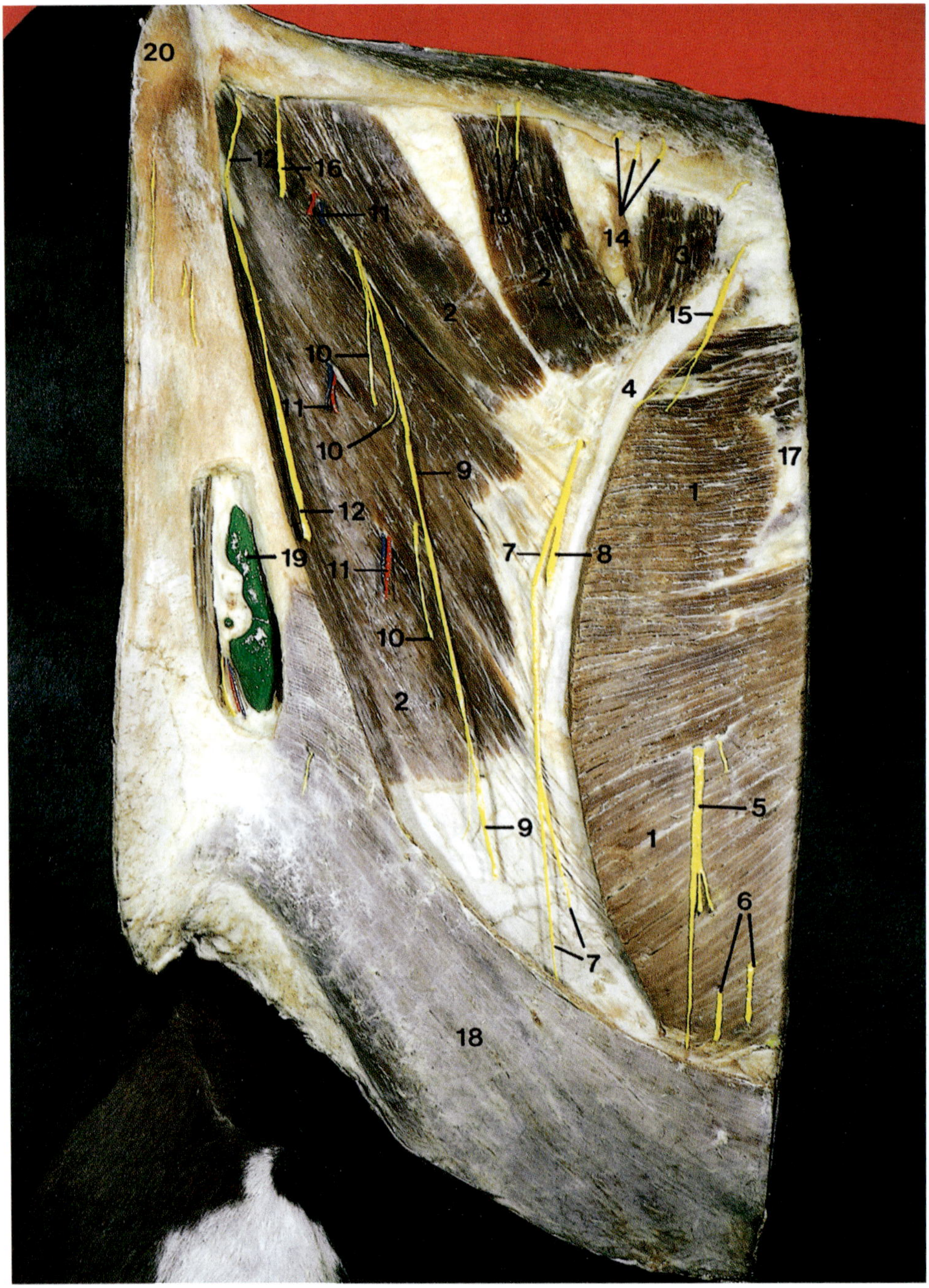
20
12
16
11
13
14
3
2
2
15
10
4
11
10
17
9
1
12
19
7
8
11
10
2
5
9
1
6
7
18

Abb. 43 Seitliche Bauchwand eines Rindes, mittlere Schicht, M. obliquus externus abdominis ab letzter Rippe nach kaudal entfernt, Ansicht von rechts.

1 M. obliquus externus abdominis
2 M. obliquus internus abdominis
3 M. retractor costae
4 letzte Rippe
5 Ramus cutaneus lateralis ventralis des 12. Thorakalnerven (Th 12)
6 Endaufzweigungen des Ramus cutaneus ventralis des 12. Thorakalnerven (Th 12)
7 Ramus cutaneus lateralis ventralis des 13. Thorakalnerven (Th 13)
8 motorischer Ast des Ramus lateralis des Ramus ventralis des 13. Thorakalnerven (Th 13) für den M. obliquus externus abdominis
9 Ramus cutaneus lateralis des N. iliohypogastricus (s. Legende zu Abb. 42, Nr. 9)
10 motorische Äste des Ramus lateralis des Ramus ventralis des N. iliohypogastricus für den M. obliquus externus abdominis
11 Äste der A. circumflexa ilium profunda
12 Ramus cutaneus lateralis des N. ilioinguinalis (s. Legende zu Abb. 42, Nr. 10)
13 Ramus cutaneus lateralis dorsalis des 2. Lendennerven (L 2), s. Legende zu Abb. 42, Nr. 11
14 Ramus cutaneus lateralis dorsalis des 1. Lendennerven (L 1)
15 Ramus cutaneus lateralis dorsalis des 13. Thorakalnerven (Th 13)
16 Ramus cutaneus lateralis dorsalis eines weiteren Lendennerven
17 12. Rippe
18 M. cutaneus trunci (s.a. Legende zu Abb. 42, Nr. 16)
19 Kniefaltenlymphknoten (s. Legende zu Abb. 42, Nr. 17)
20 Tuber coxae

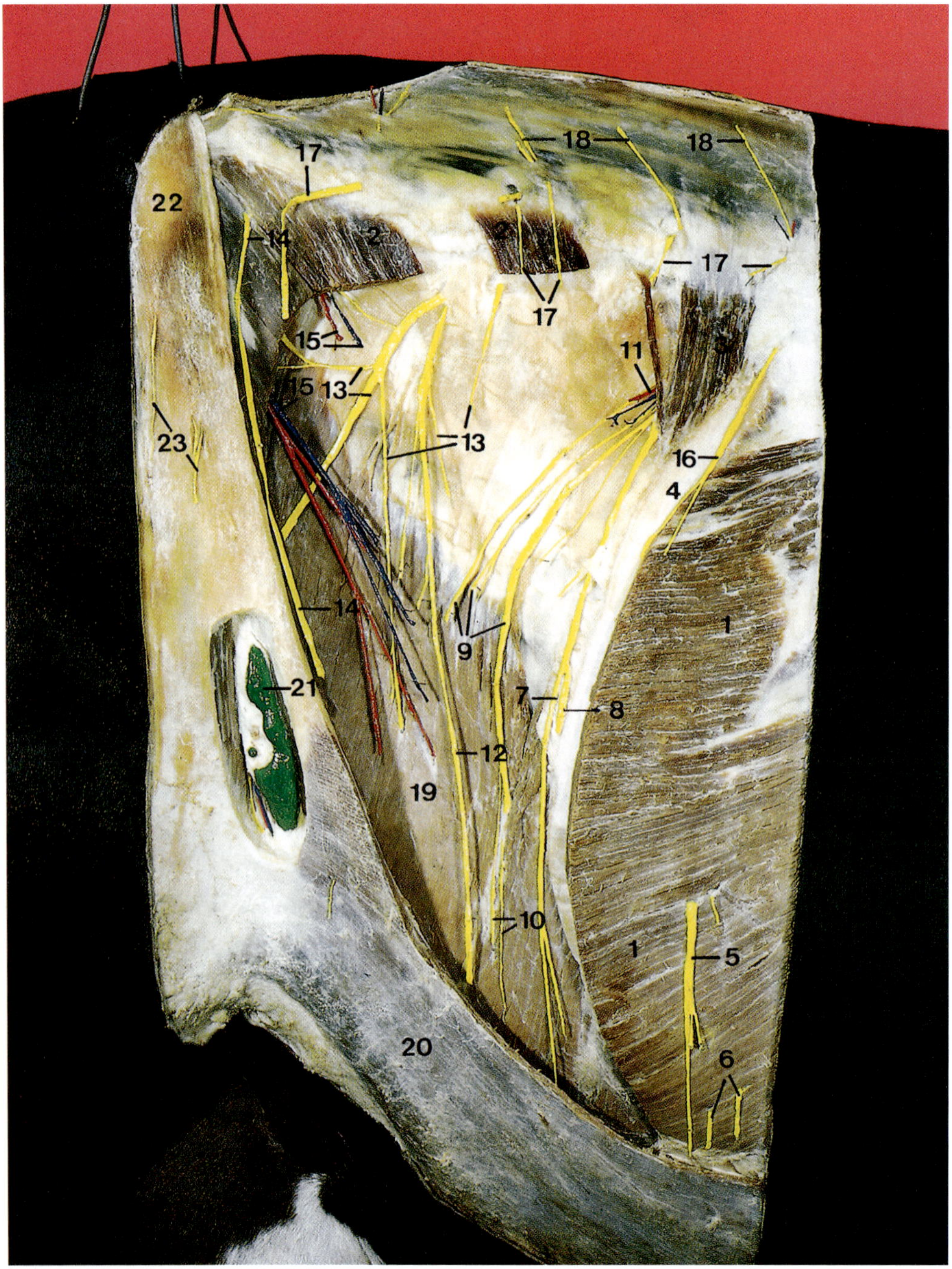
17
22
14
2
2
18
18
17
17
15
15
13
13
11
3
23
16
4
14
9
1
21
7
8
12
19
10
1
5
20
6

Abb. 44 Seitliche Bauchwand eines Rindes, tiefe Schicht, M. obliquus externus abdominis ab letzter Rippe nach kaudal und M. obliquus internus abdominis handbreit nach dem Ursprung entfernt.

1 M. obliquus externus abdominis
2 M. obliquus internus abdominis
3 M. retractor costae
4 letzte Rippe
5 Ramus cutaneus lateralis ventralis des 12. Thorakalnerven (Th 12)
6 Endaufzweigungen des Ramus cutaneus ventralis des 12. Thorakalnerven (Th 12)
7 Ramus cutaneus lateralis ventralis des 13. Thorakalnerven (Th 13), verläuft lateral des M. obliquus internus abdominis (s. Abb. 42 und 43, Nr. 7)
8 motorischer Ast des Ramus lateralis des Ramus ventralis des 13. Thorakalnerven (Th 13) für den M. obliquus externus abdominis
9 motorische Äste des Ramus lateralis des Ramus ventralis des 13. Thorakalnerven (Th 13) für die Mm. obliquus internus abdominis et transversus abdominis
10 Rami cutanei ventrales des Ramus lateralis des Ramus ventralis des 13. Thorakalnerven zur Versorgung des M. rectus abdominis und der Haut ventral am Bauch und am Euter
11 A. et V. costoabdominalis dorsalis
12 Ramus cutaneus lateralis des N. iliohypogastricus (s. Legende zu Abb. 42, Nr. 9)
13 motorische Äste des Ramus lateralis des Ramus ventralis des N. iliohypogastricus für die Mm. obliquus internus abdominis et transversus abdominis
14 Ramus cutaneus lateralis des N. ilioinguinalis (s. Legende zu Abb. 42, Nr. 10)
15 Äste der A. et V. circumflexa ilium profunda
16 Ramus cutaneus lateralis dorsalis des 13. Thorakalnerven (Th 13)
17 Rami cutanei laterales dorsales (s. Legende zu Abb. 43, Nr. 14 und 15)
18 Rami cutanei mediales der Rami laterales der Rami dorsales, für die Haut der Lendengegend
19 M. transversus abdominis
20 M. cutaneus trunci (s. Legende zu Abb. 42, Nr. 16)
21 Kniefaltenlymphknoten (s. Legende zu Abb. 42, Nr. 17)
22 Tuber coxae
23 Äste des N. cutaneus femoris lateralis

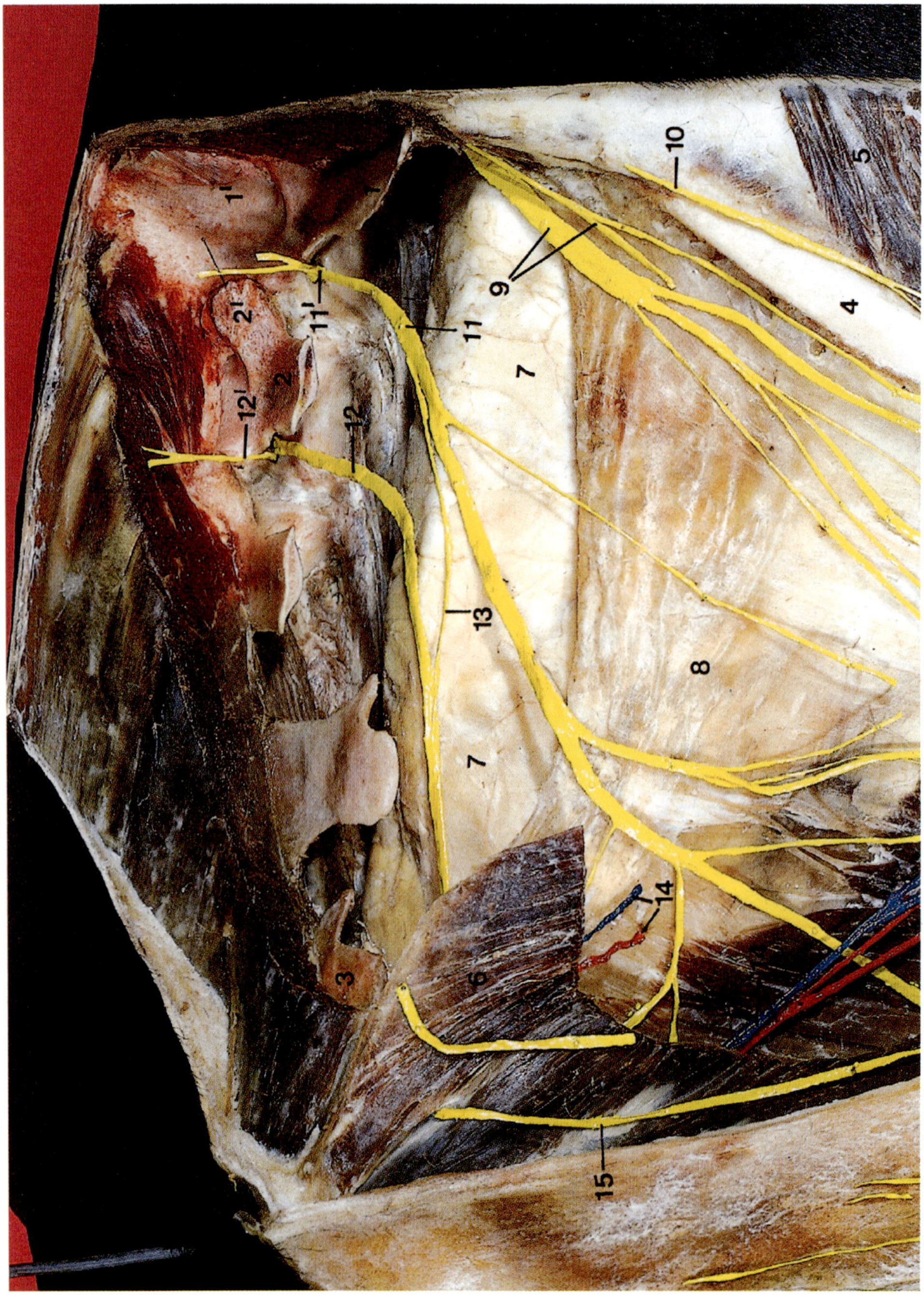
1'
2'
11'
11
2
12'
12
9
10
5
4
7
13
8
7
14
3
6
15

Abb. 45 Lendengegend und Hungergrube eines Rindes, tiefe Schicht, Muskeln dorsal der Lendenwirbelquerfortsätze und Mm. obliquus externus et internus abdominis teilweise entfernt.

1 1. Lendenwirbel, sein Proc. costalis; 1' sein Proc. spinosus
2 2. Lendenwirbel, sein Proc. costalis zur Hälfte abgesägt; 2' sein Proc. articularis cranialis
3 Proc. costalis des 5. Lendenwirbels
4 letzte Rippe
5 M. obliquus externus abdominis
6 M. obliquus internus abdominis
7 retroperitoneales Fettgewebe
8 M. transversus abdominis; Der Ursprung der dünnen Muskelplatte an den Querfortsatzenden der Lendenwirbel ist entfernt.
9 Äste des Ramus lateralis des Ramus ventralis des 13. Thorakalnerven (Th 13); **Anästhesie** s. Nr.12
10 Ramus cutaneus lateralis dorsalis des 13. Thorakalnerven (Th 13)
11 N. iliohypogastricus (Ramus ventralis des 1. Lendennerven); Der 1. Lendennerv tritt aus dem For. intervertebrale zwischen 1. und 2. Lendenwirbel aus und teilt sich in einen Ramus dorsalis (11') und einen Ramus ventralis; **Anästhesie** s. Nr. 12
12 N. ilioinguinalis (Ramus ventralis des 2. Lendennerven); Der 2. Lendennerv tritt aus dem For. intervertebrale zwischen 2. und 3. Lendenwirbel aus und teilt sich in einen Ramus dorsalis (12') und einen Ramus ventralis. Die Bauchwand wird im wesentlichen vom 13. Thorakalnerven und vom 1. und 2. Lendennerven innerviert. Die *Dorsaläste* versorgen die epaxialen Muskeln (Rami mediales) sowie einen Hautbereich zwischen Rückenlinie und einer Horizontalen durch die Patella (Rami cutanei mediales et laterales der Rami laterales). Die Ventraläste versorgen die Bauchmuskeln, dazu die Haut unterhalb einer Parallelen in etwa handbreitem Abstand zum Crus costocoxale (s. Legende zu Abb. 44, Nr. 2). Die von den benachbarten Nerven innervierten Territorien überlappen sich.
Die **Blockade** der Bauchwandnerven ist möglich durch Leitungsanästhesie. Diese kann als proximale oder als distale Paravertebralanästhesie ausgeführt werden.
Proximale Paravertebralanästhesie: Es werden die Enden der Querfortsätze der ersten drei Lendenwirbel aufgesucht. Von deren kranialer Kontur wird eine Transversale zum Wirbelkörper gezogen. Auf dieser Transversalen wird 4–5 cm paramedian mit etwa 5° kraniomedialer Neigung eingestochen. In 6–7 cm Tiefe werden die Procc. articulares der aufeinanderfolgenden Wirbel getroffen. Dann wird die Nadel leicht kraniolateral geneigt etwa 1 cm tiefer geschoben und trifft die Austrittsstelle des entsprechenden Nerven aus dem For. intervertebrale.
Distale Paravertebralanästhesie: *13. Thorakalnerv* zwischen letzter Rippe und Querfortsatz des ersten Lendenwirbels, kranial des äußersten Endes des Querfortsatzes oder zwischen den Enden des 1. und 2. Lendenwirbelquerfortsatzes; *N. iliohypogastricus* zwischen den Enden des 2. und 3. Lendenwirbelquerfortsatzes; *N. ilioinguinalis* zwischen den Enden des 3. und 4. Lendenwirbelquerfortsatzes (Nerven verlaufen nicht transversal, sondern von kranial nach kaudal in zunehmendem Maße schräg nach kaudal!); Bei der distalen Paravertebralanästhesie (auch Paralumbalanästhesie genannt) wird nur der Ramus ventralis getroffen (s. Legende zu Abb. 42, Nr. 11)!
13 Verbindung zwischen 11 und 12; Zwischen dem 13. Thorakalnerven, dem N. iliohypogastricus und dem N. ilioinguinalis bestehen Verbindungen, die individuell variabel sind.
14 Äste der A. et V. circumflexa ilium profunda
15 Ramus cutaneus lateralis des N. ilioinguinalis

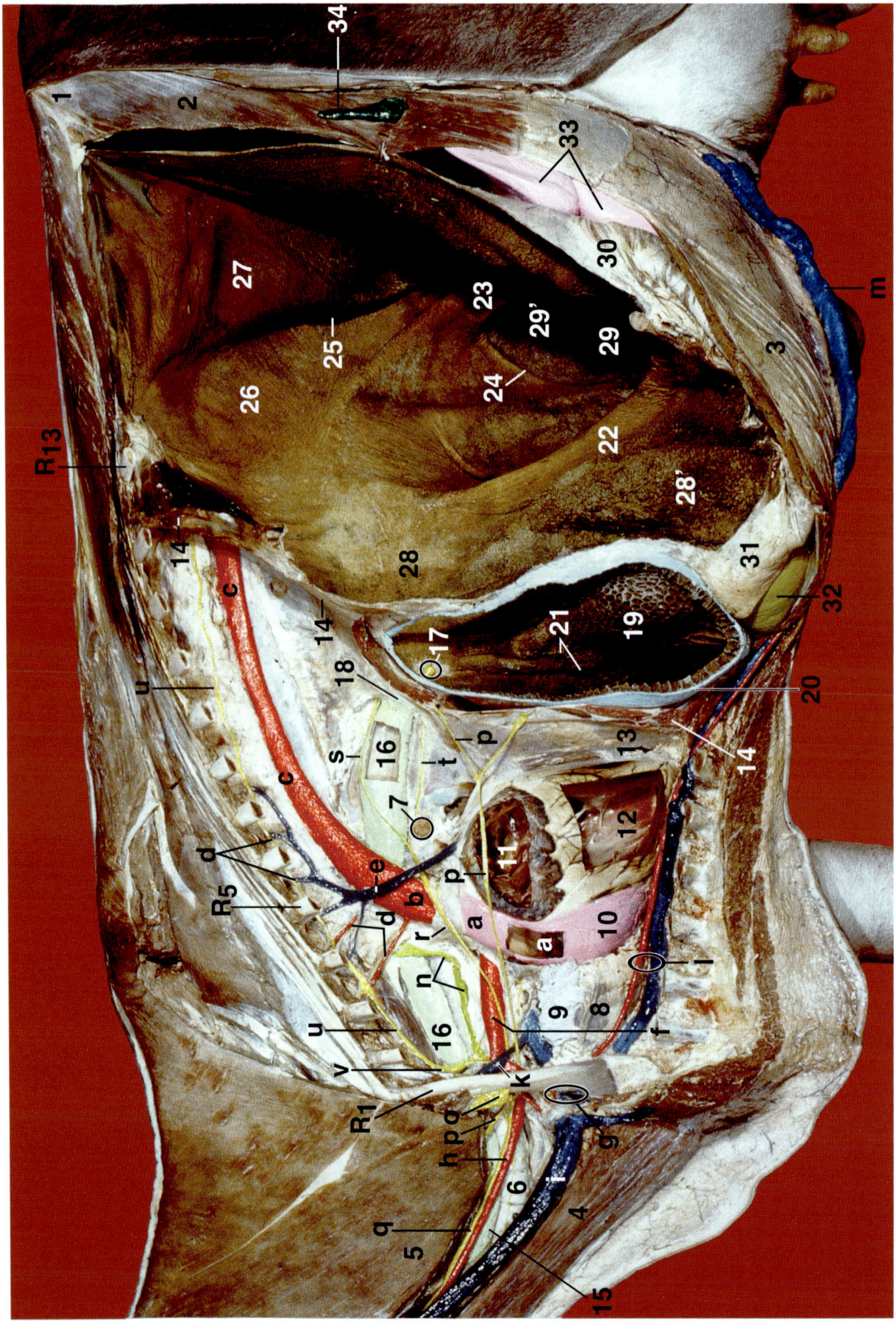
1
2
3
4
5
6
7
8
9
10
11
12
13
14
15
16
17
18
19
20
21
22
23
24
25
26
27
28
28'
29
29'
30
31
32
33
34
R13
R5
R1
a
b
c
d
e
f
g
h
i
k
l
m
n
p
q
r
s
t
u
v

Abb. 46 Brust- und Bauchsitus eines Rindes, linke Seitenansicht, tiefe Schicht nach Entfernung der Lunge und Eröffnung der Vormägen (Braunviehkuh, 5 Jahre alt, 5 Tage nach der Geburt).

R_1: 1. Rippe, R_5, R_{13} Stümpfe der 5 und 13. Rippe.

1 Tuber coxae
2 M. obliquus internus abdominis
3 M. rectus abdominis
4 M. sternocephalicus
5 M. brachiocephalicus
6 Trachea
7 Bifurcatio tracheae
8 präkardiales Mediastinum
9 Thymusrest
10 rechte Herzkammer, linker und kranialer Anteil unter Truncus pulmonalis (a)
11 linke Vorkammer
12 linke Herzkammer
13 kaudaler Rest des Perikards
14 medialer Rest des resezierten Zwerchfells
15–17 Esophagus: 15 Halsteil, 16 Brustteil, 17 seine Mündung – enge Stellen, die zu **Verstopfungen** neigen: Apertura thoracis cranialis zwischen dem 1. Rippenpaar und der Hiatus esophageus (18) des Zwerchfells
19–20 Haube eröffnet mit Haubenleisten – beachte die geringe Entfernung der kranialen Haubenwand (20) zum Perikard: **Fremdkörper,** die die Haubenwand linksseitig perforieren erreichen durch das Zwerchfell das Perikard und verursachen eine Pericarditis
21 Haubenteil der Schlundrinne
22–30 Pansen: Die kaudale Wand des Pansens ist gegen dorsal und kaudal aufgespannt, ähnlich wie es der Lage des gefüllten Pansens entspricht, der dorsal die Gasblase, in der Mitte die festen Futtermassen und ventral den Pansensee aus Flüssigkeit und feinen Nahrungspartikeln enthält. 22 kranialer Pfeiler; 23 kaudaler Pfeiler; 24 ventraler Kranzpfeiler; 25 dorsaler Kranzpfeiler; 26-28' dorsaler Pansensack: 27 sein kaudaler Blindsack, 28 sein Atrium ruminis = Schleudermagen, der vor dem freien Rand des kranialen Pfeilers liegt und weit ventral reicht (28'); 29 ventraler Pansensack mit kaudalem Blindsack (29'); 30 ventrale Pansenwand
31 Rest des Paries superficialis des grossen Netzes
32 Labmagen
33 Uterus
34 Ln. subiliacus

a Truncus pulmonalis
b Arcus aortae
c Aorta descendens
d Aa. und Vv. intercostales dorsales
e V. azygos sinistra
f Truncus brachiocephalicus
g A. und V. subclavia
h A. carotis communis
i V. jugularis externa
k V. costocervicalis
l A. und V. thoracica interna
m V. epigastrica caudalis superficialis, geht kranial in die V. epigastrica cranialis superficialis (auch V. subcutanea abdominis) über
n Ductus thoracicus zieht von rechts kommend über den Oesophagus zum Venenwinkel und mündet meist in V. jugularis externa
o Plexus brachialis
p N. phrenicus
q Truncus vagosympathicus, die A. carotis communis begleitend
r–t N. vagus: s sein dorsaler Ast, besonders für Pansen und Darm; t sein ventraler Ast für Haube, Psalter und Labmagen
u Grenzstrang des N. sympaticus
v Ganglion stellatum des N. sympathicus

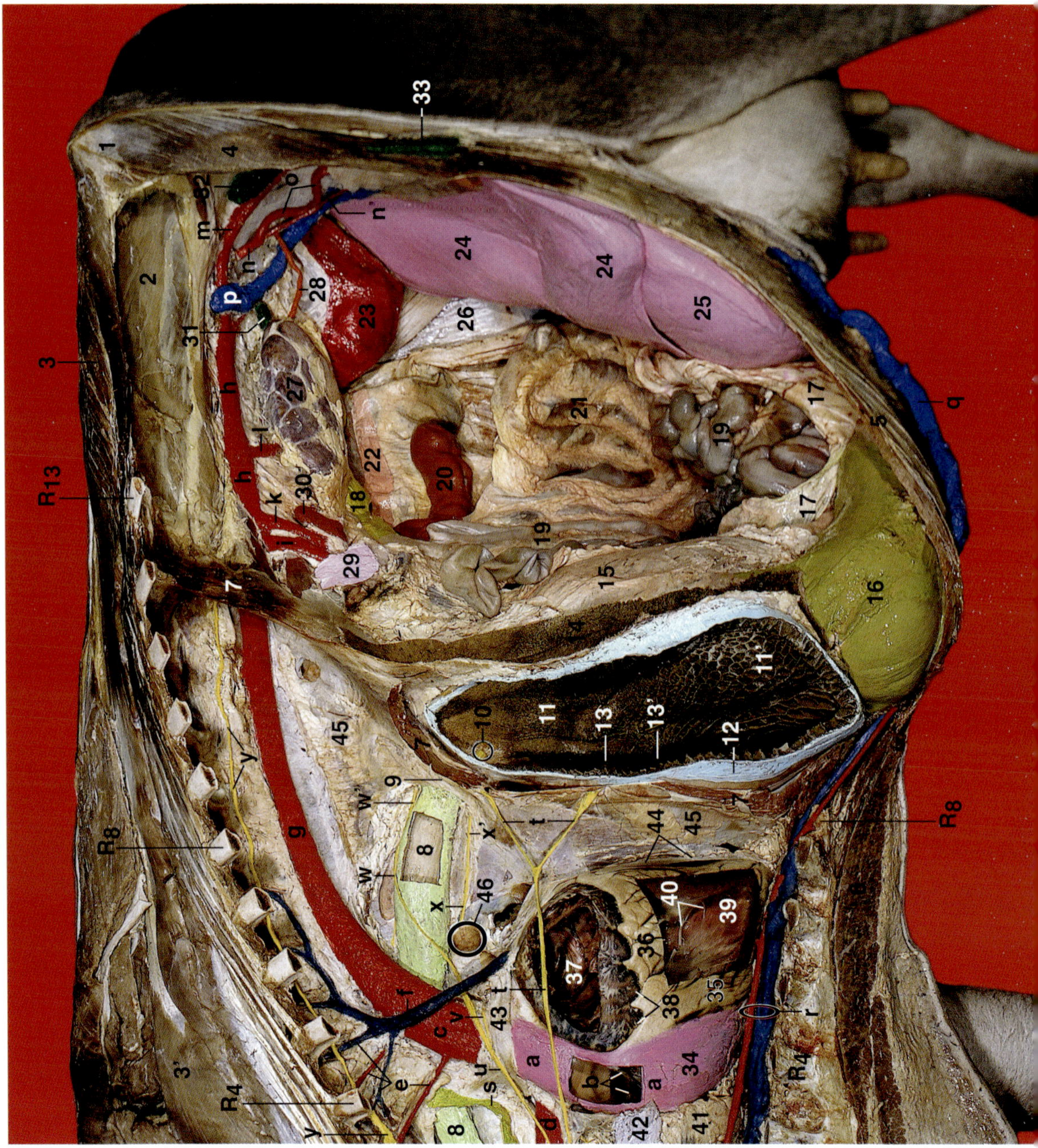
1
2
3
3'
4
5
7
8
9
10
11
11'
12
13
13'
15
16
17
18
19
20
21
22
23
24
25
26
27
28
29
30
31
32
33
34
35
36
37
38
39
40
41
42
43
44
45
46
a
b
c
d
e
f
g
h
k
l
m
n
n'
o
p
q
r
s
t
u
v
w
w'
x
x'
y
R4
R8
R13

Abb. 47 Brust und Bauchsitus eines Rindes, linke Seitenansicht, tiefe Schicht, nach Entfernung von Lunge und Pansen (Braunviehkuh, 5 Jahre alt, 5 Tage nach der Geburt mit Nachgeburtsverhaltung).

$R_{1}, _{8}, _{13}$: 4., 8. und 13. Rippe.

1 Tuber coxae
2 M. psoas major (Filet)
3 M. longissimus lumborum et thoracis (3') – beide Anteile = Entrecôte
4 M. obliquus internus abdominis
5 M. rectus abdominis in Rektusscheide
6 M. pectoralis profundus
7 medialer Rest des Zwerchfells.
8 Brustteil des Esophagus
9 Hiatus esophageus
10 Cardia = Mündung des Esophagus
11–13 Haube, beachte die Haubenzellen (11'), die wie in Bienenwaben die feinen Futterpartikel zurückhalten und in den Psalter geben – die groben Futterbestandteile werden zurück in den Pansen transportiert; 12 kraniale Haubenwand – nahe vom Perikard, **Fremdkörperpericarditis;** 13 Schlundrinne – bei Berührung kontrahieren sich die Lippen – bei Schädigung der Innervation (N. vagus) bleiben sie schlaff. 13' Ventral am Boden der Schlundrinne ist der Übergang zum Psalter – beim **Schlundrinnenreflex** des Kalbes, der durch Berührung des Rachendaches ausgelöst wird, schliessen sich die Lippen zu einem Rohr, so dass die Milch direkt von der Cardia zum Psalterkanal und weiter zum Labmagen gelangt; bei erwachsenen Rindern durch 20- bis 24%ige Glaubersalzlösung auslösbar
14 Rest des Atrium ruminis, der übrige Pansen ist entfernt
15 Psalter, überzogen vom kleinen Netz
16 Labmagen, Corpus, hier natürliche Lage auf der ventralen Bauchwand – die linksseitige **Verlagerung des Labmagens** zwischen Pansen und Bauchwand kommt häufig vor.
17 großes Netz, Paries profundus, mit Blick in den **Recessus supraomentalis,** der bei Entfernung des Pansens von links eröffnet wurde
18 Duodenum ascendens
19 Jejunum
20–22 Colon ascendens: 20 Ansa proximalis, 21 Ansa spiralis = Kolonscheibe, 22 Ansa distalis
23 Colon descendens
24 linkes Uterushorn
25 rechtes Uterushorn, **trächtig** gewesen – bei normalem Abgang der Nachgeburt hat ein Uterus 5 Tage post partum noch das halbe Gewicht wie am Tag der Geburt nach Ausstoßung der Nachgeburt
26 rechtes Lig. latum uteri
27 linke Niere
28 linker Ureter
29 Pankreas, linker Schenkel
30 linke Nebenniere
31 linker Ln. iliacus medialis
32 Ln. iliofemoralis – Darmbeinlymphknoten – beide Lymphknoten sind die zentrale Kontrollstelle für die Lymphe aus dem Beckenbereich und von der Beckengliedmaße
33 Ln. subiliacus
34 Rechte Herzkammer
35 Sulcus interventricularis paraconalis
36 Sulcus coronarius
37 linke Vorkammer mit Musculi pectinati im Innern
38 Rand des linken Herzohres
39 linke Herzkammer mit Blick auf das Kammerseptum und zwei feine Trabeculae septomarginales (40)
41 Präkardiales Mediastinum
42 Thymus
43 Ansatzstelle des Perikards
44 kaudaler Rest des Perikards
45 postkardiales Mediastinum
46 Bifurcatio tracheae

a Truncus pulmonalis
b Semilunarklappe am Ursprung des Truncus pulmonalis
c Arcus aortae
d Truncus brachiocephalicus
e Aa. und Vv. intercostales dorsales
f V. azygos sinistra
g Aorta thoracica
h Aorta abdominalis
i A. celiaca für Magen-Leber-Milz
k A. mesenterica cranialis für den größten Teil des Darmes – der Ursprung beider Gefäße ist beim Wdk. oft verschmolzen
l A. renalis sinistra
m A. iliaca externa
n A. umbilicalis, aus A. iliaca interna, n' fortlaufender Ast der A. umbilicalis zur Harnblase
o A. uterina
p V. ovarica – der venöse Rückfluss vom Uterus geht beim Wdk. vor allem zur V. ovarica
q V. epigastrica caudalis superficialis – auch zur **intravenösen Injektion** geeignet (s.a. Abb. 48 m)
r A. und V. thoracica interna
s Ductus thoracicus
t N. phrenicus
u N. vagus
v Abgang des N. recurrens um Aortenbogen
w dorsaler Ast des N. vagus – nach Vereinigung mit dem dorsalen Ast der rechten Seite Truncus vagalis dorsalis (w') – „Pansennerv", vor allem für Pansen und Darm
x ventraler Ast des N. vagus, nach Vereinigung mit dem Ventralast der rechten Seite Truncus vagalis ventralis (x') – vor allem für übrige Magenbereiche – besonders der ventrale Vagusstamm ist nicht selten gelähmt – **„Hoflundsyndrom":** Pansenüberladung wegen Ausfall der Hauben-Psalterpumpe
y Grenzstrang des N. sympathicus

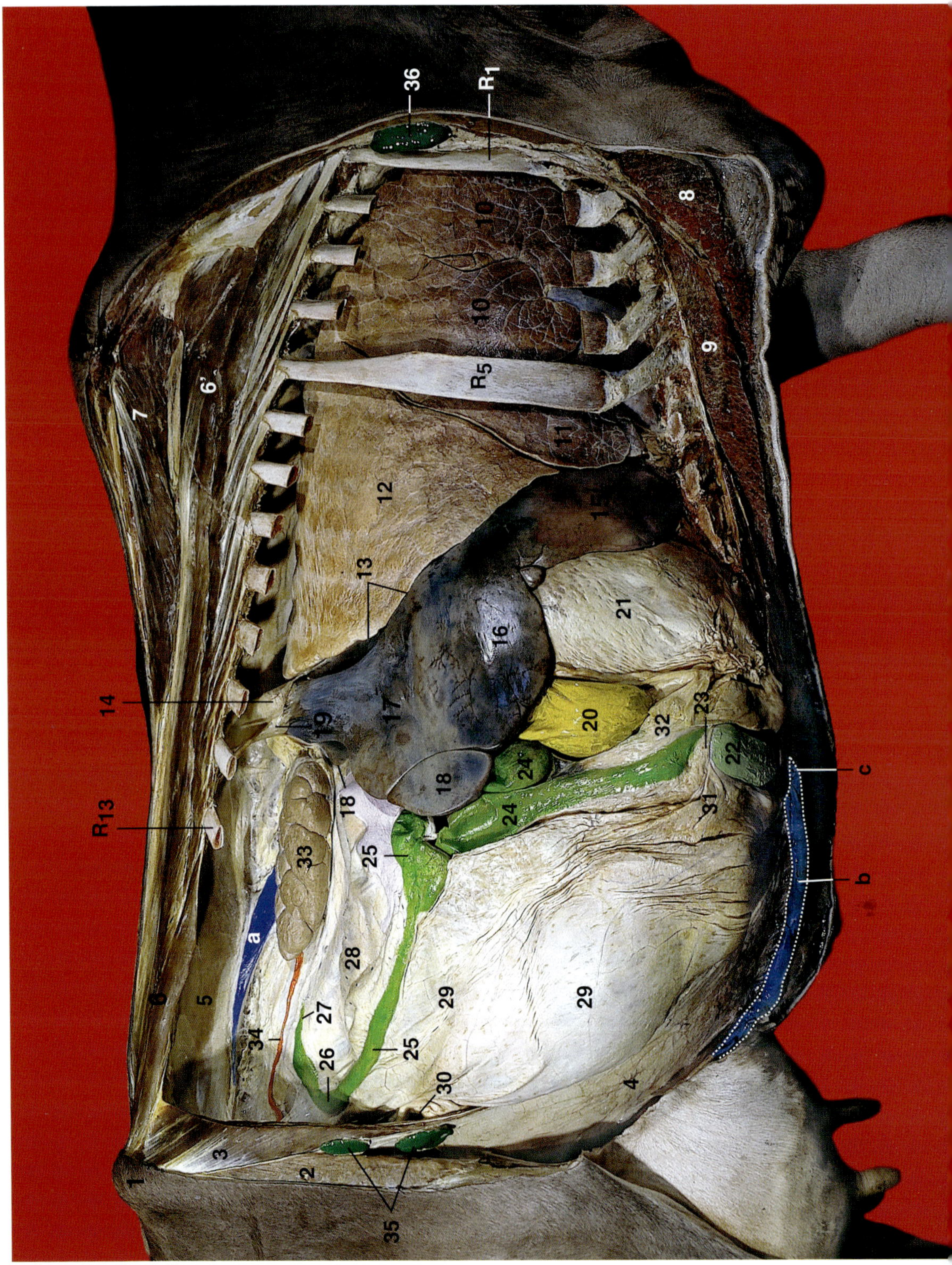
36
R1
8
10
10
9
R5
6'
7
11
12
15
13
21
16
14
17
19
20
23
32
22
c
18
24'
24
31
R13
18
33
25
b
a
28
6
5
29
29
27
34
26
25
30
4
3
1
2
35

Abb. 48 Brust- und Bauchsitus eines Rindes, rechte Seitenansicht, oberflächliche Schicht nach Entfernung der Schultergliedmaße (Braunviehkuh, 4 Jahre alt, 4 Monate trächtig).

$R_{1, 5, 13}$: 1., 5. und 13. Rippe.

1 Tuber coxae
2 M. tensor fasciae latae
3 M. obliqus internus abdominis
4 ventrale Bauchwand mit M. rectus abdominis und Rektusscheide
5 M. psoas major
6 M. longissimus lumborum et thoracis (6')
7 M. spinalis et semispinalis thoracis et cervicis
8 M. pectoralis superficialis
9 M. pectoralis profundus
10–13 rechte Lunge: 10 Lobus cranialis, zweigeteilt; 11 Lobus medius; 12 Lobus caudalis; 13 Margo acutus: die steil abfallende **Lungengrenze** wird rechts perkutiert: eine Horizontale durch den Ventralrand des Tuber coxae trifft die kaudale Lungengrenze im 11. Interkostalraum; eine Horizontale durch das Schultergelenk trifft die kaudale Lungengrenze im 8. Interkostalraum. – Hinter der kaudalen Lungengrenze erscheint dorsal eine **Leberdämpfung,** die normalerweise handbreit ist – in diesem Bereich erfolgt auch die **Leberpunktion.**
14 dorsaler Rest des Zwerchfells, der übrige Teil des Zwerchfells ist entfernt
15–19 Leber: 15 Lobus sinister; 16 Lobus quadratus; 17 Lobus dexter; 18 Processus caudatus des Lobus caudatus; 19 Lig. triangulare dextrum – zum Zwerchfell
20 Gallenblase – sie kann zur **Leberegeldiagnostik** mit Ultraschallkontrolle **punktiert** werden
21 Psalter eingehüllt vom kleinen Netz – der normal gefüllte Psalter ergibt, wegen seines relativ festen Inhaltes, kaudal der Lunge bei der Perkussion eine **Dämpfung** von 1–3 Handbreiten
22 Labmagen, Pars pylorica
23 Stelle des Torus pylori am Labmagenausgang – der Bindegewebswulst ist meist von außen **palpierbar**
24–27 Duodenum: 24 Pars cranialis – lang beim Wdk. mit Ansa sigmoidea (24'); 25 Pars descendens; 26 Flexura caudalis; 27 Pars ascendens
28 gemeinsame Gekröseplatte von Magen- und Darmgekröse
29 großes Netz, Omentum majus: ventral vom Duodenum descendens zwei Blätter unterscheidbar, hier Paries superficialis, darunter unmittelbar anliegend, Paries profundus
30 kaudaler, freier Rand des großen Netzes = Übergang des Paries supf. in Paries prof.
31 großes Netz kaudal am Pylorus – in diesem Bereich wird das Netz und der **Labmagen** nach Reposition einer **Verlagerung** an der seitlichen Bauchwand durch Naht befestigt
32 kleines Netz kranial der Pars cranialis duodeni, auch den Psalter (21) bedeckend, zieht zur Leberpforte
33 Rechte Niere
34 Ureter der rechten Niere, verläuft retroperitoneal
35 Lnn. subiliaci
36 Buglymphknoten, Ln. cervicalis superficialis, normalerweise als Strang von ca. 10 cm Länge kranial und dorsal vom Schultergelenk zu fühlen.

a V. cava caudalis
b V. epigastrica caudalis superficialis
c Milchnäpfchen

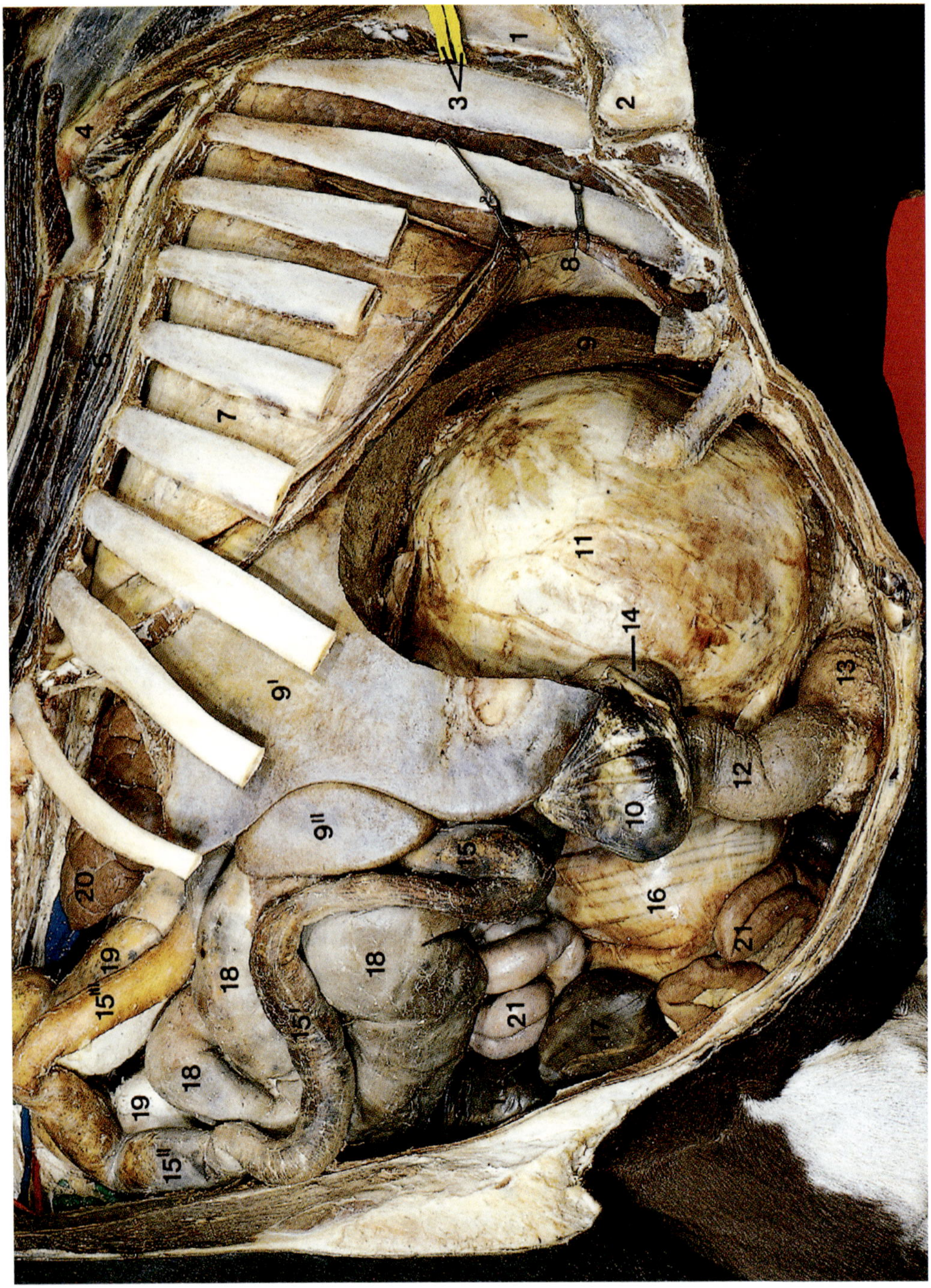
1
2
3
4
7
8
9
9'
9''
10
11
12
13
14
15
15'
15''
15'''
16
17
18
19
20
21

Abb. 49 Brust- und Bauchhöhle eines Rindes, rechte Seitenansicht, 7.–13. Rippe teilweise, 9.–13. Rippenknorpel, seitliche Bauchwand und großes Netz vollständig, Leber teilweise entfernt.

1 4. Rippe
2 Olecranon
3 Nerven, zum Plexus brachialis gehörig
4 Angulus caudalis scapulae
5 M. iliocostalis
6 M. longissimus thoracis
7 Lobus caudalis der Lunge
8 Zwerchfell, von der Schnittlinie bis zur Ursprungslinie entfernt, ventraler Abschnitt der Pars costalis nach kranial gezogen
9 Leber, Lobus sinister (größtenteils entfernt)
9' Lobus hepatis dexter
9'' Processus caudatus
10 Gallenblase, Vesica fellea
11 Blättermagen, Omasum, liegt im rechten intrathorakalen Abschnitt der Bauchhöhle, reicht in seiner kraniokaudalen Ausdehnung vom 7.–11. Interkostalraum, grenzt links an den ventralen Pansensack und die Haube, rechts an die Leber und die Körperwand, ragt ventral etwa handbreit über den Rippenbogen hinaus, Längsachse steht beim toten Tier senkrecht; **Punktion** zur Kontrolle der Psaltermotorik oder zum Einbringen von Flüssigkeiten im 9. IKR in Höhe des Ellbogenhöckers (dicht oberhalb der Rippenfuge)
12 Pars pylorica abomasi
13 Corpus abomasi; Der Labmagen, Abomasum, liegt kaudal der Haube auf der ventralen Bauchwand. Er umfaßt den unteren Pol des Omasum von kaudal. Die große Krümmung des birnenförmigen Sackes weist nach links und ventral, die kleine nach rechts und dorsal. Zwischen Retikulum, Atrium ruminis und Recessus ruminis reicht der Labmagenfundus nach links und hat dort Kontakt mit der Körperwand. Eine dort entstehende Gasblase wird zum Ausgangspunkt einer **linksseitigen Labmagenverlagerung.** Nach kaudal überschreitet der Labmagen mit seinem Corpus die Medianebene nach rechts. Der Pylorusteil geht in Höhe des Rippenbogens nach dorsal in die Pars cranialis duodeni über. Der Labmagen ist in Höhe seines Einganges (Ostium omasoabomasicum) und seines Ausganges (Pars pylorica) durch feste Stränge des kleinen Netzes mit der Leberpforte verbunden. Der dazwischenliegende Abschnitt ist relativ beweglich und ermöglicht eine **Labmagenverlagerung.** Bei **linksseitiger Labmagenverlagerung** (vornehmlich bei älteren Hochleistungsmilchkühen) schiebt sich der Labmagen zwischen den Pansen und die Wand des intrathorakalen Abschnittes der Bauchhöhle. Die linksseitige Labmagenverlagerung kommt etwa 10 mal häufiger als die rechtsseitige vor. Bei **rechtsseitiger Labmagenverlagerung** steigt der Labmagen kaudal der Leber an der rechten Bauchwand auf. **Punktion des Labmagens** zur Entnahme von Inhalt oder zum Einbringen von Medikamenten in der Regio xiphoidea zwischen kranialem und mittlerem Drittel des Abstandes zwischen Proc. xiphoideus und Nabel.
14 Pars cranialis duodeni
15 Duodenum, distaler Abschnitt der Ansa sigmoidea
15' Pars descendens duodeni
15'' Flexura duodeni caudalis
15''' Pars ascendens duodeni
16 ventraler Pansensack
17 Blinddarm, ragt mit dem blinden Ende kaudal aus dem Recessus supraomentalis heraus, gasgefüllt liegt er dorsal, kann in die Beckenhöhle eintreten, gefüllt mit schwerem Inhalt sinkt er auf die ventrale Bauchwand
18 Ansa proximalis coli
19 Colon descendens
20 rechte Niere reicht vom letzten Interkostalraum bis zum 3. Lendenwirbel, im Gegensatz zur linken Niere rektal i.d.R. **nicht palpierbar; Blindbiopsie** paravertebral hinter der letzten Rippe möglich
21 Jejunum

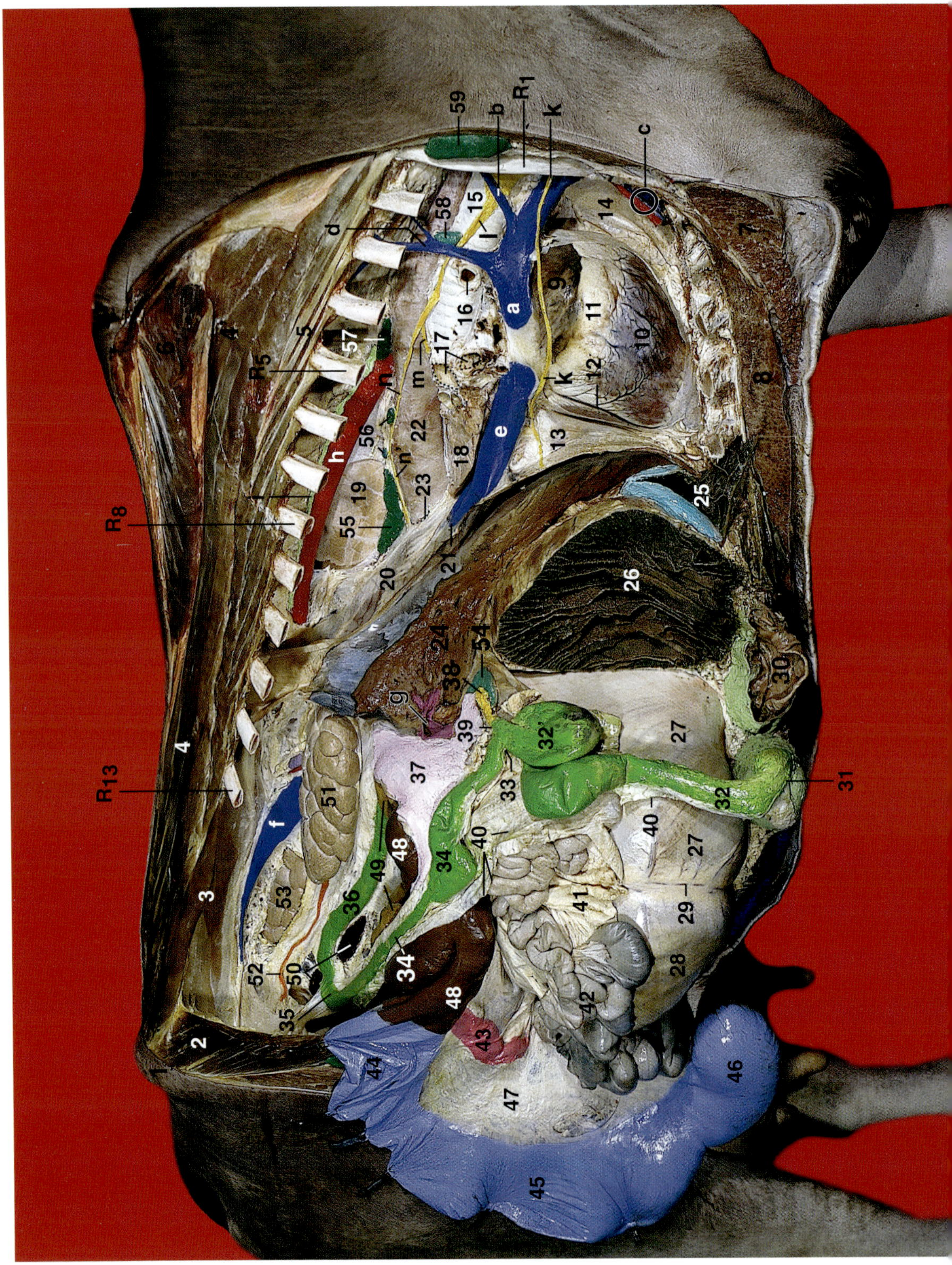
59
b
R1
k
c
d
58
15
14
l
16
a
9
11
10
7
8
6
4
5
57
R5
n
m
17
k
12
56
22
e
13
h
n'
18
19
23
R8
55
21
25
20
26
24
54
38
g
39
30
32'
27
37
4
R13
33
31
51
f
32
40
40
48
34
27
49
3
53
36
41
29
34
52
50
28
48
42
35
2
43
44
46
47
45

Abb. 50 Brust- und Bauchsitus eines Rindes, rechte Seitenansicht, tiefe Schicht. Lunge und lateraler Teil der Leber entfernt, Magenabschnitte sowie großes und kleines Netz eröffnet, Blinddarm nach kaudal vorgelagert (Braunviehkuh, 4 Jahre alt, 4 Monate trächtig).

$R_{1, 5, 8, 13}$: 1., 5., 8. und 13. Rippe

1 Tuber coxae
2 M. obliquus internus abdominis
3 M. psoas major
4 M. longissimus lumborum et thoracis (4')
5 M. iliocostalis
6 M. spinalis et semispinalis thoracis et cervicis
7 M. pectoralis superficialis
8 M. pectoralis profundus
9 rechte Vorkammer des Herzens
10 rechte Herzkammer
11 Sulcus coronarius
12 Sulcus interventricularis subsinuosus
13 Gekröse der V. cava caudalis (e)
14 präkardiales Mediastinum
15 Trachea
16 Bronchus trachealis
17 Bifurcatio tracheae
18 Lobus accessorius der rechten Lunge im Recessus mediastini
19 postkardiales Mediastinum
20 medialer Rest des Zwerchfells
21 Foramen venae cavae des Zwerchfells
22 Brustteil des Esophagus
23 Hiatus esophageus des Zwerchfells
24 Schnittfläche der Leber
25 Haube eröffnet – beachte die Nachbarschaft zur Leber, weshalb perforierende **Fremdkörper** häufig **Leberabszesse** verursachen.
26 Psalterkörper eröffnet, die verschieden großen Blätter ragen von der Wand ins Lumen vor (s.a. Abb. 51, Nr. 11)
27–28 ventraler Pansensack; 28 sein kaudaler Blindsack
29 Sulcus coronarius ventralis
30 Labmagen eröffnet, beachte die Drüsenschleimhaut mit Spiralfalten (s. Abb. 51, Nr. 13)
31 Pylorus des Labmagens
32–36 Duodenum: 32 Pars cranialis; 32' ihre Ansa sigmoidea; 33 Flexura cranialis; 34 Pars descendens; 35 Flexura caudalis; 36 Pars ascendens
37 Pankreas
38 Stumpf des Ductus choledodus, nach Entfernung der Gallenblase
39 Mündung des Ductus choledochus in die Flexura cranialis des Duodenums
40 Schnittkanten des großen Netzes
41 Paries profundus des großen Netzes – ansetzend an der rechten Pansenlängsfurche – der Recessus intestinalis ist eröffnet: Die Vorlagerung des Blinddarmes gegen kaudal zeigt, dass der Recessus intestinalis kaudal immer offen ist.
42 Jejunum
43 Ileum
44–46 Cecum: 44 seine Basis; 45 sein Körper; 46 seine lange Spitze, die sich oft verdreht – **Blinddarmdrehung**
47 Plica ileocecalis
48–49 Colon ascendens: 48 Ansa proximalis; 49 Ansa distalis
50 Colon descendens
51 rechte Niere
52 Harnleiter der rechten Niere
53 linke Niere
54 Ln. hepaticus
55 Ln. mediastinalis caudalis
56 weitere Lnn. mediastinales caudales
57 Ln. mediastinalis medius
58 Ln. mediastinalis cranialis
59 Buglymphknoten

a V. cava cranialis
b V. costocervicalis
c A. und V. thoracica interna
d V. azygos dextra
e–f V. cava caudalis: e Brustteil; f Bauchteil
g V. portae
h Aorta thoracica
i Milchbrustgang, Ductus thoracicus
k N. phrenicus
l–n' N. vagus: m sein ventraler Ast, Verlauf ventral des Esophagus; n sein dorsaler Ast, Verlauf dorsal des Esophagus; n' Truncus vagalis dorsalis nach Vereinigung mit dem Dorsalast der linken Seite, innerviert außer dem Pansen die Gedärme bis zum Colon transversum

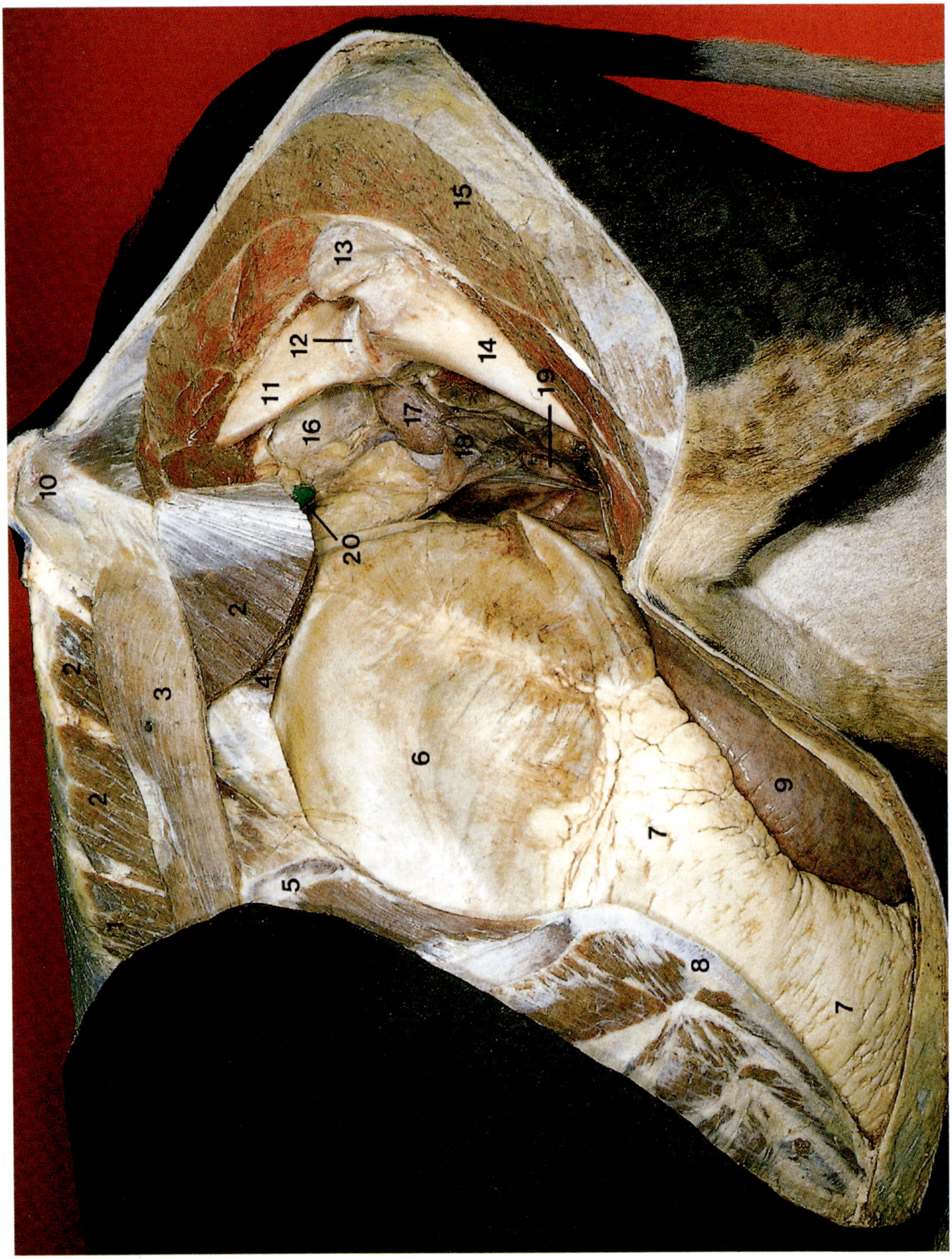
15
13
12
11
14
19
16
17
18
10
20
2
2
3
4
2
6
2
9
7
5
1
8
7

Abb. 51 Bauchhöhle eines im 5. Monat trächtigen Rindes, Ansicht von links, seitliche Bauchwand und Muskeln kraniolateral am Oberschenkel großenteils entfernt.

1 M. retractor costae
2 M. obliquus internus abdominis
3 M. obliquus externus abdominis
4 M. transversus abdominis
5 letzte Rippe, hier als „Fleischrippe" ausgebildet
6 Saccus dorsalis des Pansens
7 Paries superficialis des großen Netzes
8 Rippenknorpel der 12. Rippe
9 **trächtiger Uterus;** Die Ovulation findet häufiger (etwa zu 60%) am rechten Ovar statt. Die Lage der Blastozyste beschränkt sich auf das gleichseitige Horn. Die Embryonalhüllen dehnen sich bald in das andere Horn aus. Der Fetus liegt jedoch fast immer nur in einem Uterushorn. Daraus folgt eine starke Asymmetrie des trächtigen Uterus. Im Verlaufe des **3. Trächtigkeitsmonats** beginnt der Uterus auf der ventralen Bauchwand nach unten zu rutschen.
In den meisten Fällen wächst der trächtige Uterus in den Recessus supraomentalis hinein. Am Ende des **4. Monats** liegt er völlig abdominal, die Cervix uteri liegt über dem Pecten ossis pubis oder schon weiter kranioventral. Durch die weitere Vergrößerung des Uterus werden der Pansen nach links und das Darmkonvolut nach dorsal abgedrängt. Die Vagina wird gedehnt, die Cervix rutscht auf der ventralen Bauchwand immer weiter nach kranial und der Uterus gelangt um den **5. Monat** außer Reichweite der Hand bei der rektalen Untersuchung. Durch die weitere Vergrößerung nach Ende des 5. Monats wird der Uterus erneut tastbar. Gegen **Ende der Trächtigkeit** bekommt der Uterus Kontakt mit der Leber und dem Zwerchfell. Bei einer **„extraomentalen" Trächtigkeit** (diese liegt bei dem abgebildeten Rind vor) gelangt der Uterus nicht in den Recessus supraomentalis, sondern schiebt sich entlang der rechten oder linken Bauchwand nach kranial. Bei linker Lage wird der Pansen von der Bauchwand abgedrängt und nach kranial verschoben. Liegt der Uterus rechts, drängt er das große Netz von der Bauchwand ab.
10 Tuber coxae
11 Darmbeinsäule
12 Hüftgelenk, Articulatio coxae
13 Trochanter major
14 Corpus ossis femoris
15 M. gluteobiceps
16 Colon descendens; Sein Gekröse wird in Höhe der letzten Lendenwirbel länger und das Colon bildet vor seinem Übergang in das Rectum einen S-förmigen Bogen, Colon sigmoideum. Das lange Gekröse ermöglicht die Bewegungsfreiheit für die Hand bei **rektaler Untersuchung.**
17 Harnblase, Vesica urinaria, liegt in leerem Zustand auf dem Beckenboden, in gefülltem Zustand über den Schambeinkamm auf die ventrale Bauchwand sinkend; **rektal tastbar**
18 Ligamentum latum uteri, Ursprung an der dorsalen Seitenwand der Beckenhöhle und der Lendengegend abgeschnitten, Rest in Richtung Hüftgelenk angeheftet
19 Ovar
20 Lnn. iliofemorales (s. Legende zu Abb. 51, Nr. 20)

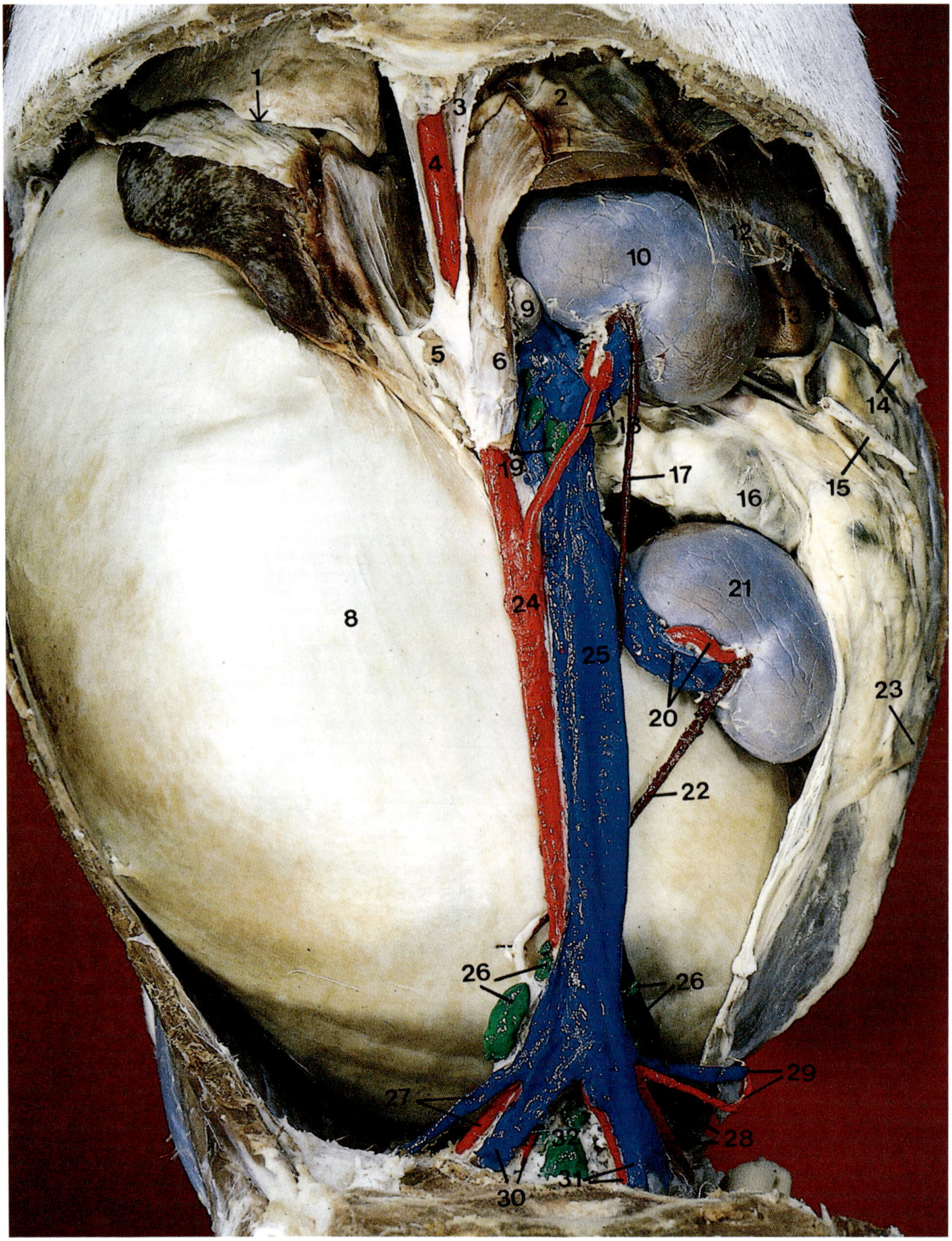
1
2
3
4
5
6
8
9
10
12
13
14
15
16
17
18
19
20
21
22
23
24
25
26
26
27
28
29
30
31
32

Abb. 52 Bauchhöhle einer Ziege von dorsal, Haut, dorsale und laterale Muskulatur, Lendenwirbelsäule und Parietalblatt des Peritoneums entfernt.

1 Kaudalrand der linken Lunge
2 Zwerchfell
3 Mediastinum
4 Aorta thoracica
5 Crus sinistrum der Pars lumbalis des Diaphragmas
6 Crus dextrum der Pars lumbalis des Diaphragmas
7 Milz
8 Pansen, Saccus dorsalis
9 Glandula adrenalis dextra
10 Ren dexter
11 Lobus hepatis dexter
12 Lig. triangulare dextrum
13 Processus caudatus
14 12. Rippe (teilweise entfernt)
15 13. Rippe (teilweise entfernt)
16 Ansa proximalis coli
17 Ureter dexter
18 A. et V. renalis dextra
19 Lnn. renales des Lc. lumbale
20 A. et V. renalis sinistra
21 Ren sinister
22 Ureter sinister
23 Flexura duodeni caudalis
24 Aorta abdominalis
25 V. cava caudalis
26 Lnn. iliaci mediales des Lc. iliosacrale
27 A. et V. iliaca externa sinistra
28 A. et V. iliaca externa dextra
29 A. et V. circumflexa ilium profunda (nur rechts dargestellt)
30 A. et V. iliaca interna sinistra
31 A. et V. iliaca interna dextra
32 Lnn. sacrales des Lc. iliosacrale

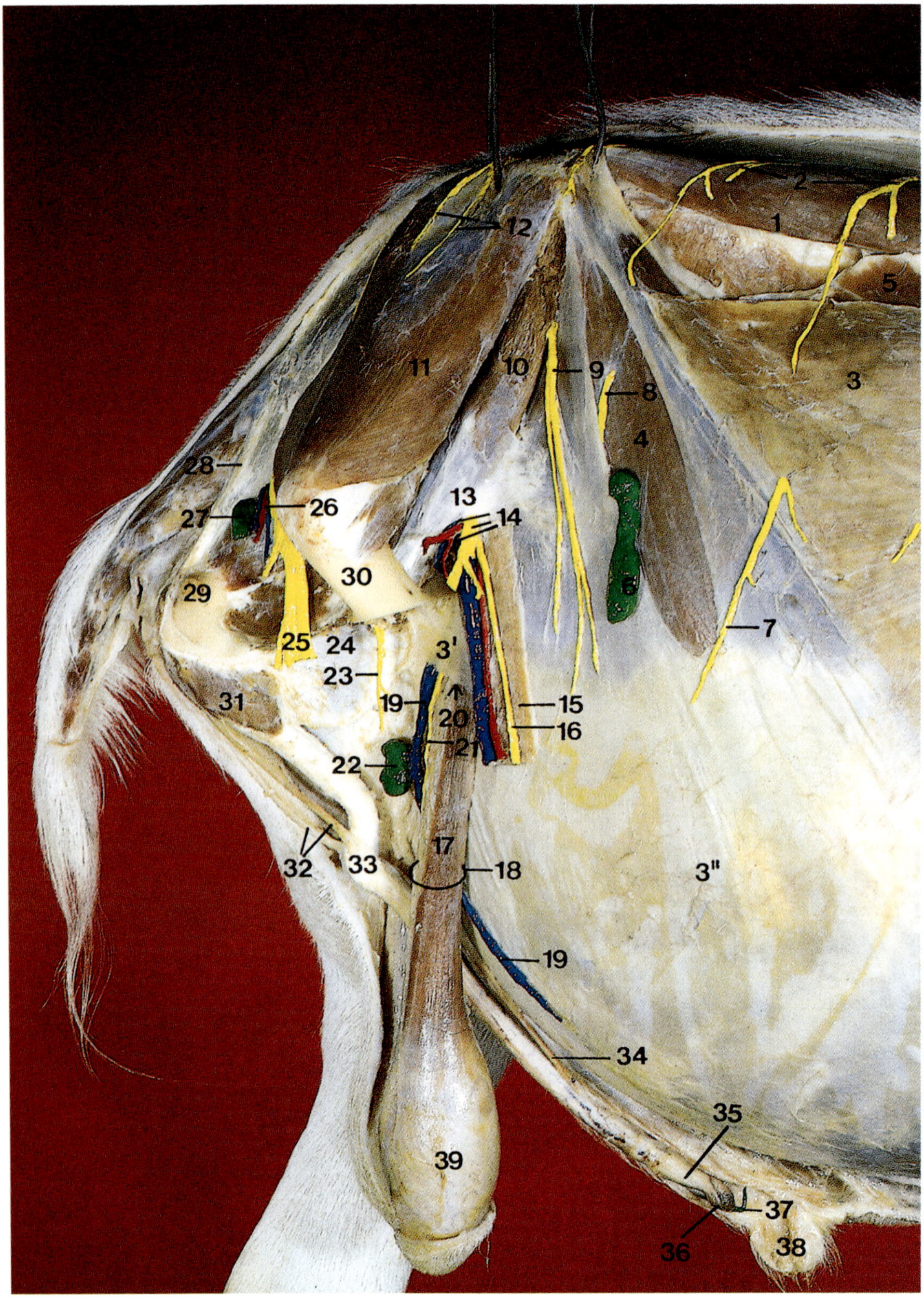
1
2
3
3'
3"
4
5
6
7
8
9
10
11
12
13
14
15
16
17
18
19
20
21
22
23
24
25
26
27
28
29
30
31
32
33
34
35
36
37
38
39

Abb. 53 Seitliche Bauchwand eines Ziegenbockes, rechte Hintergliedmaße weitgehend entfernt.

1 M. iliocostalis lumborum et M. longissimus lumborum
2 Rami dorsales der Nn. lumbales
3 M. obliquus externus abdominis, 3′ seine Beckensehne, 3″ seine Bauchsehne
4 M. obliquus internus abdominis
5 M. transversus abdominis
6 Lnn. subiliaci des Lc. inguinofemorale [inguinale superficiale], direkt kaudal dieser verläuft die kraniale Oberschenkelkontur beim stehenden Tier
7 Ramus cutaneus lateralis des N. iliohypogastricus
8 Ramus cutaneus lateralis des N. ilioinguinalis
9 N. cutaneus femoris lateralis
10 M. iliacus, die Lacuna musculorum passierend
11 M. gluteus medius
12 Rami dorsales der Sakralnerven (Nn. clunium medii)
13 Arcus inguinalis [Lig. inguinale], lateral die Lacuna musculorum und die Lacuna vasorum begrenzend
14 A., V. et N. femoralis, die Lacuna vasorum passierend
15 M. sartorius (distales Ende entfernt), die Lacuna musculorum passierend
16 N. saphenus
17 M. cremaster
18 Funniculus spermaticus, am Hodensackhals **umfaßbar,** der Ductus deferens (**tastbar**) liegt medial, **Kastration** durch perkutanes Zerquetschen möglich
19 V. epigastrica caudalis superficialis
20 Anulus inguinalis superficialis (von 3′ und 3″ begrenzt)
21 N. genitofemoralis
22 Lnn. scrotales des Lc. inguinofemorale [inguinale superficiale]
23 N. obturatorius
24 Tendo symphysialis
25 N. ischiadicus
26 A. et V. glutea caudalis
27 Lnn. ischiadici des Lc. ischiadicum
28 Lig. sacrotuberale latum
29 Tuber ischiadicum
30 proximales Endstück des Os femoris (abgesägt)
31 M. ischiocavernosus
32 M. retractor penis
33 Flexura sigmoidea penis
34 M. preputialis caudalis
35 Glans penis
36 Rhaphe penis
37 Proc. urethrae
38 Preputium
39 rechter Hoden

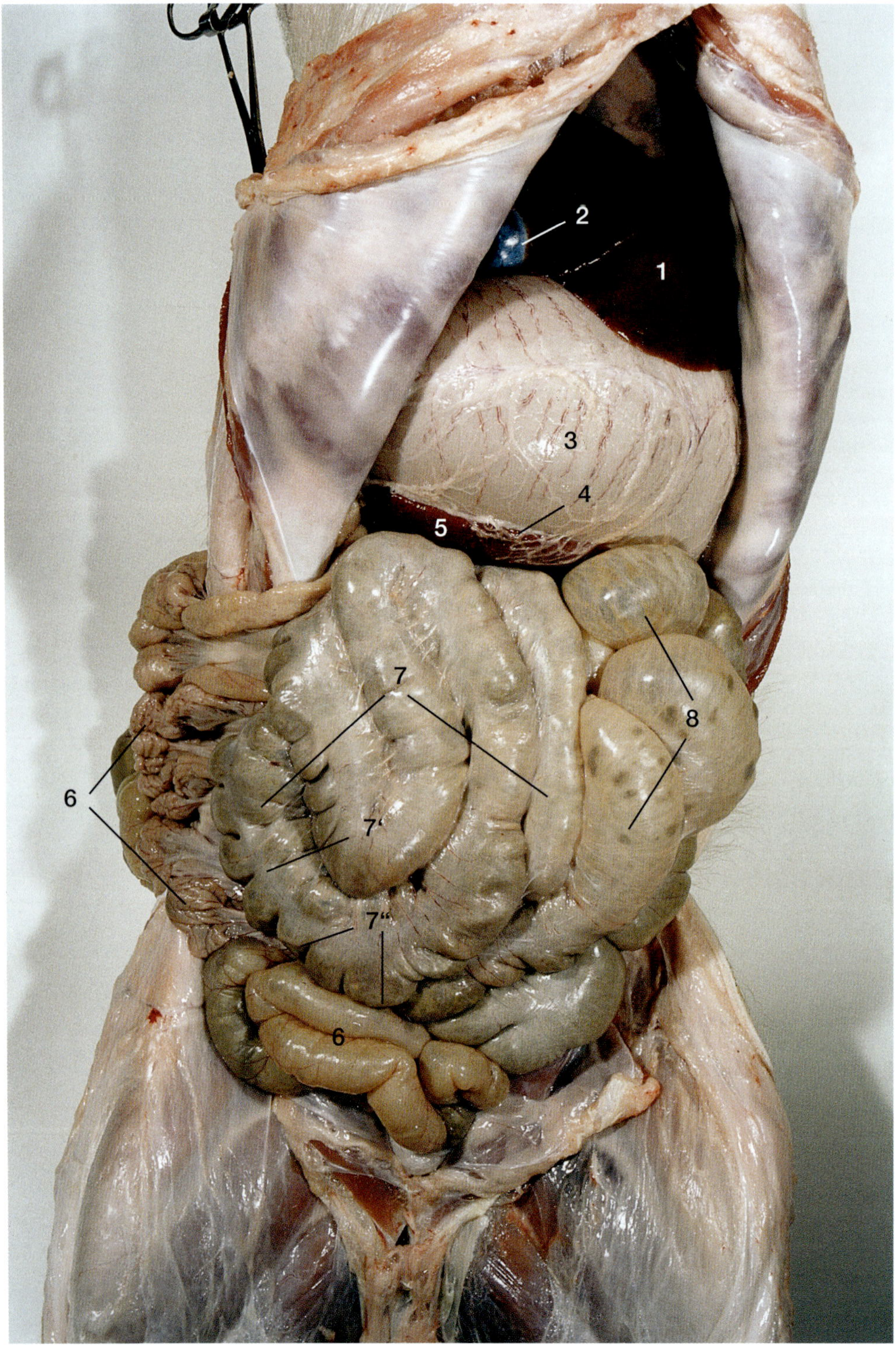
2
1
3
4
5
7
8
6
7'
7''
6

Abb. 54 Bauchhöhle eines Schweines, männlich kastriert, Ansicht von ventral

1 Leber, **Biopsie** in der Regio xiphoidea möglich, Leber liegt der ventralen Bauchwand breitflächig an

2 Gallenblase, zwischen Lobus quadratus und Lobus dexter medialis

3 Magen, liegt im mäßig gefüllten Zustand zum größten Teil links der Medianebene, nur der Pylorus ragt nach rechts; kaudal Kontakt mit Milz (links) und Darmabschnitten (meist Colon ascendens, evtl. Jejunumschlingen), berührt mäßig gefüllt die ventrale Bauchwand nicht, dehnt sich bei starker Füllung weit beckenwärts aus. Bei **Magenüberladung** wird Druck auch auf das Zwerchfell ausgeübt. Die Folge kann eine Dyspnoe (Hundesitz, gespreizte Vorderextremitäten) sein.

4 Lig. gastrolienale des großen Netzes (Omentum majus), verbindet Magen und Milz. Der **Netzbeutel des Schweines ist viel kürzer** als jener des Hundes und liegt daher nicht der Ventralfläche des Darmkonvoluts auf. Somit fällt er beim Eröffnen der Bauchhöhle nicht sofort ins Auge.

5 Milz; intra vitam senkrecht an rechter Bauchwand; Extremitas proximalis grenzt an Fundus des Magens, kranialen Pol der linken Niere und Lobus pancreaticus sinister. Die Milz grenzt bei mäßiger Magenfüllung mit ihrer Facies parietalis an die letzten 3–4 Rippen, wobei die Extremitas ventralis den Rippenbogen nach ventral überschreitet. Bei starker Magenfüllung erreicht ihr Kaudalrand die letzte Rippe. Beim Schwein gelegentlich Ausbildung einer **Doppelmilz.** Die Milz des Schweines ist durch das Milz-Nieren-Band (4) nur locker fixiert. Besonders das ventrale Ende ist relativ frei beweglich. Daher kommt es gelegentlich zu **Milztorsionen** mit **Gefäßabschnürungen.** Diese führen zur **Stauungshyperämie** und nachfolgend zu **Nekrosen.**

6 Jejunumschlingen; hängen an langem Gekröse, füllen vorwiegend den rechten Bauchraum aus. Beim Schwein treten öfter **Leisten- und Nabelbrüche** auf. Sind die Bruchpforten weit, treten gewöhnlich keine Probleme auf. Bei engen Bruchpforten besteht die Gefahr von **Inkarzerationen** mit sekundären Intoxikationen.

7–7" Grimmdarmkegel; außen verlaufen die sichtbaren zentripetalen, innen die von diesen umschlossenen zentrifugalen Windungen. Die Gyri centripetales haben ein weites, die Gyri centrifugales ein enges Lumen. Die Kegelbasis ist an der dorsalen Bauchwand befestigt, die Spitze zeigt nach ventral und ist frei beweglich. Die zentripetalen Windungen haben zwei Bandstreifen und zwei Poschenreihen. 7' Bandstreifen an zentripetalen Windungen des Kolonkegels. 7" Poschen an zentripetalen Windungen des Kolonkegels.

8 aufgegaster Übergangsbereich von Cecum und Colon ascendens, s.a. Abb. 54, Ziffer 7 und Abb. 56, Ziffer 10

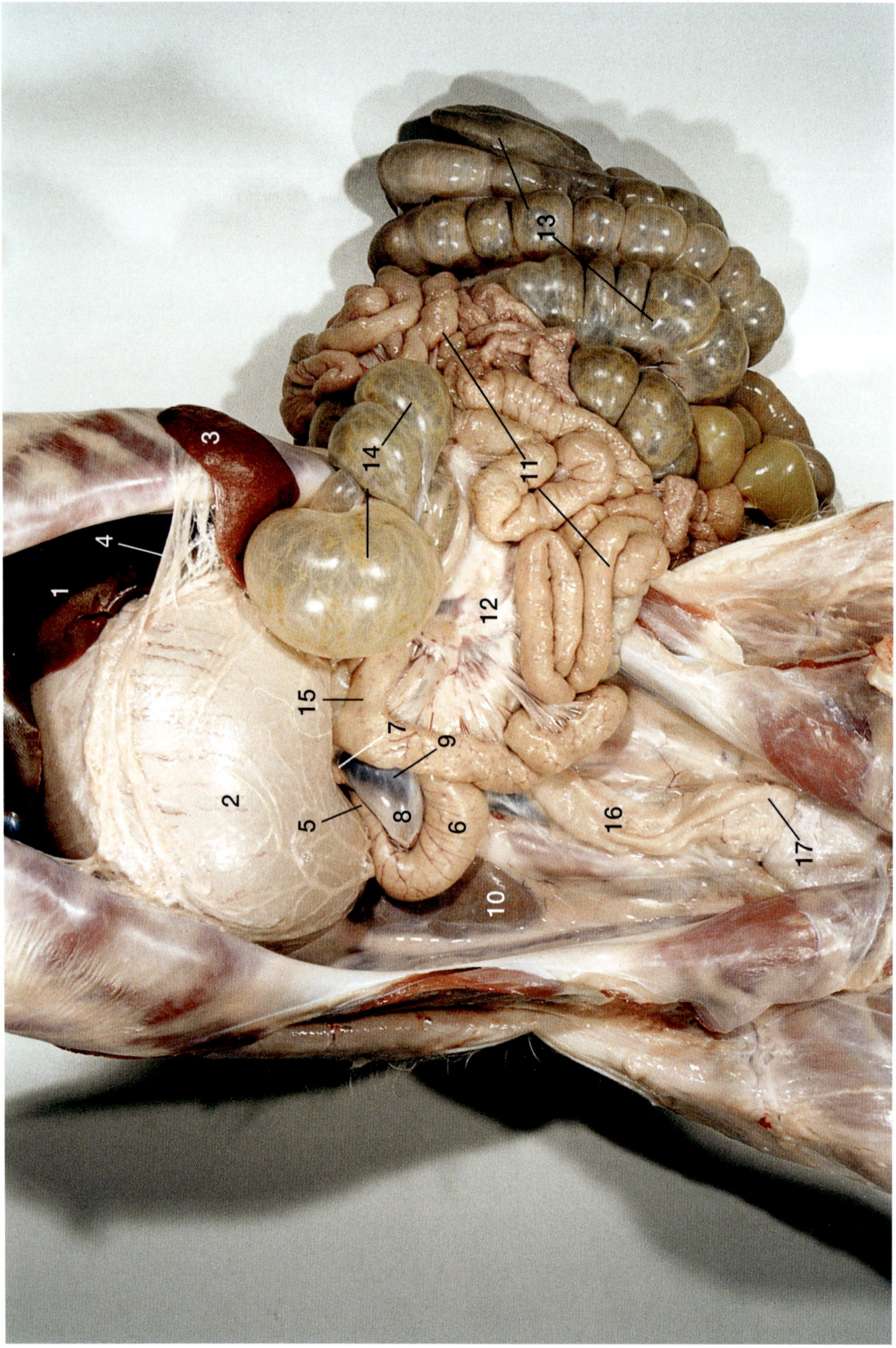
1
2
3
4
5
6
7
8
9
10
11
12
13
14
15
16
17

Abb. 55 Bauchhöhle eines Schweines, männlich kastriert, Ansicht von ventral, Darmkonvolut nach links verlagert

1 Leber s. Abb. 54, Ziffer 1
2 Magen s. Abb. 54, Ziffer 3
3 Milz s. Abb. 54, Ziffer 5
4 Lig. gastrolienale des großen Netzes s. Abb. 54, Ziffer 4
5 Duodenum, Pars descendens; liegt ventral der rechten Niere, an 6–10 cm langem Gekröse befestigt. Der Ductus choledochus mündet auf der Papilla duodeni major etwa 3 cm distal des Pylorus. Der Ductus pancreaticus accessorius mündet auf der Papilla duodeni minor etwa 12 cm distal des Pylorus. Beide Papillen sind beim Schlachtschwein mit bloßem Auge sichtbar.
6 Duodenum, Pars transversa
7 Pancreas, kaudales Ende des rechten Lappens. Die Bauchspeicheldrüse ist von Fett umgeben. Der kleine rechte Lappen liegt im Mesoduodenum descendens und reicht maximal bis zum kranialen Pol der rechten Niere. Das Corpus pancreatis liegt der kleinen Kurvatur des Magens und der Pars cranialis duodeni an. Der linke Lappen ist mit dem Ursprung des großen Netzes an der dorsalen Bauchwand verwachsen und erreicht zwischen kaudalem Milzrand und kranialem Pol der linken Niere die Bauchwand.
8 Mesoduodenum
9 Vena cava caudalis, durch das Mesoduodenum hindurchscheinend
10 rechte Niere; die dorsoventral abgeplatteten glatten Nieren liegen der Psoasmuskulatur flach an. Sie sind bei gut genährten Tieren in eine Fettkapsel eingebettet. Im Gegensatz zu den anderen Haussäugetieren liegen sie etwa auf gleicher Höhe (kranialer Pol ventral der letzten Rippe, kaudaler Pol unterhalb des 4. Lendenwirbels). Die rechte Niere hat beim Schwein keinen Kontakt mit der Leber.
11 Jejunumschlingen s. Abb. 54, Ziffer 6
12 Mesojejunum
13 Gyri zentripetales des Grimmdarmkegels s. Abb. 54, Ziffer 7
14 aufgegaster Übergangsbereich von Cecum und Colon ascendens
15 Colon transversum
16 Colon descendens, in einem kurzen und fettreichen Gekröse verlaufend
17 Colon sigmoideum; beim Ferkel kommt es durch disproportionales Wachstum einiger Darmabschnitte zu einer temporären lokalen Verbreiterung des Mesocolon descendens. Dadurch entsteht das Colon sigmoideum, das mit dem Abwachsen des Tieres wieder verschwindet.

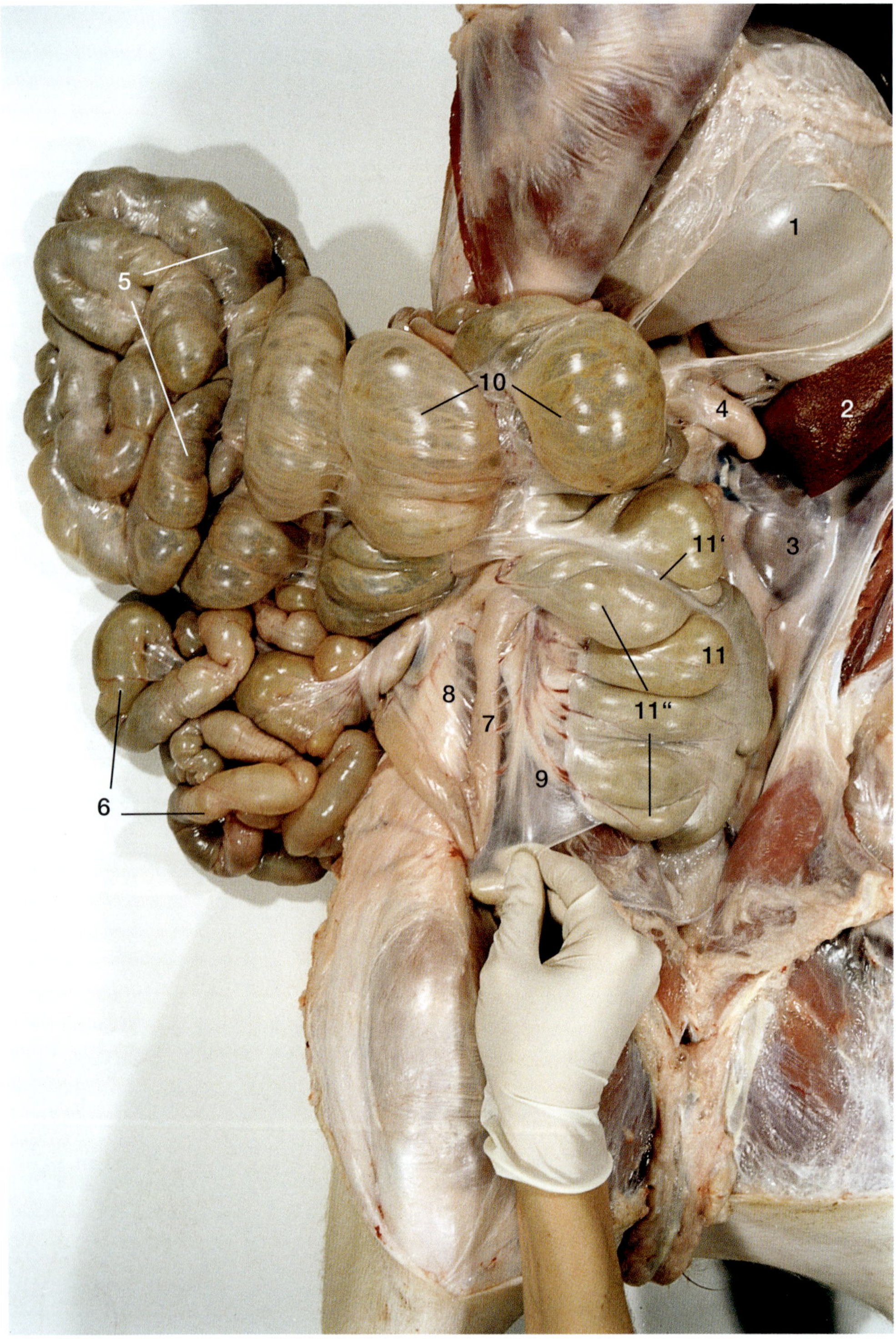
1
2
3
4
5
6
7
8
9
10
11
11'
11"

Abb. 56 Bauchhöhle eines Schweines, männlich kastriert, Ansicht von ventral, Darmkonvolut nach rechts verlagert

1 Magen s. Abb. 54, Ziffer 3
2 Milz s. Abb. 54, Ziffer 5
3 linke Niere s. Abb. 55, Ziffer 10
4 linker Schenkel des Pancreas, der mit seinem Ende zwischen Milz und Niere die linke Bauchwand erreicht (s.a. Abb. 55, Ziffer 7)
5 Colon ascendens, Gyri centripetales s. Abb. 54, Ziffer 7
6 Jejunumschlingen s. Abb. 54, Ziffer 6
7 Ileum, steigt in linker Regio abdominalis caudalis nach dorsal, mündet in Cecum, mit diesem durch Plica ileocecalis (9) verbunden; Das Ende des Ileums ragt mit einer Papilla ilealis in das Lumen des Dickdarms. Im Bereich der Einmündung ist die Wandmuskulatur des Ileums zu einem M. sphincter ilei verstärkt, der den Reflux von Darminhalt verhindert.
8 Mesoileum
9 Plica ileocecalis; ihre Reichweite auf dem Dünndarm entspricht per definitionem der Länge des Ileums
10 aufgegaster Übergangsbereich von Cecum und Colon ascendens
11–11" Cecum; liegt in **linker (!) Flankengegend,** Fassungsvermögen bis über 2 l, besitzt 3 Bandstreifen und 3 Poschenreihen, Basis liegt ventral der linken Niere, Spitze erreicht die linke Leistengegend. 11' Bandstreifen am Cecum; 11" Poschenreihe am Cecum.

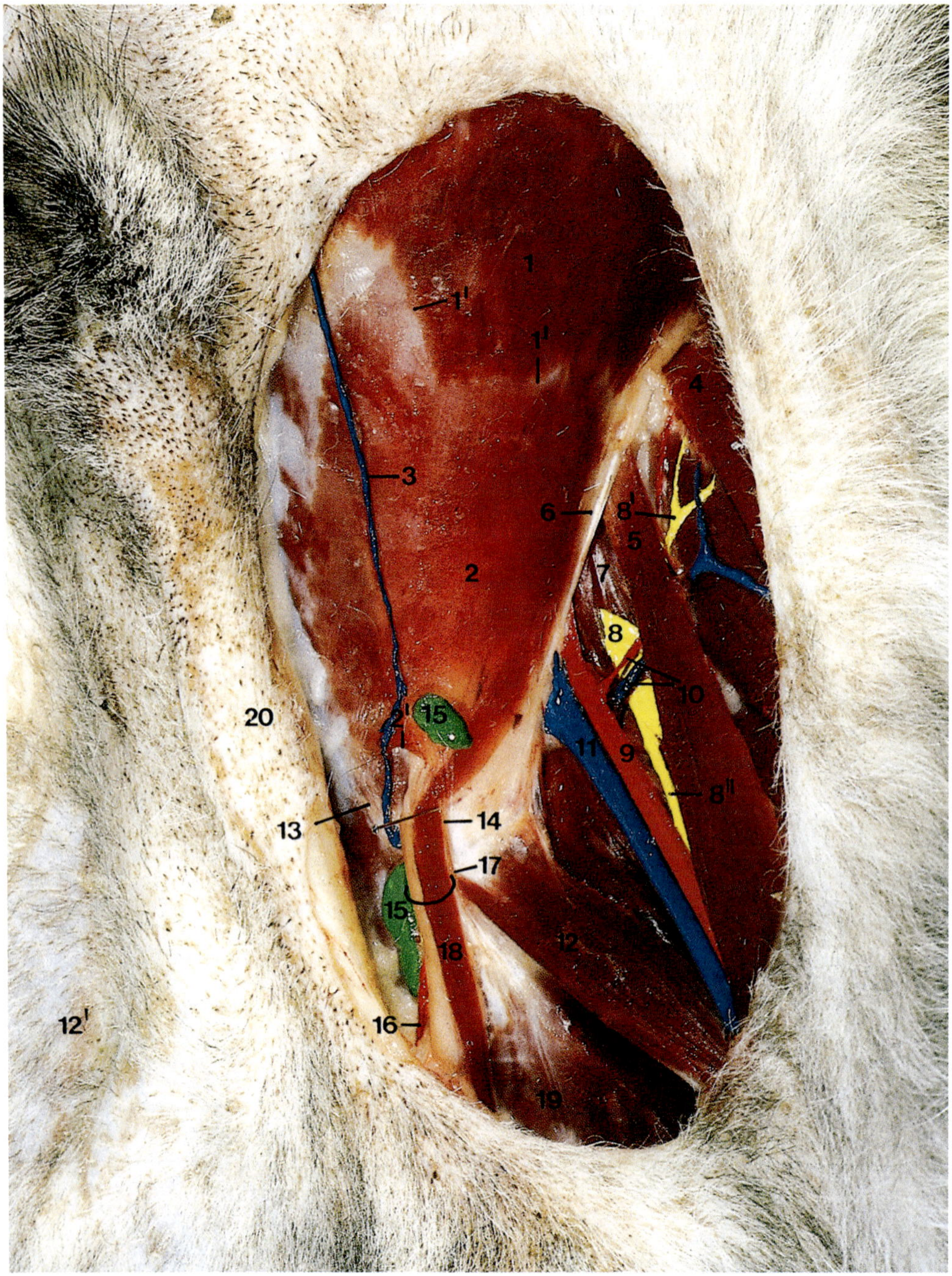
1
1'
1'
4
3
6
8'
5
2
7
8
10
20
2'
15
11
9
8''
13
14
17
15
12
18
12'
16
19

Abb. 57 Regio inguinalis eines Hundes von ventral.

1 M. obliquus externus abdominis, 1´ der Übergang in seine Aponeurose
2 M. obliquus internus abdominis (durch die Aponeurose des äußeren hindurchscheinend), 2´ sein kaudaler freier Rand, der die kraniomediale Grenze des Anulus inguinalis profundus bildet
3 V. epigastrica caudalis superficialis
4 M. sartorius, Pars cranialis
5 M. sartorius, Pars caudalis
6 Arcus inguinalis [Lig. inguinale]
7 M. iliopsoas, die Lacuna musculorum passierend
8 N. femoralis, 8´ seine Muskeläste an den M. sartorius, 8´´ N. saphenus
9 A. femoralis durch die Lacuna vasorum in den Canalis femoralis eintretend, **Pulsfühlstelle** im Schenkelspalt, kranial des M. pectineus
10 A. et V. circumflexa femoris lateralis
11 V. femoralis, durch die Lacuna vasorum in den Canalis femoralis eintretend
12 M. pectineus, 12´ dessen durch die Haut sichtbare Kontur der rechten Seite
13 Crus mediale des Anulus inguinalis superficialis (Bauchsehne des M. obliquus externus abdominis) mit durchscheinendem M. rectus abdominis
14 Crus laterale des Anulus inguinalis superficialis (Beckensehne des M. obliquus externus abdominis), seine Lamina femoralis ist weitgehend entfernt
15 Lnn. scrotales des Lc. inguinofemorale [inguinale superficiale]
16 A. pudenda externa
17 Funiculus spermaticus
18 M. cremaster (Abspaltung des M. obliquus internus abdominis)
19 M. gracilis
20 Penis
21 Preputium

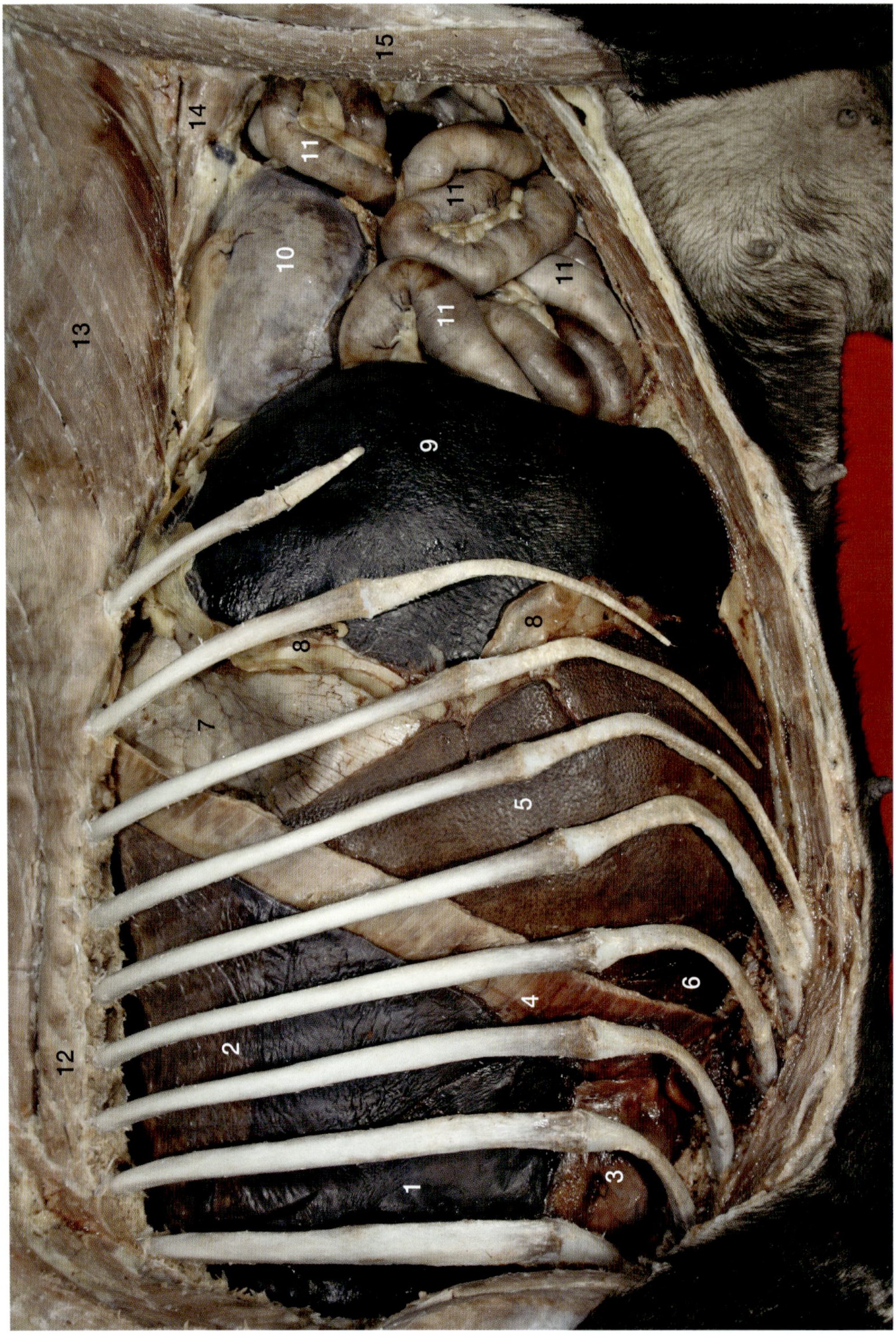
15
14
11
11
10
11
11
13
9
8
8
7
5
6
4
2
12
3
1

Abb. 58 Brust- und Bauchhöhle eines stehend fixierten Rüden, linke Seitenansicht, seitliche Brust- und Bauchwand (mit Ausnahme der Rippen) vollständig sowie Zwerchfell und großes Netz teilweise entfernt.

1 Pars caudalis des Lobus cranialis der linken Lunge, vom Lobus caudalis durch Fissura interlobaris caudalis getrennt; besondere Tiefe der Fissuren beim Hund begünstigt **Lappentorsionen**

2 Lobus caudalis der linken Lunge, Facies costalis; **Perkussionsfeld**: Hüfthöckerlinie im 11. IKR, Sitzbeinhöckerlinie im 10. IKR, Buggelenklinie im 8. IKR, Ventralgrenze wird im 6. IKR erreicht

3 Herz im Herzbeutel; **Auskultation**: zwischen 3. und 6. (7.) Rippe, **Herzstoß**: im 4.-6. IKR, **absolute Herzdämpfung**: im 4.-6. IKR, dorsale Grenze ist die 4.-5. Rippenfuge

4 Zwerchfell, teilweise entfernt; **Zwerchfellinsertionslinie**: proximaler Teil der 13., distaler Teil der 12., Rippenfuge der 11. Rippe, Knie des 8. Rippenknorpels; bei Druckveränderungen in Bauch- oder Brusthöhle **Zwerchfellhoch-** bzw. **-tiefstand**; traumatisch bedingte **Zwerchfellrupturen** ermöglichen Eintritt von Bauchhöhlenorganen in die Brusthöhle; **Zwerchfellhernien** an bindegewebigen Schwachstellen des Diaphragmas (beim Hund häufigste Form: Hernia diaphragmatica pericardialis = Verlagerung von Organen in den Herzbeutel)

5 Lobus hepatis sinister lateralis

6 Lobus hepatis sinister medialis; Wegen ihrer Lage im intrathorakalen Abschnitt der Bauchhöhle ist die Leber nur bei **Vergrößerung** medial des Rippenbogens **palpierbar**; **Leberpunktion** links zwischen Schaufelknorpel und Rippenbogen möglich

7 Magen, Fundus ventriculi; Lage, **Palpation**, **Magendrehung** (Torsio ventriculi) s. Legende zu Abb. 65; Nr. 3

8 Reste des entfernten Omentum majus

9 Milz; Lage und **Palpation** s. Legende zu Abb. 65, Nr. 2; **Milzschwellung** (Splenomegalie) als Symptom zugrunde liegender Primärerkrankungen (z.B. Blutstauungen, bakterielle Infektionen, hämolytische Anämie, Leukämie, Tumoren); **Milztorsion** um die Blutgefäße (A. und V. lienalis) um mehr als 270° führt zur Milzstauung; traumatisch bedingte **Milzrupturen** (meist bei großen Hunderassen).
Die **Größe** der Milz schwankt individuell erheblich. Das Organ des hier gezeigten Hundes ist sehr groß. Milzvergrößerungen können auch durch Narkosen induziert und im Ultraschallbild beobachtet werden (Dr. Ingmar Kiefer, persönl. Mitt., 2007). Die Euthanasie eines Hundes (auch des hier gezeigten) erfolgt i.d.R. durch überdosiert verabreichte Barbiturate bei eventuell vorheriger Sedierung durch ein Neuroleptikum. Das Neuroleptikum Acepromazin wird ebenfalls für eine Milzvergrößerung verantwortlich gemacht (Prof. Dr. Michaele Alef, persönl. Mitt., 2007)

10 linke Niere, Lage variiert individuell zwischen 13. Brust- und 5. Lendenwirbel; durch die Bauchwand **palpierbar**

11 Jejunum, s. Legende zu Abb. 66, Nr. 4

12 M. iliocostalis thoracis, seine Endsehnen entfernt

13 M. iliocostalis lumborum

14 M. iliopsoas

15 M. sartorius, Pars cranialis

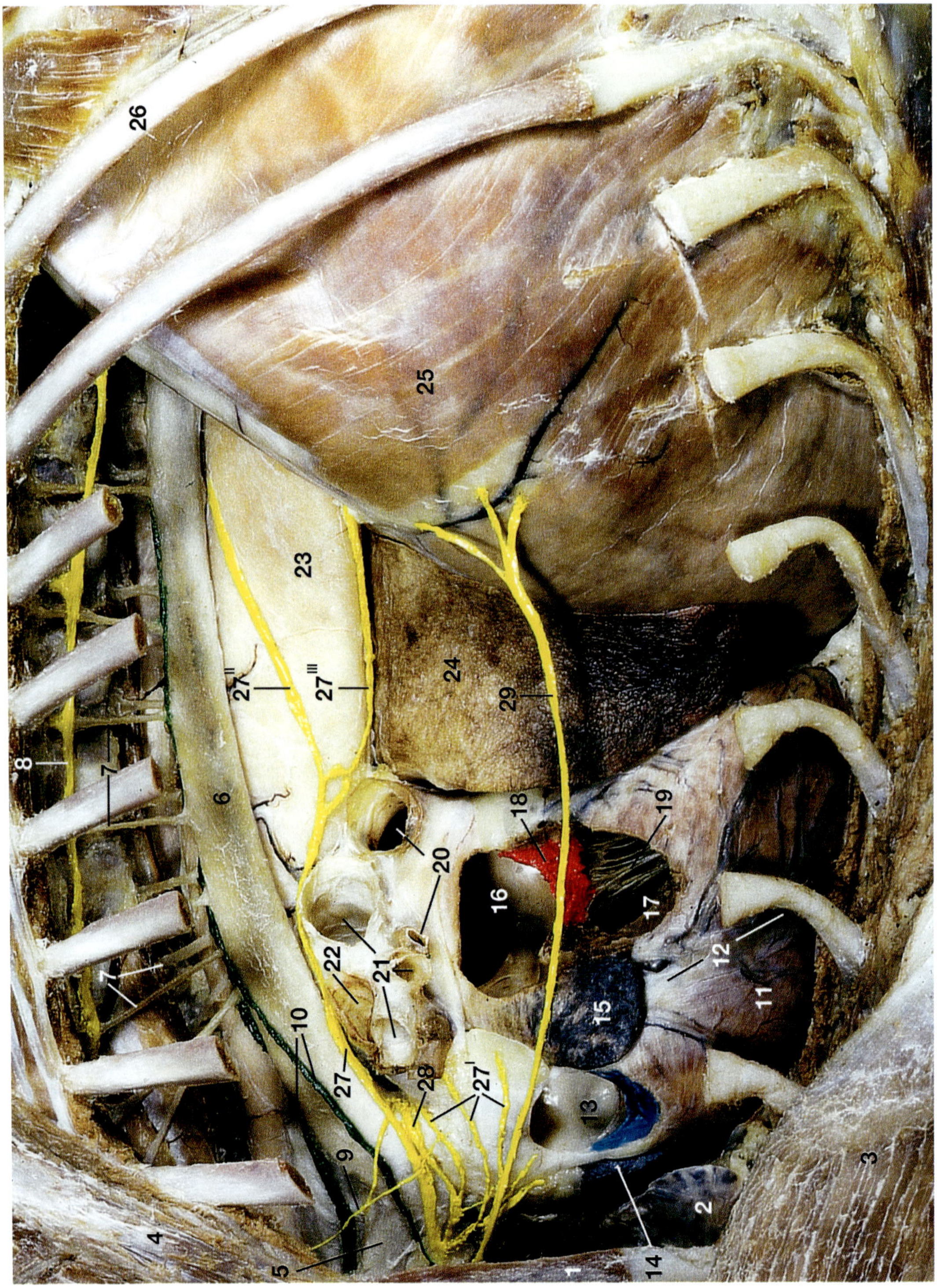
1
2
3
4
5
6
7
7
8
9
10
11
12
13
14
15
16
17
18
19
20
20
21
21
22
23
24
25
26
27
27'
27''
27'''
28
29

Abb. 59 Brusthöhle eines Hundes von links, linke Lunge entfernt.

1 3. Rippe
2 Thymus
3 M. triceps brachii, Caput longum
4 M. teres major
5 A. subclavia sinistra
6 Aorta thoracica
7 Aa. intercostales dorsales
8 Grenzstrang, Truncus sympathicus
9 Nn. cardiaci (sympathisch)
10 Ductus thoracicus, im kranialen Mediastinum doppelt ausgebildet
11 Ventriculus dexter; **absolute Herzdämpfung** beiderseits im 4.–6. IKR; **Herzstoß** links im 4.–6. IKR
12 Sulcus interventricularis paraconalis
13 Truncus pulmonalis gefenstert, mit Valva trunci pulmonalis (blau markiert); **Auskultation** der Pulmonalklappe im 3. (4.) IKR; **Pulmonalstenosen** bevorzugt bei Boxer, Fox-Terrier, Englischer Bulldogge, Beagle, Chihuahua; Die Valva aortae hat ihr **Punctum maximum** im 4. (3.) IKR → **differentialdiagnostische Abgrenzung** zwischen Pulmonal- und Aortenstenose durch EKG und bildgebende Verfahren.
14 Auricula cordis dextra
15 Auricula cordis sinistra, zum großen Teil entfernt
16 Atrium sinistrum
17 Ventriculus sinister, gefenstert
18 Valva atrioventricularis sinistra (bicuspidalis, mitralis; rot markiert); **Auskultation** im 5. (6.) IKR; **Mitralinsuffizienz** führt über einen längeren Zeitraum zum Rückstau in den Lungenkreislauf.
19 Chordae tendineae
20 Vv. pulmonales
21 angeschnittene Bronchen
22 A. pulmonalis sinistra
23 Esophagus; bevorzugte Stelle für das **Steckenbleiben von Fremdkörpern** und für die Bildung von **Esophagusdivertikeln** kranial des Hiatus esophageus; In der Herzgegend verkeilte Fremdkörper drücken auf die Bifurcatio tracheae → Hustenreiz; Bei **Rechtsaorta** kommt es zur **periesophagealen Gefäßringbildung** mit Abschluckstörungen (bevorzugt beim Deutschen Schäferhund und Irish Setter).
24 Lobus accessorius der rechten Lunge, durch Gekröse der V. cava caudalis von deren Lobus caudalis abgeteilt
25 Zwerchfell
26 11. Rippe
27 N. vagus
27' Rr. cardiaci n. vagi
27" Truncus vagalis dorsalis
27"' Truncus vagalis ventralis
28 N. laryngeus recurrens sinister, schlägt kaudal um die Aorta um und zieht entlang der Trachea zum Larynx
29 N. phrenicus, entspringt von den Rami ventrales des 5.– 7. Halsnerven; Bei der **Epiduralanästhesie** kann eine Überdosierung dazu führen, dass das Anästhetikums bis zum Ursprung des N. phrenicus aufsteigt. Das führt zum **Atemstillstand!**

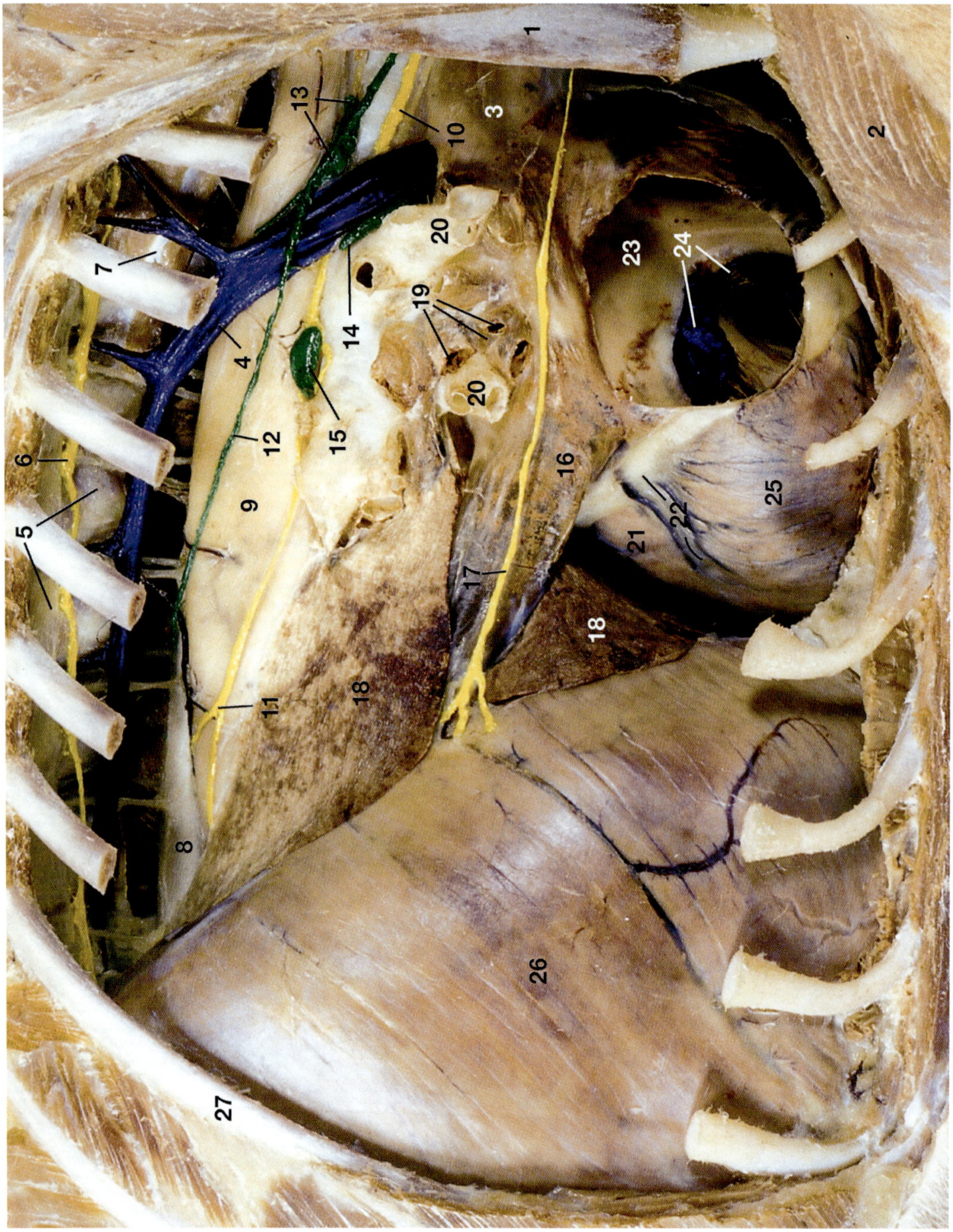
1
2
3
4
5
6
7
8
9
10
11
12
13
14
15
16
17
18
19
20
21
22
23
24
25
26
27

Abb. 60 Brusthöhle eines Hundes von rechts, rechte Lunge bis auf den Lobus accessorius entfernt.

1 3. Rippe
2 Caput longum des M. triceps brachii
3 V. cava cranialis
4 V. azygos dextra
5 Brustwirbelkörper
6 Grenzstrang, Truncus sympathicus
7 M. longus colli
8 Aorta thoracica (s.a. Abb. 59 Nr. 6)
9 Esophagus
10 N. vagus
11 Aufspaltung des N. vagus in die Trunci vagales dorsalis und ventralis
12 Ductus thoracicus (s.a. Legende zu Abb. 59, Nr. 10)
13 Lnn. mediastinales craniales
14 Lnn. tracheobronchales dextri
15 Lnn. tracheobronchales medii
16 V. cava caudalis
17 N. phrenicus (s.a. Legende zu Abb. 59, Nr. 29)
18 Lobus accessorius der rechten Lunge (s.a. Abb. 59, Nr. 24)
19 Vv. pulmonales
20 angeschnittene Bronchen
21 Ventriculus sinister
22 Sulcus interventricularis subsinuosus
23 Atrium dextrum, eröffnet
24 Valva atrioventricularis dextra (tricuspidalis; blau markiert); **Auskultation** im 3./4. IKR
25 Ventriculus dexter; **intrakardiale Injektion** am Kranialrand der 6. Rippe in Höhe des Rippenknies (möglichst nahe sternal) in die rechte Herzkammer; **absolute Herzdämpfung** im 4.–5. (6.) IKR; **Herzstoß** im 4.–5. IKR
26 Zwerchfell
27 10. Rippe

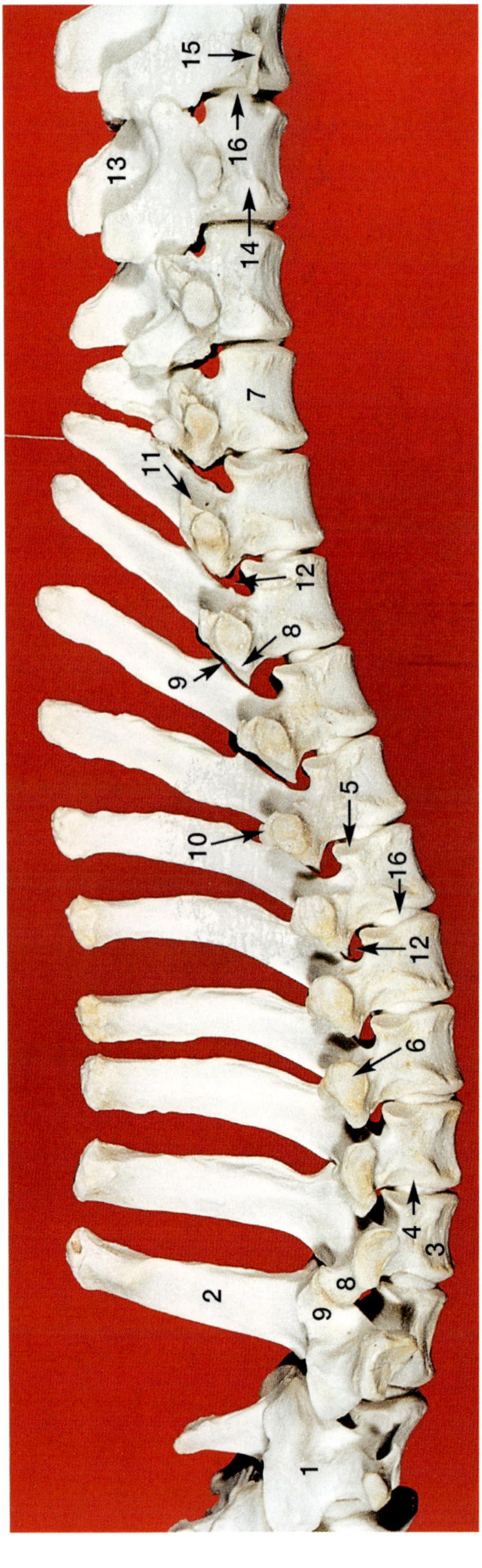
15
16
13
14
7
11
12
8
9
10
5
16
12
6
4
3
8
2
9
1

Abb. 61 Brustwirbelsäule eines Hundes, linke Ansicht.

1 7. Halswirbel
2 Proc. spinosus des 1. BW
3 Corpus vertebrae des 2. BW; Bei brachyzephalen Rassen kommen Hemmungsmissbildungen von Wirbelkörpern vor, die zur Entwicklung von **Keil-, Halb-** oder **Trapezwirbeln** (Hemivertebrae) führen. Die Folgen sind Abknickungen der Wirbelsäule (Skoliose, Kyphose) und in schweren Fällen Kompressionen des Rückenmarks. **Subluxationen** und **Luxationen** der Brust- oder Lendenwirbel führen zu erheblichen Quetschungen oder Durchtrennungen des Rückenmarks.
4 Fovea costalis cranialis des 3. BW
5 Fovea costalis caudalis des 6. BW
6 Fovea costalis processus transversi des 4. BW
7 Vertebra anticlinalis (bei Flfr. = 11. BW)
8 Proc. articularis cranialis; Die Gelenkfortsätze und auch die Wirbelkörper können deformierende Spangen- und Spornbildungen aufweisen = **Spondylarthrosis deformans** (betroffen besonders Boxer und Deutscher Schäferhund)
9 Proc. articularis caudalis
10 Proc. mamillaris des 7. BW
11 Proc. accessorius des 10. BW
12 Forr. intervertebralia; Austritt der Spinalnerven
13 13. Brustwirbel
14 Fovea costalis cranialis des 13. BW
15 Proc. transversus des 1. Lendenwirbels
16 nachgebildete Zwischenwirbelscheiben; **Diskushernien** im Thorakolumbalbereich kommen hauptsächlich zwischen Th12 und Th13 sowie Th13 und L1 vor (gehäuft bei Dackel und Pekinese). Die Folgen reichen von Thorakolumbalschmerz bis Paraplegie mit Harnverhalten. **Diskospondylitis** = infektionsbedingte Entzündung der Bandscheiben

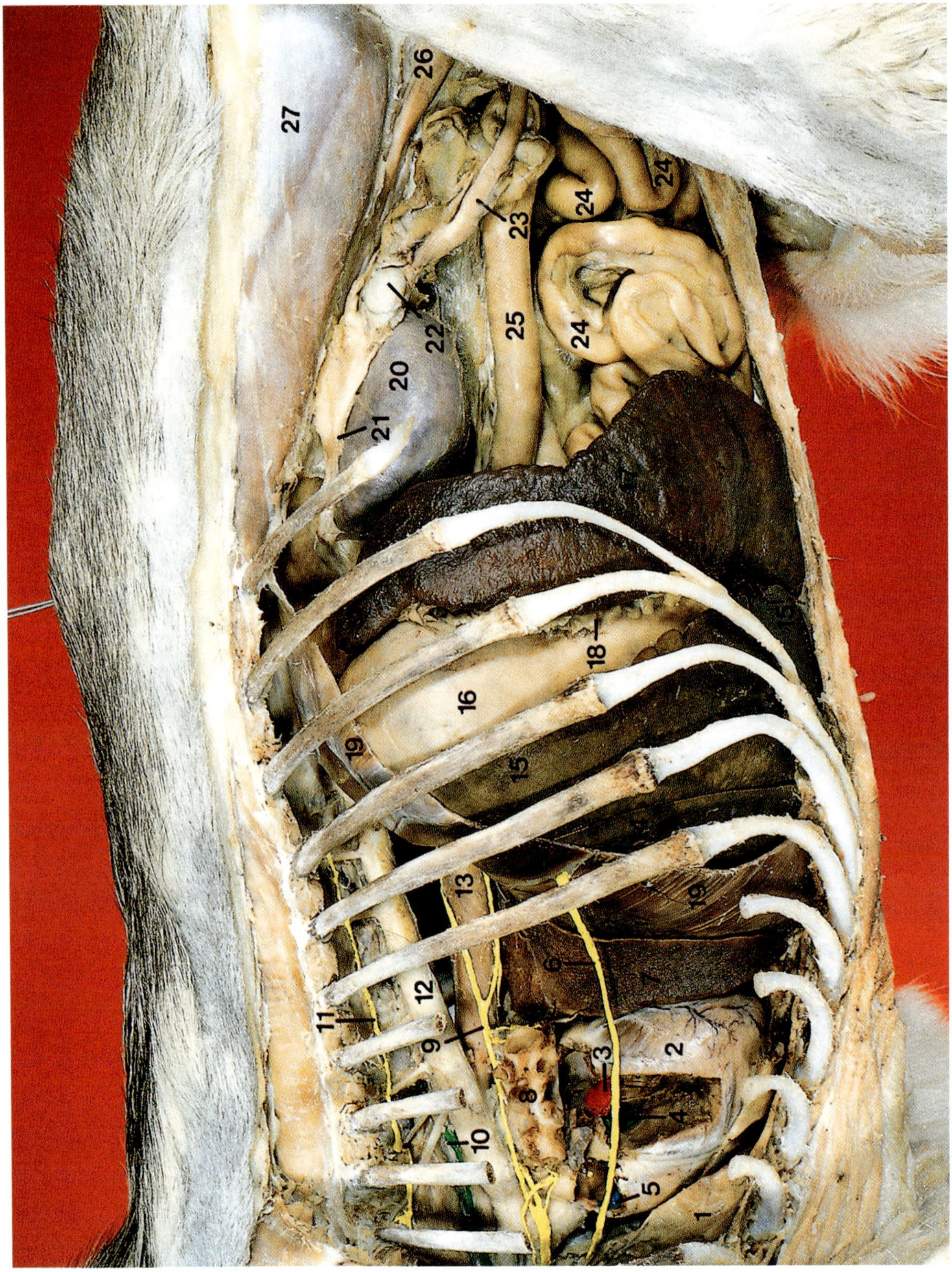
27
26
24
24
23
25
24
22
20
21
18
16
19
15
13
19
6
7
12
11
9
2
3
8
4
10
5
1

Abb. 62 Brust- und Bauchhöhle eines Hundes von links, großes Netz und teilweise das Zwerchfell entfernt.

1 Thymus
2 Herz, linke Herzkammer eröffnet
3 Valva atrioventricularis sinistra (bicuspidalis, mitralis); **Auskultation** im 5. (6.) IKR in Höhe der Rippenfuge
4 Valva aortae; **Auskultation** im (3.) 4. IKR in Höhe der Rippenfuge
5 Valva trunci pulmonalis; **Auskultation** im 3. (4.) IKR
6 N. phrenicus
7 Lobus accessorius der rechten Lunge
8 Lungenwurzel der entfernten linken Lunge
9 N. vagus
10 Ductus thoracicus
11 Truncus sympathicus
12 Aorta thoracica
13 Esophagus
14 Lobus hepatis sinister medialis
15 Lobus hepatis sinister lateralis, 15′ linker ventraler Leberrand ragt über den Rippenbogen, ist aufgrund des umbilikalen Fettkörpers und des Tonus der Bauchmuskeln **nur bei Vergrößerung palpierbar; Leberdämpfungsfeld** links im 7.–9. IKR
16 Magen; Lage, **Palpation, Magenverdrehung** s. Legende zu Abb. 65, Nr. 3
17 Milz; Lage und **Palpation** s. Legende zu Abb. 65, Nr. 2
18 Schnittkante des entfernten Omentum majus
19 Zwerchfell (teilweise entfernt)
20 Ren sinister, **perkutan palpierbar**
21 Lig. suspensorium ovarii (kraniales Keimdrüsenband)
22 Ovar
23 Cornu uteri
24 Jejunum
25 Colon descendens, **perkutan palpierbar** (insbesondere bei Füllung mit relativ hartem Kot)
26 M. iliopsoas
27 Mm. iliocostalis et longissimus lumborum

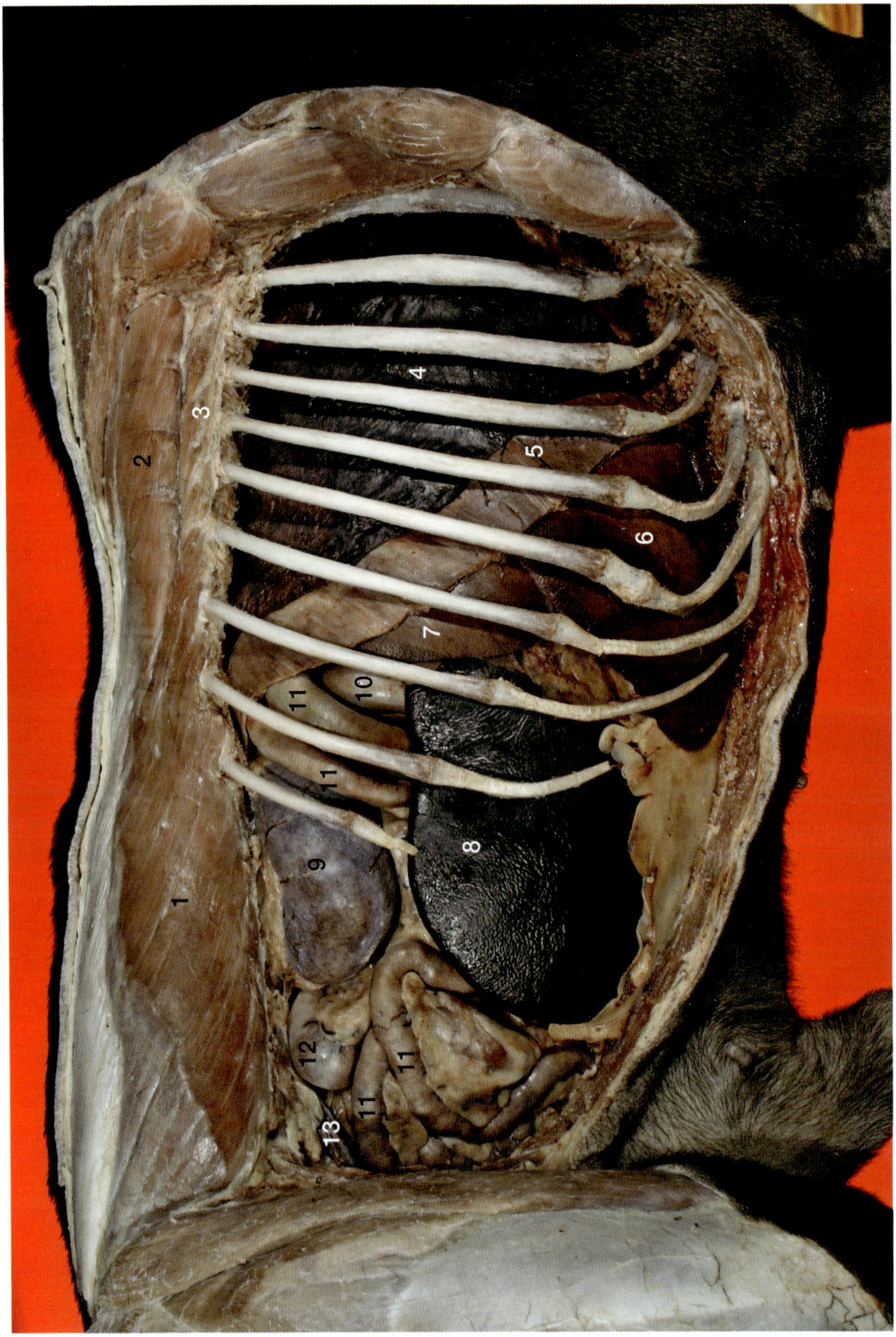
1
2
3
4
5
6
7
8
9
10
11
11
11
11
12
13

Abb. 63 Brust- und Bauchhöhle eines stehend fixierten Rüden, rechte Seitenansicht, seitliche Brust- und Bauchwand (mit Ausnahme der Rippen) vollständig sowie Zwerchfell und großes Netz teilweise entfernt.

1 Mm. ilicostalis et longissimus lumborum
2 M. longissimus thoracis
3 M. iliocostalis thoracis, seine Endsehnen entfernt
4 Lobus medius der rechten Lunge (s.a. Legende zu Abb. 58, Nr. 1 und 2)
5 Zwerchfell, s. Legende zu Abb. 58, Nr. 4
6 Lobus hepatis dexter medialis, s. Legende zu Abb. 58 Nr. 6
7 Lobus hepatis dexter lateralis
8 Milz; Lage und **Palpation** s. Legende zu Abb. 65, Nr. 2. Die große Milz dieses Hundes (s. Legende zu Abb. 58, Nr. 9) schiebt sich über die ventrale Bauchwand auf die rechte Körperseite. In der **Röntgendarstellung** sieht man in diesem Fall den dreieckigen Querschnitt der Milz.
9 rechte Niere, Lage variiert individuell zwischen 12. Brustwirbel und viertem Lendenwirbel; **palpierbar** (nicht bei fetten Tieren); die rechte und die linke Niere liegen nur in seltenen Fällen auf gleicher Höhe, meist liegt die rechte Niere um etwa eine Wirbelkörperlänge vor der linken.
10 Pars cranialis duodeni, Übergang in Pars descendens
11 Jejunumschlingen, s. Legende zu Abb. 66, Nr. 4
12 Flexura duodeni caudalis
13 A. und V. testicularis

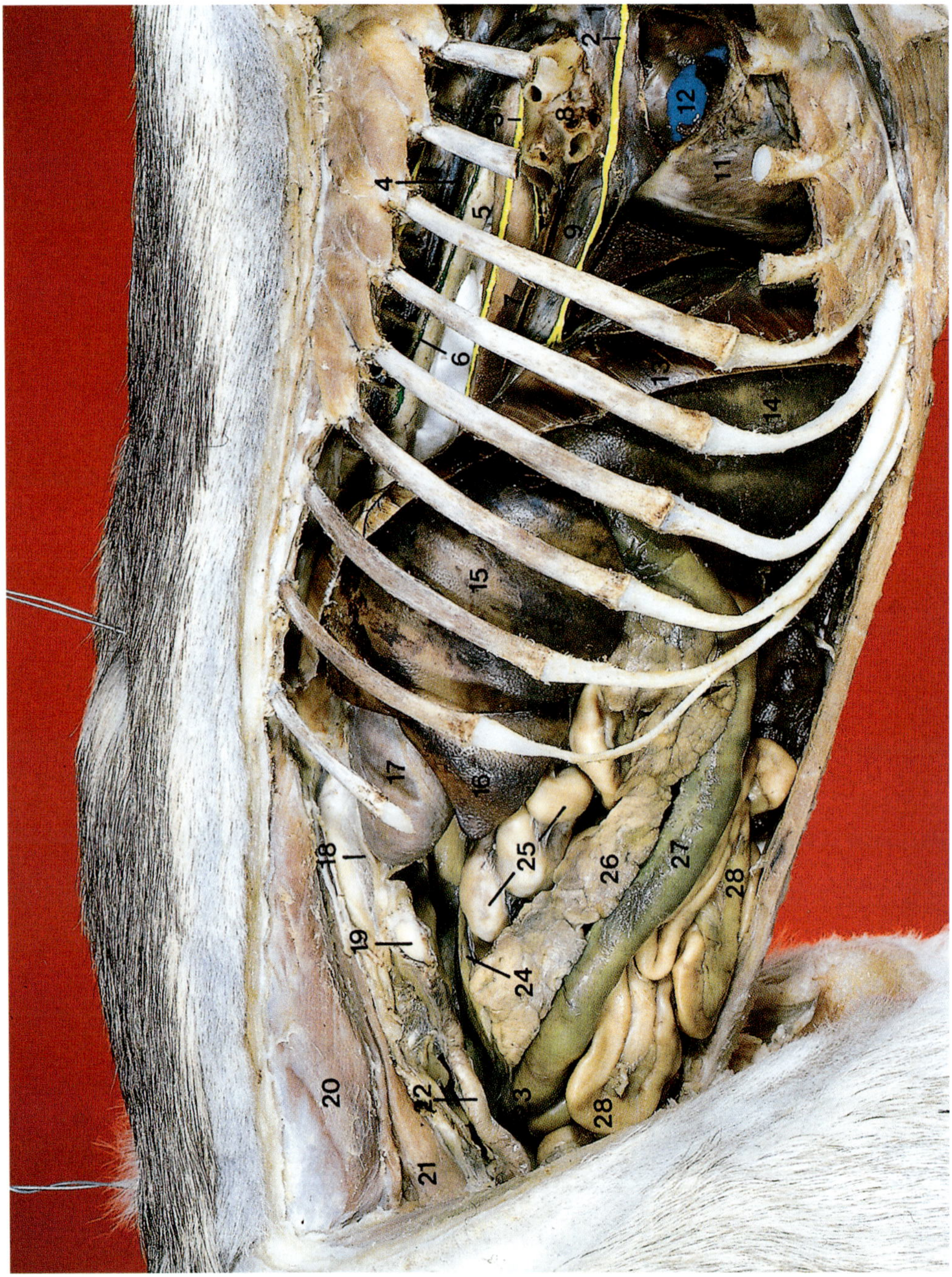
1
2
3
4
5
6
8
9
11
12
14
15
16
17
18
19
20
21
22
24
25
26
27
28

Abb. 64 Brust- und Bauchhöhle eines Hundes von rechts, rechte Lunge und großes Netz entfernt.

1 V. cava cranialis
2 N. phrenicus
3 N. vagus
4 V. azygos dextra
5 Aorta thoracica
6 Ductus thoracicus
7 Esophagus
8 Lungenwurzel der entfernten rechten Lunge
9 V. cava caudalis
10 Lobus accessorius der rechten Lunge
11 Herz; **Auskultation** zwischen 3. und 7. Rippe; **Herzstoß** im 4.–6. IKR; **absolute Herzdämpfung** im 4.–6. IKR, dorsale Grenze ist die 4.-5. Rippenfuge
12 Valva atrioventricularis dextra (tricuspidalis) im eröffneten rechten Vorhof, **Auskultation** im 3./4. IKR in Höhe der Rippenfuge
13 Zwerchfell (kaudal entfernt)
14 Lobus hepatis dexter medialis
15 Lobus hepatis dexter lateralis; **Leberdämpfungsfeld** rechts im 7.–12. IKR, **Palpation** und **Punktion** s. Legende zu Abb. 65, Nr. 1
16 Proc. caudatus des Lobus caudatus der Leber
17 Ren dexter, nur bei mageren Hunden **perkutan palpierbar**
18 Lig. suspensorium ovarii
19 Ovar
20 Mm. iliocostalis et longissimus lumborum
21 M. iliopsoas
22 Cornu uteri
23 Flexura duodeni caudalis
24 Ileum
25 Cecum
26 Lobus pancreatis dexter
27 Pars descendens duodeni
28 Jejunum

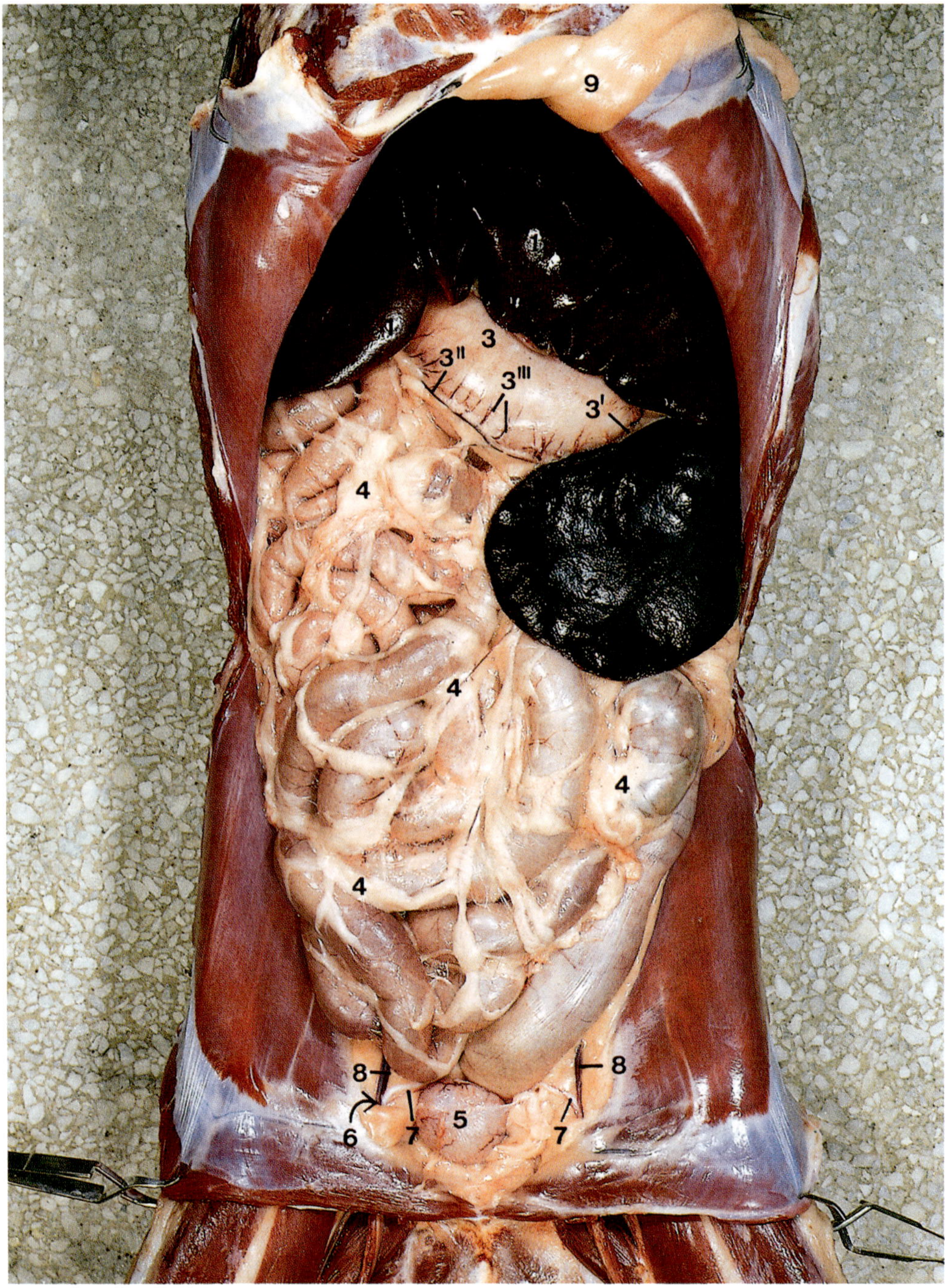
9
3
3''
3'''
3'
4
4
4
4
8
8
6
7
5
7

Abb. 65 Bauchhöhle eines Hundes (männlich), Ansicht von ventral.

1 Leber, fast vollständig im intrathorakalen Teil der Bauchhöhle gelegen, erreicht im 8. Interkostalraum die ventrale Bauchwand, wegen subserösem retrosternalem Fettpolster (umbilikaler Fettkörper) und Tonus des M. rectus abdominis dort bei normaler Größe des Organs **nicht palpierbar;** Bei **Vergrößerung** wird die Leber ventral des Rippenbogens **fühlbar. Punktionsstelle** in der Linea alba, kaudal des Processus xiphoideus, Stichrichtung dabei dorsokranial und links in den Lobus hepatis sinister oder Einstich zwischen Schaufelknorpel und Rippenbogen

2 Milz, Lage weitgehend vom Füllungszustand des Magens abhängig, Dorsalende am Magenfundus befestigt, zwischen Milzhilus und großer Kurvatur Ligamentum gastrolienale, Größe variiert in Abhängigkeit von der Blutfülle (wichtiges Blutspeicherorgan); Bei **leerem Magen** liegt die Milz völlig intrathorakal, bei **mäßig gefülltem Magen** ist ihr Dorsalende von den beiden letzten Rippen bedeckt und ihr Ventralende überschreitet den Rippenbogen. Bei **maximal gefülltem Magen** liegt die Milz völlig extrathorakal. Das Dorsalende liegt dann ventral der Niere, das Ventralende nahe der Medianlinie in der Regio pubica. Bei vergrößerter Milz kann ihr Ventralende die Mittelebene überqueren und unter den rechten Rippenknorpeln liegen. Bei aufgerichtetem Vorderkörper ist die Milz in jedem Falle unter dem linken Rippenbogen **palpierbar**.

3 Magen, sehr expansionsfähig, Fundus überragt die Kardia nach links und enthält meist eine Gasblase **(Röntgenuntersuchung)**; Die Kardia liegt im 9. Interkostalraum, Fundus und Korpus vorwiegend links der Medianebene. Die Curvatura ventriculi major ist zum größten Teil nach links gegen die Milz und nach ventral gerichtet. Sie erreicht den Boden der Bauchhöhle nur bei starker Magenfüllung (Magen dann durch die Bauchwand **palpierbar)**. Der **leere Magen** liegt völlig intrathorakal. Links grenzt er zwischen 9. und 12. Rippe an Leber und Zwerchfell. Der Pylorus liegt unterhalb der Mitte der 10. Rippe an der Porta hepatis. Der **maximal gefüllte Magen** füllt die linke Bauchhöhlenhälfte durch Ausdehnung nach kaudal und ventral fast aus. Nach kaudal kann er bis in Höhe des 3./4. Lendenwirbels reichen. Die Leber wird dabei fast ganz auf die rechte Körperseite geschoben. Die lockere Magenaufhängung (Mesogastrium ventrale und Mesoduodenum) ermöglichen eine **Magenverdrehung** (Torsio ventriculi). Diese kommt besonders bei großen Rassen relativ häufig vor. Die Drehung erfolgt von kaudal gesehen im Urzeigersinn. Über den Zug auf das Lig. gastrolienale wird dabei die Milz abgeknickt. Dadurch kommt es zur Volumenzunahme der Milz und einer Kompression der A. lienalis. Folge ist eine Störung im perigastrischen Gefäßkreis, die zur **Magenwandnekrose** führt.

3' A. et V. gastroepiploica sinistra

3" A. et V. gastroepiploica dextra

3"' Aa. et Vv. gastricae breves; In der Mitte zwischen großer und kleiner Kurvatur fehlen größere Gefäße. **Operative Eingriffe** sollten in diesem Bereich an der Facies parietalis durchgeführt werden.

4 großes Netz, Omentum majus, das Darmkonvolut bedeckend

5 Harnblase, Vesica urinaria, liegt unabhängig vom Füllungszustand immer in der Bauchhöhle vor dem Schambeinkamm auf der ventralen Bauchwand, bei maximaler Füllung bis zum Nabel reichend, durch **Palpation** identifizierbar (Vorsicht Rupturgefahr!)

6 Anulus vaginalis

7 Ductus deferens

8 A. et V. testicularis

9 umbilikaler Fettkörper

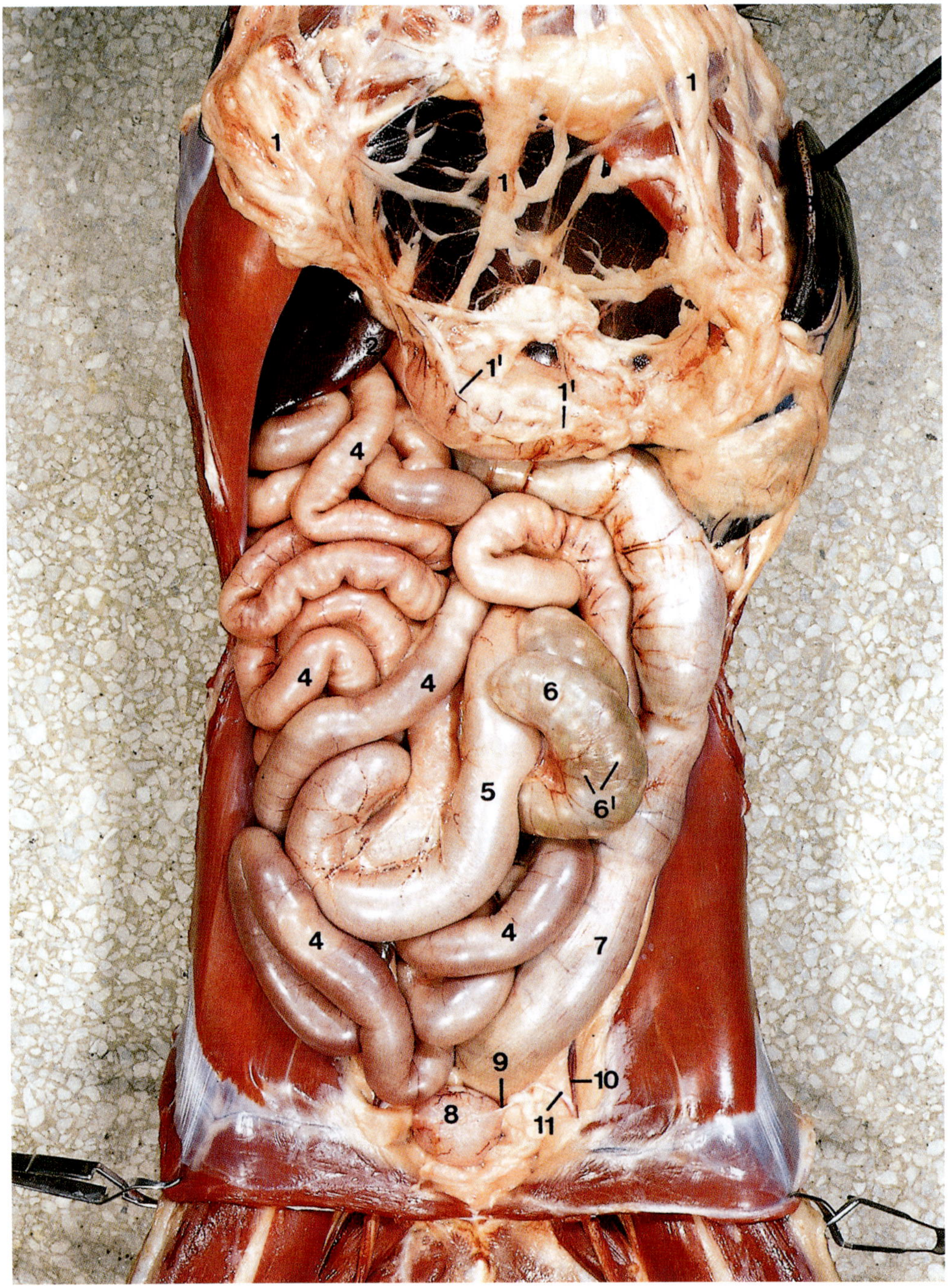
1
1
1
1'
1'
4
4
4
4
4
4
6
6'
5
7
9
10
8
11

Abb. 66 Bauchhöhle eines Hundes (männlich), Ansicht von ventral, großes Netz vom Ansatz am Magen nach kranial gelegt, ventrales Milzende nach kraniodorsal verlagert.

1 großes Netz, Omentum majus
1' Ansatzlinie des großen Netzes an der Curvatura ventriculi major
2 Leber (s. Legende zu Abb. 65, Nr. 1)
3 Milz (s. Legende zu Abb. 65, Nr. 2)
4 Jejunum, längster Dünndarmabschnitt (bis zu 4 m), in 6-8 Schlingen im Ventralteil des Bauches zwischen Magen und Harnblase gelegen, an langem Gekröse leicht beweglich; In der Anordnung der Leerdarmschlingen zeigt sich eine gewisse Regelmäßigkeit. Die Schlingen des proximalen Jejunumteiles liegen kranial und sind sagittal orientiert. Die Schlingen des distalen Jejunumteiles liegen kaudal und sind transversal orientiert **(Röntgenbild)**.
5 Ileum, geht aus dem Jejunum hervor, verläuft kranial, mündet am Ostium ileale (in Höhe des 1./2. Lendenwirbels) auf der Grenze zwischen Cecum und Colon ascendens in den Dickdarm
6 Cecum (s. auch Abb. 64, Nr. 25 und Legende zu Abb. 68, Nr. 11)
6' aktivierte Lymphfollikel
7 Colon descendens (s. Legende zu Abb. 62, Nr. 25)
8 Harnblase (s. Legende zu Abb. 65, Nr. 5)
9 Lig. vesicae medianum
10 A. et V. testicularis
11 Ductus deferens

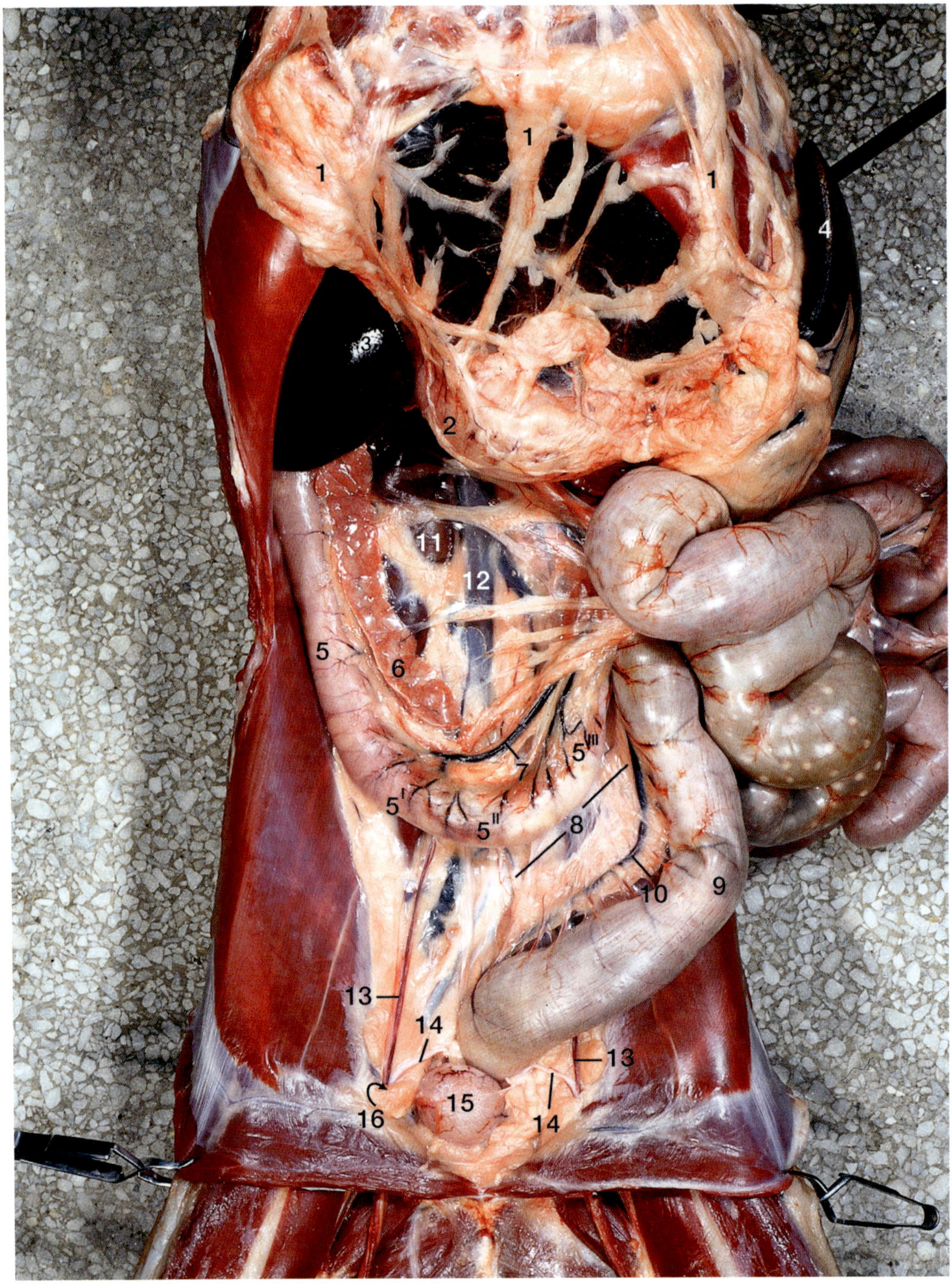
1
1
1
4
3
2
11
12
5
6
7
5'''
5'
5''
8
10
9
13
14
13
15
16
14

Abb. 67 Bauchhöhle eines Hundes (männlich), Ansicht von ventral, großes Netz vom Ansatz am Magen nach kranial gelegt, ventrales Milzende nach kraniodorsal verlagert, Darmkonvolut mit Ausnahme von Duodenum und Colon descendens nach links verlagert.

1 großes Netz, Omentum majus
2 Magen (s. Legende zu Abb. 65, Nr. 3)
3 Leber (s. Legende zu Abb. 65, Nr. 1)
4 Milz (s. Legende zu Abb. 65, Nr. 2)
5 Duodenum, Pars descendens, zieht an der rechten Bauchwand nach kaudal; In ihrem verhältnismäßig langen Gekröse liegt der rechte Lappen der Bauchspeicheldrüse.
5' Flexura duodeni caudalis; Das Gekröse wird hier kürzer und befestigt das Duodenum direkt am Dach der Bauchhöhle.
5" Pars transversa (caudalis), liegt in Höhe des 5./6. Lendenwirbels
5"' Pars ascendens, über die Plica duodenocolica mit dem Colon descendens verbunden
6 Lobus pancreatis dexter
7 A. et V. pancreaticoduodenalis caudalis der A. et V. mesenterica cranialis
8 Plica duodenocolica (s. 5"')
9 Colon descendens (s. Legende zu Abb. 68, Nr. 17)
10 A. et V. colica sinistra der A. et V. mesenterica caudalis
11 rechte Niere, kranialer Pol intrathorakal, kaudaler Pol unter dem 2./3. Lendenwirbel gelegen, weniger verschieblich als die linke Niere (daher für die **Nierenbiopsie** besser geeignet); Die **Palpation** der rechten Niere durch die Bauchwand ist bei mageren Tieren immer möglich, die Palpation der linken Niere gelingt auch bei adipösen Tieren fast immer.
12 V. cava caudalis
13 A. et V. testicularis
14 Ductus deferens
15 Harnblase (s. Legende zu Abb. 65, Nr. 5)
16 Anulus vaginalis

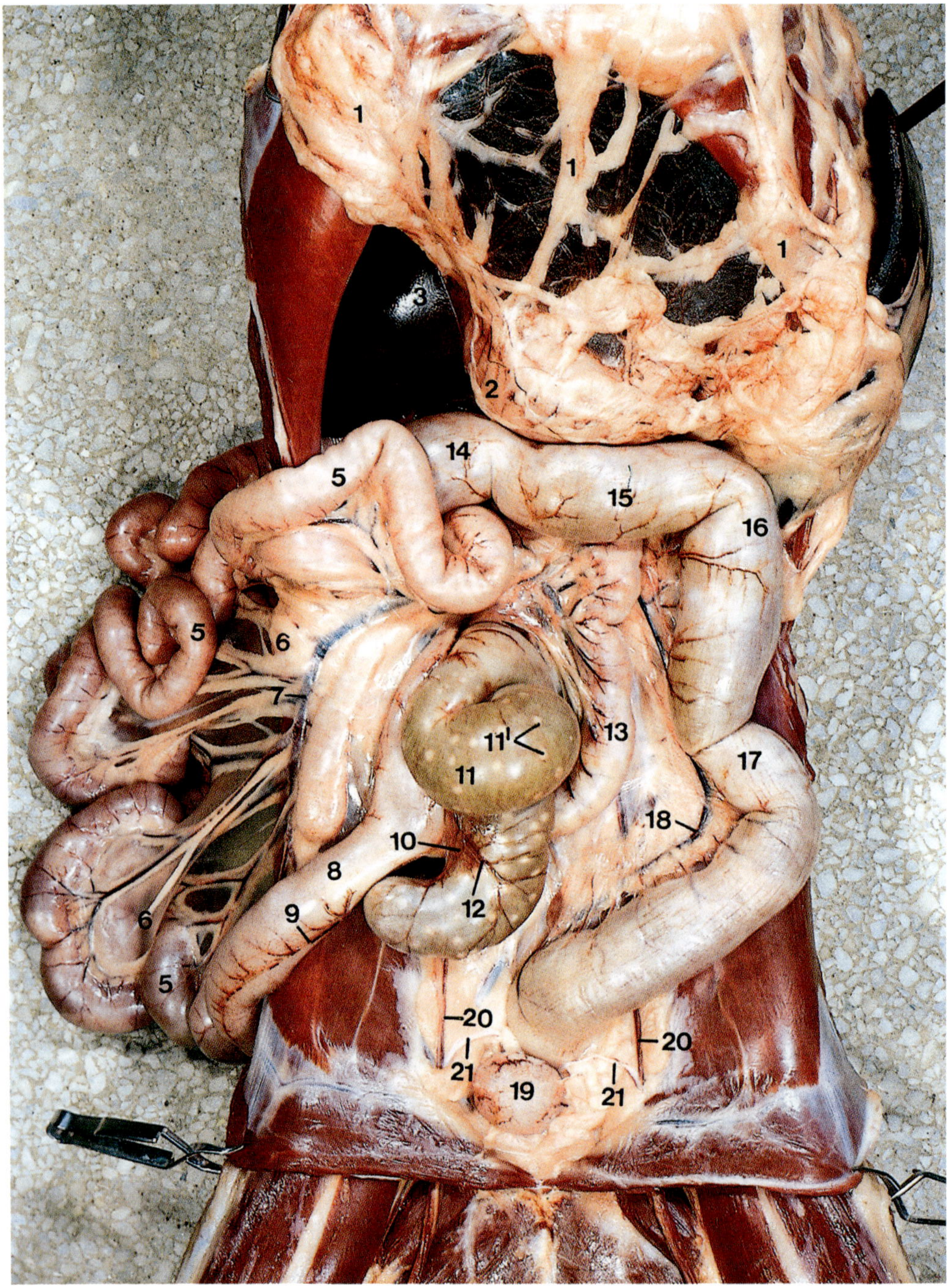
1
1
1
3
2
14
5
15
16
5
6
7
11'
11
13
17
18
10
8
12
9
6
5
20
20
21
19
21

Abb. 68 Bauchhöhle eines Hundes (männlich), Ansicht von ventral, großes Netz vom Ansatz am Magen nach kranial gelegt, ventrales Milzende nach kraniodorsal verlagert, Darmkonvolut mit Ausnahme von Cecum und Colon nach rechts verlagert.

1 großes Netz, Omentum majus
2 Magen (s. Legende zu Abb. 65, Nr. 3)
3 Leber (s. Legende zu Abb. 65, Nr. 1)
4 Milz (s. Legende zu Abb. 65, Nr. 2)
5 Jejunumschlingen (s. Legende zu Abb. 66, Nr. 4)
6 Mesojejunum
7 fortlaufende A. et V. mesenterica cranialis mit abzweigenden Aa. et Vv. jejunales
8 Ileum (s. Legende zu Abb. 66, Nr. 5)
9 Rami ilei antimesenteriales der A. et V. ileocolica
10 Plica ileocecalis
11 Cecum, korkenzieherartig gewunden, rechts der Wirbelsäule unter den Querfortsätzen des 2.–4. Lendenwirbels gelegen; Das Cecum ist kraniodorsal gerichtet. Sein blindes Ende weist beckenwärts, dessen Spitze kann in beliebige Richtung abbiegen. Der Blinddarm der **Katze** ist in Höhe des 4. Lendenwirbels fast immer **palpierbar** (Verwechselungsmöglichkeit mit Tumor oder Darminvagination!).
11' aktivierte Lymphfollikel
12 A. et V. cecalis der A. et V. ileocolica
13 Pars ascendens duodeni
14 Flexura coli dextra
15 Colon transversum; Das im Vergleich zum eher kurzen Mesocolon relativ lange Gekröse des Colon transversum erlaubt diesem das Absinken in die Bauchhöhle. Es stellt in laterolateralen **Röntgenbildern** i.a. den ventralsten Teil des Colon dar.
16 Flexura coli sinistra
17 Colon descendens; leicht durch die Bauchwand **palpierbar,** besonders, wenn es festen Kot enthält
18 A. et V. colica sinistra der A. et V. mesenterica caudalis
19 Harnblase (s. Legende zu Abb. 65, Nr. 5)
20 A. et V. testicularis
21 Ductus deferens

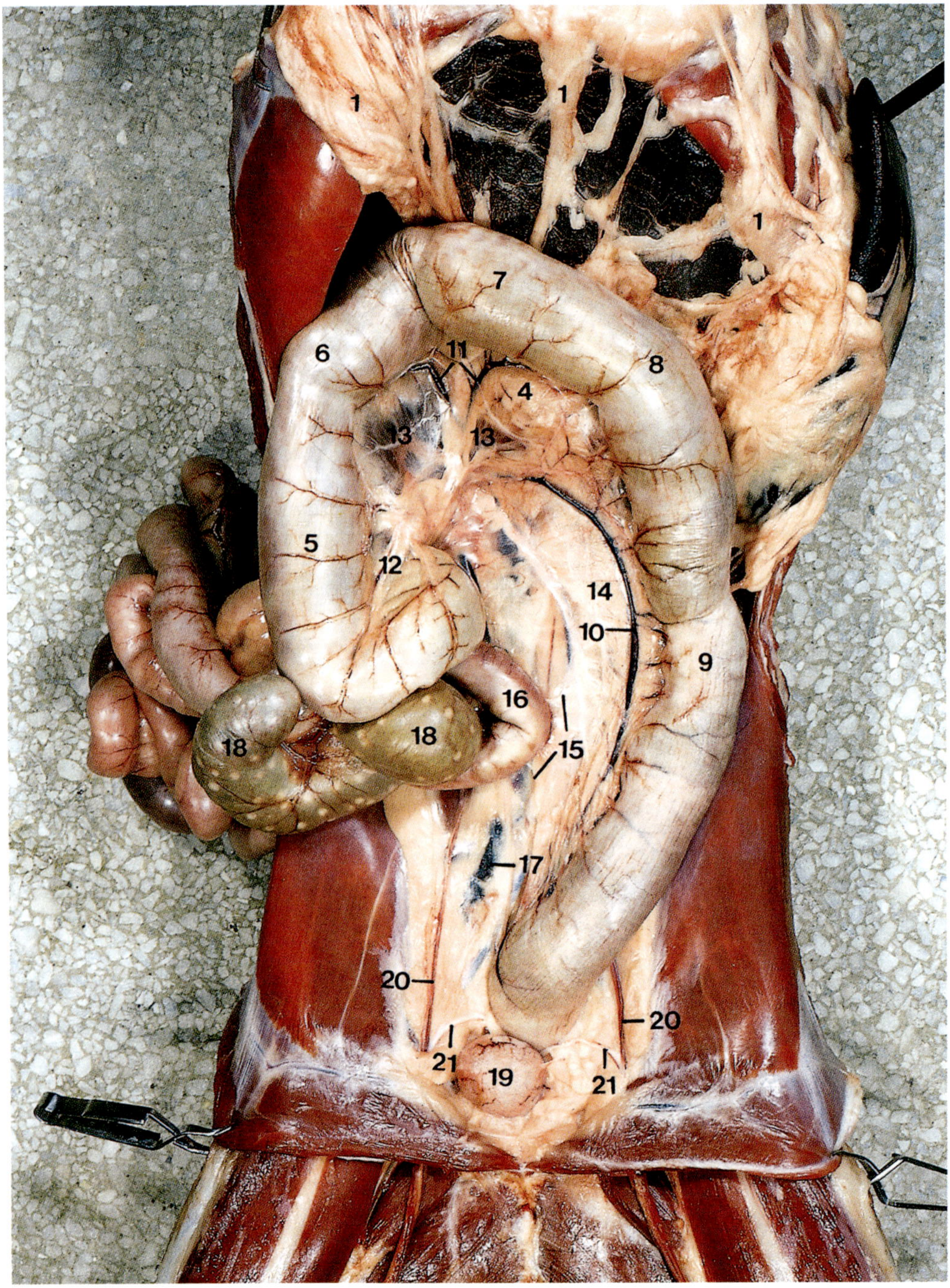
1
1
1
7
6
11
8
4
13
13
5
12
14
10
9
16
15
18
18
17
20
20
21
19
21

Abb. 69 Bauchhöhle eines Hundes (männlich), Ansicht von ventral, großes Netz vom Ansatz am Magen nach kranial gelegt, ventrales Milzende nach kraniodorsal verlagert, Darmkonvolut mit Ausnahme des Colons nach rechts verlagert.

1 großes Netz, Omentum majus
2 Leber (s. Legende zu Abb. 65, Nr. 1), durch das Omentum majus durchscheinend
3 Milz (s. Legende zu Abb. 65, Nr. 2)
4 Magen (s. Legende zu Abb. 65, Nr. 3)
5 Colon ascendens; Sein kurzes Gekröse gibt nur wenig Bewegungsfreiheit.
6 Flexura coli dextra
7 Colon transversum (s. Legende zu Abb. 68, Nr. 15)
8 Flexura coli sinistra
9 Colon descendens (s. Legende zu Abb. 68, Nr. 17)
10 A. et V. colica sinistra der A. et V. mesenterica caudalis
11 A. et V. colica media der A. et V. mesenterica cranialis
12 Mesocolon ascendens
13 Mesocolon transversum
14 Mesocolon descendens
15 Plica duodenocolica
16 Pars ascendens duodeni
17 V. cava caudalis
18 Cecum (s. Legende zu Abb. 68, Nr. 11)
19 Harnblase (s. Legende zu Abb. 65, Nr. 5)
20 A. et V. testicularis
21 Ductus deferens

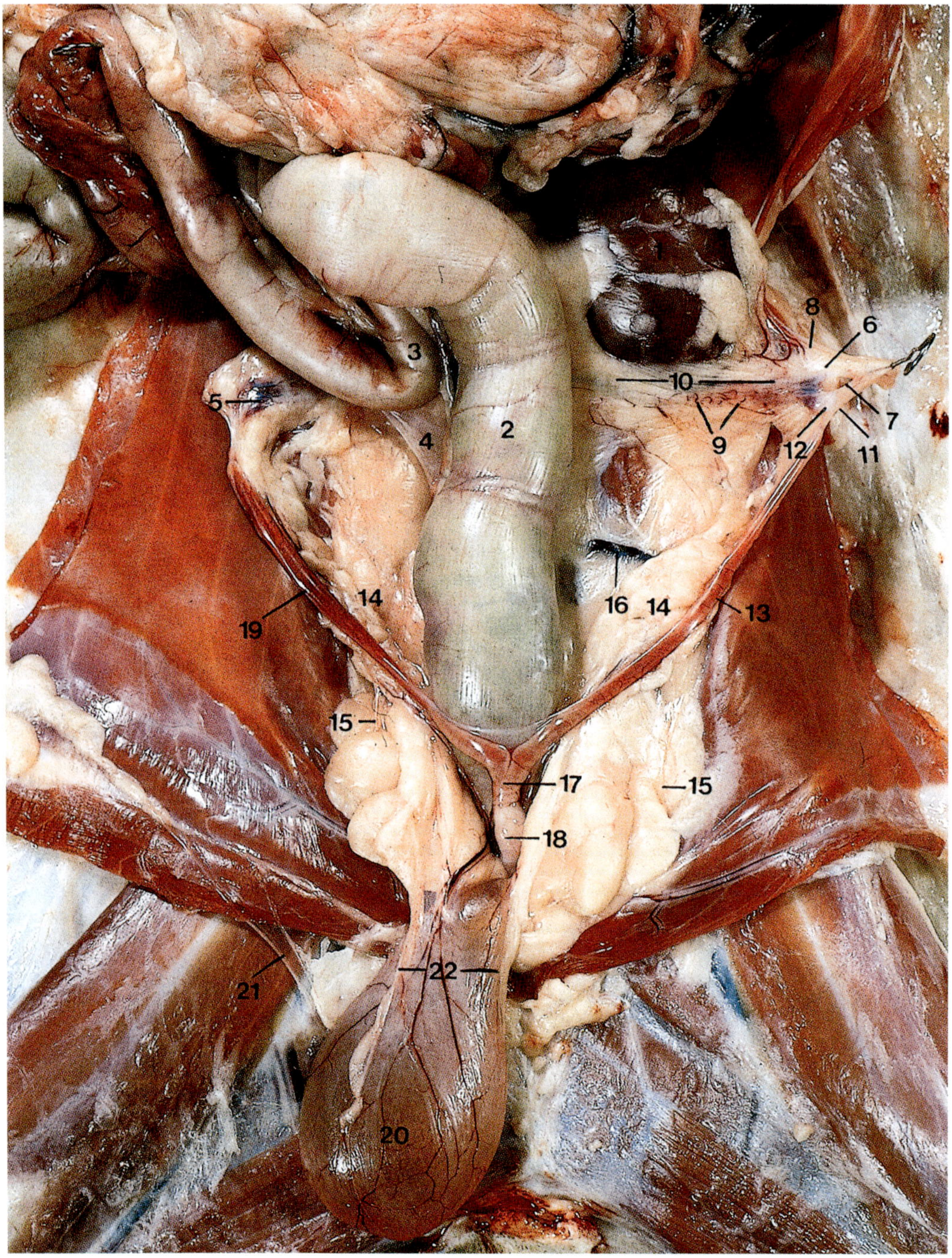
1
2
3
4
5
6
7
8
9
10
11
12
13
14
14
15
15
16
17
18
19
20
21
22

Abb. 70 Geschlechtsorgane einer Hündin in situ, Ansicht von ventral, linke Bursa ovarica durch seitliche Fixierung gestrafft, Darmkonvolut nach kranial verlagert.

1 linke Niere
2 Colon descendens
3 Pars ascendens duodeni
4 Plica duodenocolica
5 rechtes Ovar, Größe der Ovarien etwa 15x20mm, dicht kaudal der Nieren in Höhe des 3./4. Lendenwirbels am Mesovarium befestigt, in die Bursa ovarica völlig (bei der Katze zum Teil) eingehüllt; Die aus Mesovarium und Mesosalpinx gebildete Bursa ovarica enthält viel (bei der Katze weniger) Fettgewebe. Das Ovar wird dadurch weitgehend **der Sicht entzogen.** Das rechte Ovar ist dorsal oder dorsolateral des Colon ascendens zu finden.
6 linkes Ovar, im Fettgewebe der Bursa ovarica verborgen; Das linke Ovar liegt zwischen dorsalem Milzende und Colon descendens.
7 schlitzförmiger Zugang zur Bursa ovarica auf der medialen Seite
8 kraniales Keimdrüsenband, Lig. suspensorium ovarii (Rest des Zwerchfellbandes der Urniere), heftet den Eierstock am Zwerchfell, unter der letzten Rippe an, passiert lateral die Niere; bei **Ovarektomie** beachten!
9 Gefäßkonvolut der A. et V. ovarica, durch das Mesovarium hindurchscheinend
10 Mesovarium; Bei der nulliparen Hündin ist das Mesovarium kurz und kann zur **Ovarektomie** i. d. R. nicht durch eine Laparotomiewunde in der Linea alba vorverlagert werden.
11 Lig. ovarii proprium, verbindet den kaudalen Pol des Ovars mit der Spitze des Uterushornes
12 Fettkörper, die Mesosalpinx verbergend
13 linkes Uterushorn
14 Mesometrium, Lig. latum uteri, entspringt aus der Lendengegend und der Seitenwand der Beckenhöhle, enthält i.d.R. reichlich Fettgewebe; Das Lig. latum uteri ist im Mittelabschnitt breiter als an den Enden und ermöglicht dem Uterushorn eine erhebliche Bewegungsfreiheit.
15 Abspaltung einer Nebenfalte aus der lateralen Fläche des Mesometriums, in deren freien Rand ein dünner Strang, Lig. teres uteri; Dieses Band zieht zum inneren Leistenring und tritt oft mit dem Proc. vaginalis durch den Leistenkanal (Prädispositionsstelle für eine **Inguinalhernie** mit Eintritt des Uterus in die Bruchpforte).
16 A. et V. circumflexa ilium profunda
17 Corpus uteri, in Nähe des Schambeinkammes gelegen
18 Cervix uteri
19 rechtes Uterushorn; Bei **Trächtigkeit** entstehen zunächst lokale kugelförmige Anschwellungen (Ampullen) in der Anzahl der befruchteten Eier. Ab etwa 40. Tag beginnen die Einschnürungen zwischen den Ampullen zu verschwinden. Die in der Trächtigkeit verlängerten Uterushörner legen sich in Schleifen.
20 Harnblase (s. Legende zu Abb. 65, Nr. 5) mit Ästen der A. et V. vesicalis caudalis der A. et V. vaginalis
21 Lig. vesicae medianum
22 Ligg. vesicae lateralia

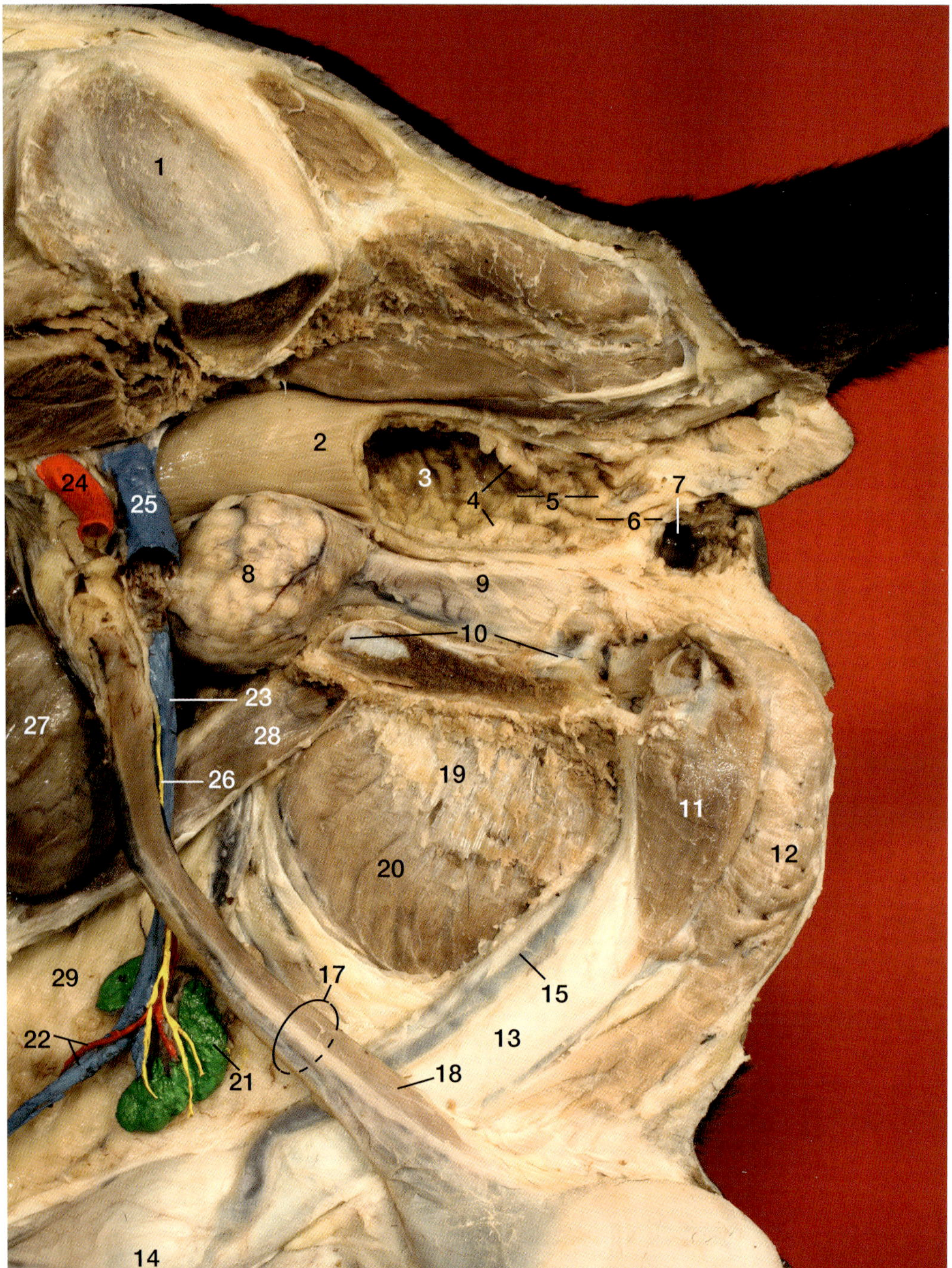
1
2
3
4
5
6
7
8
9
10
11
12
13
14
15
16
17
18
19
20
21
22
23
24
25
26
27
28
29

Abb. 71 Beckenhöhle eines stehend fixierten Rüden, linke Seitenansicht, linkes Hüftbein z.T. entfernt

1 Ala ossis ilii
2 Rectum, distaler Abschnitt durch halbseitiges Abtragen der Wand eröffnet; **Rektumprolaps**: Vorfall der rektalen Schleimhaut, Behandlung durch Reposition und Tabaksbeutelnaht, **Rektumdivertikel**: durch Riss der Tunica muscularis
3 Rektumschleimhaut
4 Linea anorectalis, markiert den Eingang in den Afterkanal, Canalis analis
5 Zona columnaris des Afterkanals, Schleimhaut mit zahlreichen Längsfalten
6 Zona intermedia, mit mehrschichtigem Plattenepithel ausgekleidete Engstelle des sehr **schmerzempfindlichen** Afterkanals
7 rechter Analbeutel, Sinus paranalis; Durch **Entzündung** des Analbeutels kommt es zu **Entleerungsstörungen**, daraus kann sich ein **Abszess** entwickeln, der durch Bildung einer **Fistel** zur Hautoberfläche durchbricht. Bei Anschoppung ist der pastöse Inhalt durch sanften Druck auszupressen, evtl. auszuspülen.
8 Prostata; erkrankt häufig bei älteren nicht kastrierten Rüden; **beningne Prostatahyperplasie** führt zu Kotabsatzschwierigkeiten, blutig-serösem Sekret aus der Harnröhre, geringfügiger Hämaturie; Prostata rektal **palpierbar**, im laterolateralen **Röntgenbild** erkennbar, **Prostatatumoren** (hochmaligne Adenokarzinome) treten etwa im 10. Lebensjahr auf und haben zum Zeitpunkt der Diagnose meist schon metastasiert.
9 Beckenteil der Harnröhre; vom quer gestreiften M. urethralis umgeben, dieser von Motoneuronen im Sakralmark innerviert; Tonusverlust des M. urethralis und des Detrusormuskels im Harnblasenhalsbereich führen zu **Harninkontinenz**. **Funktionelle Miktionsstörungen** bei neurogen bedingtem Verlust der Koordination von Detrusor- und M.-urethralis-Funktion
10 Symphysis pelvina
11 linker M. ischiocavernosus, sein Ursprung am Arcus ischiadicus bei Entfernen des Os coxae abgetrennt, Innervation durch N. perinealis profundus des N. pudendus
12 M. bulbospongiosus, Innervation wie bei Nr. 11
13 Corpus penis
14 Bulbus glandis
15 V. dorsalis penis, mündet in V. pudenda interna
16 linker Hoden
17 Samenstrang, besteht aus: *Ductus deferens (Blutversorgung über A. und V. ductus deferentis der A. bzw. V. prostatica), *A. und V. testicularis, *sympathischen Nervenfasern (Plexus testicularis), *parasympathischen und sympathischen Nervenfasern vom Plexus pelvinus (Plexus deferentialis), *Lymphgefäßen zu den Lnn. iliaci mediales und Lnn. lumbales aortici; Die Gefäße und Nerven des Samenstranges sind umhüllt vom Viszeralblatt der Tunica vaginalis. **Samenstrangentzündung (Funikulitis)** durch retrograde Infektion aus Harn oder Prostatasekret
18 M. cremaster (Abspaltung vom kaudalen Rand des M. obliquus internus abdominis
19 Tendo symphysialis
20 rechter M. gracilis
21 Lnn. scrotales des Lymphocentrum inguinofemorale (inguinale superficiale); bei der Hündin = Lnn. mammarii, werden bei Operationen vom **Mammakarzinomen** mit entfernt
22 A. und V. epigastrica caudalis superficialis
23 V. pudenda externa
24 A. iliaca externa, setzt sich nach Verlassen der Bauchhöhle über die Lacuna vasorum in die A. femoralis fort
25 V. iliaca externa, setzt sich in die V. femoralis fort
26 N. genitofemoralis (beim Flfr. kein R. femoralis vorhanden), innerviert M. cremaster, Präputium und Haut medial am Oberschenkel
27 Harnblase; **Harnblasenentzündung** (Zystitis), **Harnsteine** (entstehen meist in der Harnblase, können Harnabsatz behindern, große Steine oft tastbar, alle Arten von Steinen im Ultraschallbild sichtbar, **Harnsteinerkrankung** = Urolithiasis), **Harninkontinenz**, **Harnverhaltung**, **Harnblasentumoren** (meist bösartig, anfangs mit Entzündung zu verwechseln)
28 M. rectus abdominis
29 Stratum adiposum der Subkutis

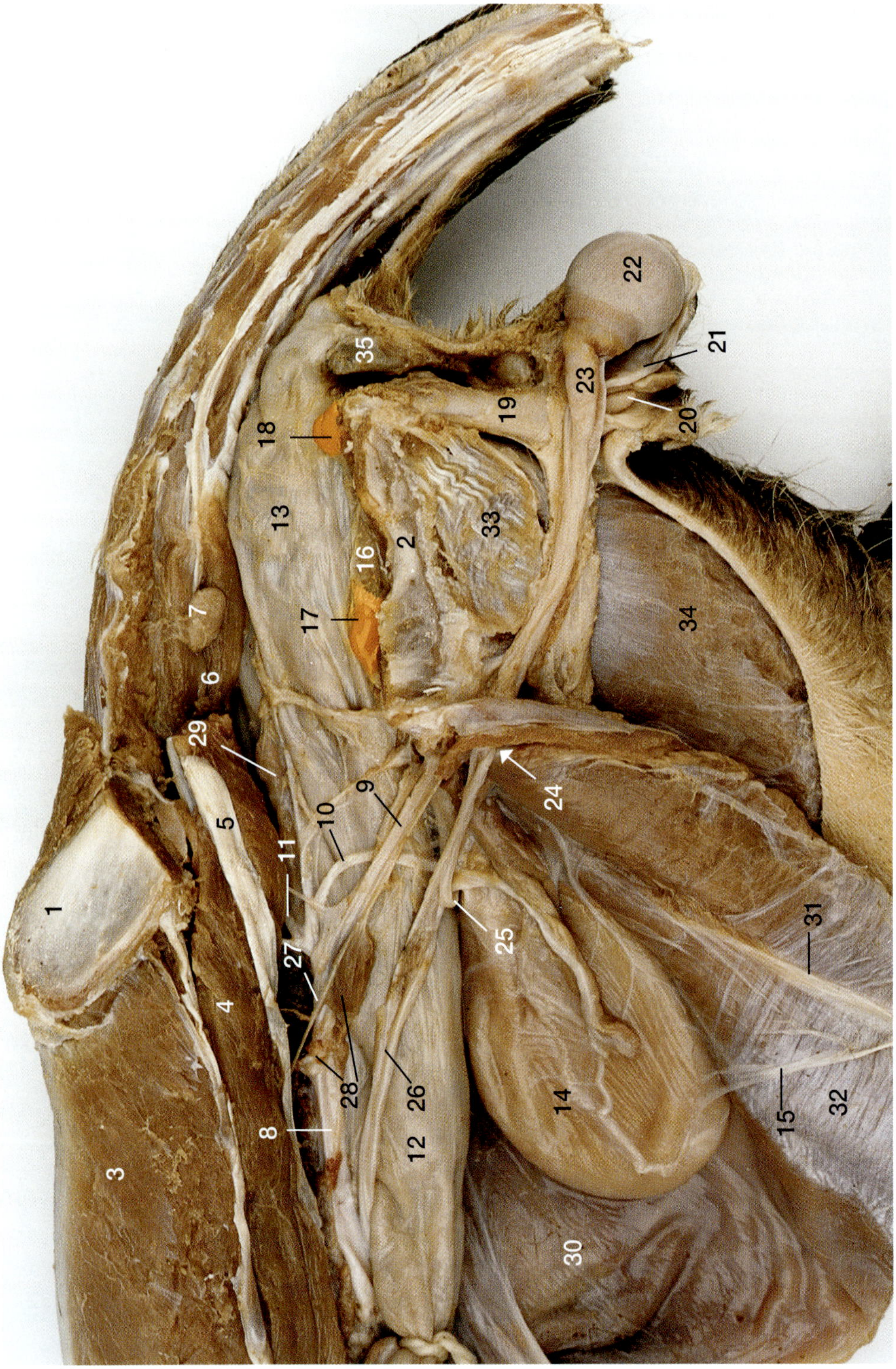
1
2
3
4
5
6
7
8
9
10
11
12
13
14
15
16
17
18
19
20
21
22
23
24
25
26
27
28
29
30
31
32
33
34
35

Abb. 72 Beckenorgane eines Katers, Beckenhöhle von links eröffnet

1 linker Darmbeinflügel, Rest des linken Os coxae entfernt
2 Beckenboden
3 M. longissimus
4 M. iliopsoas
5 M. psoas minor
6 Mm. sacrocaudales
7 Lnn. sacrales
8 Aorta abdominalis
9 A. und V. iliaca externa
10 A. umbilicalis
11 A. sacralis mediana
12 Colon descendens; **chronische Obstipationen** bei älteren, selten (neurogen verursacht) bei ganz jungen Katzen, können zur hochgradigen Erweiterung **(Megakolon)** führen; gefülltes Colon descendens ist **palpierbar;** distale Kolonabschnitte mit flexiblem **Endoskop** zu untersuchen.
13 Rectum; **digitale Exploration** ist möglich.
14 Harnblase; bei **Obstruktion der Harnröhre** kann zur Entleerung der prall gefüllten Harnblase eine **Zystozentese** (feine Kanüle!) notwendig sein. (Vorgehen wie Abb. 71, Ziffer 7) **Harnsteine** in der Blase werden röntgenologisch oder sonographisch, selten palpatorisch diagnostiziert. Durch Wälzen des Tieres aufgewirbelte Sedimente in der Harnblase lösen **Schallschatten** aus, deren Absinken zu beobachten ist. Bei Abdominaltraumata ist die **Ruptur** der dünnwandigen Harnblasenwand häufig.
15 Lig. vesicae medianum
16 Pars pelvina der Urethra, vom quer gestreiften M. urethralis umgeben; Koordiniertes Zusammenwirken von Detrusormuskel und M. urethralis ist Voraussetzung für die normale Harnblasenentleerung. Läsionen des Rückenmarks führen zu **neurogener Inkontinenz.**
17 Prostata; **Prostataentzündung** beim Kater äußerst selten.
18 Glandula bulbourethralis
19 Corpus penis; **Penisamputation** bei rezidivierenden Harnabsatzstörungen (perineale Urethrostomie)
20 Glans penis; dauerhafte schmerzhafte Erektion = **Priapismus** (verursacht u.a. durch Thrombose) kann Ursache für **Dysurie** oder **Strangurie** sein.
21 Preputium, aufgeschnitten
22 linker Hoden; Descensus testis zur Geburt abgeschlossen; bei territorialen Rangkämpfen häufig **Hodenbissverletzungen;** Hodentumoren beim Kater sehr selten; **Kastration** i.a. im Alter von 6–12 Monaten
23 Funiculus spermaticus
24 Canalis inguinalis
25 Ductus deferens
26 A. und V. testicularis
27 N. genitofemoralis; zieht durch den Canalis inguinalis, versorgt M. cremaster, Scrotum, Präputium, Milchdrüse, Haut medial am Oberschenkel
28 Lnn. iliaci mediales
29 Lnn. hypogastrici
30 M. transversus abdominis, durch das Peritoneum und die Fascia transversalis hindurchscheinend
31 Linea alba
32 Lamina interna der Rektusscheide
33 Tendo symphysialis
34 M. gracilis
35 Analbeutel, Sinus paranalis

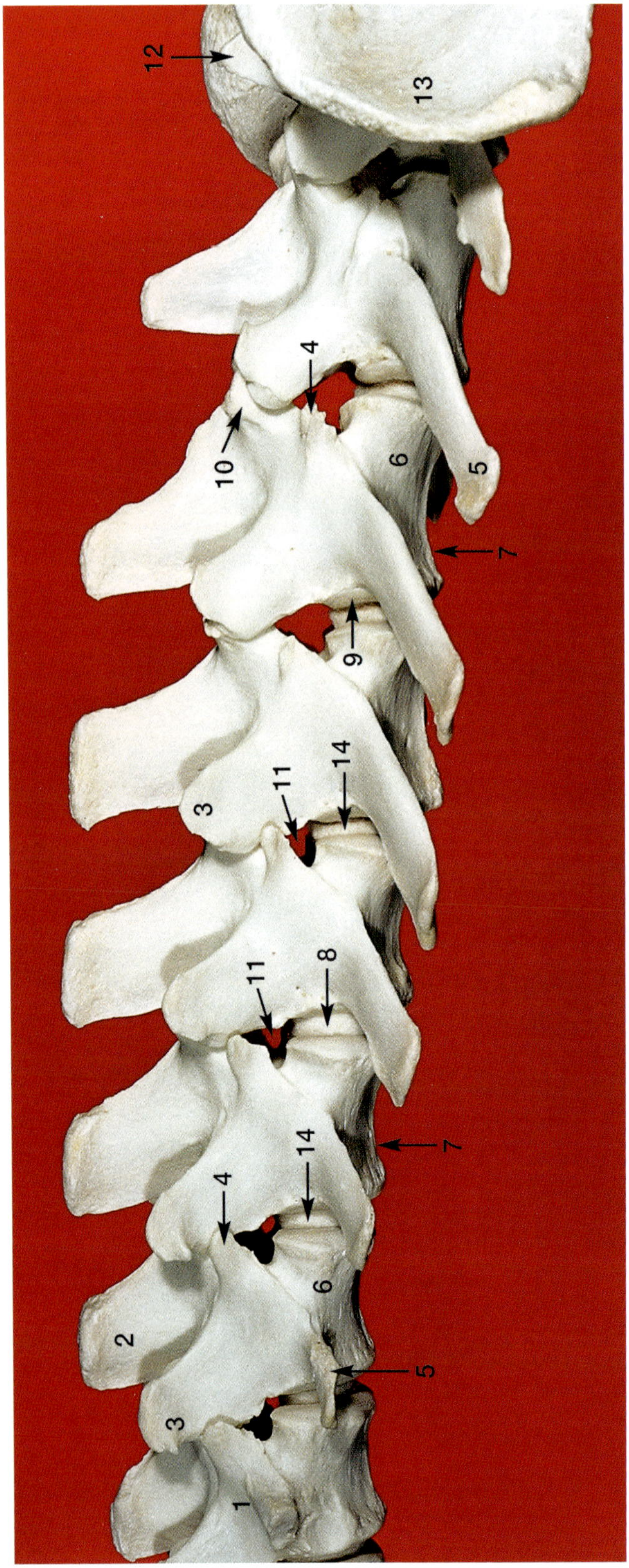
12
13
4
10
6
5
7
9
14
11
3
11
8
7
14
4
6
2
5
3
1

Abb. 73 Lendenwirbelsäule eines Hundes, linke Ansicht.

1 13. Brustwirbel; im Bereich Th 13/L 1 häufiger **Kompressionsfrakturen** der Wirbelkörper
2 Proc. spinosus des 1. Lendenwirbels; Im thorakolumbalen Übergangsbereich ereignet sich die Mehrzahl der **Bandscheibenvorfälle** (betroffen sind die Segmente Th 11 – L 3; Vorkommen insbesondere bei chondrodystrophen Rassen).
3 Proc. mamillaris
4 Proc. accessorius
5 Proc. transversus
6 Corpus vertebrae
7 Crista ventralis
8 Extremitas caudalis des 2. Lendenwirbels
9 Extremitas cranialis des 5. Lendenwirbels
10 Proc. articularis caudalis des 5. Lendenwirbels
11 For. intervertebrale; Austritt der Spinalnerven
12 Proc. spinosus des 7. Lendenwirbels; am Übergang L 7/ S 1 häufiger **Schrägfrakturen** der Wirbelkörper als Folge von Hyperflexion; Durch Verletzungen der letzten 3 Lendenwirbel, Instabilität im Lumbosakralgelenk, lumbosakrale Spondylarthrosis deformans oder Diskospondylitis, Diskusprotrusionen u.a. werden Kompressionen der Cauda equina verursacht. Diese führen zu sensiblen, motorischen und vegetativen neurologischen Ausfällen = **Cauda-equina-Kompressionssyndrom.**
13 Ala ossis ilii
14 künstliche Zwischenwirbelscheiben

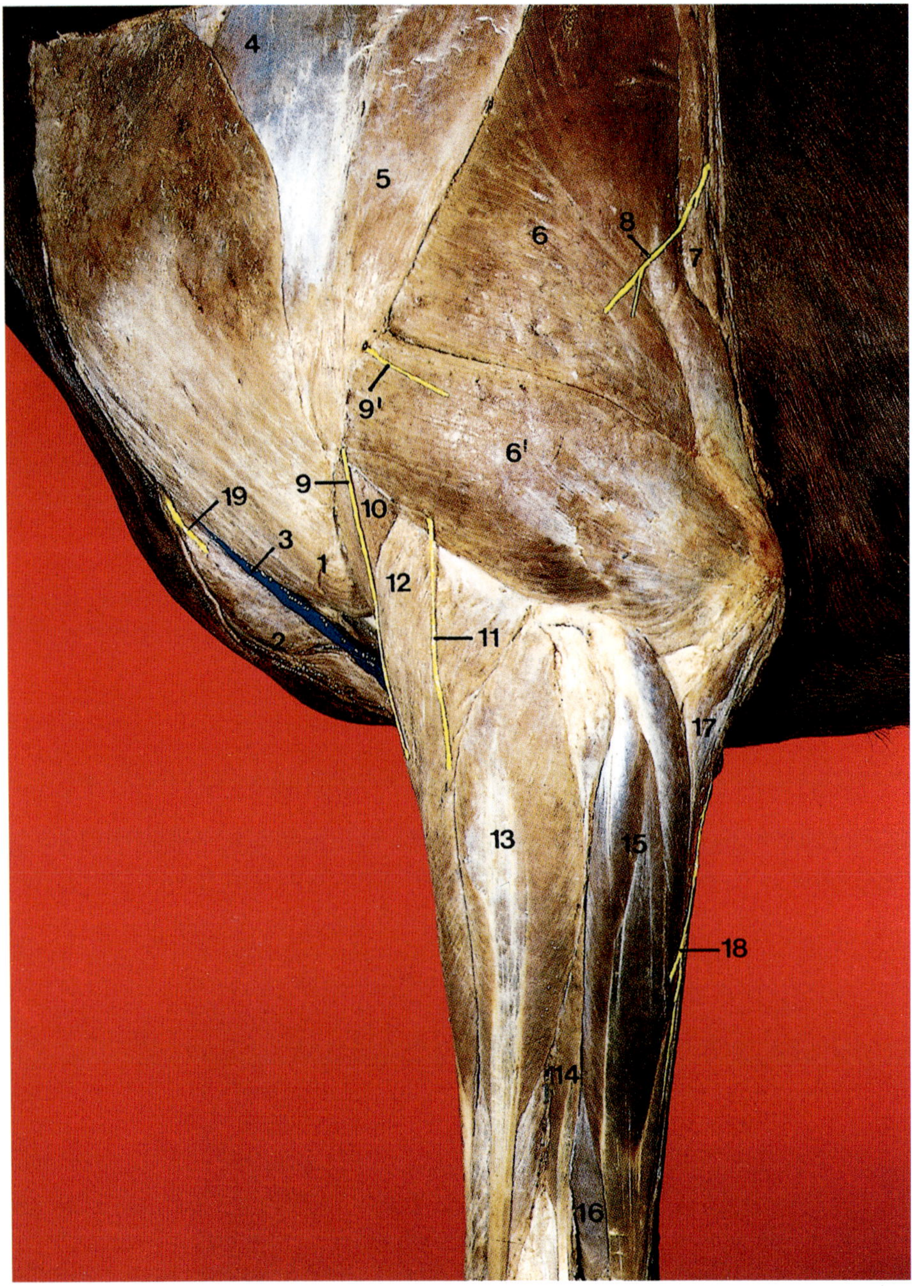
4
5
6
8
7
9'
6'
9
19
10
3
1
12
2
11
17
13
15
18
14
16

Abb. 74 Schulter, Oberarm und Unterarm eines Pferdes von lateral, oberflächliche Ansicht.

1 M. cleidobrachialis
2 M. pectoralis descendens
3 V. cephalica (Bugader), oberflächlich in der seitlichen Brustfurche (Sulcus pectoralis lateralis) gelegen, mündet am Brusthöhleneingang in die V jugularis externa
4 M. supraspinatus
5 M. deltoideus
6 M. triceps brachii, Caput longum
6' Caput laterale
7 M. tensor fasciae antebrachii
8 N. intercostobrachialis, wird von den Nn. intercostalis II und III und vom N. thoracicus lateralis gebildet, versorgt die Haut der Regio tricipitalis
9 N. cutaneus antebrachii cranialis des N. axillaris, versorgt die Haut über den Mm. brachialis et extensor carpi radialis kranial am Unterarm; **Blockadestelle** im kranialen Ende der lateralen Ankonäenfurche
9' weiterer Hautast des N. axillaris (N. cutaneus brachii lateralis cranialis)
10 M. brachialis
11 N. cutaneus antebrachii lateralis des N. radialis, versorgt die Haut über den Mm. extensor carpi radialis et extensor digitorum communis seitlich am Unterarm; **Blockadestelle** in der lateralen Ankonäenfurche am Übergang vom kranialen zum mittleren Drittel
12 M. extensor carpi radialis
13 M. extensor digitorum communis
14 M. extensor digitorum lateralis
15 M. extensor carpi ulnaris
16 M. flexor digitorum profundus, Caput humerale
17 Caput ulnare von 16
18 N. cutaneus antebrachii caudalis des N. ulnaris, versorgt die Haut kaudal am Unterarm; **Blockadestelle** proximal in der Ulnarisrinne
19 Ast der Nn. supraclaviculares ventrales (Diese entspringen beim Pferd aus den Rami ventrales der Halsnerven V–VI.)

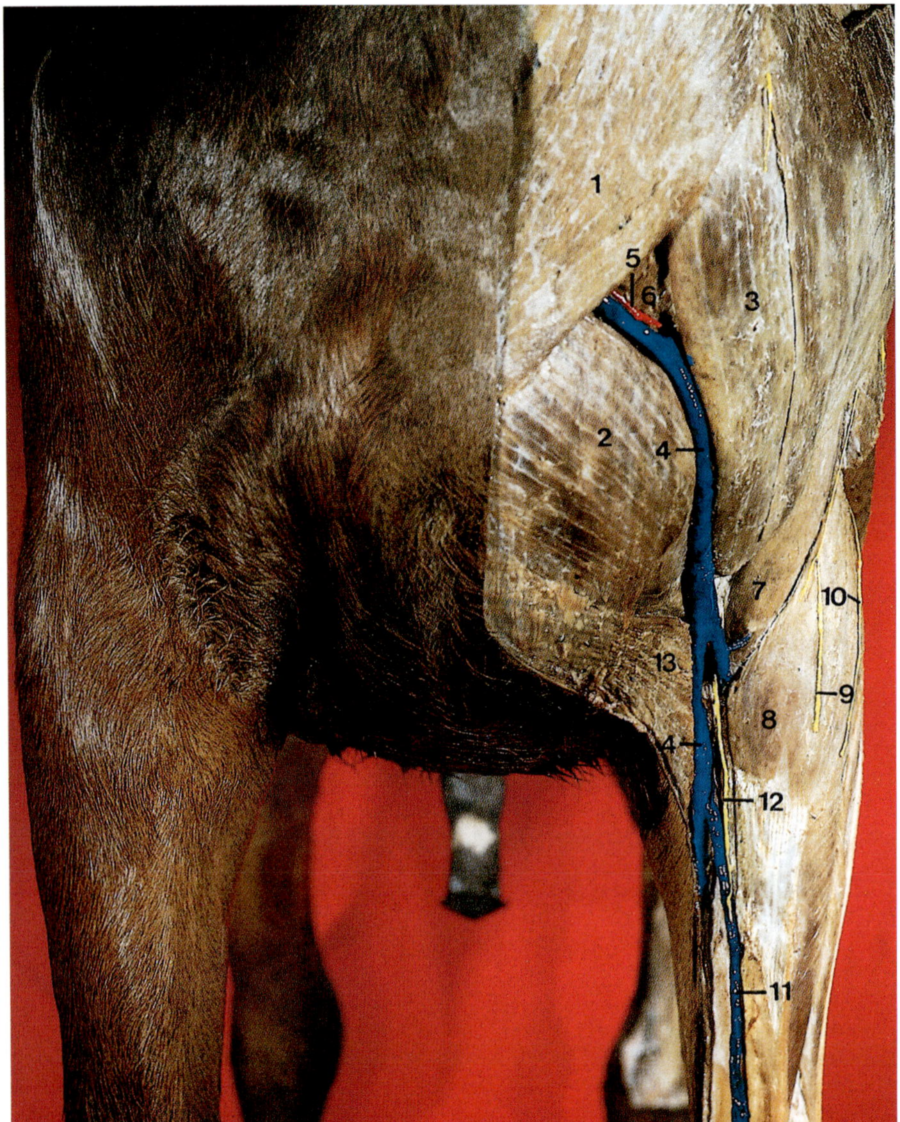
1
5
6
3
2
4
7
10
13
9
8
4
12
11

Abb. 75 Schulter, Brust, Oberarm und Unterarm eines Pferdes von kranial.

1 M. cutaneus colli, bis zu 7 mm dick, bedeckt in der unteren Halshälfte den M. sternomandibularis und die **Drosselrinne**
2 M. pectoralis descendens; Beide Mm. pectorales descendentes begrenzen die median gelegene mittlere Brustfurche, Sulcus pectoralis medianus.
3 M. cleidobrachialis, bildet gemeinsam mit dem M. pectoralis descendens die seitliche Brustfurche, Sulcus pectoralis lateralis. In der seitlichen Brustfurche verlaufen die V. cephalica und der Ramus deltoideus der A. cervicalis superficialis.
4 V. cephalica, mündet am Brusthöhleneingang in die V. jugularis (durch oberflächliche Lage **leicht verletzbar)**
5 Ramus deltoideus der A. cervicalis superficialis
6 **Drosselgrube,** Fossa jugularis; In dieser deutlichen Vertiefung treffen sich das Kaudalende der Drosselrinne und die seitliche Brustfurche. Durch Einstich mit dem Messer in Richtung auf das gegenüberliegende Ellbogengelenk werden die großen Blutgefäße im Brusteingang durchschnitten. Damit wird eine **schnelle Entblutung** beim Töten der Tiere erreicht.
7 M. brachialis
8 M. extensor carpi radialis
9 N. cutaneus antebrachii cranialis (s.a. Abb. 74, Nr. 9)
10 N. cutaneus antebrachii lateralis (s.a. Abb. 74, Nr. 11)
11 V. cephalica accessoria
12 N. cutaneus antebrachii medialis des N. musculocutaneus, tritt zwischen M. biceps brachii und M. brachialis an die Vorderseite des Unterarmes, versorgt die Haut medial am Unterarm, Karpus und Metakarpus; **Blockadestelle** im Sulcus bicipitalis zwischen den palpierbaren Ansätzen der Mm. brachialis et biceps brachii
13 M. pectoralis transversus

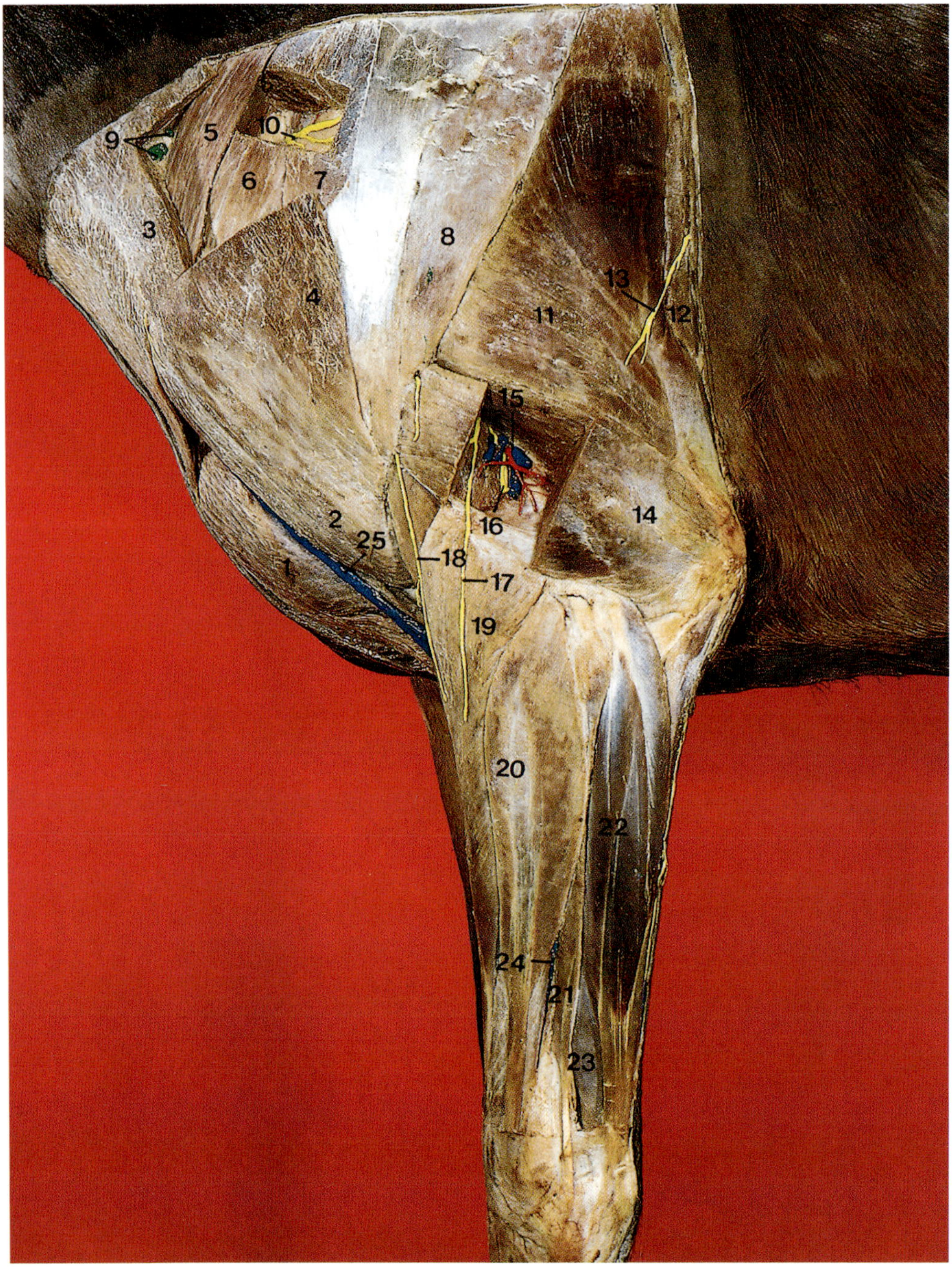
9
5
10
6
7
3
8
4
13
11
12
15
2
25
16
14
1
18
17
19
20
22
24
21
23

Abb. 76 Schulter, Oberarm und Unterarm eines Pferdes von lateral, Mm. omotransversarius, supraspinatus et triceps brachii (Caput laterale) teilweise entfernt.

1 M. pectoralis descendens
2 M. cleidobrachialis
3 M. cleidomastoideus
4 M. omotransversarius (beim Pferd intensiv verbunden mit 3)
5 M. subclavius
6 M. supraspinatus
7 M. infraspinatus
8 M. deltoideus
9 Lnn. cervicales superficiales **(Buglymphknoten)** des gleichnamigen Lymphozentrums, bis zu über 100 Einzelknoten, am kranialen Rand des M. subclavius gelegen, von den Mm. cleidomastoideus, omotransversarius et trapezius bedeckt, **tastbar** im klinischen Untersuchungsgang
10 N. suprascapularis, versorgt die Mm. supraspinatus et infraspinatus, tritt am Collum scapulae um den kranialen Schulterblattrand. Durch die knöcherne Unterlage besteht ein hohes **Verletzungsrisiko.** Häufig entstehen Verletzungen des Nerven, wenn das Pferd mit nach hinten gestreckter Gliedmaße stolpert oder wenn die Gliedmaße zu stark nach hinten gezogen wird. Folgen solcher Verletzungen sind das Abweichen des Schultergelenkes nach lateral in der Stützphase **(Abblatten)** sowie nach längerer Zeit eine sichtbare **Muskelatrophie** in der Schulterregion.
11 M. triceps brachii, Caput longum
12 M. tensor fasciae antebrachii
13 N. intercostobrachialis (s. Legende zu Abb. 74, Nr. 8)
14 M. triceps brachii, Caput laterale
15 A. et V. collateralis radialis
16 N. radialis, versorgt die Streckmuskeln des Ellbogen- und des Karpalgelenkes sowie der Zehengelenke, liegt kaudal dem Humerus direkt auf und kann dort gequetscht werden. Eine **Radialislähmung** führt zu größeren Ausfallserscheinungen. Die Verletzung proximal der Äste für die Trizepsgruppe hat zur Folge, daß die Gliedmaße nicht mehr belastet werden kann, der Winkel zwischen Humerus und Scapula vergrößert ist, der Huf mit der dorsalen Wand aufgesetzt wird **(Überköten)** und der Schritt verkürzt ist. Eine tiefe Radialislähmung führt nur zum Überköten.
17 N. cutaneus antebrachii lateralis (s. Legende zu Abb. 74, Nr. 11)
18 N. cutaneus antebrachii cranialis (s. Legende zu Abb. 74, Nr. 9)
19 M. extensor carpi radialis
20 M. extensor digitorum communis
21 M. extensor digitorum lateralis
22 M. extensor carpi ulnaris
23 M. flexor digitorum profundus, Caput humerale
24 V. interossea cranialis
25 V. cephalica (s. Legende zu Abb. 74, Nr. 3 und Abb. 75, Nr. 4)

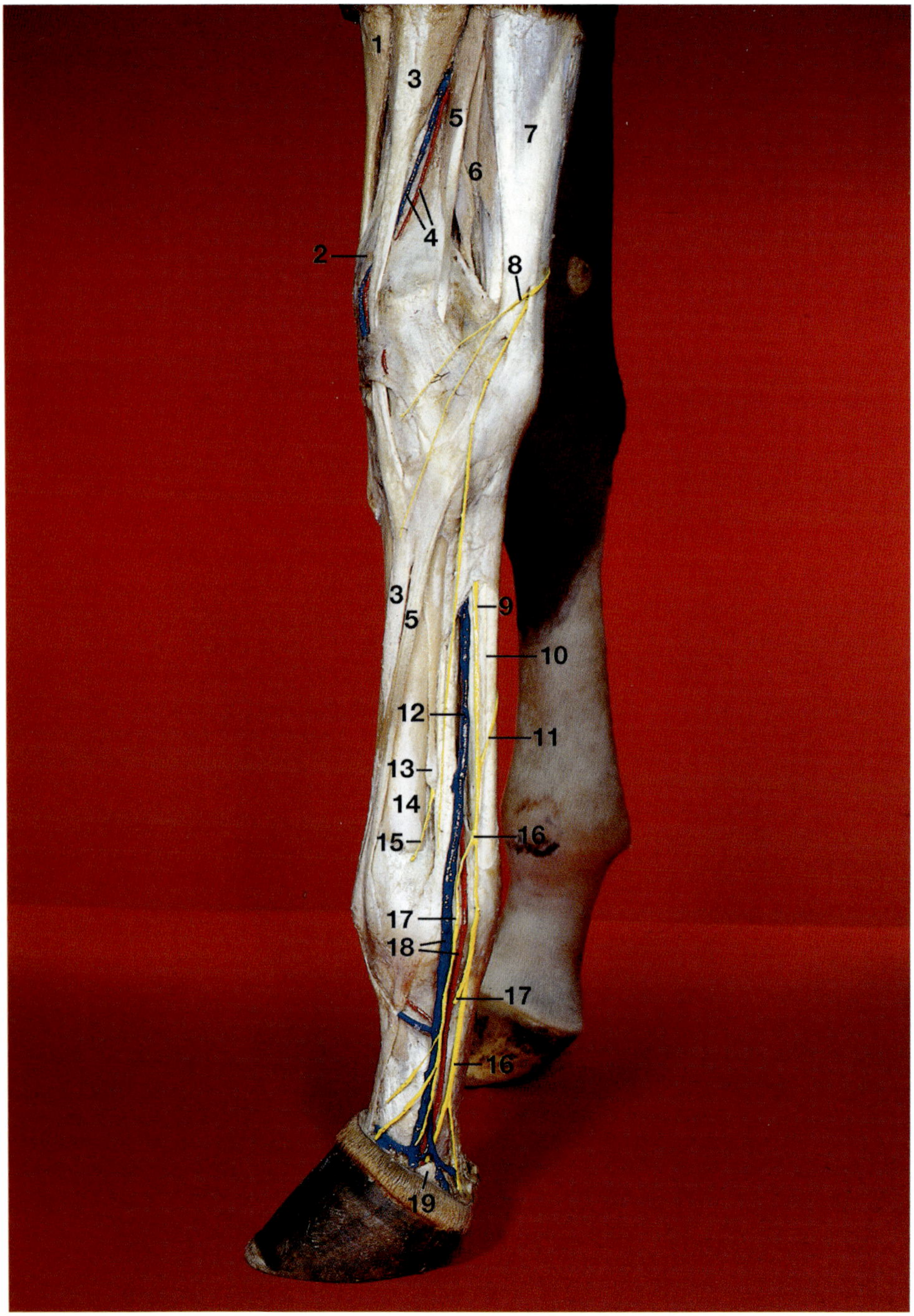
1
3
5
7
6
4
2
8
3
5
9
10
12
11
13
14
15
16
17
18
17
16
19

Abb. 77 Unterarm, Vorderfußwurzel, Mittelhand und Zehe der linken Vordergliedmaße eines Pferdes von lateral.

1 M. extensor carpi radialis
2 M. abductor pollicis longus
3 M. extensor digitorum communis
4 A. et V. interossea cranialis
5 M. extensor digitorum lateralis
6 M. flexor digitorum profundus, Caput humerale et Caput radiale
7 M. extensor carpi ulnaris
8 Ramus dorsalis des N. ulnaris, tritt zwischen beiden Ästen der Endsehne des M. extensor carpi ulnaris an die dorsale Seite des Metacarpus, versorgt die Haut dorsal und lateral am Carpus und Metacarpus bis zur Fesselgegend
9 N. palmaris lateralis (N. digitalis palmaris communis III) des N. medianus; **proximale Palmarnervenanästhesie** (Metakarpalblockade) durch subfasziale Injektion axial am proximalen Griffelbeinende, führt zur Desensibilisierung des gesamten Zehenbereiches und der kaudalen Metakarpalfläche (Der N. metacarpeus palmaris lateralis wird dabei mit anästhesiert.); **mittlere Palmarnervenanästhesie** (Metakarpalblockade) in Höhe des Griffelbeinknöpfchens in der Rinne zwischen M. interosseus medius und Beugesehnen
10 oberflächliche und tiefe Beugesehne
11 Ramus communicans zum N. palmaris medialis (palpierbar)
12 V. digitalis palmaris communis III (Ramus superficialis des Ramus palmaris der V. radialis); Die Vene verdeckt die gleichnamige Arterie.
13 Caput des Os metacarpale quartum (Griffelbeinknöpfchen), **palpierbar**
14 Hauptmittelfußknochen, Os metacarpale tertium
15 N. metacarpeus palmaris lateralis des Ramus profundus des Ramus palmaris des N. ulnaris, innerviert das Fesselgelenk; **Blockade** direkt unterhalb des palpierbaren Griffelbeinknöpfchens oder über den N. ulnaris in der Ulnarisrinne, eine Handbreit proximal des Os carpi accessorium
16 N. digitalis palmaris lateralis; Innervationsgebiet: Fesselgelenk, Ligg. sesamoideum rectum et sesamoidea obliqua, Krongelenk, Hufgelenk, Bursa podotrochlearis, Lig. sesamoideum distale impar, Beugesehnen distal des Fesselgelenkes, Hufballen, Saum-, Kron-, Wand-, Sohlen- und Strahllederhaut; **Blockadestelle:** fingerbreit proximal der seitlichen Kontur des lateralen Sesambeines **oder** weiter distal am palpierbaren oberen Hufknorpelrand, axial desselben einstechen (Rami dorsales werden hier nicht getroffen.)
17 Rami dorsales des N. digitalis palmaris lateralis, innervieren Fesselgelenk, Krongelenk, Saum-, Kron- und Wandlederhaut
18 A. et V. digitalis lateralis
19 Cartilago ungularis lateralis, proximaler Rand **palpierbar**

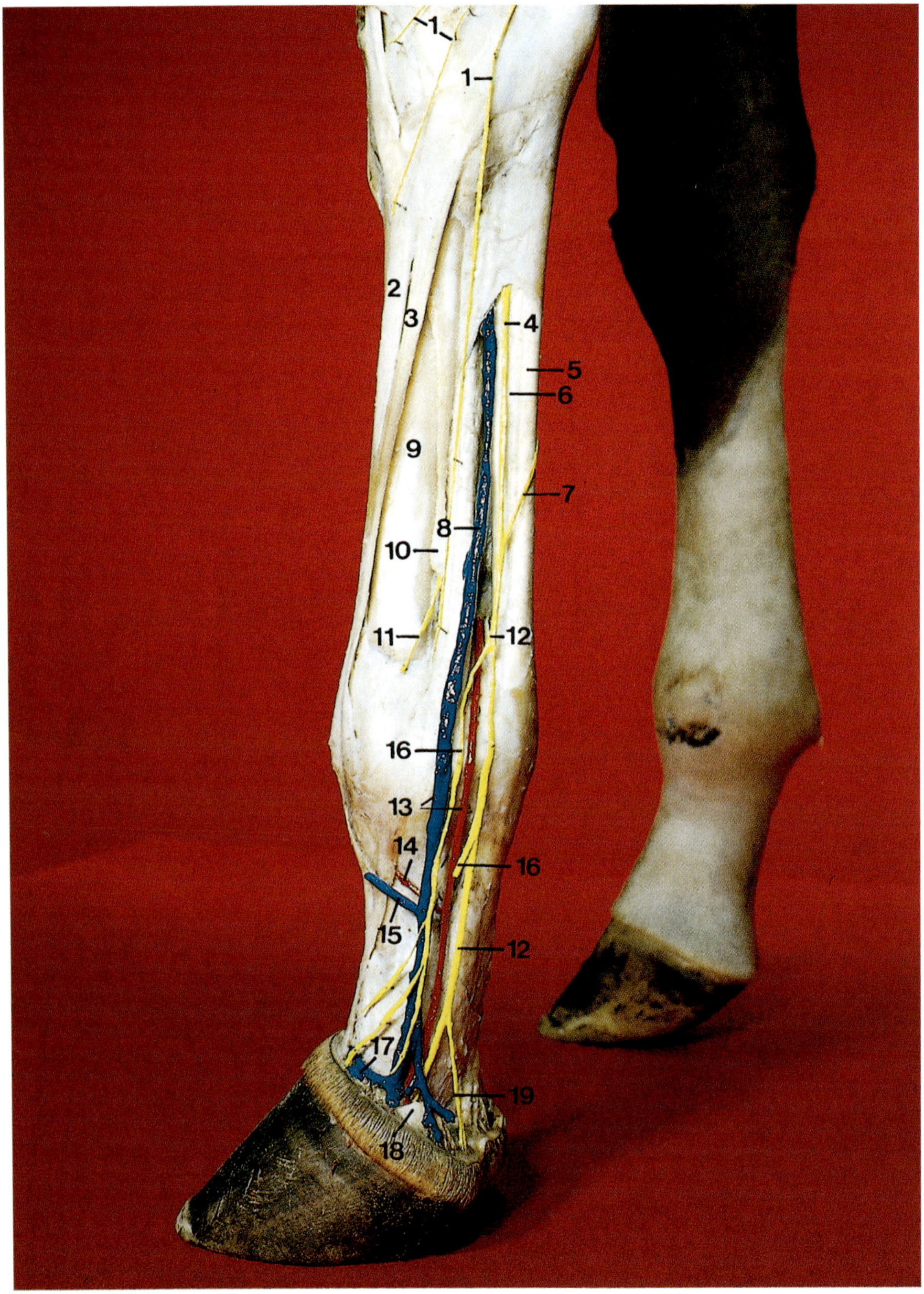
1
1
2
3
4
5
6
9
7
8
10
11
12
16
13
14
16
15
12
17
19
18

Abb. 78 Mittelhand und Zehe der linken Vordergliedmaße eines Pferdes von lateral.

1 Zweige des Ramus dorsalis des N. ulnaris (s. Legende zu Abb. 77, Nr. 8)
2 Sehne des M. extensor digitorum communis
3 Sehne des M. extensor digitorum lateralis
4 N. palmaris lateralis (N. digitalis palmaris communis III) des N. medianus; **Palmarnervenanästhesie** s. Legende zu Abb. 77, Nr. 9
5 oberflächliche Beugesehne (M. flexor digitorum superficialis, „Kronbeinbeuger")
6 tiefe Beugesehne (M. flexor digitorum profundus, „Hufbeinbeuger")
7 Ramus communicans zum N. palmaris medialis (palpierbar)
8 V. digitalis palmaris communis III (Ramus superficialis des Ramus palmaris der V. radialis); Die Vene verdeckt die gleichnamige Arterie.
9 Hauptmittelfußknochen, Os metacarpale tertium
10 Caput des Os metacarpale quartum (Griffelbeinknöpfchen), **palpierbar**
11 N. metacarpeus palmaris lateralis des Ramus profundus des Ramus palmaris des N. ulnaris; **Blockade** s. Legende zu Abb. 77, Nr. 15
12 N. digitalis palmaris lateralis; **Innervationsgebiet** und **Blockadestellen** s. Legende zu Abb. 77, Nr. 16
13 A. et V. digitalis lateralis
14 Ramus dorsalis phalangis proximalis der A. digitalis lateralis
15 Ramus dorsalis der V. digitalis lateralis
16 Rami dorsales des N. digitalis palmaris lateralis; Innervationsgebiet s. Legende zu Abb. 77, Nr. 17
17 V. coronalis
18 Cartilago ungularis lateralis, proximaler Rand **tastbar**
19 Abzweigung des N. digitalis palmaris lateralis in Höhe des Krongelenkes (Ramus tori s. pulvinus), innerviert den Hufballen

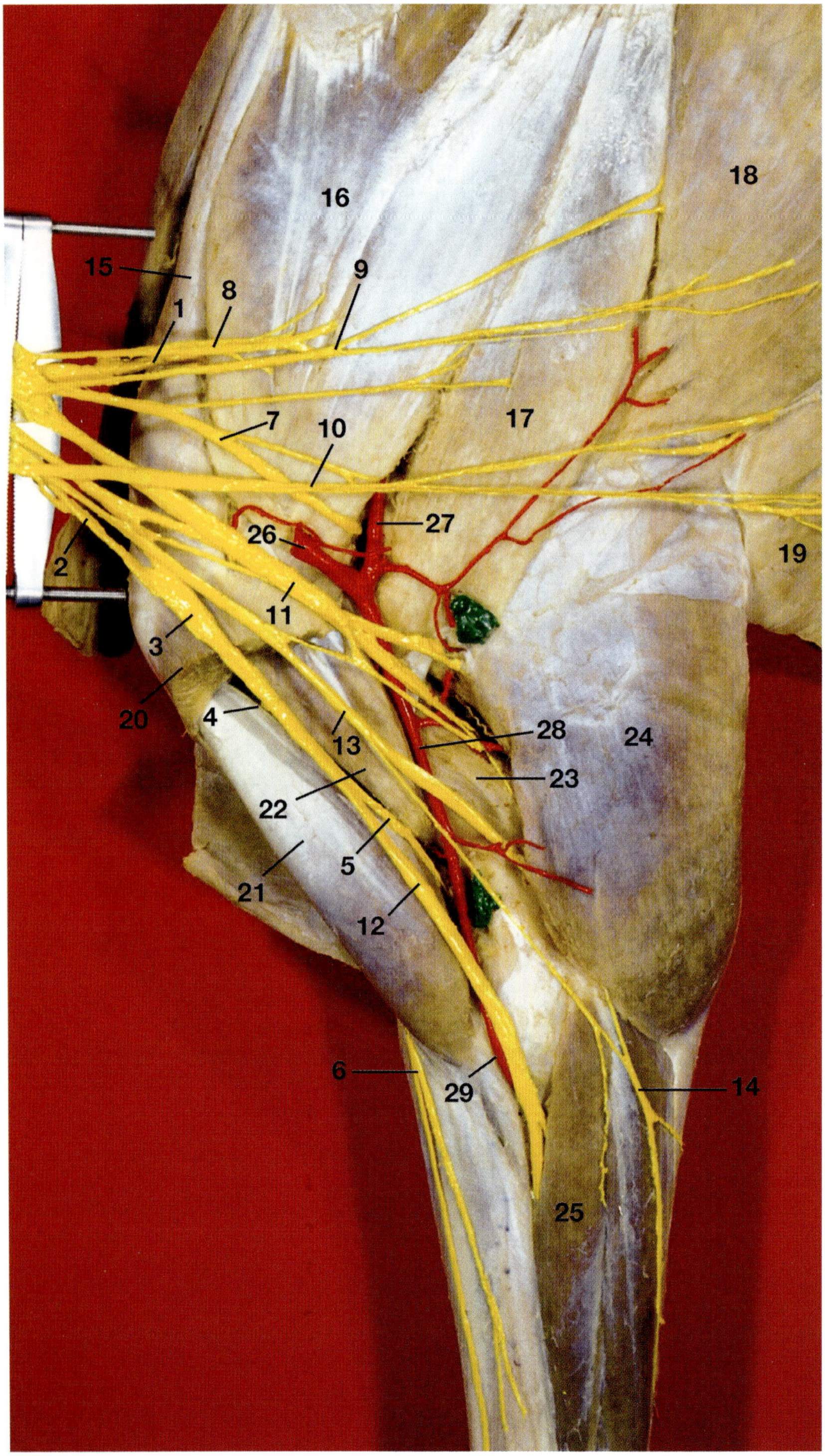
15
1
8
9
16
18
17
7
10
27
26
2
11
19
3
20
4
13
28
24
23
22
5
21
12
6
29
14
25

Abb. 79 Nerven des Plexus brachialis eines Pferdes, rechte Vordergliedmaße, Medialansicht.

1 **N. suprascapularis;** zieht zwischen M. supraspinatus und M. subscapularis um den Vorderrand des Schulterblattes nach lateral, innerviert *Mm. supra- und infraspinatus;* bei Schädigung → **Abblatten**
2 **N. musculocutaneus;** verbindet sich mit N. medianus (3), aus dem gemeinsamen Stamm gehen der R. muscularis proximalis und der R. muscularis distalis hervor
3 gemeinsamer Stamm von N. musculocutaneus und N. medianus
4 Abzweig des **R. muscularis proximalis;** innerviert *Mm. coracobrachialis* und *biceps brachii*
5 **R. muscularis distalis;** innerviert *M. brachialis*
6 **N. cutaneus antebrachii medialis** des N. musculocutaneus (s. Abb. 75, Nr. 12)
7 **N. axillaris;** zieht zwischen M. subscapularis und M. teres major nach lateral, innerviert *Mm. teres major, teres minor, subscapularis* (kaudale Portion), *deltoideus, cleidobrachialis* und *articularis humeri;* sein Hautast **N. cutaneus antebrachii cranialis** (s. Abb. 74, Nr. 9)
8 **Nn. subscapulares;** innervieren *M. subscapularis*
9 **N. thoracodorsalis,** innerviert *M. latissimus dorsi*
10 **N. thoracicus lateralis;** innerviert *M. cutaneus trunci;* Das heißt, die unteren Motoneurone für den Rumpfhautmuskel liegen in den Segmenten C8-Th1. Der N. thoracicus lateralis ist der efferente Schenkel im **Panniculus-Reflex.**
11 **N. radialis;** zieht am kaudalen Rand des M. teres major zwischen Caput longum und Caput mediale des M. triceps nach lateral, überquert die Crista supracondylaris lateralis **(Quetschung!)**; Muskeläste an *Mm. triceps brachii, anconeus, tensor fasciae antebrachii* und distale Portion des *M. brachialis;* Teilung in Hautast, **N. cutaneus antebrachii lateralis** (s. Abb. 74, Nr. 11) und **R. profundus** für *Mm. extensores carpi radialis, digitorum communis, digitorum lateralis, carpi ulnaris* und *M. abductor pollicis longus;* Bei **hoher Schädigung** des N. radialis → Herunterhängen des Ellbogengelenks, keine aktive Streckung des Ellbogengelenks in der Hangphase und Überköten, bei **tiefer Schädigung** → nur Überköten
12 **N. medianus;** zieht in Begleitung von A. brachialis/mediana medial über Oberarm und Ellbogengelenk, danach bedeckt vom M. flexor carpi radialis nach distal **(Blockadestelle** in der Furche zwischen bandartigem M. pronator teres und M. flexor carpi radialis); Muskeläste an *M. flexor carpi radialis, Caput radiale* und *Caput humerale des M. flexor digitorum profundus;* im mittleren Drittel des Unterarms Teilung in **Nn. palmaris lateralis** und **medialis** (s. Abb. 78, Nr. 4 und Abb. 80, Nr. 15)
13 **N. ulnaris;** zieht medial am Oberarm zur Streckseite des Ellbogengelenks, Abzweig eines Hautastes, **N. cutaneus antebrachii caudalis** (s. Abb. 74, Nr. 18); Muskeläste an *Mm. flexores carpi ulnaris und digitalis superficialis sowie Caput ulnare und Caput humerale des M. flexor digitorum profundus;* oberhalb des Karpus Teilung des N. ulnaris in **R. dorsalis** (s. Abb. 77, Nr. 8) und R. palmaris. **R. palmaris** setzt sich direkt in **R. profundus** fort, der Äste an *M. interosseus* sendet und mit den **Nn. metacarpei palmares lateralis** und **medialis** endet (s. Abb. 78, Nr. 11 und Abb. 80, Nr. 20)
14 **N. cutaneus antebrachii caudalis** (s. Abb. 74, Nr. 18)
15 M. supraspinatus
16 M. subscapularis
17 M. teres major
18 M. latissimus dorsi
19 M. cutaneus trunci
20 M. pectoralis profundus
21 M. biceps brachii
22 M. coracobrachialis
23 Caput mediale des M. triceps brachii
24 M. tensor fasciae antebrachii
25 M. flexor carpi radialis
26 A. axillaris
27 A. subscapularis
28 A. brachialis
29 A. mediana ; **Pulsfühlstelle** (s.a. Abb. 80, Nr. 7)

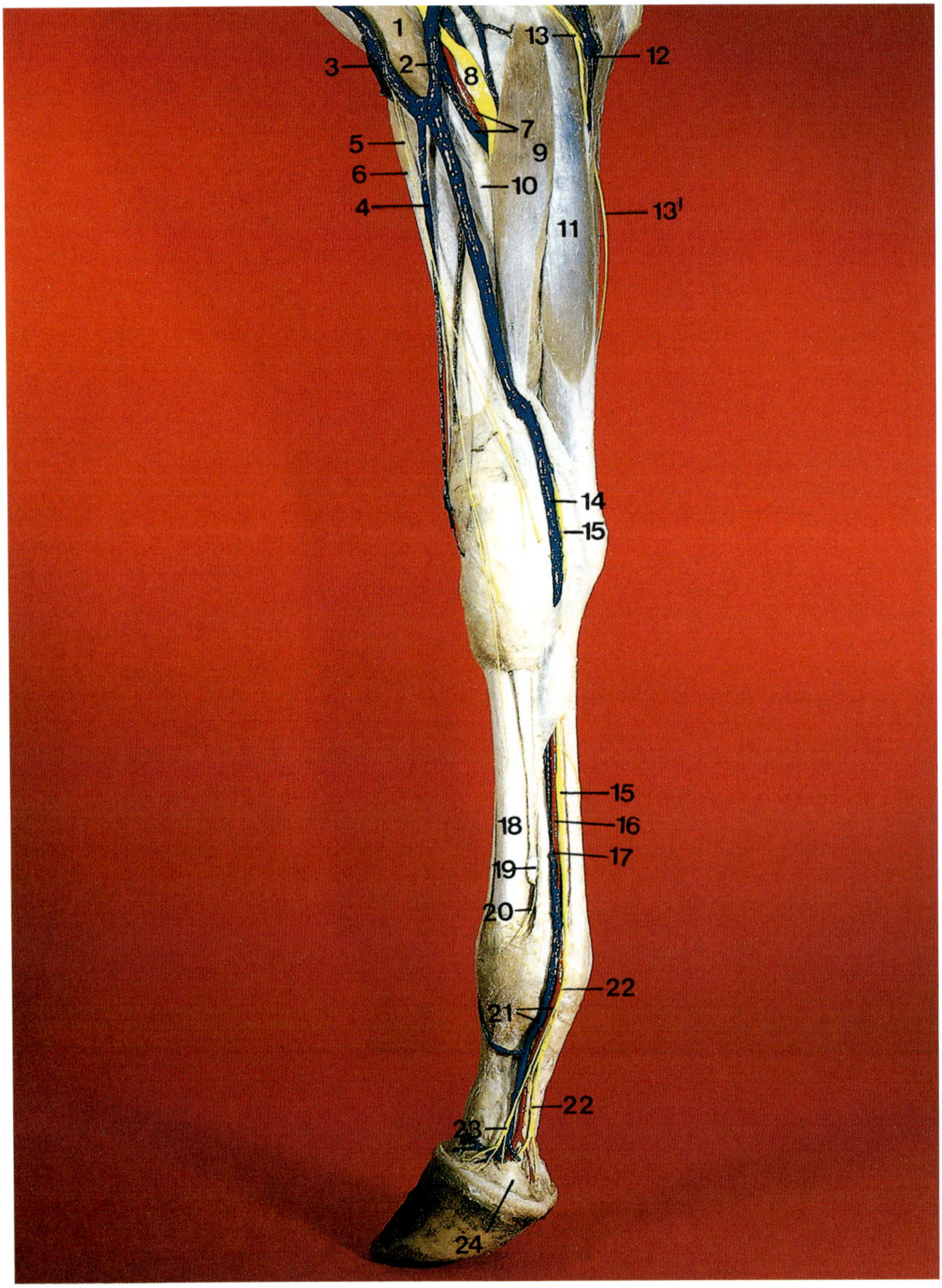
1
13
12
3
2
8
7
5
9
6
10
4
13'
11
14
15
15
18
16
19
17
20
22
21
22
23
24

Abb. 80 Unterarm, Vorderfußwurzel, Mittelhand und Zehe der rechten Vordergliedmaße eines Pferdes von medial.

1 M. biceps brachii
2 V. mediana cubiti, verbindet die V. cephalica mit der V. brachialis
3 V. cephalica, gehört zum Hautvenensystem und verläuft ohne arterielle Begleitung subkutan, dorsomedial am Unterarm **palpierbar** (s.a. Abb. 75, Nr. 4)
4 V. cephalica accessoria
5 N. cutaneus antebrachii medialis des N. musculocutaneus; **Blockadestelle** s. Legende zu Abb. 75, Nr. 12
6 M. extensor carpi radialis
7 A. et V. mediana; **Pulsfühlstelle** kranial des Lig. collaterale mediale durch den M. pectoralis transversus hindurch
8 N. medianus, gemeinsam mit der A. mediana (s. Nr. 7) am Ellbogengelenk **palpierbar,** versorgt die Mm. flexor carpi radialis, flexor digitorum profundus (Caput radiale und mediale sowie distale Portion des Caput humerale) und sensibel das Ellbogen-, das Karpalgelenk, die Zehengelenke und die Haut palmar am Mittelfuß und an den Zehen; **Blockadestelle** etwas distal des Ellbogengelenkes, medial am Unterarm in der Rinne zwischen kranialem Rand des M. flexor carpi radialis und Radius
9 M. flexor carpi radialis
10 langer Schenkel des medialen Seitenbandes (entspricht beim Pferd dem M. pronator teres)
11 M. flexor carpi ulnaris
12 V. collateralis ulnaris, begleitet mit der gleichnamigen Arterie den N. ulnaris in der Ulnarisrinne
13 N. ulnaris, versorgt die Mm. flexor carpi ulnaris, flexor digitorum superficialis, flexor digitorum profundus (Caput ulnare und laterale sowie proximale Portion des Caput humerale), interossei, das Ellbogen- und das Karpalgelenk gemeinsam mit dem N. medianus, die Haut an der Hinterseite des Unterarmes sowie dorsolateral am Mittelfuß und an den Zehen, das Fesselgelenk; Durch die gemeinsame Versorgung der Beuger des Karpalgelenkes und der Zehengelenke zusammen mit dem N. medianus beeinträchtigt die Schädigung eines dieser Nerven den Gang nicht. **Blockadestelle** im Sulcus ulnaris Handbreit proximal des Os carpi accessorium oder in der Mitte des Abstandes zwischen Olecranon und Os carpi accessorium
13' N. ulnaris aus dem Sulcus ulnaris herausgehoben
14 V. radialis
15 N. palmaris medialis, **proximale Palmarnervenanästhesie** axial am proximalen Griffelbeinende, subfaszial; **mittlere Palmarnervenanästhesie** in Höhe Griffelbeinknöpfchen, in der Rinne zwischen Beugesehnen und M. interosseus medius
16 A. digitalis palmaris communis II **(Hauptmittelfußarterie)**, in Mitte des Metakarpus zwischen Beugesehnen und Griffelbein bzw. M. interosseus medius palpierbar (Puls)
17 V. digitalis palmaris communis II (Ramus palmaris superficialis der V. radialis)
18 Hauptmittelfußknochen, Os metacarpale tertium
19 Caput des Os metacarpale secundum (Griffelbeinknöpfchen), **palpierbar**
20 N. metacarpeus palmaris medialis des Ramus profundus des Ramus palmaris des N. ulnaris, innerviert das Fesselgelenk; **Blockade** direkt unterhalb des palpierbaren Griffelbeinknöpfchens oder über den N. ulnaris in der Ulnarisrinne, eine Handbreit proximal des Os carpi accessorium
21 A. et V. digitalis medialis
22 N. digitalis palmaris medialis; Innervationsgebiet wie Nr. 16 in Abb. 77; **Blockade:** fingerbreit über der seitlichen Kontur des medialen Sesambeins (Nerv ist an dessen abaxialer Fläche **palpierbar**); **Blockade** seines fortlaufenden Astes (Ramus palmaris) nach Abgabe des Ramus dorsalis: axial am oberen Rand des Hufknorpels, dorsal der Beugesehne (Nerv ist dort **palpierbar**)
23 Ramus dorsalis des N. digitalis palmaris medialis
24 Cartilago ungularis medialis, proximaler Rand **palpierbar**

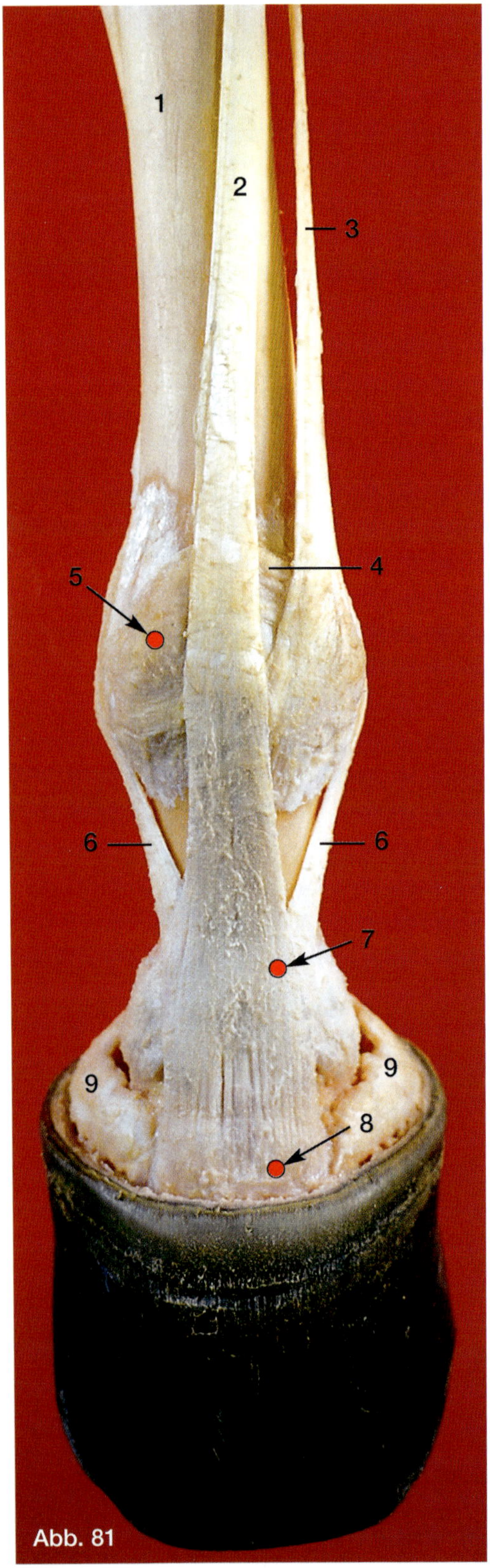

Abb. 81

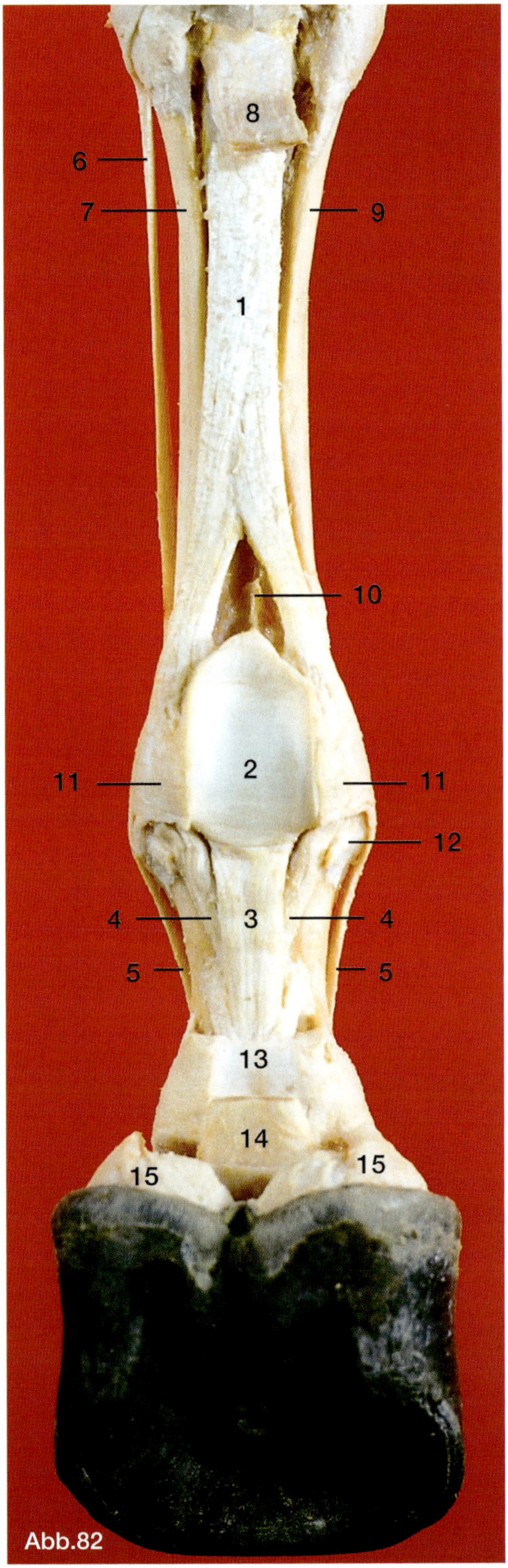

Abb.82

Abb. 81 Linker Vorderfuß eines Pferdes, Dorsalansicht

1 Hauptmittelfußknochen, Os metacarpale tertium
2 Sehne des M. extensor digitorum communis
3 Sehne des M. extensor digitorm lateralis; In Höhe des Fesselgelenks ist den Sehnen des gemeinsamen und des lateralen Zehenstreckers je ein **subtendinöser Schleimbeutel** untergelagert (hier entfernt).
4 Recessus dorsalis proximalis der Fesselgelenkkapsel
5 **Punktionsstelle des Fesselgelenks** in Höhe des Gelenkspalts, 1cm medial der palpierbaren gemeinsamen Strecksehne, Stichrichtung distomedian und flach unter die Strecksehne
6 Unterstützungsäste des M. interosseus an die gemeinsame Strecksehne; tastbar
7 **Punktionsstelle des Krongelenks** in Höhe des Gelenkspalts, 15 mm neben der Mittellinie, Stichrichtung distomedian und flach unter die gemeinsame Strecksehne
8 **Punktionsstelle des Hufgelenks** dorsolateral, 15mm vom Kronrand und 15 mm neben der Mittellinie, Stichrichtung distomedian unter die Strecksehne
9 Hufknorpel, Cartilago ungularis

Abb. 82 Linker Vorderfuß eines Pferdes, Darstellung des Fesseltrageapparates.

1–5 Fesseltrageapparat
1 M. interosseus
2 proximaler Gleitkörper, Scutum proximale, des faserknorpeligen Lig. palmare. Das Scutum dient als Gleitfläche für die Beugesehnen.
3 Lig. sesamoideum rectum
4 Ligg. sesamoidea obliqua
5 Unterstützungsäste des M. interosseus an die gemeinsame Strecksehne
6 Sehne des M. extensor digitorum lateralis
7 laterales Griffelbein, Os metacarpale quartum
8 Lig. accessorium von den palmaren Karpalbändern an die tiefe Beugesehne, abgeschnitten
9 mediales Griffelbein, Os metacarpale secundum
10 Lig. metacarpointersesamoideum
11 Ligg. sesamoidea collateralia
12 Basis phalangis proximalis
13 mittlerer Gleitkörper, Scutum medium; bedeckt die Palmarfläche des proximalen Kronbeinabschnitts, dient als Gleitfläche für die tiefe Beugesehne
14 Stumpf der abgeschnittenen tiefen Beugesehne
15 Hufknorpel, Cartilago ungularis

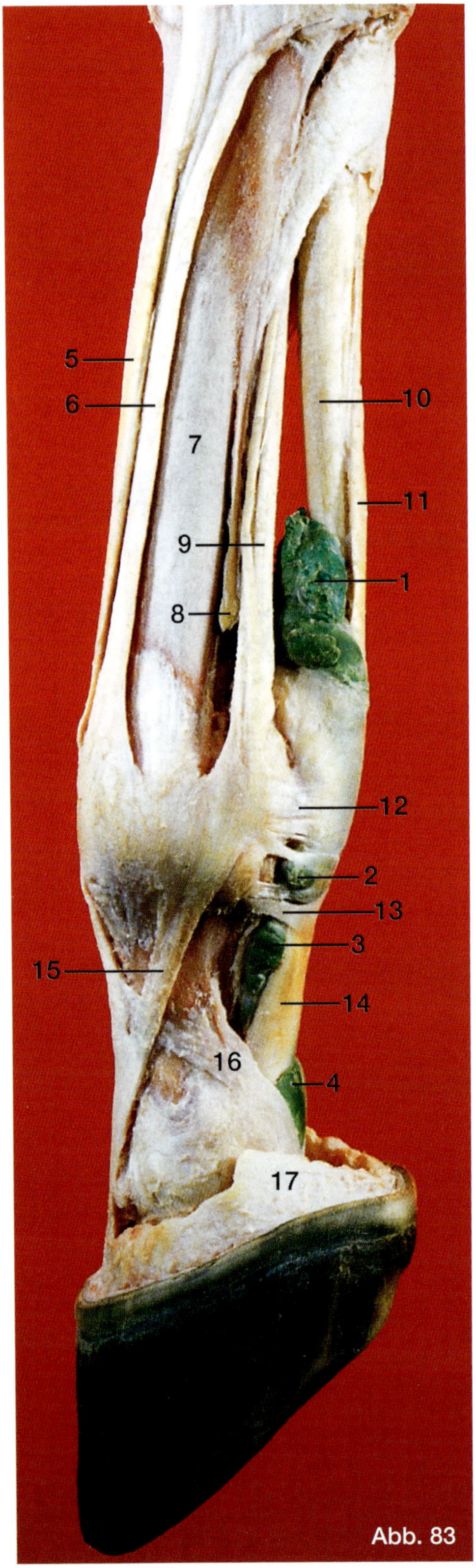

5
6
7
9
8
10
11
1
12
2
13
3
15
14
16
4
17

Abb. 83

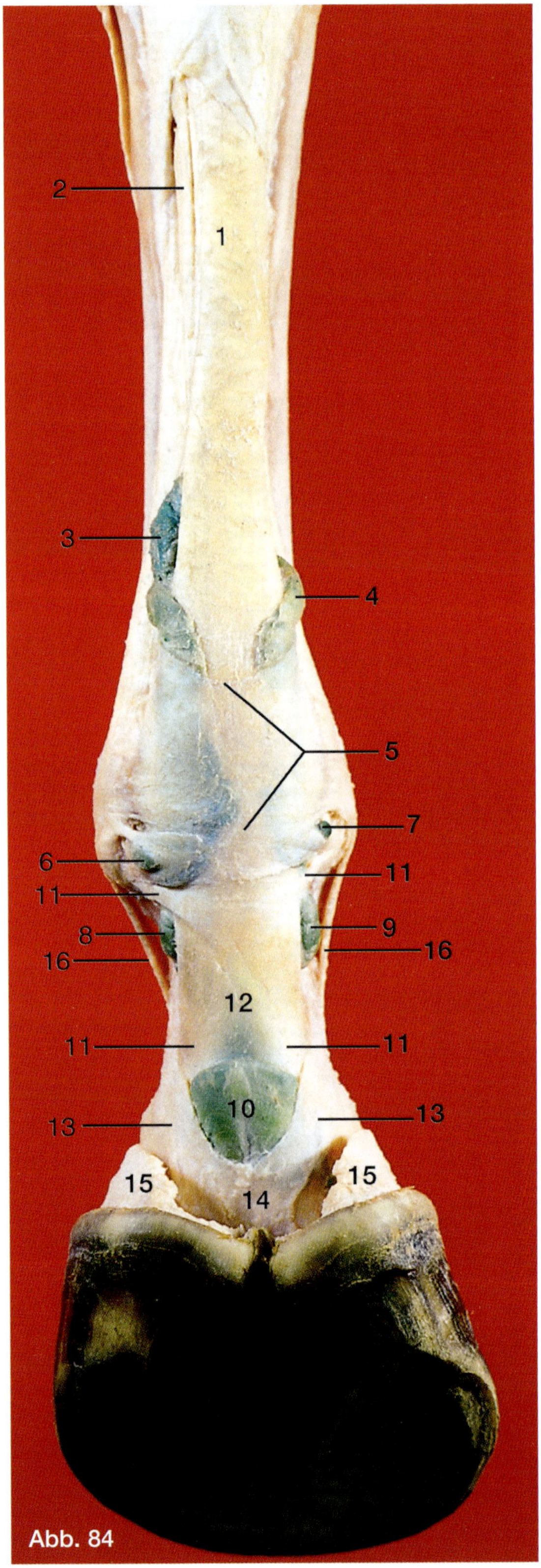

2
1
3
4
5
7
6
11
11
8
9
16
16
12
11
11
10
13
13
15
15
14

Abb. 84

Abb. 83 Linker Vorderfuß eines Pferdes mit Darstellung der Fesselbeugesehnenscheide (Latexfüllung), Lateralansicht.

1–4 Fesselbeugesehnenscheide, Vagina synovialis tendinum digitorum manus
1 lateraler proximaler Endblindsack; Bei **vermehrter Füllung (Sehnenscheidengalle)** der Fesselbeugesehnenscheide sind die Blindsäcke tastbar. **Punktion** der Fesselbeugesehnenscheide etwa 5cm proximal der Gleichbeine in der Rinne zwischen den Beugesehnen und M. interosseus
2 lateraler proximaler Seitenblindsack
3 lateraler distaler Seitenblindsack
4 unpaarer Palmarblindsack
5 Sehne des M. extensor digitorum communis; tastbar; Bei angeborenem **Stelzfuß** kann es zur Ruptur der Sehne kommen.
6 Sehne des M. extensor digitorum lateralis; tastbar
7 Hauptmittelfußknochen; Os metacarpale tertium
8 Knöpfchen (Caput) des lateralen Griffelbeins; tastbar
9 M. interosseus; Der gut palpierbare Muskel ist Teil des Fesseltrageapparates. Bei Überlastung, z.B. nach dem Sprung, kann er zerreißen und es kommt zum **„Durchtreten"** im Fesselgelenk.
10 tiefe Beugesehne (Sehne des M. flexor digitorum profundus)
11 oberflächliche Beugesehne (Sehne des M. flexor digitorum superficialis)
12 Fesselringband, Lig. metacarpeum transversum superficiale (Lig. anulare palmare); Eine seitliche Spaltung des Bandes kann bei **Entzündung der Beugesehnen** zur Entlastung der Fesselbeugesehnenscheide angezeigt sein.
13 vierzipfelige Fesselplatte, proximaler Schenkel
14 vierzipfelige Fesselplatte, distaler Schenkel
15 Unterstützungsast des M. interosseus an die gemeinsame Strecksehne; tastbar
16 Lig. chondrocompedale
17 lateraler Hufkorpel, Cartilago ungularis lateralis

Abb. 84 Linker Vorderfuß eines Pferdes mit Darstellung der Fesselbeugesehnenscheide (Latexfüllung), Palmaransicht.

1 oberflächliche Beugesehne (Sehne des M. flexor digitorum superficialis)
2 tiefe Beugesehne (Sehne des M. flexor digitorum profundus)
3 lateraler proximaler Endblindsack der Fesselbeugesehnenscheide (Ziffern 3, 4, 6-10; s.a. Abb. 83, Nr. 1)
4 medialer proximaler Endblindsack der Fesselbeugesehnenscheide
5 Fesselringband, Lig. metacarpeum transversum superficiale; palmar z.T. mit der oberflächlichen Beugesehne verwachsen (s.a. Abb. 83, Nr. 12)
6 lateraler proximaler Seitenblindsack
7 medialer proximaler Seitenblindsack
8 lateraler distaler Seitenblindsack
9 medialer distaler Seitenblindsack
10 unpaarer Palmarblindsack
11 Pars anularis vaginae fibrosae der vierzipfeligen Fesselplatte
12 Pars cruciformis vaginae fibrosae der vierzipfeligen Fesselplatte
13 Pars anularis vaginae fibrosae der Sohlenbinde
14 Pars cruciformis vaginae fibrosae der Sohlenbinde; Die vierzipfelige Fesselplatte und die Sohlenbinde bilden gemeinsam die **Zehenbinde,** Vagina fibrosa digitalis manus.
15 Hufknorpel, Cartilago ungularis
16 Unterstützungsast des M. interosseus an die gemeinsame Strecksehne

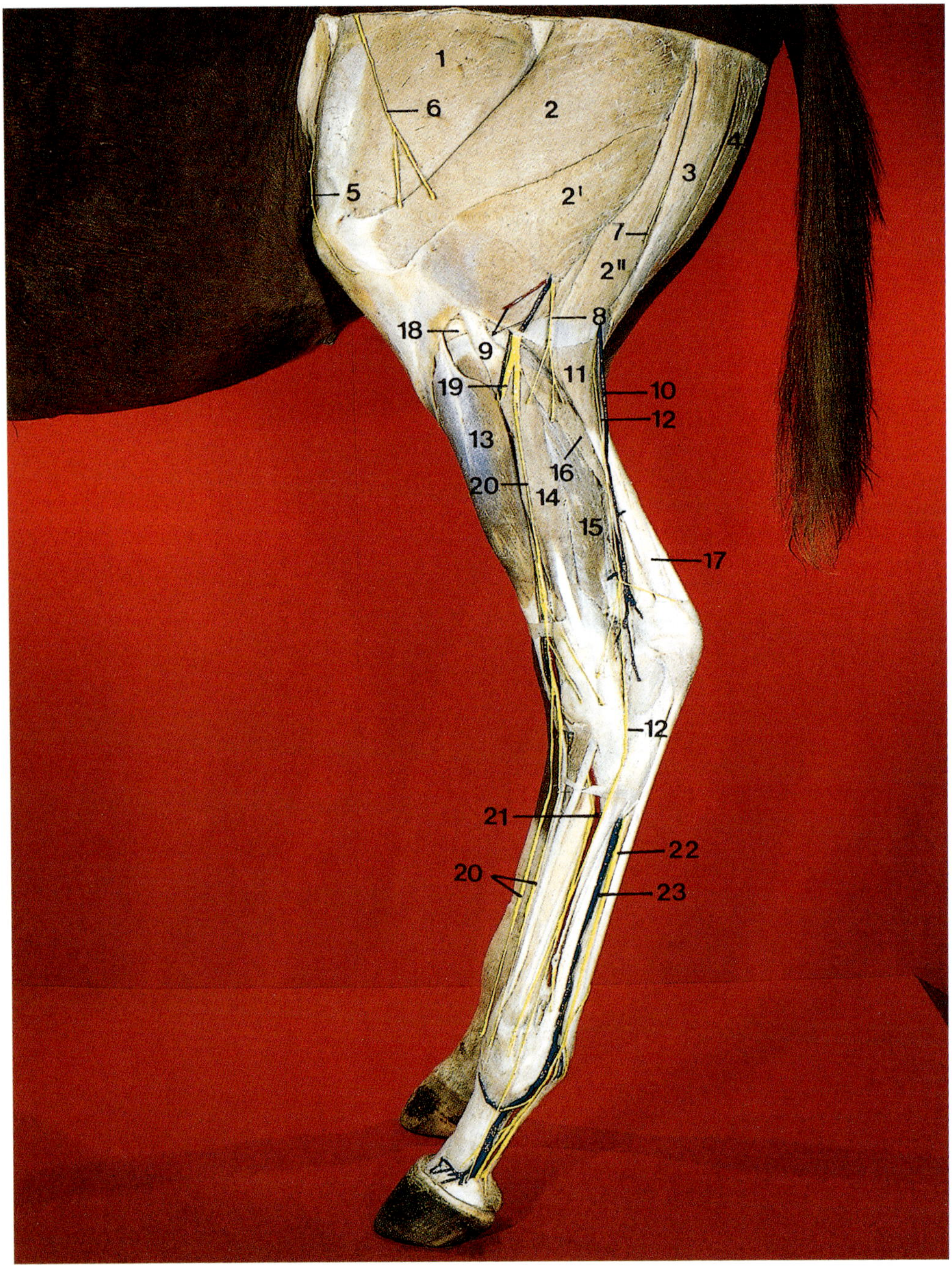
1
2
2'
2''
3
4
5
6
7
8
9
10
11
12
13
14
15
16
17
18
19
20
12
21
22
20
23

Abb. 85 Beckengliedmaße eines Pferdes von lateral.

1 M. vastus lateralis
2 M. biceps femoris, kraniale Portion = kranialer Bizepsast
2' mittlerer Bizepsast der kaudalen Bizepsportion
2" kaudaler Bizepsast der kaudalen Bizepsportion; Die Furche zwischen 2 und 2' ist der Sulcus muscularis femoris cranialis
3 M. semitendinosus; Die Furche zwischen 2" und 3 ist der Sulcus muscularis femoris medius.
4 M. semimembranosus; Die Furche zwischen 3 und 4 ist der Sulcus muscularis femoris caudalis.
5 Ramus cutaneus lateralis des N. iliohypogastricus, versorgt ein schmales Hautfeld von der Fossa paralumbalis bis zur kranialen Kontur des Kniegelenkes
6 Ramus cutaneus lateralis des N. ilioinguinalis, versorgt ein schmales Hautfeld kaudal des von 5 versorgten
7 Ast des N. cutaneus femoris caudalis, versorgt die Haut der Hinterbacke
8 N. cutaneus surae lateralis des N. fibularis communis, versorgt die Haut kaudolateral am Knie und am Unterschenkel
9 Äste der Aa. et Vv. caudales femoris
10 V. saphena lateralis
11 M. gastrocnemius
12 N. cutaneus surae caudalis des N. tibialis, versorgt die Haut kaudal am Unterschenkel, lateral am Sprunggelenk und am Mittelfuß
13 M. extensor digitorum longus
14 M. extensor digitorum lateralis; Die Furche zwischen 13 und 14 ist der Sulcus peroneus, **palpierbar.**
15 M. flexor digitorum lateralis; Die Furche zwischen 14 und 15 ist der Sulcus cruris cranialis.
16 M. soleus
17 Fersensehnenstrang, Tendo calcaneus communis (besteht aus dem Unterschenkelabschnitt des M. flexor digitorum superficialis, Tendo plantaris, der Achillessehne, Tendo gastrocnemius, und dem Tendo accessorius); Die Furche zwischen 15 und 17 ist der Sulcus cruris caudalis.
18 Meniscus lateralis
19 N. peroneus profundus, s.a. Abb. 86, Nr. 22
20 N. peroneus superficialis, s.a. Abb. 86, Nr. 23
21 A. et N. metatarsea (-us) dorsalis III, s.a. Abb. 89, Nr. 11 und 15
22 N. plantaris lateralis (N. digitalis plantaris communis III) des N. tibialis, zieht in der Rinne zwischen Beugesehnen und M. interosseus medius zum Fesselgelenk, dort nach Abgabe eines Spornastes Fortsetzung in N. digitalis plantaris lateralis, von dem ein Ramus dorsalis abzweigt; **Innervation** der Zehengelenke, der Fesselbeugesehnenscheide, der Bursa podotrochlearis, der Wand- und Sohlenlederhaut sowie des Ballens; proximale Blockade dicht unterhalb des Tarsalgelenks in der Rinne zwischen M. interosseus medius und tiefer Beugesehne; **distale Blockade** dicht proximal des Fesselgelenkes, dorsal der Beugesehnen (Nerv dort **palpierbar**)
23 V. digitalis plantaris communis III

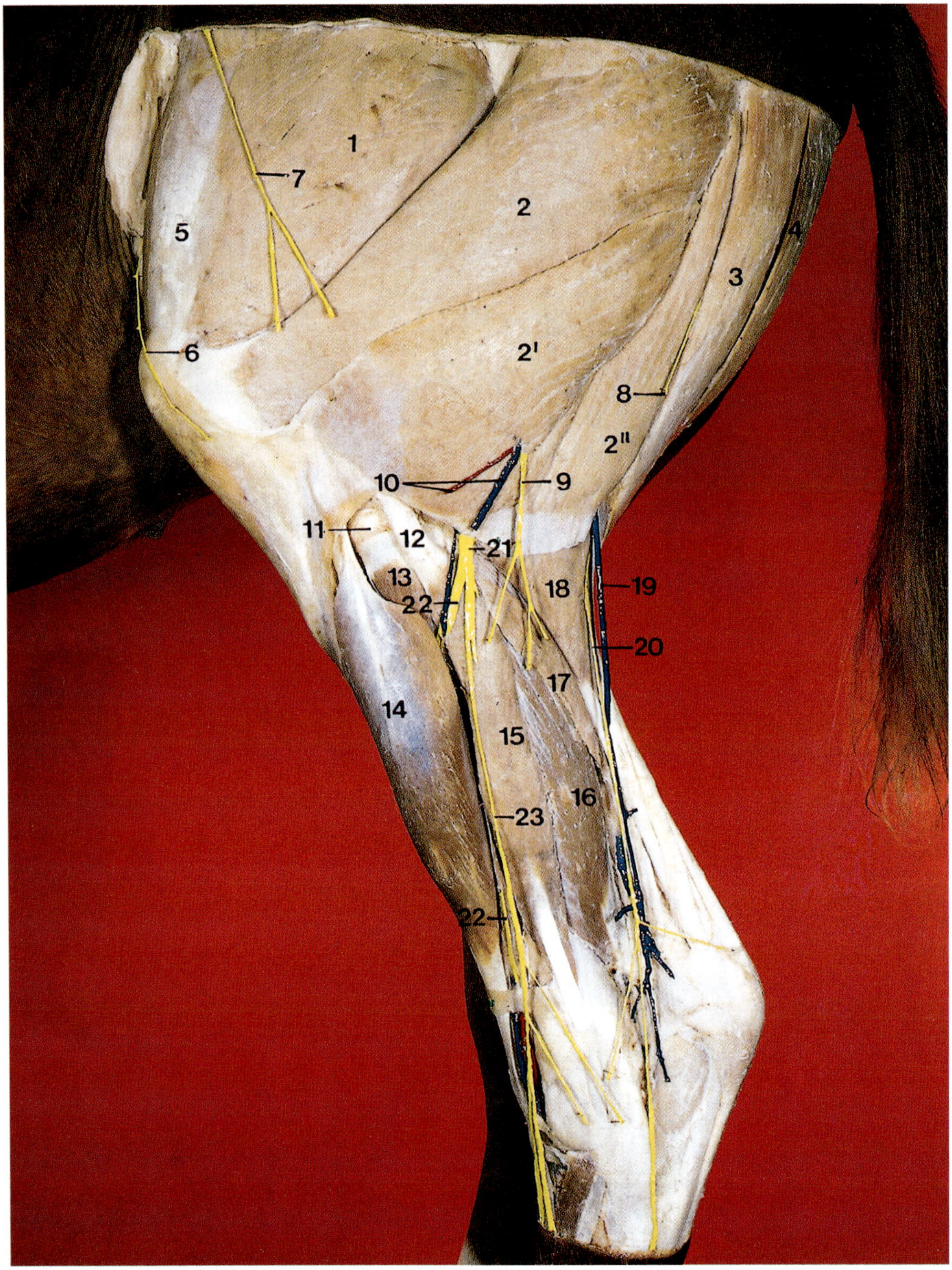
1
7
2
5
4
3
6
2'
8
2''
10
9
11
12
21
13
18
19
22
20
17
14
15
16
23
22

Abb. 86 Oberschenkel, Unterschenkel und Tarsus eines Pferdes von lateral.

1 M. vastus lateralis des M. quadriceps femoris
2 M. biceps femoris, kraniale Portion = kranialer Bizepsast
2' mittlerer Bizepsast der kaudalen Bizepsportion
2" kaudaler Bizepsast der kaudalen Bizepsportion
3 M. semitendinosus
4 M. semimembranosus
5 M. rectus femoris des M. quadriceps femoris
6 Ramus cutaneus lateralis des N. iliohypogastricus (s. Legende zu Abb. 85, Nr. 5)
7 Ramus cutaneus lateralis des N. ilioinguinalis (s. Legende zu Abb. 85, Nr. 6)
8 Ast des N. cutaneus femoris caudalis, versorgt mit mehreren Ästen die Haut der Hinterbacke (Nn. clunium caudales)
9 N. cutaneus surae lateralis des N. fibularis communis (s. Legende zu Abb. 85, Nr. 8)
10 Äste der Aa. et Vv. caudales femoris
11 Meniscus lateralis
12 Lig. collaterale laterale des Kniekehlgelenkes, **palpierbar; Punktion der Art. femorotibialis:** Der laterale Kniekehlgelenksack wird zwischen dem Lig. collaterale laterale und der palpierbaren Ursprungssehne des M. extensor digitorum longus (Nr. 14) punktiert, der mediale Kniekehlgelenksack am kranialen Rand des Lig. collaterale mediale. Die **Art. femoropatellaris** wird hinter dem proximalen Ende des Lig. patellae laterale punktiert.
13 M. tibialis cranialis
14 M. extensor digitorum longus
15 M. extensor digitorum lateralis
16 M. flexor digitorum lateralis
17 M. soleus
18 M. gastrocnemius
19 V. saphena lateralis
20 N. cutaneus surae caudalis des N. tibialis (s. Legende zu Abb. 85, Nr. 12)
21 N. peroneus communis (schwächerer Teilungsast des N. ischiadicus), tritt am distalen Ende der Furche zwischen mittlerem und kaudalem Bizepsast kaudal des Lig. collaterale laterale unter die Haut
22 N. peroneus profundus, zieht zwischen 14 und 15 in die Tiefe und gibt Rami musculares ab an die Mm. tibialis cranialis, extensor digitorum longus, fibularis tertius, extensor digitorum brevis, versorgt mit mehreren Ästen die Gelenkkapseln des Sprunggelenkes, teilt sich proximal am Metatarsus in einen medialen und einen lateralen Ast (Nn. metatarseus dorsalis II et III); **Neurektomiestelle** im Sulcus peroneus, Handbreit proximal des Sprunggelenkes; Der N. peroneus profundus liegt dort auf dem M. tibialis cranialis. Bei der **Spatlahmheit** kann er gemeinsam mit dem N. tibialis neurektomiert werden. **Neurektomiestelle** für den N. tibialis s. Abb. 91, Nr. 2
23 N. peroneus superficialis, verläuft oberflächlich in der Rinne zwischen 14 und 15 und innerviert den M. extensor digitorum lateralis, die Haut lateral an Unterschenkel und Tarsus sowie dorsal auf dem Mittelfuß bis zum Fesselgelenk; Eine Schädigung des gesamten N. peroneus führt zum **Überköten,** d.h. die Zehengelenke können nicht mehr gestreckt werden und der Huf wird auf seiner Dorsalwand aufgesetzt. Für eine **Peroneuslähmung** sind zwei Stellen prädestiniert: 1. Verletzung des N. ischiadicus innerhalb des Beckens, wobei der N. tibialis gleichzeitig betroffen sein kann und 2. die Gegend des Caput fibulae, in welcher der N. peroneus oberflächlich verläuft.

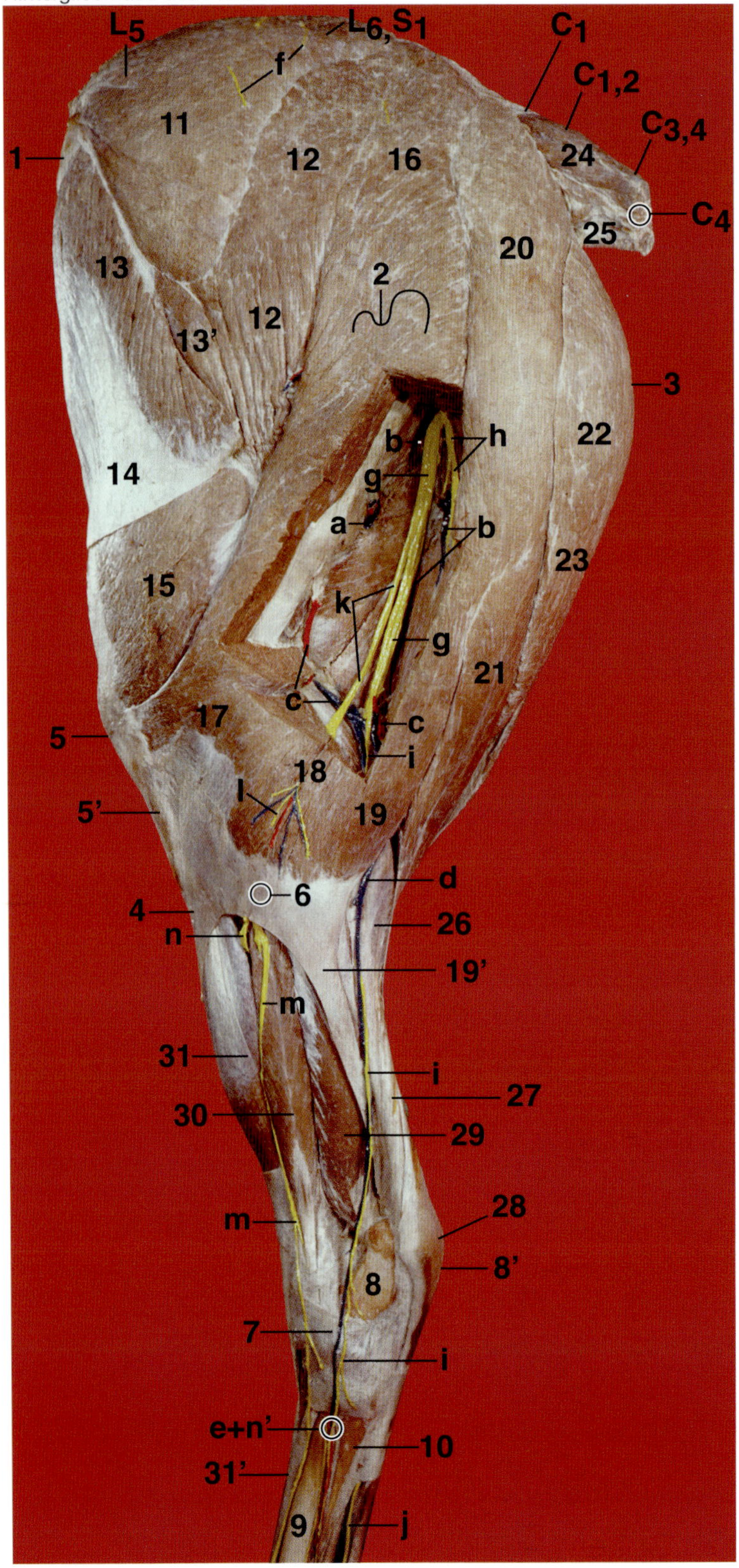
L5
f
L6, S1
C1
C1,2
C3,4
1
11
12
16
24
C4
25
20
13
2
12
13’
3
22
h
b
g
14
a
b
23
15
k
g
21
c
c
17
5
i
18
l
5’
19
d
6
26
4
n
19’
m
31
i
27
30
29
28
m
8’
8
7
i
e+n’
10
31’
9
j

Abb. 87 Linke Hälfte des Beckens und linke Beckengliedmaße eines Pferdes, Ansicht von lateral, (Französisches Warmblutpferd, Wallach, 9 Jahre alt).

L_5 kraniales Ende des 5. Lendenwirbels;
L_6, S_1 Grenze zwischen letztem Lendenwirbel und Kreuzbein
C_1 Beginn der Schwanzwirbelsäule
$C_{1,2}$ Injektionsstelle in Spatium interarcuale zwischen 1. und 2. Schwanzwirbel – **Epiduralanaesthesie**
$C_{3,4}$ Grenze zwischen 3. und 4. Schwanzwirbel
C_4 Wirbelkörper des 4. Schwanzwirbels
1 Tuber coxae
2 Trochanter major, **fühlbar** unter Muskulatur
3 Tuber ischiadicum, **fühlbar,** bedeckt von den Wirbelköpfen der langen Sitzbeinmuskulatur
4 Tuberositas tibiae, gut **fühlbar**
5 Patella, am gestreckten Knie schlecht fühlbar; 5' Lig. patellae laterale
6 Caput fibulae unter N. peroneus communis
7 Malleolus lateralis
8 Calcaneus, 8' Tuber calcanei
9 Metatarsus III, Röhrbein
10 laterales Griffelbeinköpfchen (Mt IV)
11 M. glutaeus medius
12 M. glutaeus superficialis
13 M. tensor fasciae latae, 13' sein kaudaler Bauch
14 Fascia lata
15 M. vastus lateralis des M. quadriceps femoris
16–19 M. biceps femoris: 16 sein Wirbelkopf; 17 sein Anteil zum Kniegelenk; 18 sein Anteil zum Unterschenkel; 19 sein kaudaler Teil, der auch in den Fersensehnenstrang einstrahlt (19')
20–21 M. semitendinosus: 20 sein Wirbelkopf; 21 sein distaler Teil, nach medial zum Unterschenkel und zum Fersensehnenstrang ziehend
22–23 M. semimembranosus: 22 sein Wirbelkopf; 23 sein distaler Teil, geht nach medial in Kniegelenksgegend. – Die langen Sitzbeinmuskeln (M. biceps femoris, M. semitendinosus, M. semimembranosus) sorgen für den starken Vorwärtsschub der Hintergliedmaße.
24 dorsolaterale Schwanzmuskulatur (M. sacrococcygeus dorsalis lat. und med.)
25 ventrolaterale Schwanzmuskulatur (M. sacrococcygeus ventralis)
26 M. gastrocnemius, Caput laterale
27 Fersensehnenstrang
28 Fersenkappe der oberflächlichen Beugesehne
29 M. flexor digitorum lateralis des M. flexor digitorum profundus
30 M. extensor digitorum lateralis
31 M. extensor digitorum longus, 31' seine Sehne

a Äste der A. und V. circumflexa femoris medialis
b Äste der V. obturatoria
c Äste der A. und V. caudalis femoris distalis
d V. saphena parva
e **Hauptmittelfußarterie** (A. metatarsea dorsalis III)
f Nervi clunium craniales des 5. und 6. Lendennerven
g–j N. tibialis: g fortlaufender Nerv; h Äste für die lange Sitzbeinmuskulatur; i Hautast: N. cutaneus surae caudalis, j N. plantaris lateralis
k N. peroneus communis (s.a. Abb. 86 Nr. 21): l seine Hautäste: N. cutaneus surae lateralis
m N. peroneus superficialis – Hautgebiet bis zur Fesselgegend (s.a. Abb. 86 Nr. 23)
n N. peroneus profundus (s.a. Abb. 86 Nr. 22) – zu kranialen Unterschenkelmuskeln; Äste (n') ziehen dorsal am Fuß bis zur Zehenspitze

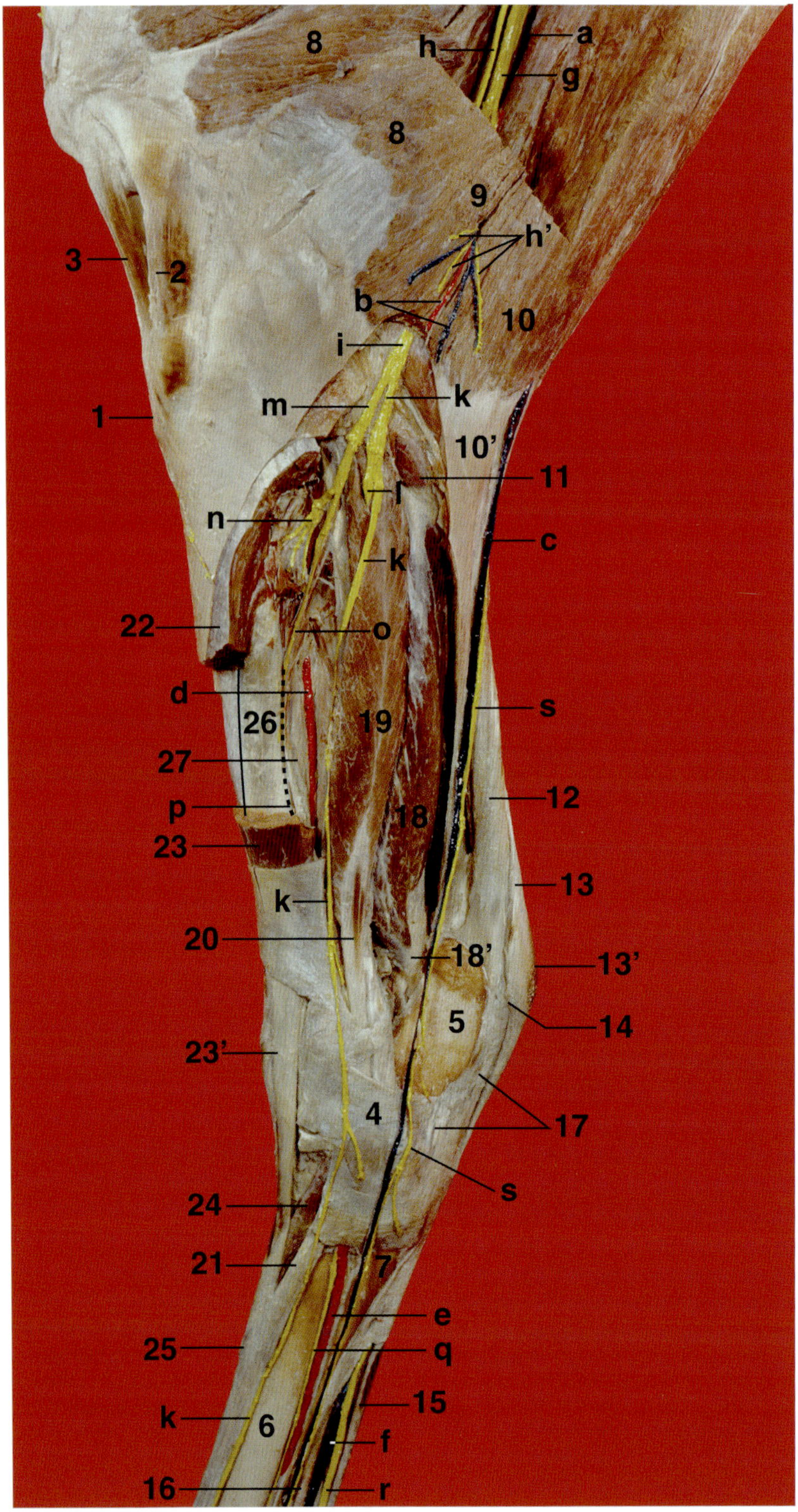

8
h
a
g
8
9
h'
3
2
b
10
i
1
m
k
10'
11
l
n
c
k
22
o
d
s
26
19
27
12
p
18
23
13
k
20
18'
13'
5
14
23'
4
17
s
24
21
7
e
25
q
15
k
6
f
16
r

Abb. 88 Linke Beckengliedmaße eines Pferdes, Ausschnitt Kniegelenksgegend bis Mittelfuß, Ansicht von lateral, nach Freilegen der Nerven und Gefäße am Unterschenkel (Französiches Warmblutpferd, 9 Jahre alt).

1 Tuberositas tibiae
2 Lig. patellae laterale
3 Lig. patellae intermedium
4 Malleolus lateralis
5 Calcaneus
6 Röhrbein (Mt III)
7 Griffelbeinköpfchen (Mt IV)
8–10 M. biceps femoris: 8 sein kranialer Teil zur Kniegelenksgegend; 9 sein mittlerer Teil zum Unterschenkel; 10 sein kaudaler Teil, mit Sehne zum Fersensehnenstrang (10')
11 M. gastrocnemius, Caput laterale
12–13 Fersensehnenstrang: 12 Sehne des M. gastrocnemius; 13 Sehne des M. flexor digitorum superficialis mit Fersenkappe (13')
14 Schleimbeutel unter der Fersenkappe – über der Fersenkappe ist auch ein subkutaner Schleimbeutel vorhanden, beide können erkranken und vergrössert sein
15 Oberflächliche Beugesehne am Mittelfuß
16 M. interosseus medius
17 Lig. plantare longum, Halteband des Calcaneus
18 M. flexor digitorum lateralis des tiefen Zehenbeugers; 18' seine Sehne mit Sehnenscheide, die sich auch nach lateral vorwölbt und bei vermehrter Füllung als Verdickung **(= Kurbengalle)** proximal von der lateralen Bucht der Art. talocruralis erscheint
19–21 M. extensor digitorum lateralis: 19 sein Muskelbauch; 20 seine Sehne mit Sehnenscheide; 21 distaler Sehnenteil des lateralen Zehenstreckers, kann bei Hahnentritt durchtrennt werden – **„Zuckfußoperation"**
22–23 M. extensor digitorum longus, teilreseziert: 22 proximaler Teil vom lateralen Femurkondylus kommend; 23 distaler Teil mit Sehne (23') und Sehnenscheide
24 M. extensor digitorum brevis im Strecksehnendreieck
25 Sehne des M. extensor digitorum longus, nach Vereinigung mit der lateralen Strecksehne
26 M. peronaeus (s. fibularis) tertius – straffer Sehnenstrang, der das distale Femurende mit dem Metatarsus verbindet und so das gleichzeitige Beugen des Sprunggelenks mit dem Kniegelenk ermöglicht. – Beim Ausgleiten nach hinten, wie es bei Galopprennpferden nicht selten vorkommt, kann der **Sehnenstrang zerreißen,** wonach das Sprunggelenk bei gebeugtem Knie gestreckt werden kann.
27 M. tibialis cranialis; zur Freilegung der A. tibialis cranialis wurde der laterale Teil des Muskels nach kranial geklappt.

a Verbindungsast von V. obturatoria zu V. caudalis femoris distalis
b Äste der A. und V. caudalis femoris distalis
c V. saphena parva
d A. tibialis cranialis – auf Tibia verlaufend, begleitet meist von 2 Venen, die noch von Muskulatur bedeckt sind
e **Hauptmittelfußarterie** (A. metatarsea dorsalis III) – verläuft zwischen Mt III und Mt IV, Pulsation manchmal **fühlbar**
f Oberflächliche Mittelfußvene (V. digitalis plantaris communis III)
g–i N. peroneus communis; h sein Hautast (N. cutaneus surae lateralis) mit Verzweigungen (h'); i Bereich des Fibulaköpfchens, an dem der N. peroneus communis unmittelbar vor seiner Verzweigung als feiner Strang, bedeckt von wenig Muskulatur, zu **fühlen** ist
k N. peroneus superficialis, verläuft oberflächlich bis in die Fesselgegend
l Muskelast aus N. peroneus supf.
m–q N. peroneus profundus: n Muskeläste zur kranialen Unterschenkelmuskulatur; o fortlaufender Anteil des N. peroneus profundus; p **Neurektomiestelle** des Nerven bei schmerzhaften Prozessen im dorsalen Bereich des Fußes – der Nerv liegt außen auf dem kaudalen Ende des M. tibialis cranialis; q lateraler Ast des N. peroneus profundus (N. metatarseus dorsalis III) – zieht distal bis zum dorsalen Teil des Hufes = Zehenteil
r N. plantaris lateralis des N. tibialis, für die plantare Hälfte von Mittelfuss und Zehe
s Hautast des N. tibialis (N. cutaneus surae caudalis), für die Haut kaudal an Unterschenkel und Metatarsus

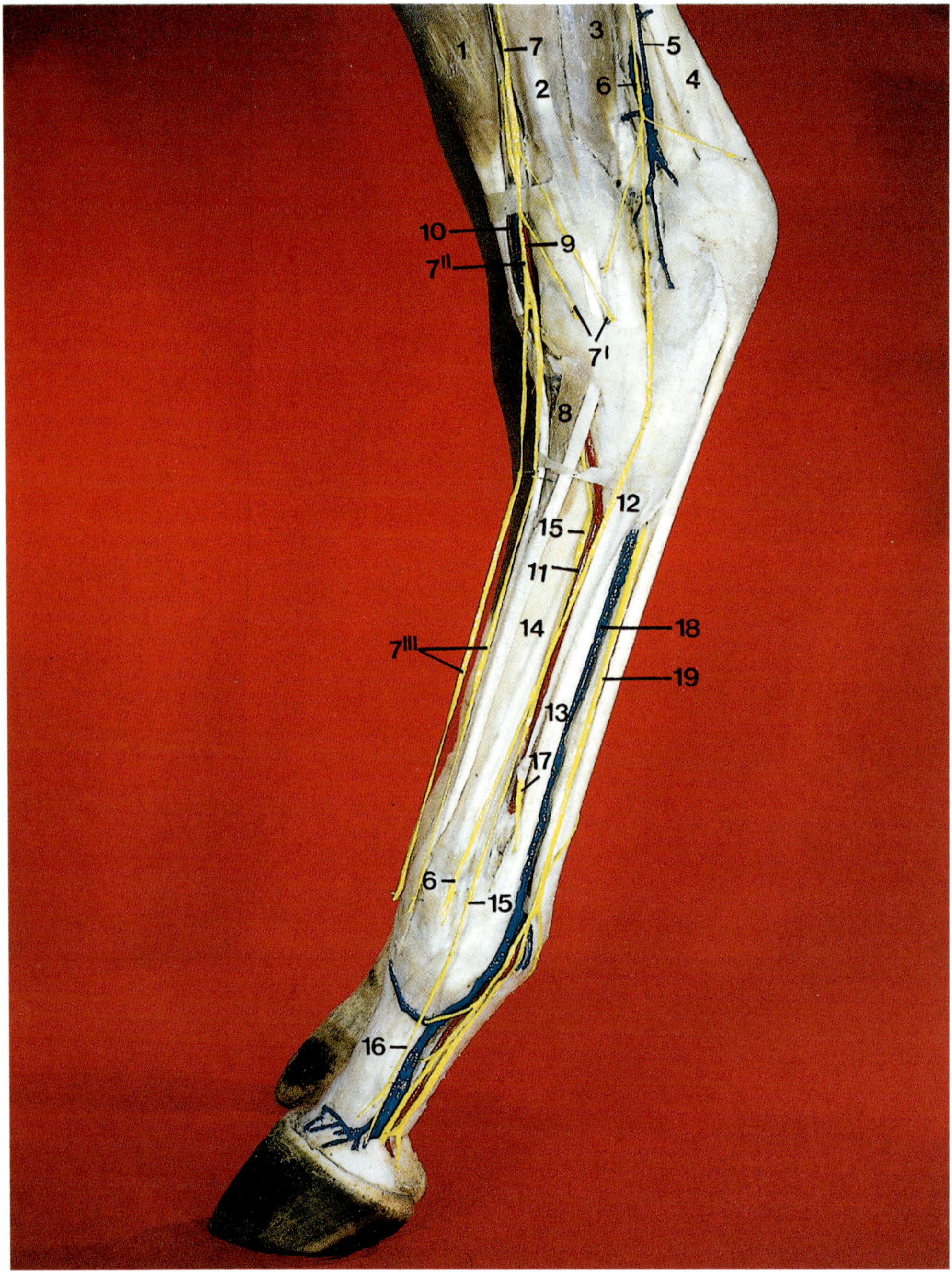
1
7
3
5
2
6
4
10
9
7''
7'
8
12
15
11
14
18
7'''
19
13
17
6
15
16

Abb. 89 Linker Hinterfuß eines Pferdes von lateral.

1 M. extensor digitorum longus
2 M. extensor digitorum lateralis
3 M. flexor digitorum lateralis
4 Fersensehnenstrang (s. Legende zu Abb. 85, Nr. 17)
5 V. saphena lateralis
6 N. cutaneus surae caudalis des N. tibialis (s. Legende zu Abb. 85, Nr. 12)
7 N. peroneus superficialis (s. Legende zu Abb. 86, Nr. 23)
7' Rami laterales
7" Ramus dorsalis
7"' Zweige des Ramus dorsalis, begleiten die Sehne des M. extensor digitorum longus bis etwa zum Fesselgelenk
8 M. extensor digitorum brevis
9 A. dorsalis pedis, Fortsetzung der A. tibialis cranialis
10 V. dorsalis pedis, Fortsetzung in die V. tibialis cranialis
11 A. metatarsea dorsalis III, größte Arterie des Hinterfußes, in der Rinne zwischen Röhrbein (Mt 3) und lateralem Griffelbein (Mt 4) **palpierbar**
12 laterales Griffelbein, Mt 4
13 M. interosseus medius
14 Hauptmittelfußknochen, Mt 3
15 N. metatarseus dorsalis III des N. peroneus profundus (s. Abb. 86, Nr. 22), innerviert den M. extensor digitorum brevis, verläuft in der Rinne zwischen Mt 3 und Mt 4 bis zur lateralen Seite des Fesselgelenkes und geht in den N. digitalis dorsalis III lateralis über; Dieser gelangt mit Endzweigen in die Kron- und Wandlederhaut, zuvor werden Seitenäste an die Haut des Fessel- und des Krongelenkes abgegeben.
16 N. digitalis dorsalis III lateralis
17 N. metatarseus plantaris lateralis, entspringt distal des Sprunggelenkes vom N. plantaris lateralis, versorgt den M. interosseus medius und die plantare Ausbuchtung des Fesselgelenkes
18 V. digitalis plantaris communis III
19 N. plantaris lateralis (N. digitalis plantaris communis III), s. Abb. 85, Nr. 22

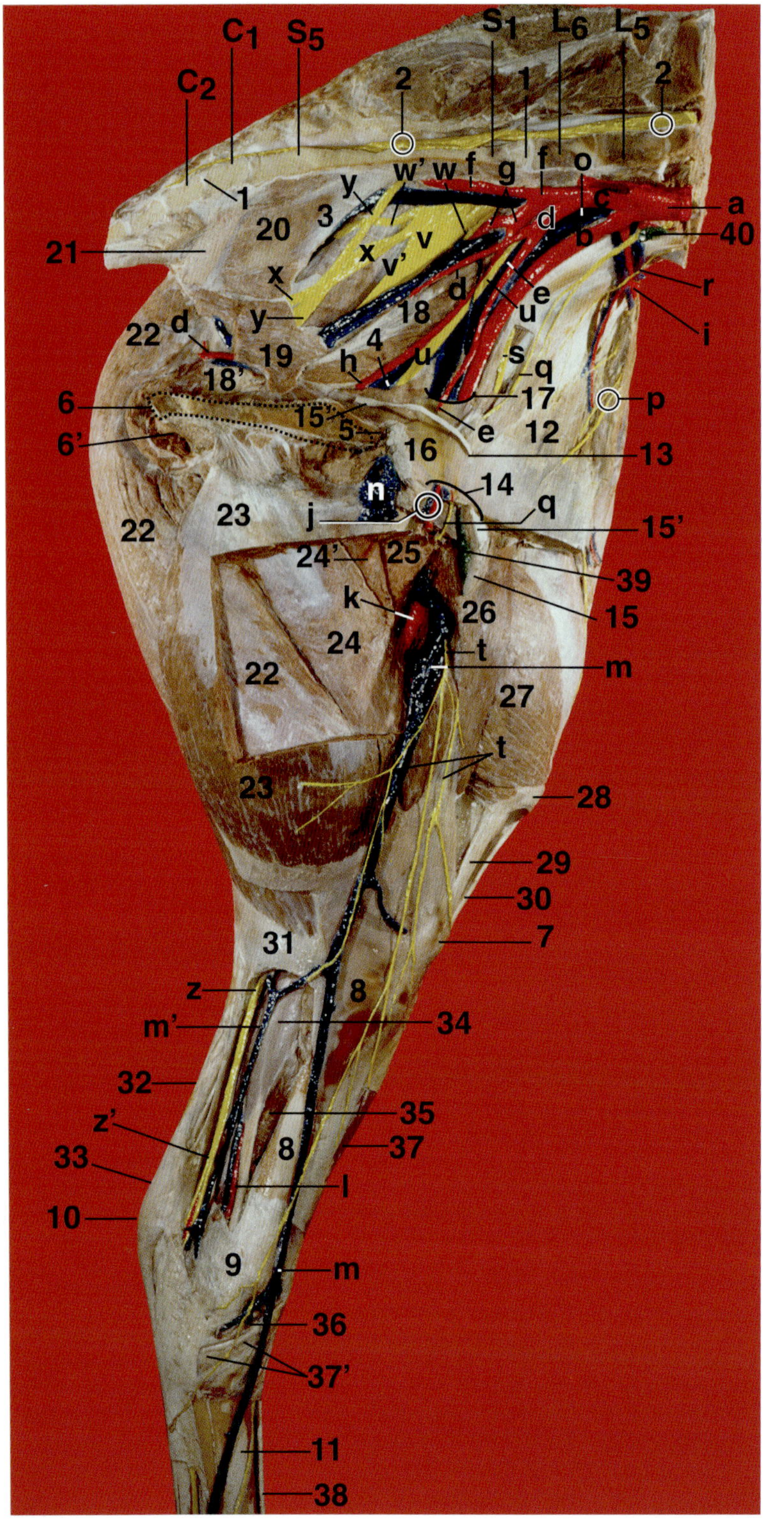

C1
C2
S5
S1
L6
L5
2
1
w'
w
f
g
o
y
3
20
x
v
v'
d
c
a
40
b
e
u
r
i
21
18
22
19
4
h
s
q
17
p
18'
6
6'
15'
5'
16
12
13
14
n
j
23
24'
25
39
15
k
26
24
t
m
27
28
29
30
7
31
z
8
m'
34
32
35
z'
37
33
l
10
9
36
37'
11
38

Abb. 90 Linke Hälfte des Beckens und linke Beckengliedmaße eines Pferdes, Ansicht von medial (Französichens Warmblutpferd, Wallach, 9 Jahre alt).

L_5–L_6: 5.–6. Lendenwirbelkörper; S_1, S_5: 1., 5. Kreuzwirbel; C_1–C_2: 1., 2. Schwanzwirbel.

1 Disci intervertebrales
2 Wirbelkanal in letzten Lendenwirbeln und im Kreuzbein mit Rückenmark und Cauda equina. – Die meist durch Herpesviren verursachte **Neuritis caudae equinae** führt zu Lähmungen, z. B. Lähmung von Schweif und After, Harninkontinenz.
3 Kaudaler Teil des Lig. sacrotuberale latum, der kraniale Teil wurde zur Darstellung der Nerven entfernt
4 For. obturatum
5 Pecten ossis pubis
6 Arcus ischiadicus mit Rest des linken Crus penis (6')
7 Tuberositas tibiae
8 Planum cutaneum tibiae s. Facies medialis
9 Malleolus medialis
10 Tuber calcanei
11 Metatarsus III
12 M. obliquus internus abdominis
13 innerer Leistenring, Anulus inguinalis profundus mit Samenleiter, Ductus deferens (15')
14 äußerer Leistenring, Anulus inguinalis superficialis. – Der Leistenspalt zwischen 13 und 14 kann zu weit sein, Gefahr der **Einklemmung von Darm**
15 Stumpf des Samenstrangs mit M. cremaster und Samenleiter (15'), der am inneren Leistenring kaudal zur Beckenhöhle zieht
16 Lig. pubicum craniale
17 Lacuna vasorum
18 M. obturatorius internus, Portion von Darmbeinsäule; 18' Portion vom Beckenboden
19 Stumpf des M. levator ani
20 Stumpf des M. coccygeus
21 Ursprungsteil des M. retractor penis
22 M. semimembranosus
23 M. gracilis, die medialen Oberschenkelmuskeln bedeckend, teilweise reseziert
24 M. adductor, 24' seine kraniale Portion
25 M. pectineus
26 M. sartorius
27 M. vastus medialis des M. quadriceps femoris
28 Patella
29 Lig. patellae mediale; kann bei **Patellafixation** durchtrennt werden
30 Lig. patellae intermedium
31 Fascia cruris
32 Fersensehnenstrang
33 Fersenkappe der oberflächlichen Beugesehne
34–35 M. flexor digitorum profundus: 34 M. flexor digitorum medialis; 35 M. flexor digitorum lateralis
36 mediale Bucht der Art. talocruralis – kann geschwollen sein bei **Entzündungen**
37 M. tibialis cranialis; 37' seine Spatsehne – im Bereich des Ansatzes der Spatsehne und der distalen straffen Gelenke des Sprunggelenkes häufig degenerative Veränderungen – **Spat!**
38 Sehne des M. extensor digitorum longus
39 Ln. inguinalis profundus
40 Ln. iliacus medialis

a Aorta
b A. iliaca externa sinistra – Bereich der Aortenaufteilung: **rektal Pulsation fühlbar**, Thrombosierung der A. iliaca externa nach Thrombenbildung durch **Wurmlarvenbefall** führt zu intermittierendem Hinken
c A. iliaca interna sinistra, Kurztyp
d A. pudenda interna (für die Beckenorgane)
e A. umbilicalis (zur Harnblase)
f A. glutea caudalis (für die Beckenwand)
g A. glutea cranialis
h A. obturatoria
i A. circumflexa ileum profunda
j A. pudenda externa
k A. femoralis; tiefliegend im Schenkelspalt
l A. tibialis caudalis; a-l jeweils begleitet von Venen
m V. saphena magna, begleitet von Arterie; m' ihr R. caudalis
n V. profunda femoris
o V. iliaca communis
p 2. Lendennerv, N. ilioinguinalis
q 3. Lendennerv, N. genitofemoralis – zum Leistenspalt ziehend
r 4. Lendennerv, N. cutaneus femoris lat., begleitet A. circumflexa ileum prof.
s 5. Lendennerv, N. femoralis unter Endsehne vom M. psoas minor – der N. femoralis zieht zum M. quadriceps: bei **Lähmung** kann die Patella nicht mehr auf dem Rollkamm der Trochlea femoris gehalten werden
t N. saphenus mit Ästen – er ist eine Abspaltung vom N. femoralis und begleitet mehr oder weniger eng die V. saphena magna
u 6. Lendennerv, N. obturatorius – zu Adduktoren
v N. ischiadicus; v' seine Austrittsstelle aus dem Becken
w N. gluteus cranialis; w' N. gluteus caudalis
x N. cutaneus femoris caudalis
y N. pudendus – Lähmungen des N. pudendus am Arcus ischiadicus oder durch medikakmentöse Beeinflussung des Kreuzmarkes führen zum **Penisvorfall** und oft schwerwiegenden **venösen Stauungen** am Penis
z N. tibialis mit **Anästhesiestelle** (z') über der Aufteilung in die beiden Nervi plantares

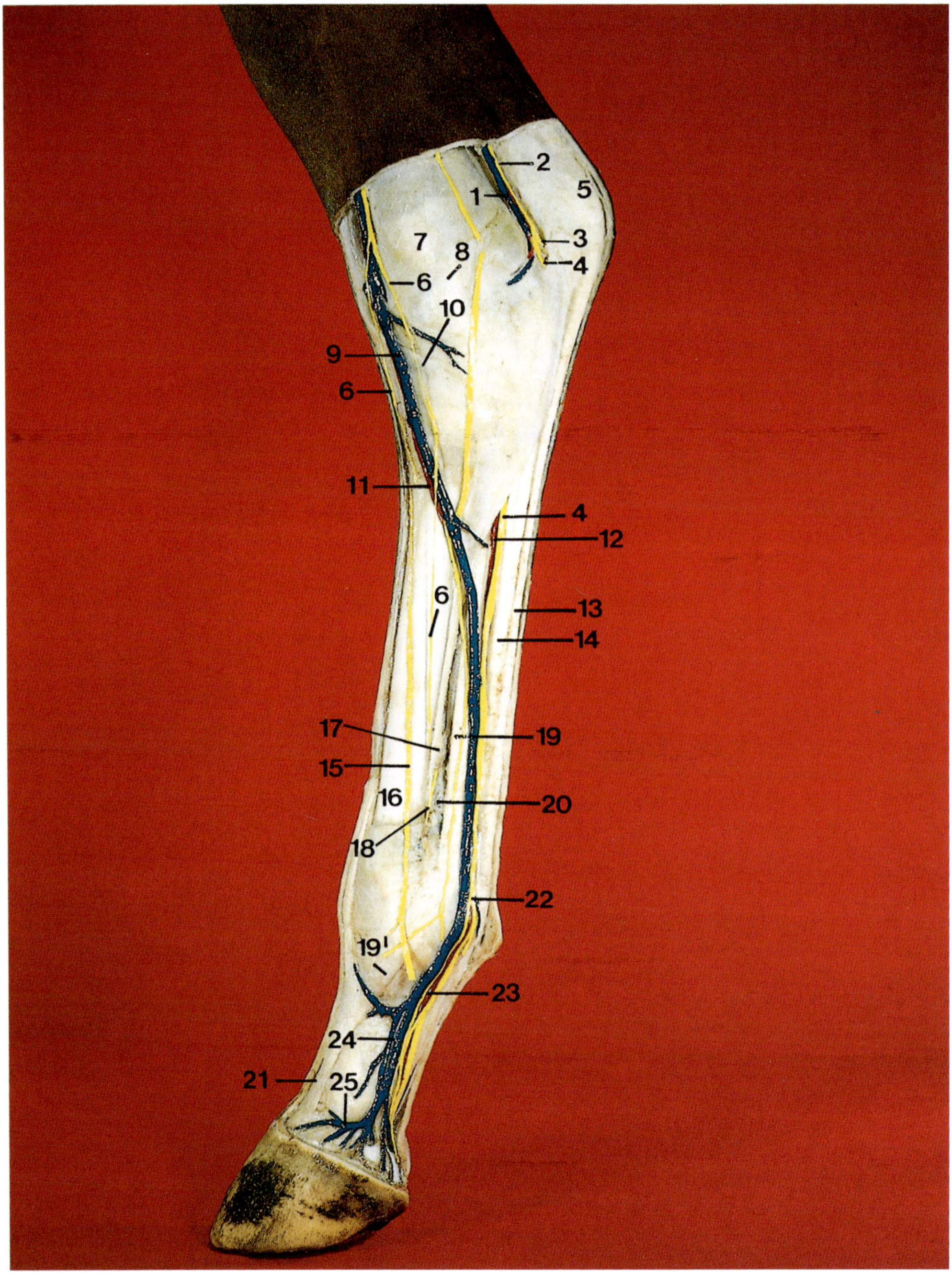
1
2
3
4
5
6
7
8
9
10
11
12
13
14
15
16
17
18
19
19'
20
21
22
23
24
25

Abb. 91 Rechter Hinterfuß eines Pferdes von medial.

1 Rami caudales der A. et V. saphena medialis (magna)
2 N. tibialis, teilt sich im distalen Drittel des Unterschenkels in die Nn. plantaris medialis et lateralis; zwischen Fersensehnenstrang und tiefem Zehenbeuger **palpierbar** (bleistiftstark); **Blockade** handbreit proximal des Tuber calcanei im Sulcus cruris caudalis (s. Legende zu Abb. 85, Nr. 17)
3 N. plantaris lateralis (s. Legende zu Abb. 85, Nr. 22)
4 N. plantaris medialis, zieht zwischen Beugesehnen, medialem Griffelbein und M. interosseus medius zehenwärts; **Innervationsgebiet, proximale** und **distale Blockade** wie N. plantaris lateralis (Legende zu Abb. 85, Nr. 22)
5 Tuber calcanei
6 Hautäste des N. saphenus; **Blockade** am distalen Ende des Schenkelspaltes
7 Malleolus medialis; **Punktion der Articulatio tarsocruralis:** in der mediodorsalen Aussackung zwischen Malleolus medialis, Lig. collaterale mediale und medialem Sehnenschenkel des M. tibialis cranialis, 1–3 cm tief, horizontal (gemeinsamer Gelenksack mit dem proximalen Intertarsalgelenk)
8 Lig. collaterale mediale (durch die Faszie hindurchscheinend), **palpierbar**
9 V. digitalis dorsalis communis II (setzt sich nach proximal fort in den Ramus cranialis der V. saphena medialis)
10 medialer Schenkel der Sehne des M. tibialis cranialis **(Spatsehne), palpierbar**
11 Ramus cranialis der A. saphena (meist schon proximal des Tarsus endend)
12 Ramus superficialis der A. plantaris medialis (A. digitalis plantaris communis II)
13 Sehne des M. flexor digitorum superficialis (oberflächliche Beugesehne)
14 Tendo communis der Mm. flexores digitorum profundi (tiefe Beugesehne)
15 N. metatarseus dorsalis II des N. peroneus profundus, setzt sich nach distal fort als N. digitalis dorsalis III medialis; Innervationsgebiet wie N. metatarseus dorsalis III (s. Legende zu Abb. 89, Nr. 15)
16 Hauptmittelfußknochen, Mt 3
17 Griffelbeinknöpfchen
18 N. metatarseus plantaris medialis des N. plantaris lateralis des N. tibialis; Innervationsgebiet wie N. metatarseus plantaris lateralis (Legende zu Abb. 89, Nr. 17)
19 M. interosseus medius
19' sein Unterstützungsast zur gemeinsamen Strecksehne, **palpierbar,** evtl. sichtbar
20 plantare Ausbuchtung des Fesselgelenkes; **Punktion:** in der Mitte zwischen Griffelbeinknöpfchen und Sesambein, dorsal(!) des M. interosseus medius, auch von lateral möglich
21 gemeinsame Strecksehne
22 N. digitalis plantaris medialis (verhält sich wie N. digitalis plantaris lateralis); **Blockade** in der Mitte der Fesselbeuge, lateral der Beugesehne an aufgehobener Gliedmaße (Nerv dort palpierbar); Von den Nn. digitales plantares lateralis und medialis zweigt in Höhe des Krongelenks ein Ramus tori s. pulvinus zur Innervation des Hufballens ab (s.a. Abb. 78, Nr. 19); **Blockade** axial des tastbaren proximalen Hufknorpelrandes
23 A. digitalis medialis
24 V. digitalis medialis
25 V. coronalis

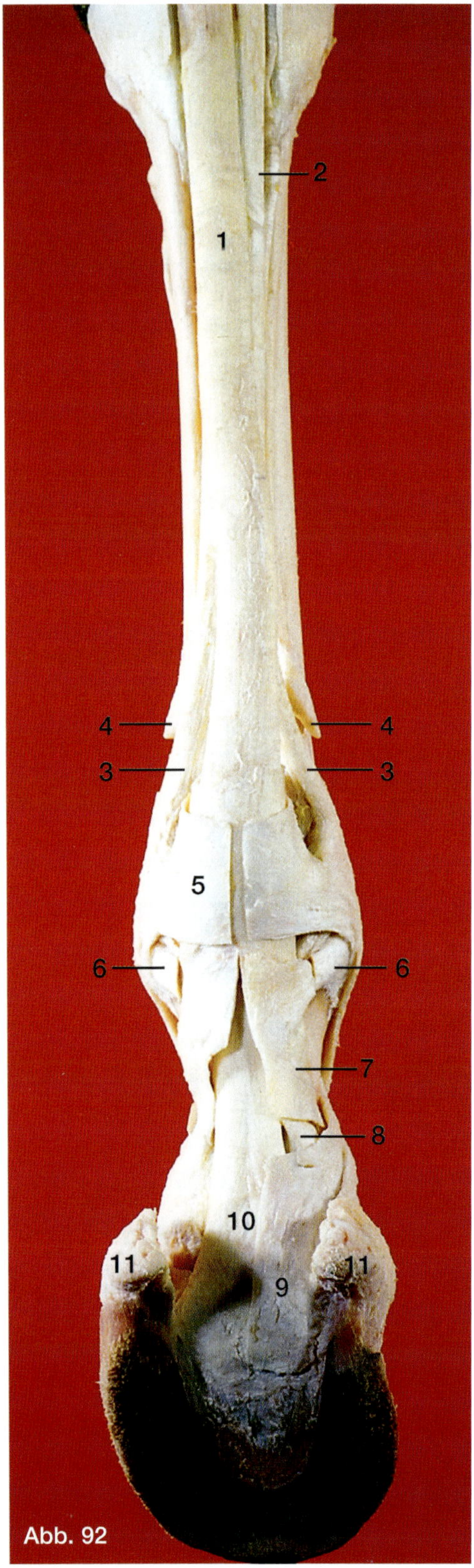

Abb. 92

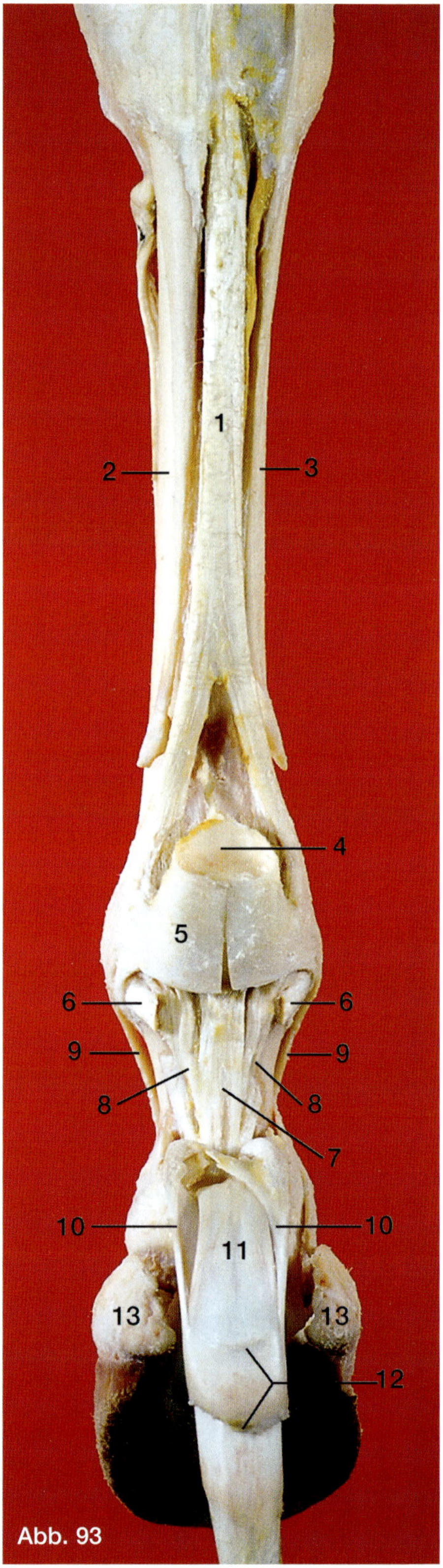

Abb. 93

Abb. 92 Linker Hinterfuß eines Pferdes, Plantaransicht.

1 oberflächliche Beugesehne (Sehne des M. flexor digitorum superficialis)
2 tiefe Beugesehne (Sehne des M. flexor digitorum profundus)
3 Endschenkel des M. interosseus
4 Griffelbeinknöpfchen
5 Fesselringband, Lig. metatarseum transversum superficiale (Lig. anulare plantare); in der Mittellinie durchschnitten (s.a. Abb. 84, Nr. 5)
6 Pars anularis vaginae fibrosae der vierzipfeligen Fesselplatte
7 Pars cruciformis vaginae fibrosae der vierzipfeligen Fesselplatte, lateral teilweise entfernt; Medial ist der Übergang in die distale Pars anularis vaginae fibrosae durchtrennt.
8 medialer Schenkel der oberflächlichen Beugesehne kurz vor dem Ansatz an der Kronbeinlehne
9 Sohlenbinde, laterale Hälfte entfernt (s.a. Abb. 84, Nr. 13 und 14); Sohlenbinde, vierzipfelige Fesselplatte (6,7) und Fesselringband (5) stabilisieren die Lage der Beugesehnen in der Fesselbeuge und am Fesselgelenk.
10 Endabschnitt der tiefen Beugesehne
11 Hufknorpel, Cartilago ungularis

Abb. 93 Linker Hinterfuß eines Pferdes, Plantaransicht; oberflächliche und tiefe Beugesehne nach Spaltung von Fesselringband, vierzipfeliger Fesselplatte und Sohlenbinde nach distal geklappt.

1 M. interosseus
2 Os metatarsale quartum
3 Os metatarsale secundum
4 proximaler Gleitkörper, Scutum proximale
5 Fesselringband, Lig. metatarseum transversum superficiale (Lig. anulare plantare), plantar längs gespalten
6 Pars anularis vaginae fibrosae der vierzipfeligen Fesselplatte, am Übergang zur Pars cruciformis abgeschnitten
7 Lig. sesamoideum rectum
8 Ligg. sesamoidea obliqua
9 Unterstützungsäste des M. interosseus an die gemeinsame Strecksehne (1, 4, 7, 8, 9 = **Fesseltrageapparat)**
10 lateraler und medialer Schenkel der oberflächlichen Beugesehne
11 tiefe Beugesehne (Sehne des M. flexor digitorum profundus)
12 Manica flexoria, ringförmige Manschette der oberflächlichen Beugesehne um die tiefe Beugesehne in Höhe des Fesselgelenks
13 Hufknorpel, Cartilago ungularis

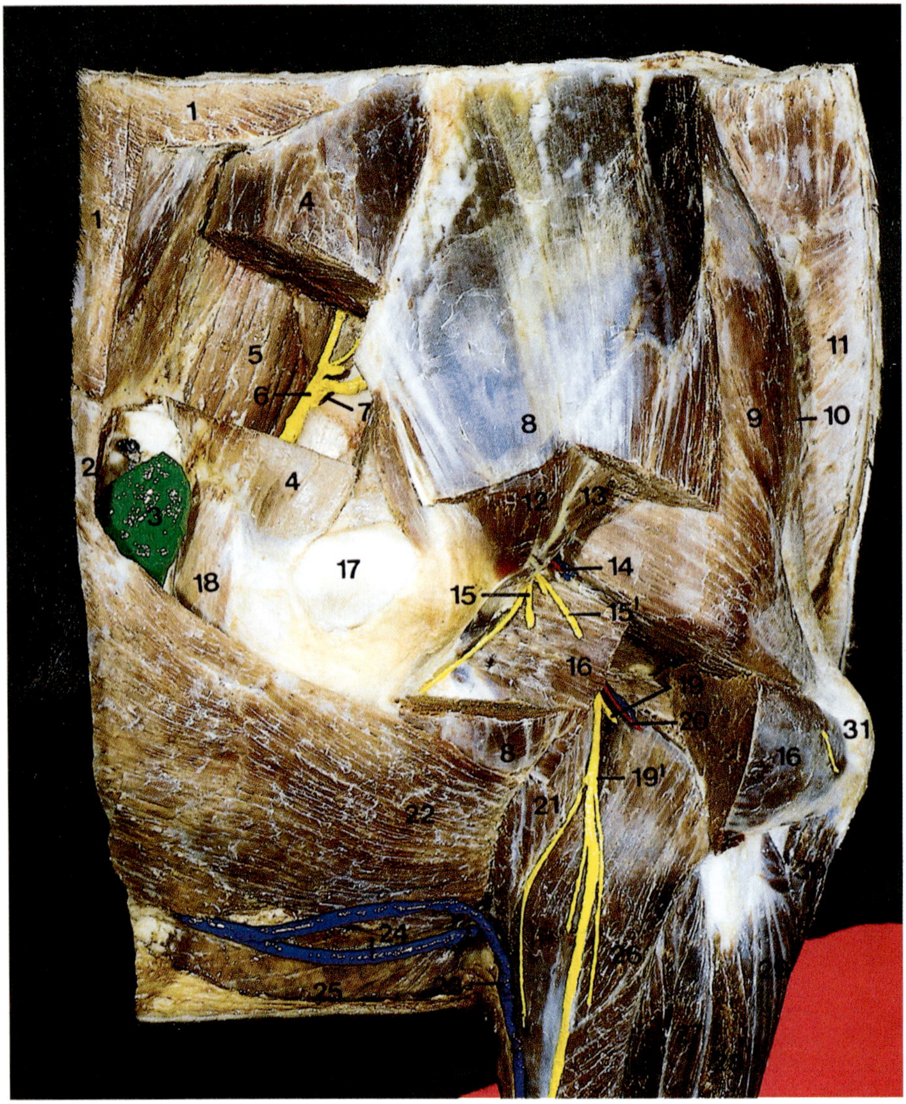
1
1
4
5
6
7
2
3
4
18
17
8
12
13
14
15
15'
16
19
20
8
19'
21
22
9
10
11
31
16
24
25
26

Abb. 94 Proximale Schultergliedmaße eines Rindes, Kraniolateralansicht, nach Teilentfernung einiger Muskeln.

1 M. trapezius (Ansatz entfernt)
2 M. omotransversarius (teilweise entfernt)
3 Lnn. cervicales superficiales des Lc. cervicale superficiale, **Buglymphknoten,** durch den M. omotransversarius **palpierbar**
4 M. supraspinatus (Mittelstück entfernt)
5 M. serratus ventralis cervicis
6 N. suprascapularis, den Kranialrand der Scapula überquerend, **Supraskapularislähmung** s. Legende zu Abb. 76, Nr. 10
7 Margo cranialis der Scapula
8 M. deltoideus (Mittelstück entfernt)
9 Caput longum des M. triceps brachii
10 M. tensor fasciae antebrachii
11 M. latissimus dorsi
12 M. infraspinatus, **Punktion Buggelenk:** Am Kranialrand der Endsehne des Muskels, etwas proximal des Tuberculum majus
13 M. teres minor
14 Äste der A. et V. circumflexa humeri caudalis
15 N. axillaris, 15´ dessen N. cutaneus antebrachii cranialis, **Blockadestelle** 3–4 cm unterhalb und etwas proximal der Mitte der Verbindungslinie zwischen Tuberculum majus und Epicondylus lateralis humeri
16 Caput laterale des M. triceps brachii (Mittelstück entfernt)
17 Tuberculum majus
18 M. biceps brachii
19 N. radialis (den Humerus lateral überquerend, **Radialislähmung** s. Legende zu Abb. 76, Nr. 16), 19´ sein N. cutaneus antebrachii lateralis
20 Äste der A. et V. collateralis radialis
21 M. brachialis
22 M. brachiocephalicus
23 V. cephalica
24 V. mediana cubiti
25 M. pectoralis descendens der Mm. pectorales superficiales
26 M. extensor carpi radialis
27 M. extensor digitorum communis
28 M. extensor digitorum lateralis
29 M. extensor carpi ulnaris, **Punktion Ellbogengelenk:** In der Mulde am kaudodistalen Rand des Epicondylus lateralis humeri, kranial der Ursprungsssehne des M. extensor carpi ulnaris, kaudal des Lig. collaterale laterale
30 Caput ulnare des M. flexor digitorum profundus
31 Olecranon, **Punktion Ellbogengelenk:** Kraniodistal im Winkel zwischen Kaudalrand des Epicondylus lateralis humeri und Olecranon (in die Aussackung in der Fossa olecranii)

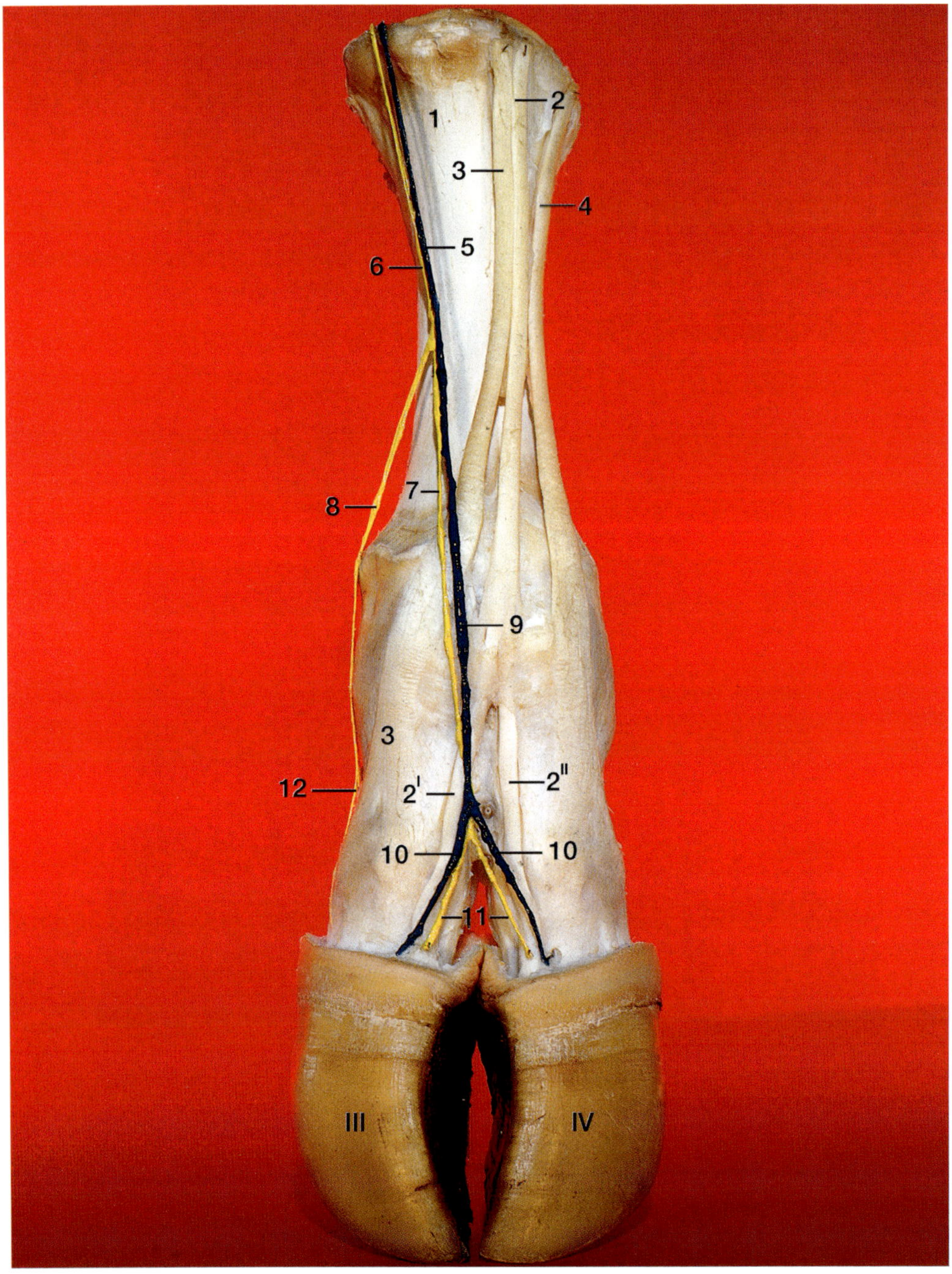
1
2
3
4
5
6
7
8
9
3
12
2'
2''
10
10
11
III
IV

Abb. 95 Linker Vorderfuß eines Rindes von dorsal, III bezeichnet die mediale, IV die laterale Klaue.

1 Röhrbein (Os metacarpale tertium et quartum)
2 Sehne des lateralen Bauches des M. extensor digitorum communis **(palpierbar)**, 2′ und 2″ Endschenkel für die 3. bzw. 4. Zehe, beide Endschenkel besitzen eine Sehnenscheide von der Teilungstelle bis zur Mitte des Kronbeins
3 Sehne des medialen Bauches des M. extensor digitorum communis **(palpierbar)**, am Fesselgelenk von einem Schleimbeutel unterlagert
4 Sehne des M. extensor digitorum lateralis **(palpierbar)**, am Fesselgelenk von einem Schleimbeutel unterlagert
5 V. cephalica accessoria
6 Ramus superficialis nervi radialis [N. cutaneus antebrachii lateralis] (enthält zusätzlich Fasern aus dem N. cutaneus antebrachii medialis des N. musculocutaneus), **Blockade** in der Mitte des Metakarpus (dort **palpierbar)**
7 N. digitalis dorsalis communis III, **Blockade** unterhalb des Fesselgelenks dorsal in der Medianebene
8 N. digitalis dorsalis communis II
9 V. digitalis dorsalis communis III, **intravenöse Regionalanästhesie:** Injektion nach Anstauung mittels Kompressionsschlauch
10 Vv. digitales dorsales propriae
11 Nn. digitales dorsales proprii III et IV axiales
12 N. digitalis dorsalis III abaxialis

Dreipunkt-Anästhesie:
1 Fingerbreit proximal des Fesselgelenks in Mitte der Dorsalfläche des Metakarpus, Kanüle quer zur Gliedmaßenachse, s.k. (dorsale Zehennerven)
2 N. palmaris medialis (s. Legende zu Abb. 96, Nr.10)
3 N. palmaris lateralis (s. Legende zu Abb. 96, Nr. 7)

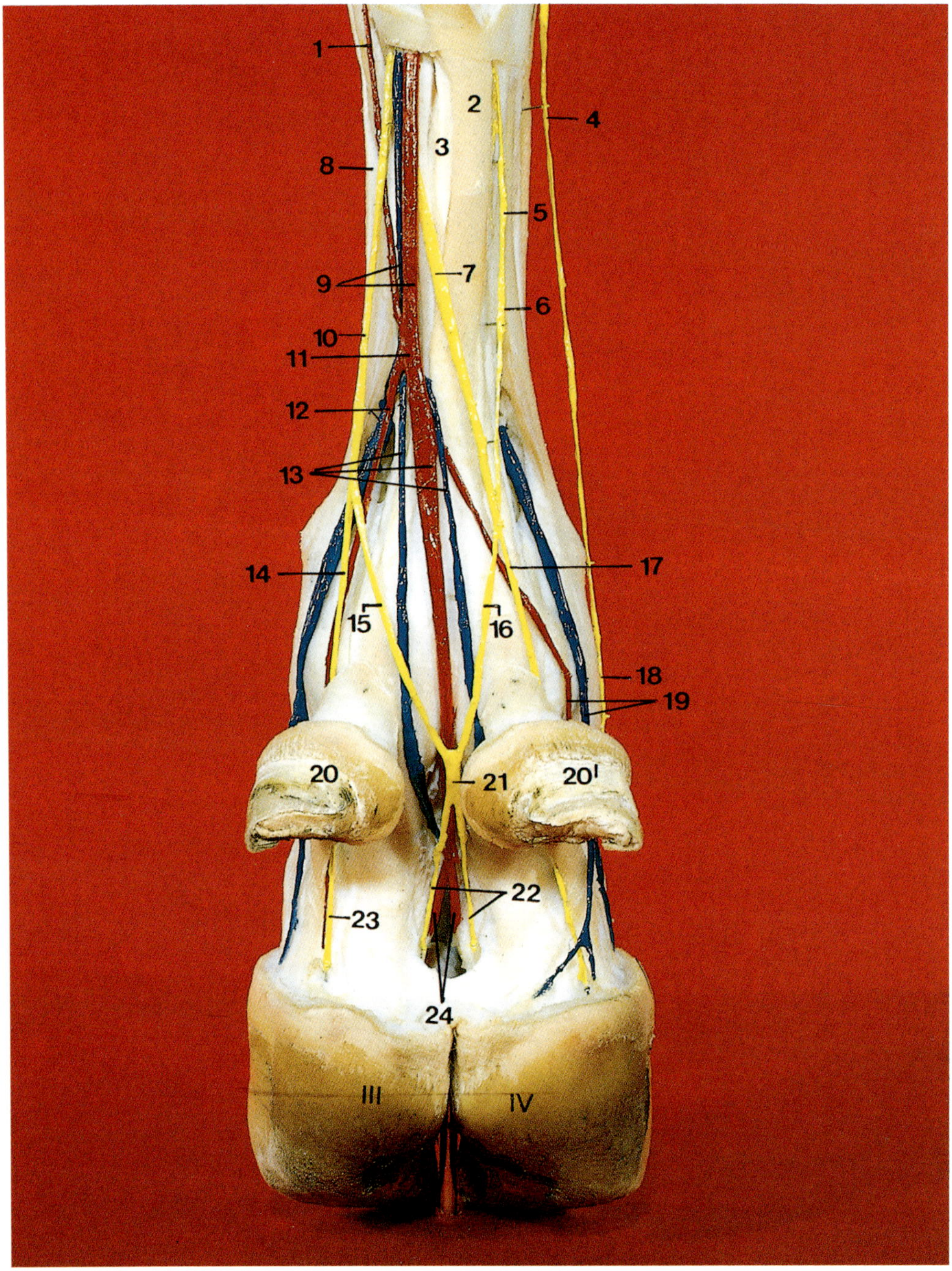
1
2
3
4
8
5
9
7
6
10
11
12
13
14
17
15
16
18
19
20
20'
21
22
23
24
III
IV

Abb. 96 Rechter Vorderfuß eines Rindes von palmar, III bezeichnet die mediale, IV die laterale Klaue.

1 Ramus palmaris superficialis der A. radialis
2 oberflächliche Beugesehne
3 tiefe Beugesehne, hat mit oberflächlicher eine gemeinsame Fesselbeugesehnenscheide: **Punktion** der Sehnescheide (proximaler Endblindsack): 2 cm proximal des dorsalen Randes der Afterklauen, an vorderer Kante der Beugesehnen, horizontaler Einstich
4 Ramus dorsalis des N. ulnaris, Blockade in der Rinne zwischen Interosseus und Röhrbein (Nerv dort tastbar), s.k.
5 Ramus superficialis des Ramus palmaris nervi ulnaris, **Blockade** am Lateralrand der tiefen Beugesehne, palmar des Interosseus in Mitte des Röhrbeins, subfaszial
6 Seitenstrang des M. interosseus medius, **Punktion Fesselgelenk** (palmare Ausbuchtung): 2 Finger breit proximal des Gelenks zwischen Seitenstrang und Mittelfußknochen, horizontaler Einstich (medial oder lateral, da beide Gelenksäcke kommunizieren)
7 N. palmaris lateralis des N. medianus, **Blockade** 2 Finger breit proximal der lateralen Afterklaue bei proximaler Stickrichtung, s.k.
8 Röhrbein (Os metacarpale tertium et quartum)
9 A. et V. mediana
10 N. palmaris medialis des N. medianus, **Blockade** 2 Finger breit proximal der medialen Afterklaue bei proximaler Stickrichtung, s.k.; **Blockade des N. medianus** in Mitte des Röhrbeins (damit vor der Aufspaltung in beide Palmarnerven) zwischen medialem Rand der tiefen Beugesehne und medialem Interosseusseitenstrang, subfaszial
11 Arcus palmaris superficialis
12 A. et V. digitalis palmaris communis II, **intravenöse Regionalanästhesie:** Kompressionsschlauch in Mitte Metakarpus, Injektion proximal des Fesselgelenks, dorsomedial der medialen Afterklaue (analog bei Nr. 19 und Abb. 95 Nr. 9 praktizierbar)
13 A. et V. digitalis palmaris communis III (Vene beim Rind paarig)
14 N. digitalis palmaris communis II
15 N. digitalis palmaris III axialis
16 N. digitalis palmaris IV axialis
17 N. digitalis palmaris proprius IV abaxialis
18 N. digitalis dorsalis IV abaxialis
19 A. et V. digitalis palmaris communis IV (siehe Nr. 12)
20 mediale, 20´ laterale Afterklaue
21 N. digitalis palmaris communis III
22 Nn. digitales palmares proprii III et IV axiales
23 N. digitalis palmaris proprius III abaxialis
24 Aa. digitales palmares propriae III et IV axiales

Beachte: zur **vollständigen Anästhesie** der distalen Gliedmaße sind 4 Nerven zu blockieren: Ramus dorsalis des N. ulnaris, N. medianus, Ramus superficialis des Ramus palmaris des N. ulnaris und Ramus superficialis des N. radialis

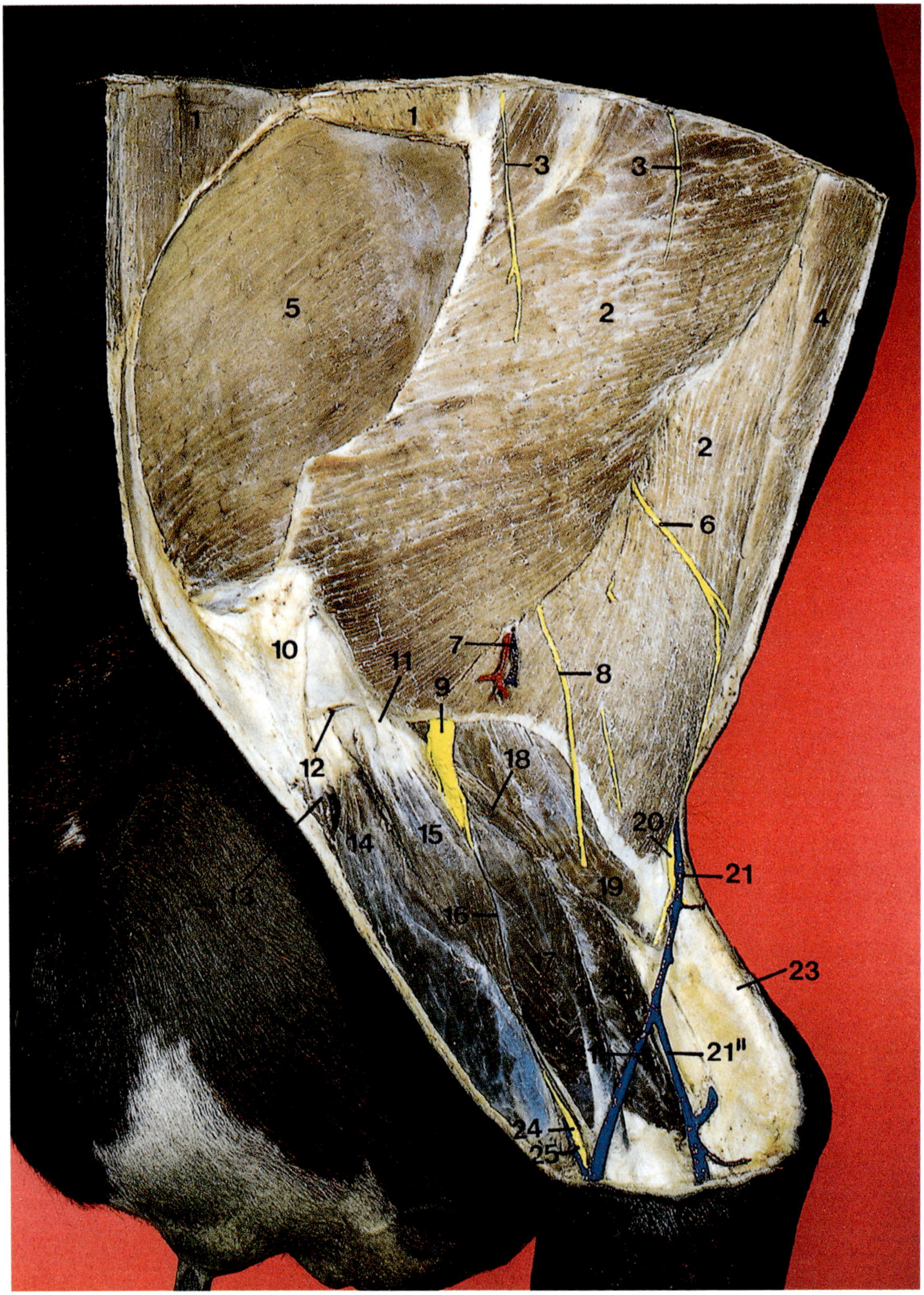
1
1
3
3
5
2
4
2
6
7
8
9
10
11
12
14
15
16
18
19
20
21
23
21''
24
25

Abb. 97 Ober- und Unterschenkel eines Rindes von lateral, oberflächliche Schicht.

1 M. tensor fasciae latae (Fascia lata ist abpräpariert)
2 M. gluteobiceps
3 Nn. clunium medii (Rami laterales der Rami dorsales der Nn. sacrales)
4 M. semitendinosus
5 M. vastus lateralis
6 proximaler Hautast des N. tibialis, **Blockadestelle** Fingerbreit kaudal der Mitte einer Linie zwischen Tuber ischiadicum und Tuberositas tibiae (in Trennungsfurche des M. gluteobiceps)
7 A. et V. caudalis femoris
8 N. cutaneus surae lateralis (N. peroneus), **Blockadestelle** am distalen Ende der Trennungsfurche des M. gluteobiceps
9 N. peroneus (fibularis) communis, **Blockadestelle** lateral am proximalen Ende des Unterschenkels, kaudal des Lig. collaterale laterale (Nerv ist dort tastbar)
10 Lig. patellae laterale, **Punktion Kniescheibengelenk:** Zwischen Lig. patellae mediale und intermedium, 2 Finger breit proximal der Tibia, Stichrichtung proximal (4–8 cm)
11 Lig. collaterale laterale
12 Articulatio femorotibialis, **Punktion Kniekehlgelenk** (lateraler Gelenksack): Einstich kranial oder kaudal der gemeinsamen Ursprungssehne von M. peroneus tertius/M. extensor digitorum longus, über deren Kapselsehnenscheide, Stichrichtung proximal (beim Wdk. besteht meist eine Verbindung zum medialen Gelenksack, über letzteren auch zur Art. femoropatellaris)
13 M. tibialis cranialis
14 M. peroneus (fibularis) tertius (am Ursprung mit dem M. extensor digitorum longus verschmolzen)
15 M. peroneus (fibularis) longus
16 Peroneusrinne o. Fibularisrinne [Sulcus peroneus/fibularis]; In ihr verlaufen die Nn. peroneus superficialis et profundus.
17 M. extensor digitorum lateralis
18 M. soleus
19 Caput laterale des M. gastrocnemius
20 N. cutaneus surae caudalis (N. tibialis), **Blockadestelle** kaudolateral in der Mitte des Unterschenkels, neben der V. saphena lateralis
21 V. saphena lateralis, 21' ihr Ramus cranialis, 21'' ihr Ramus caudalis
22 M. flexor digitorum lateralis
23 Tendo calcaneus communis
24 N. peroneus superficialis
25 Ramus superficialis der V. tibialis cranialis

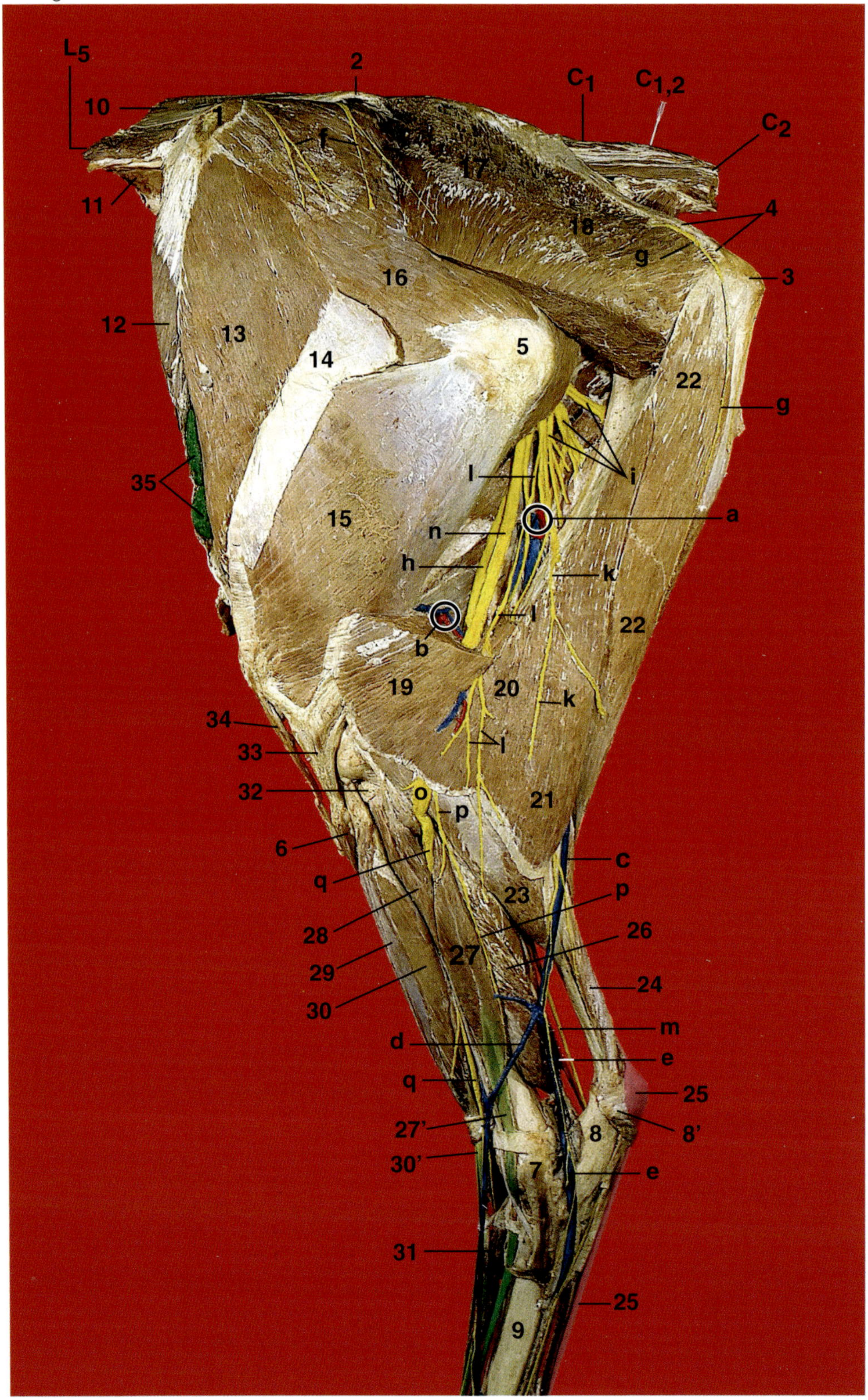
L5
2
C1
C1,2
10
1
f
C2
11
17
4
18
g
3
16
12
13
14
5
22
g
35
l
i
a
15
n
h
k
l
22
b
19
20
k
34
l
33
32
o
p
21
6
c
q
p
23
28
26
27
29
24
30
m
d
e
q
25
27'
8
8'
30'
7
e
31
25
9

Abb. 98 Linke Hälfte des Beckens und linke Beckengliedmaße eines Rindes, Ansicht von lateral (3jährige Braunviehkuh).

L_5 kraniales Ende des 5. Lendenwirbels
C_1 Beginn der Schwanzwirbelsäule
C_2 kaudales Ende des 2. Schwanzwirbels
$C_{1,\,2}$ Injektionsstelle in Spatium interarcuale zwischen 1. und 2. Schwanzwirbel – **Epiduralanaesthesie!**
1 Tuber coxae
2 Tuber sacrale
3 Tuber ischiadicum
4 kaudaler Rand des Lig. sacrotuberale latum – gut **fühlbar**
5 Trochanter major
6 Tuberositas tibiae
7 Malleolus lateralis mit Os malleolare
8 Calcaneus mit Tuber calcanei (8')
9 Metatarsus IV
10 M. longissimus lumborum
11 M. psoas major
12 M. obliquus internus abdominis
13 M. tensor fasciae latae
14 Fascia lata
15 M. vastus lateralis des M. quadriceps femoris
16 M. gluteus medius
17–21 M. gluteobiceps, zum Teil entfernt: 17 M. gluteus superficialis
18–21 M. biceps femoris: 18 sein proximaler Teil; 19 sein Anteil zum Kniegelenk; 20 sein Anteil zum Unterschenkel; 21 sein Anteil zum Fersensehnenstrang
22 M. semitendinosus
23 M. gastrocnemius, Caput laterale
24 Fersensehnenstrang
25 oberflächliche Beugesehne
26 M. flexor digitorum lateralis des M. flexor digitorum profundus
27 M. extensor digitorum lateralis; 27' seine Sehne
28 M. peroneus (fibularis) longus
29 M. peroneus (fibularis) tertius, bedeckt die kraniale Unterschenkelmuskulatur
30 M. extensor digitorum longus; 30' seine Sehnen
31 M. extensor digitorum brevis
32 Kniegelenk mit lat. Meniskus
33 Lig. patellae laterale
34 Lig. patellae intermedium – das Kniegelenk des Rindes zeigt recht häufig Anschwellung infolge von entzündlichen oder degenerativen Veränderungen
35 Lnn. subiliaci, hier zwei Lnn. – der Lymphknoten ist normalerweise als einheitlicher, fingerstarker Strang von ca. 10 cm Länge über der Kniefalte auf einer Verbindungslinie vom Tuber coxae zur Patella gut **zu fühlen**

a Äste der A. und V. circumflexa femoris medialis
b Ast der A. und V. caudalis femoris
c V. saphena parva
d ihr R. cranialis
e ihr R. caudalis
f Nn. clunium craniales des 6. Lendennerven
g Hautast des N. pudendus
h N. tibialis
i–l i Äste für die lange Sitzbeinmuskulatur; k proximaler Hautast des N. tibialis; N. cutaneus surae lateralis
m fortlaufender N. tibialis, medial vor dem Fersensehnenstrang
n–o N. peroneus communis (s.a. Abb. 99 Nr. 28); o kurz vor Aufteilung am Fibulaköpfchen – hier **Druckstelle**
p Hautast des N. peroneus
q N. peroneus superficialis – Hautinnervation gegen distal bis zur Zehe; – der N. peroneus prof. versorgt die kraniale Unterschenkelmuskulatur und geht tiefliegend auch bis zur Zehe.

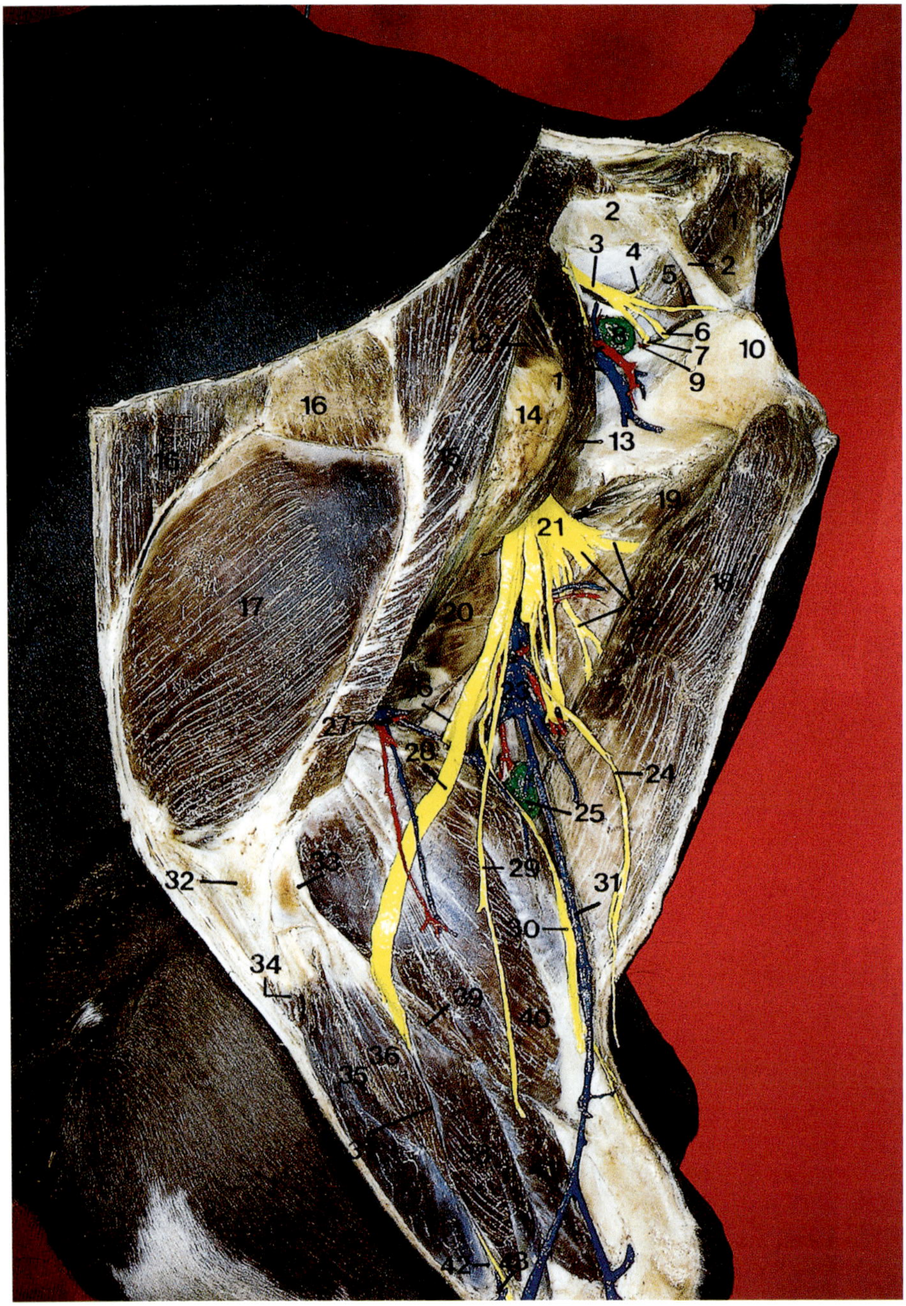
2
3
4
5
2
6
7
10
9
1
16
14
13
19
21
17
20
27
28
24
25
29
31
30
32
34
39
40
36
35
42

Abb. 99 Ober- und Unterschenkel eines Rindes von lateral, nach Entfernung des M. gluteobiceps.

1 M. coccygeus
2 Lig. sacrotuberale latum (gefenstert)
3 N. pudendus, **Blockade (Penisprolaps** bei Bullen): 1. Handbreit ventral des Anus in der Mitte zwischen Raphe perinei und rechtem Tuber ischiadicum, 6–10 cm tief; 2. Einstich 8–10 cm paramedian in Höhe 2. Kreuzwirbel, etwa 2 cm am lateralen Kreuzbeinrand (tastbar) vorbei (dabei werden Lig. sacrotuberale latum und Fascia pelvis parietalis durchstoßen)
4 Muskelast des N. pudendus zum M. coccygeus
5 Ramus cutaneus proximalis des N. pudendus
6 Ramus cutaneus distalis des N. pudendus; Von ihm entspringt der N. perinealis superficialis.
7 N. dorsalis clitoridis
8 Ln. ischiadicus des Lc. ischiadicum
9 A. pudenda interna
10 Tuber ischiadicum
11 A. et V. glutea caudalis und N. gluteus caudalis
12 M. gluteus medius
13 M. piriformis
14 Trochanter major
15 M. gluteobiceps (größtenteils entfernt)
16 M. tensor fasciae latae (Fascia lata ist abpräpariert)
17 M. vastus lateralis
18 M. semitendinosus
19 M. semimembranosus
20 M. adductor
21 N. ischiadicus, **Blockade** kaudal des Trochanter major, Stichrichtung kraniomedial
22 Rami musculares proximales des N. tibialis
23 Äste der A. et V. circumflexa femoris medialis
24 proximaler Hautast des N. tibialis
25 Lnn. poplitei profundi des Lc. popliteum, superfiziale fehlen bei Wdk. und Pfd.
26 N. tibialis; **operativer Zugang** über distale Gluteobizepsfurche
27 Äste der A. et V. caudalis femoris
28 N. peroneus (fibularis) communis, **Blockadestelle** lateral am proximalen Ende des Unterschenkels, kaudal des Lig. collaterale laterale (Nerv ist dort tastbar)
29 N. cutaneus surae lateralis (N. peroneus)
30 N. cutaneus surae caudalis (N. tibialis)
31 V. saphena lateralis
32 Lig. patellae laterale
33 Lig. collaterale laterale
34 M. tibialis cranialis
35 M. peroneus (fibularis) tertius (am Ursprung mit dem M. extensor digitorum longus verschmolzen)
36 M. peroneus (fibularis) longus
37 Paroneusrinne o. Fibularisrinne [Sulcus peroneus/fibularis]; In ihr verlaufen Nn. peroneus superficialis et profundus.
38 M. extensor digitorum lateralis
39 M. soleus
40 Caput laterale des M. gastrocnemius
41 M. flexor digitorum lateralis der Mm. flexores digitorum profundi
42 N. peroneus superficialis
43 Ramus superficialis der V. tibialis cranialis

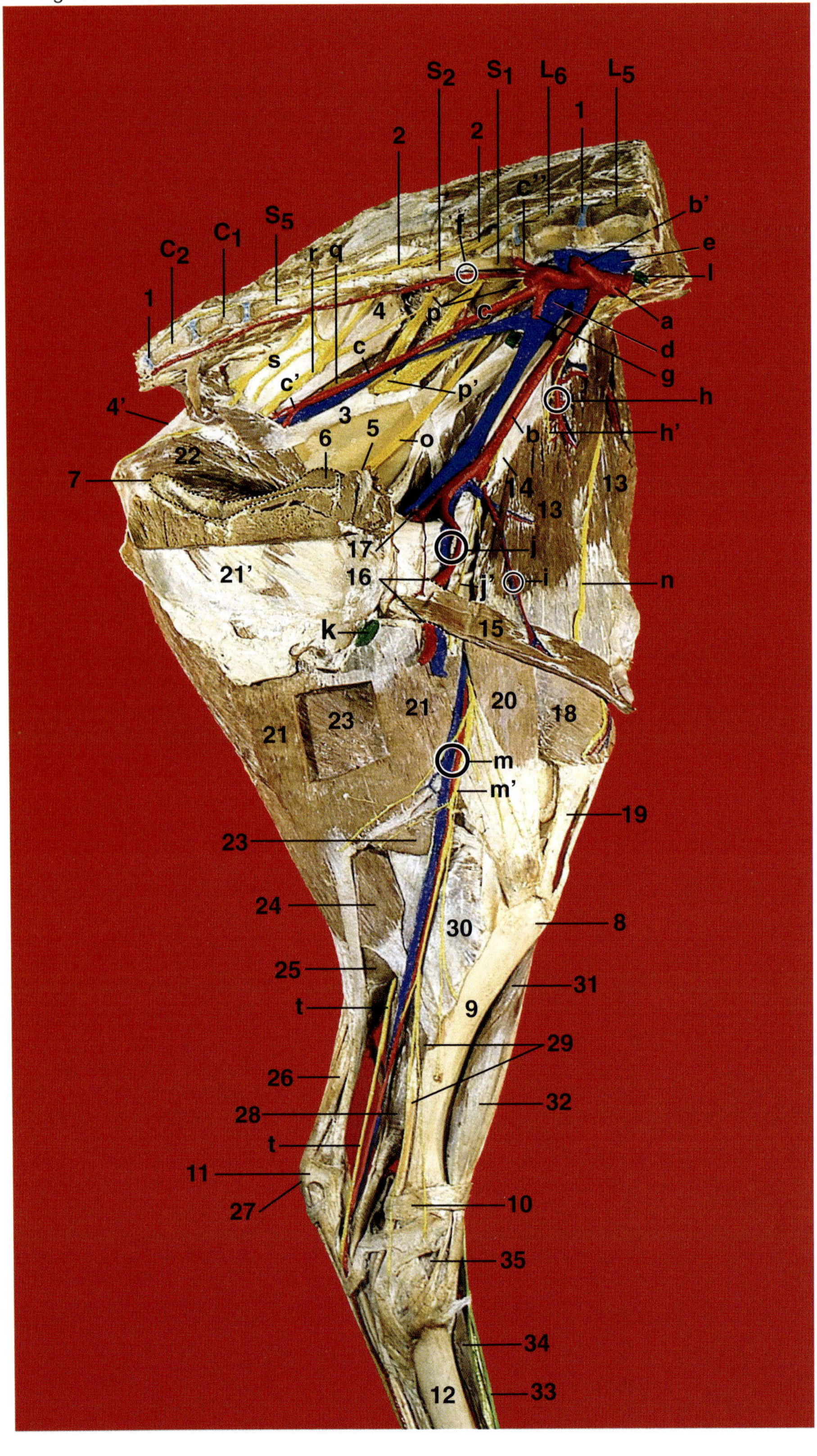
S2
S1
L6
L5
1
2
2
c''
b'
f
e
S5
C1
C2
r
q
l
1
4
p
c
a
d
c
s
g
c'
p'
h
4'
3
5
o
b
h'
6
22
7
14
13
13
17
j
21'
16
j'
i
n
k
15
21
20
18
23
21
m
m'
19
23
24
30
8
25
31
t
9
29
26
32
28
t
11
10
27
35
34
12
33

Abb. 100 Linke Hälfte des Beckens und linke Beckengliedmaße eines Rindes, Ansicht von medial (3jährige Braunviehkuh).

L_{5-6}: 5.–6. Lendenwirbelkörper; S_1, S_2, S_5: 1.–2., 5. Kreuzwirbel; C_1–C_2: 1.–2. Schwanzwirbel

1 Disci intervertebrales (hellblau)
2 Wirbelkanal im Kreuzbein mit Wurzelfäden (Fila radicularia) der Cauda equina
3 Spina ischiadica
4 Lig. sacrotuberale latum, sein kranialer Teil ist entfernt zur Darstellung des N. ischiadicus; 4' kaudaler Rand des Lig. sacrotuberale latum
5 For. obturatum
6 Pecten ossis pubis
7 Arcus ischiadicus
8 Tuberositas tibiae
9 Planum cutaneum tibiae s. Facies medialis
10 Malleolus medialis
11 Tuber calcanei
12 Metatarsus III
13 M. obliquus internus abdominis
14 Arcus inguinalis
15 M. rectus abdominis
16 Leistenspalt, Canalis inguinalis
17 Schenkelring und Lacuna vasorum
18 M. vastus medialis des M. quadriceps femoris
19 Lig. patellae mediale
20 M. sartorius
21 M. gracilis mit Fenster; 21' seine sehnige Ursprungsplatte, Tendo symphysialis
22 M. obturatorius externus
23 M. semimembranosus
24 M. semitendinosus
25 M. gastrocnemius, medialer Kopf
26 Fersensehnenstrang
27 Fersenkappe der oberflächlichen Beugesehne, hier oft **Schleimbeutelveränderungen**
28–29 M. flexor digitorum profundus: 28 M. flexor digitorum lateralis, 29 M. flexor digitorum medialis
30 M. popliteus
31 M. tibialis cranialis
32 M. peroneus (fibularis) tertius
33 Sehne des M. extensor digitorum longus
34 M. extensor digitorum brevis
35 mediale Bucht der Art. tarsocruralis des Sprunggelenks eröffnet; hier oft **Anschwellung des Sprunggelenks**

a Aorta
b A. iliaca externa sinistra; b' Stumpf der A. iliaca externa dextra
c A. iliaca interna sin.; c' ihre Aufteilung in A. glutea caud. nach außen und A. pudenda int. für Beckenorgane; c'' Stumpf der A. iliaca interna dext.; b-c jeweils begleitet von Venen; – An der Aorta und ihrer Aufteilung kann **rektal der Puls gefühlt** werden.
d V. iliaca communis
e V. cava caudalis
f A. und V. sacralis mediana
g A. uterina; ab 3. Trächtigkeitsmonat **rektal tastbar**
h A. und V. circumflexa ileum profunda, begleitet vom 4. Lendennerven, N. cutaneus femoris lat. (h')
i A. und V. epigastrica caud.
j A. und V. pudenda externa zur Milchdrüse, begleitet vom N. genitofemoralis, dem 3. Lendennerven (j')
k Ln. mammarius
l Ln. iliacus medialis
m A. saphena, begleitet von V. saphena magna und N. saphenus (m')
n 2. Lendennerv, N. ilioinguinalis
o 6. Lendennerv, N. obturatorius – kann bei **Geburt gequetscht** werden, **Adduktorenlähmung**
p Austrittsstellen des N. ischiadicus aus Kreuzbein – hier kann der Nerv bei **Schwergeburten gequetscht** werden – **Festliegen** der Tiere, da lange Sitzbeinmuskeln gelähmt – p' Durchtritt des N. ischiadicus zur Lateralseite des Beckens
q N. gluteus caudalis
r N. pudendus – kaudaler Teil des Geschlechtsapparates
s Nn. rectales caudales
t N. tibialis – **Anästhesiestelle** vor dem Fersensehnenstrang

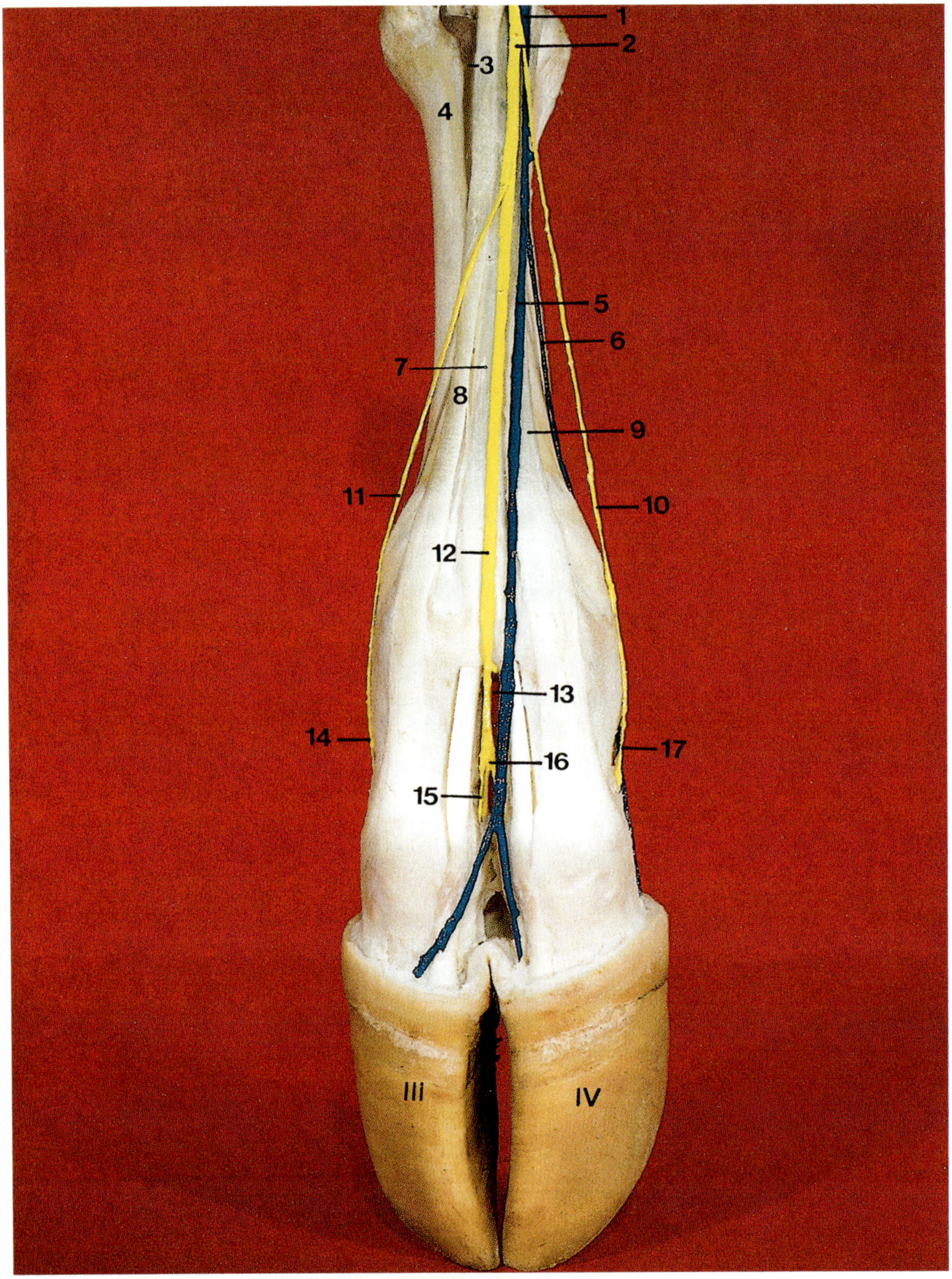
1
2
3
4
5
6
7
8
9
10
11
12
13
14
15
16
17
III
IV

Abb. 101 Linker Hinterfuß eines Rindes von dorsal, III bezeichnet die mediale, IV die laterale Klaue.

1 Ramus cranialis der V. saphena lateralis [parva]; **tastbar**
2 N. peroneus [fibularis] superficialis, **Blockade** 2 Finger breit distal des Tarsalgelenkes, am lateralen Rand der Sehnen des M. extensor digitorum longus
3 M. extensor digitorum brevis
4 Röhrbein (Os metatarsale tertium et quartum)
5 V. digitalis dorsalis communis III; **Intravenöse Regionalanästhesie:** Injektion nach Anstauung mittels Kompressionsschlauch
6 V. digitalis dorsalis communis IV
7 Sehne des lateralen Bauchs des M. extensor digitorum longus; Unter ihr, in der dorsalen Rinne im Röhrbein, verläuft der N. peroneus [fibularis] profundus. **Blockade** proximal an der Dorsalfläche des Metatarsus Kanüle zwischen Strecksehnen und Metatarsus zur Dorsalrinne führen; Die Sehne besitzt am Fesselgelenk eine Sehnenscheide.
8 Sehne des medialen Bauchs des M. extensor digitorum longus, am Fesselgelenk von einem Schleimbeutel unterlagert
9 Sehne des M. extensor digitorum lateralis, am Fesselgelenk von einem Schleimbeutel unterlagert
10 N. digitalis dorsalis communis IV
11 N. digitalis dorsalis communis II
12 N. digitalis dorsalis communis III; **tastbar**
13 A. metatarsea dorsalis III
14 N. digitalis dorsalis proprius III abaxialis
15 N. digitalis dorsalis proprius III axialis
16 N. digitalis dorsalis proprius IV axialis
17 N. digitalis dorsalis proprius IV abaxialis

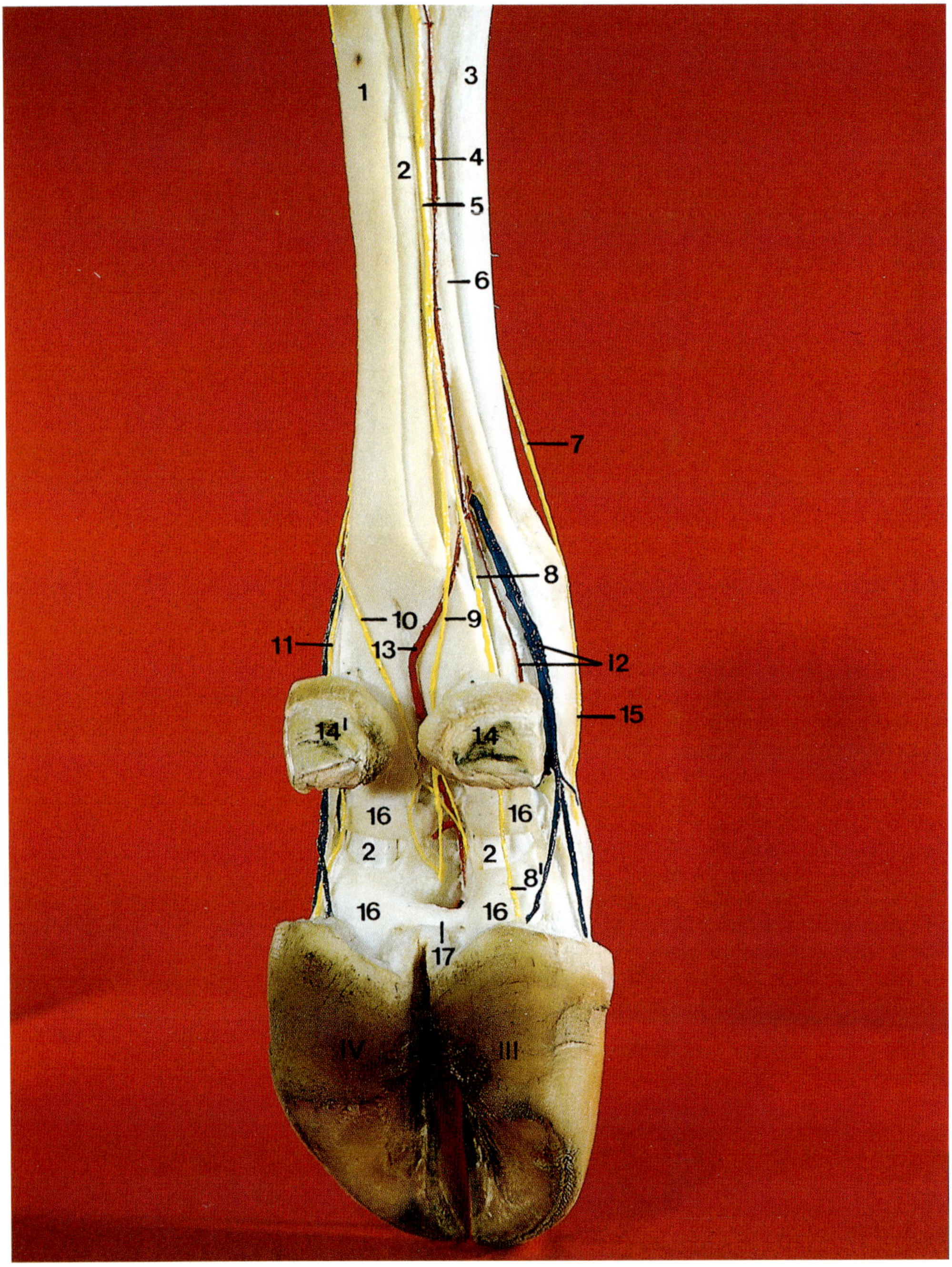
1
2
3
4
5
6
7
8
8'
9
10
11
12
13
14
14'
15
16
17
IV
III

Abb. 102 Linker Hinterfuß eines Rindes, Medioplantaransicht, III bezeichnet die mediale, IV die laterale Klaue.

1 oberflächliche Beugesehne
2 tiefe Beugesehne, hat mit oberflächlicher eine gemeinsame Fesselbeugesehnenscheide; **Punktion** der Sehnescheide (proximaler Endblindsack): 2 cm proximal des dorsalen Randes der Afterklauen, an vorderer Kante der Beugesehnen, horizontaler Einstich
3 Röhrbein (Os metatarsale tertium et quartum)
4 Ramus superficialis der A. plantaris medialis
5 N. plantaris medialis des N. tibialis; **Blockade** in der Mitte des Metatarsus in der Rinne zwischen tiefer Beugesehne und M. interosseus, subfaszial
6 Seitenstrang des M. interosseus; **Punktion Fesselgelenk** (plantare Ausbuchtung): 2 Finger breit proximal des Gelenkes zwischen Seitenstrang und Mittelfußknochen, horizontaler Einstich (medial oder lateral, da beide Gelenksäcke kommunizieren)
7 N. digitalis dorsalis communis II des N. peroneus superficialis
8 N. digitalis plantaris communis II, 8´ N. digitalis plantaris proprius III abaxialis
9 N. digitalis plantaris III axialis
10 N. digitalis plantaris IV axialis
11 N. digitalis plantaris IV abaxialis
12 A. et V. digitalis plantaris communis II; Vene zur **intravenösen Regionalanästhesie** nutzbar
13 A. digitalis plantaris communis III
14 mediale, 14´ laterale Afterklaue
15 N. digitalis dorsalis proprius III abaxialis
16 Zehenringbänder (Partes anulares vaginae fibrosae/ Ligg. anularia digiti)
17 Lig. interdigitale distale

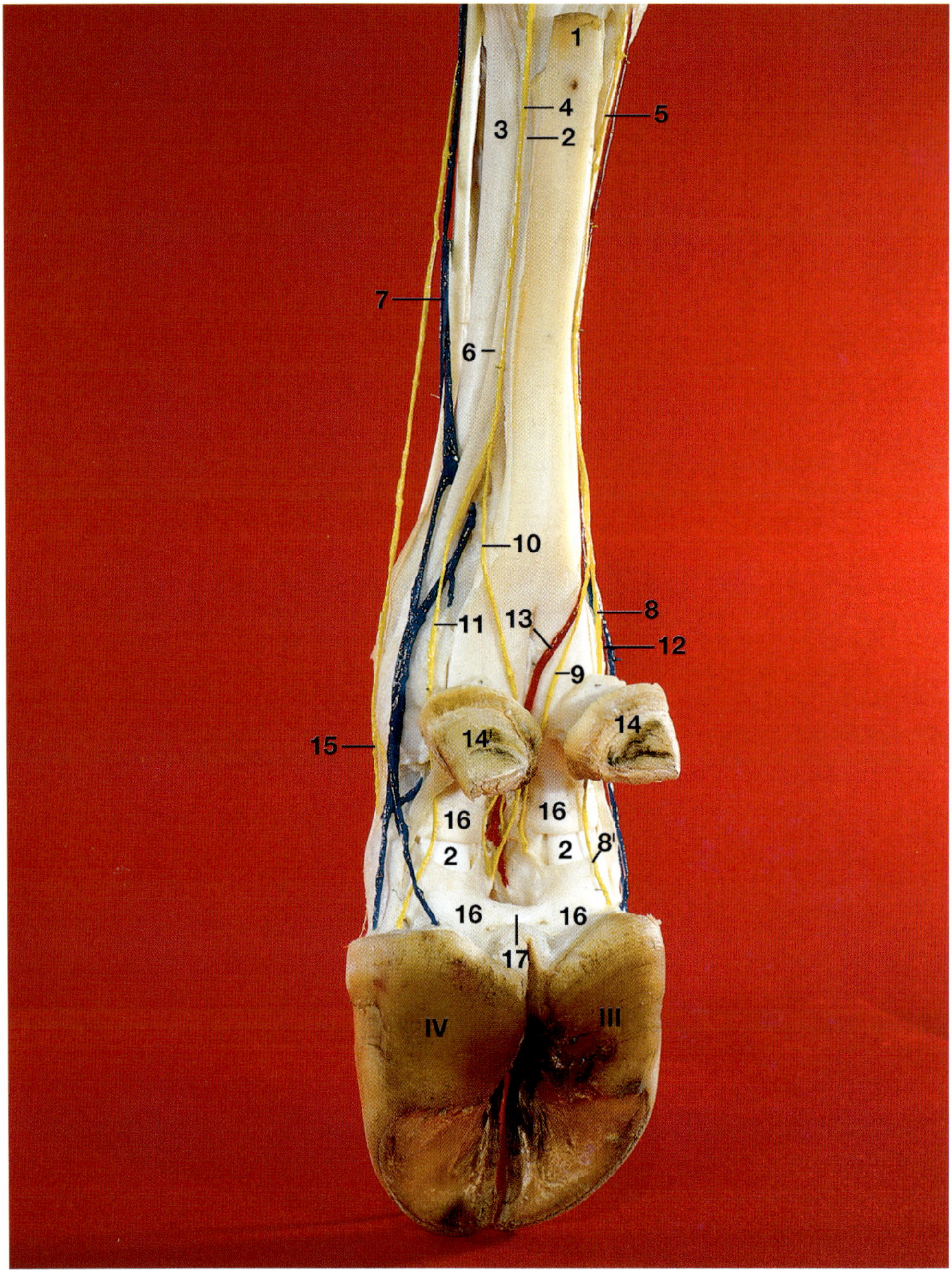
1
4
5
3
2
7
6
10
8
11
13
12
9
14
14'
15
16
16
2
2
8'
16
16
17
IV
III

Abb. 103 Linker Hinterfuß eines Rindes, Lateroplantaransicht, III bezeichnet die mediale, IV die laterale Klaue.

1 oberflächliche Beugesehne
2 tiefe Beugesehne, hat mit oberflächlicher eine gemeinsame Fesselbeugesehnenscheide; **Punktion** der Sehnescheide (proximaler Endblindsack): 2 cm proximal des dorsalen Randes der Afterklauen, an vorderer Kante der Beugesehnen, horizontaler Einstich
3 Röhrbein (Os metatarsale tertium et quartum)
4 N. plantaris lateralis des N. tibialis; **Blockade** in der Mitte des Metatarsus in der Rinne zwischen tiefer Beugesehne und M. interosseus, subfaszial
5 N. plantaris medialis des N. tibialis; **Blockade** in der Mitte des Metatarsus in der Rinne zwischen tiefer Beugesehne und M. interosseus, subfaszial
6 Seitenstrang des M. interosseus; **Punktion Fesselgelenk** (plantare Ausbuchtung): 2 Finger breit proximal des Gelenkes zwischen Seitenstrang und Mittelfußknochen, horizontaler Einstich (medial oder lateral, da beide Gelenksäcke kommunizieren)
7 V. digitalis dorsalis communis IV (Ast der V. saphena lateralis); zur **Intravenösen Regionalanästhesie** nutzbar
8 N. digitalis plantaris communis II, 8´ N. digitalis plantaris proprius III abaxialis
9 N. digitalis plantaris III axialis; **Blockade:** Kanüle in Höhe Fesselbein in der Medianen horizontal zwischen beide Zehen führen und beim Zurückziehen infiltrieren, gleichzeitig wird Nr. 10 blockiert **(Zwischenzehenanästhesie)**
10 N. digitalis plantaris IV axialis (Zwischenzehenanästhesie siehe Nr. 9)
11 N. digitalis plantaris IV abaxialis
12 A. et V. digitalis plantaris communis II
13 A. digitalis plantaris communis III
14 mediale, 14´ laterale Afterklaue
15 N. digitalis dorsalis proprius IV abaxialis des N. peroneus superficialis
16 Zehenringbänder (Partes anulares vaginae fibrosae/ Ligg. anularia digiti)
17 Lig. interdigitale distale

Beachte: Zur **vollständigen Anästhesie der Zehen** ist die Blockade beider Plantarnerven (N. tibialis) und beider (oberflächlicher und tiefer) Peroneusäste notwendig.

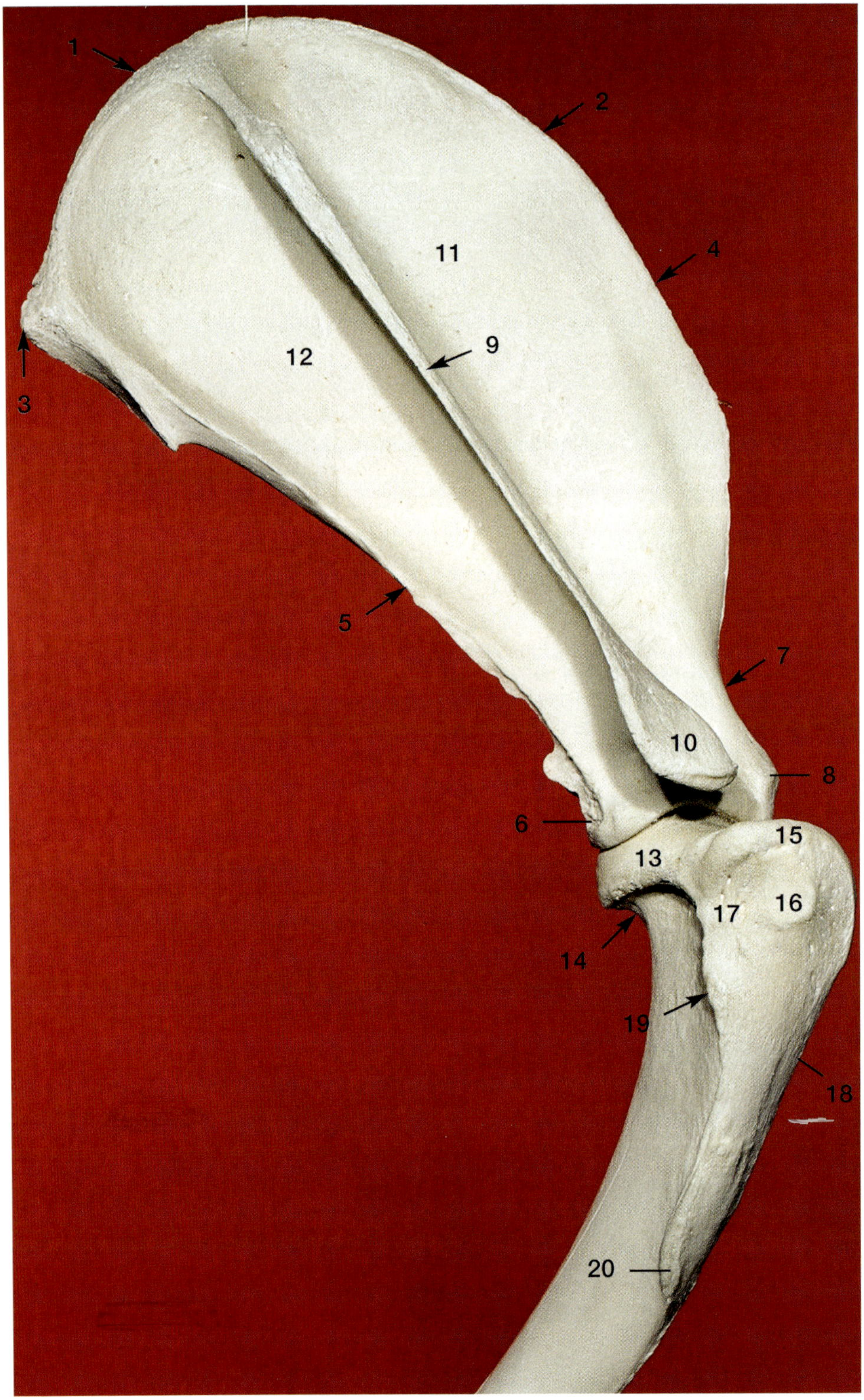
1
2
3
4
5
6
7
8
9
10
11
12
13
14
15
16
17
18
19
20

Abb. 104 Skelett des Schultergelenks eines Hundes, Scapula und proximaler Abschnitt des Humerus, Lateralansicht.

1 Margo dorsalis
2 Angulus cranialis
3 Angulus caudalis
4 Margo cranialis; tastbar
5 Margo caudalis; tastbar
6 Tuberculum infraglenoidale
7 Incisura scapulae
8 Tuberculum supraglenoidale; traumatisch bedingte **Ablösung der Apophyse** durch Zug der Ursprungssehne des M. biceps brachii vor dem Apophysenfugenschluss (4.–7. Monat) möglich
9 Spina scapulae; tastbar
10 Proc. hamatus; tastbar; **Punktion des Schultergelenks** einen Fingerbreit distal des Akromions in der tastbaren Mulde vor der Pars acromialis des M. deltoideus (s. Abb. 116, Nr. 17)
11 Fossa supraspinata
12 Fossa infraspinata
13 Caput humeri; Bei **Luxation des Schultergelenks** erfolgt die Verlagerung des Humeruskopfes in der Mehrzahl der Fälle nach medial. **Osteochondrosis dissecans** (OCD) des Caput humeri betrifft dessen kaudales Drittel.
14 Collum humeri
15 Tuberculum majus, tastbar
16 Facies musculi infraspinati
17 Tuberositas teres minor
18 Crista tuberculi majoris
19 Linea musculi tricipitis
20 Tuberositas deltoidea

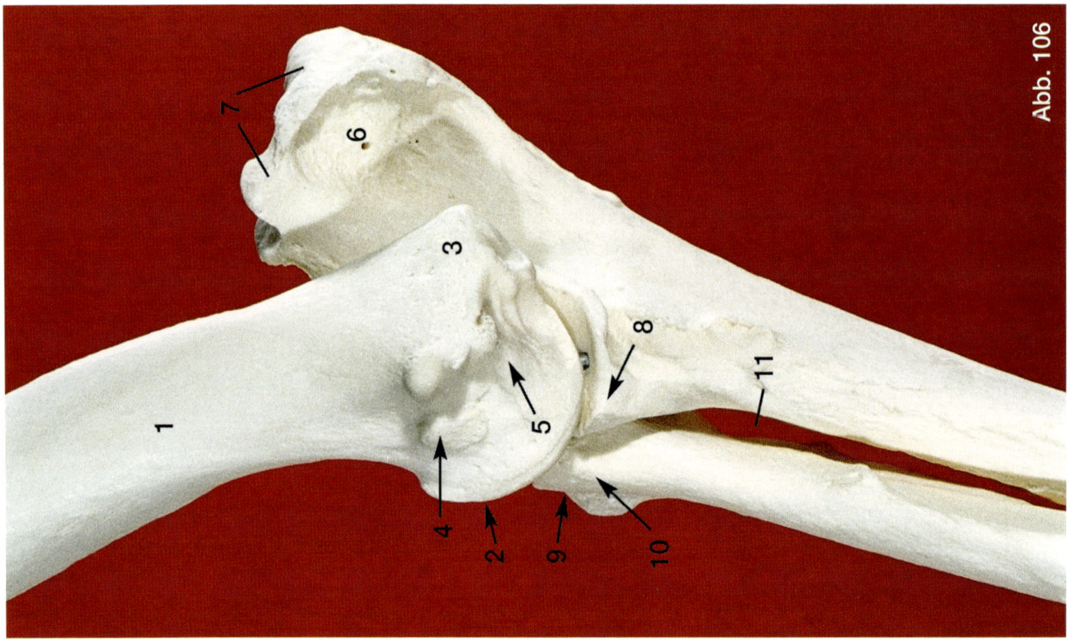

Abb. 106

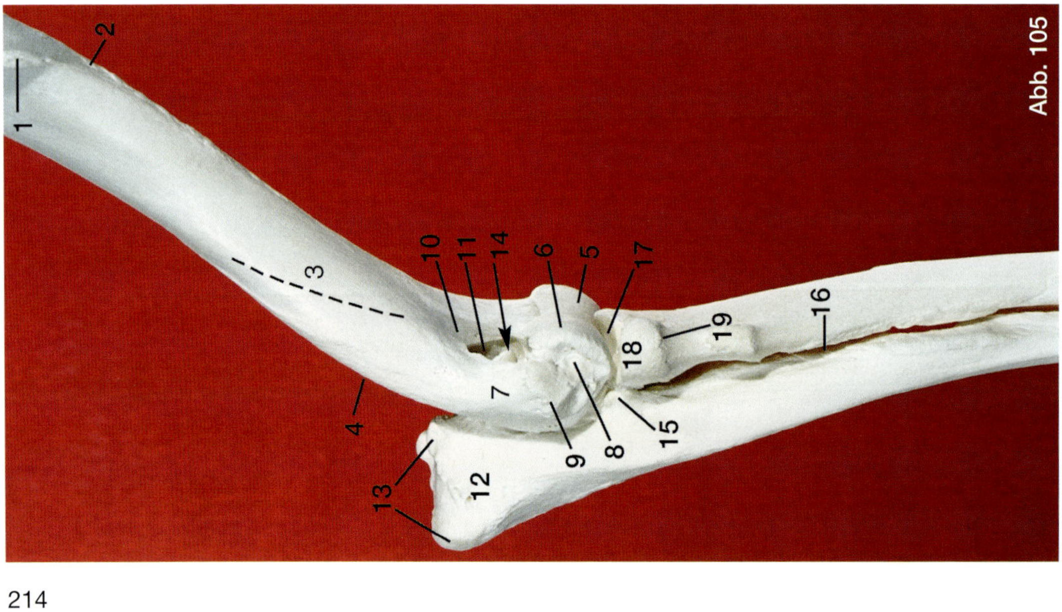

Abb. 105

Abb. 105 Skelett des Ellbogengelenks eines Hundes, Lateralansicht (leicht kranial), distaler Abschnitt des Humerus und proximaler Abschnitt von Radius und Ulna.

1 Tuberositas deltoidea
2 Crista humeri
3 Sulcus musculi brachialis
4 Crista supracondylaris lateralis
5 Trochlea humeri, **Osteochondrosis dissecans (OCD)** der Trochlea humeri
6 Capitulum humeri
Condylus humeri (5 und 6)
7 Epicondylus lateralis; **tastbar**
8 Bandgrube
9 Bandhöcker
10 Fossa radialis
11 For. supratrochleare
12 Olecranon
13 Tuber olecrani; **tastbar**
14 Proc. anconeus (durch For. supratrochleare sichtbar); Eine **Reposition des luxierten Ellbogengelenks** kann nur in Beugestellung < 90° durchgeführt werden, da sonst der Proc. anconeus die Rückverlagerung des Antebrachiums blockiert. **Absprengfrakturen** des Proc. anconeus vorwiegend im Alter von 5–9 Monaten. **Apophysenfugenschluss** mit 3,5–5 Monaten. **Isolierter Proc. anconeus** bei ausbleibendem Apophysenfugenschluss.
15 Proc. coronoideus lateralis
16 Spatium interosseum antebrachii
17 Fovea capitis radii; **Punktion des Ellbogengelenks** in Höhe des Gelenkspalts von kraniolateral.
18 Caput radii
19 Collum radii

Abb. 106 Skelett des Ellbogengelenks eines Hundes, Medialansicht, distaler Abschnitt des Humerus und proximaler Abschnitt von Radius und Ulna.

1 Corpus humeri
2 Trochlea humeri; **Osteochondrosis dissecans (OCD)** betrifft meist medialen Teil der Trochlea
3 Epicondylus medialis; Eine **Luxation des Ellbogengelenks** ist ohne totale Zerreißung der Gelenkbänder nur nach lateral möglich. Die Medialverlagerung des Antebrachiums wird durch den großen Epicondylus medialis verhindert.
4 Bandhöcker
5 Bandgrube
6 Olecranon
7 Tuber olecrani
8 Proc. coronoideus medialis; Bei jungen Hunden großer und damit schnell wachsender Rassen (z.B. Berner Sennenhund, Rottweiler, Retriever) tritt nicht selten ein **fragmentierter Proc. coronoideus medalis** auf.
9 Caput radii
10 Tuberositas radii
11 Spatium interosseum antebrachii

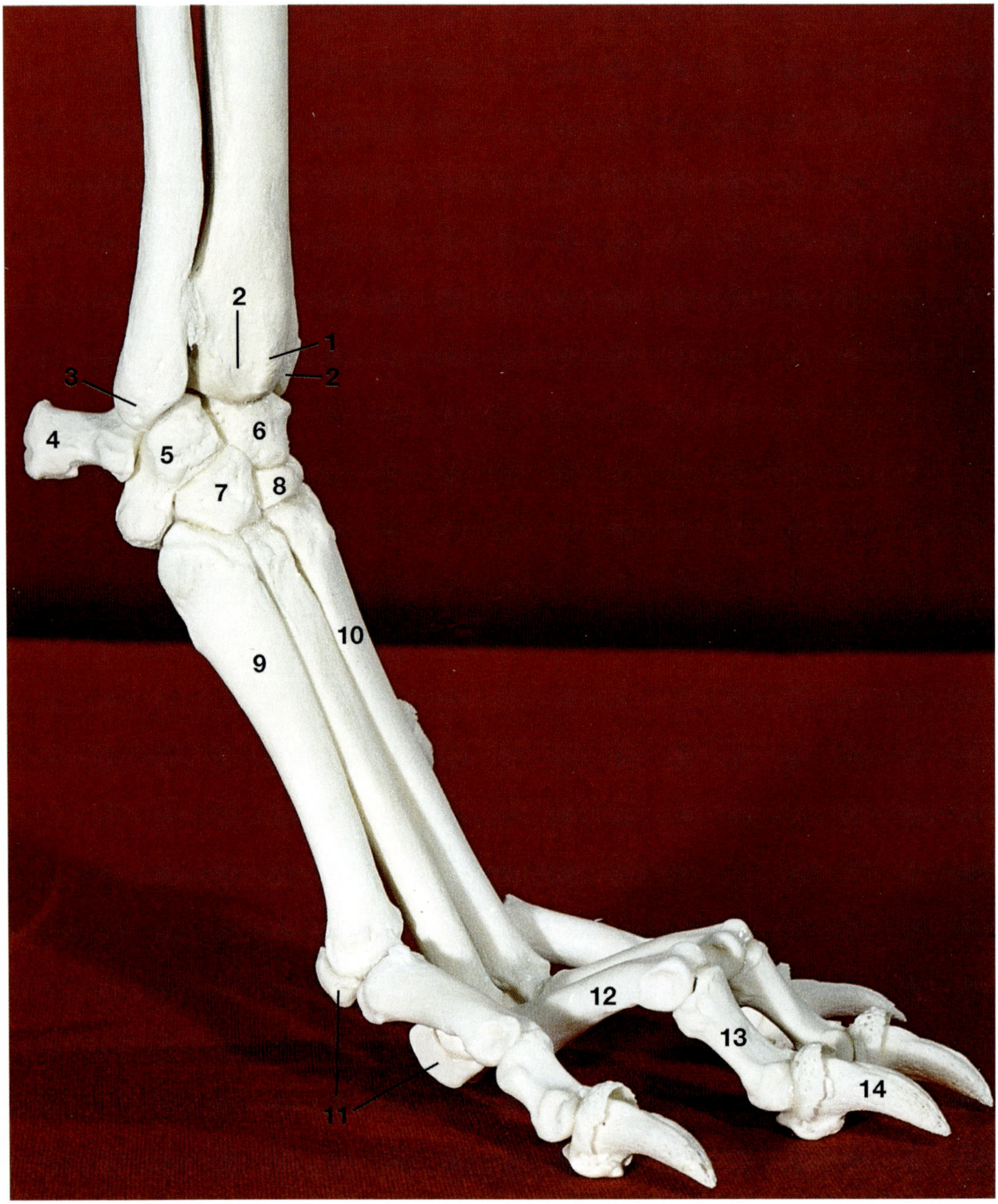
2
1
2
3
4
5
6
7
8
9
10
11
12
13
14

Abb. 107 Rechtes Vorderfußskelett eines Hundes, Lateralansicht.

1 Trochlea radii; Bei **Luxation** oder **Subluxation des Antebrachiokarpalgelenks** ist der Radius nach kranial des Os carpi intermedioradiale verlagert
2 Sehnenrinnen
3 Proc. styloideus lateralis
4 Os carpi accessorium; **Frakturen** der Karpalknochen betreffen meist das **Os carpi accessorium** (bei Renn-Greyhounds häufig)
5 Os carpi ulnare
6 Os carpi intermedioradiale; Eine **Punktion der proximalen Abteilung** des Karpalgelenks ist in Beugestellung von dorsal zwischen den tastbaren Sehnen der Mm. extensor carpi radialis und extensor digitorum communis möglich. Die Punktion der **mittleren Abteilung** erfolgt in deren Gelenkspalt zwischen den gleichen Sehnen.
7 Os carpale quartum
8 Os carpale tertium
9 Os metacarpale quintum
10 Os metacarpale tertium
11 Ossa sesamoidea proximalia; **Frakturen** der **proximalen Sesambeine** gelegentlich bei Renn-Greyhounds, Boxern, Rottweilern; bei Rottweilern häufig Anomalien des 2. und 7. Sesambeins (von medial gezählt)
12 Phalanx proximalis der 4. Zehe; **Luxationen der Zehengelenke** der Vordergliedmaße häufig bei Renn-Greyhounds, betreffen meist die 5. Zehe
13 Phalanx media der 4. Zehe
14 Phalanx distalis (Os unguiculare) der 4. Zehe

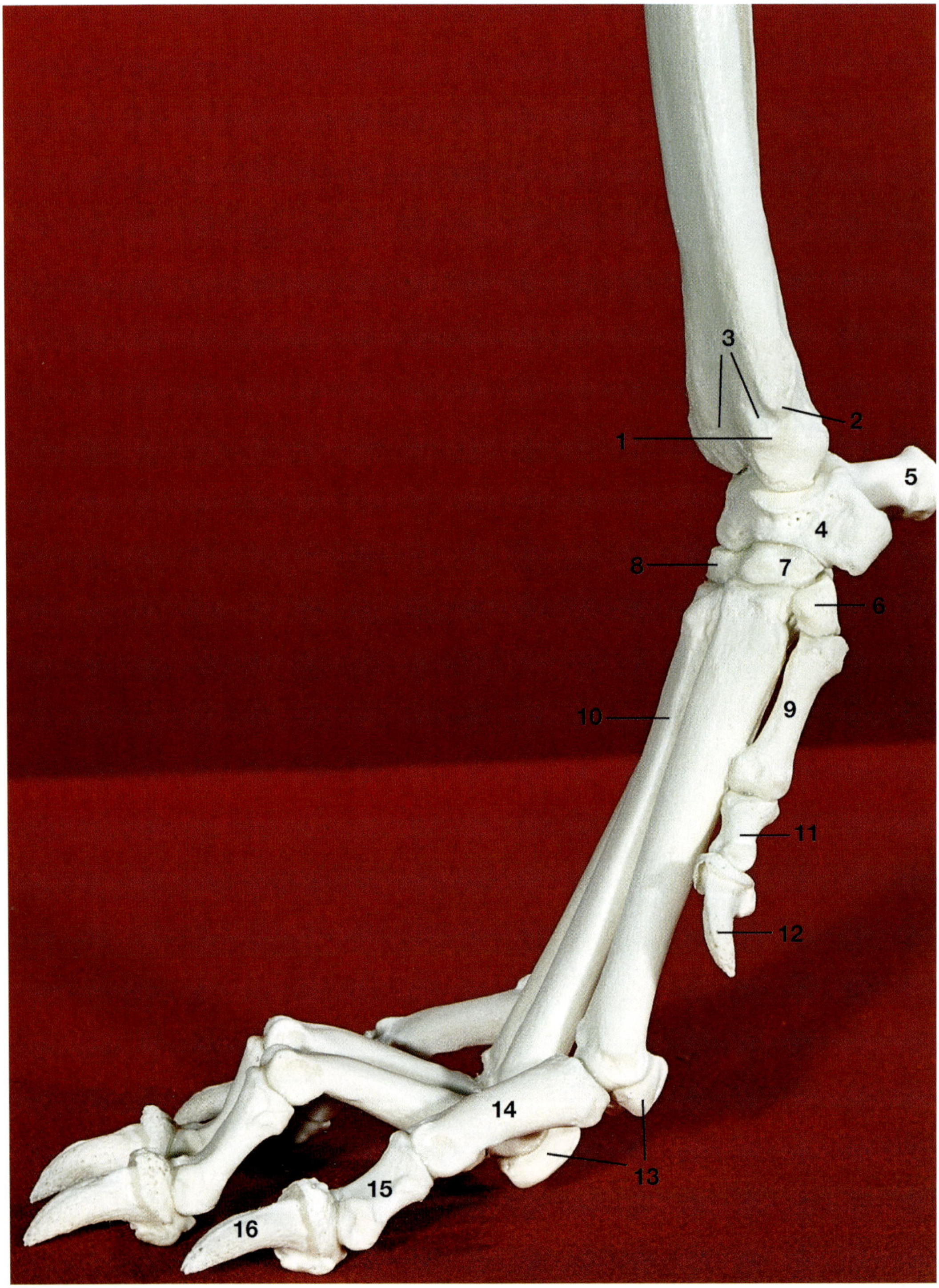
3
2
1
5
4
8
7
6
9
10
11
12
14
13
15
16

Abb. 108 Rechtes Vorderfußskelett eines Hundes, Medialansicht.

1 Trochlea radii
2 Proc. styloideus medialis
3 Sehnenrinnen
4 Os carpi intermedioradiale; Eine **Luxation des Os carpi intermedioradiale** ist medial am Karpus palpierbar.
5 Os carpi accessorium
6 Os carpale primum
7 Os carpale secundum
8 Os carpale tertium
9 Os metacarpale primum
10 Os metacarpale tertium
11 Phalanx proximalis der 1. Zehe
12 Phalanx distalis (Os unguiculare) der 1. Zehe
13 Ossa sesamoidea proximalia
14 Phalanx proximalis der 2. Zehe
15 Phalanx media der 2. Zehe
16 Phalanx distalis (Os unguiculare) der 2. Zehe

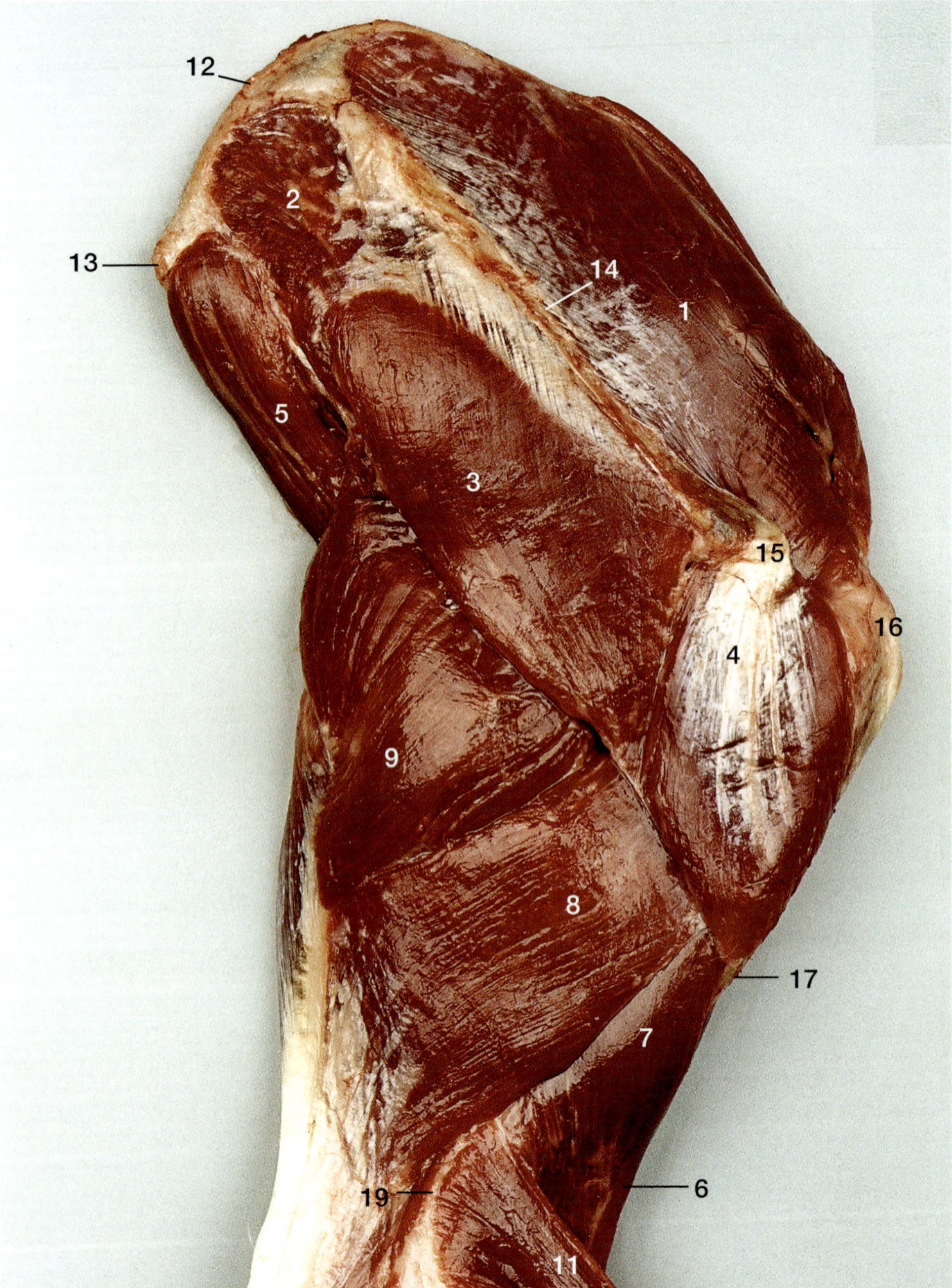
12
2
13
14
1
5
3
15
16
4
9
8
17
7
19
6
11
20
10
18

Abb. 109 Muskeln an Schulter und Oberarm, rechte Schultergliedmaße eines Hundes, laterale Ansicht (U = Ursprung, A =Ansatz, F = Funktion, N =Innervation)

1 M. supraspinatus; U: Fossa supraspinata, A: Tuberculum majus humeri, F: Strecker Schultergelenk, N: N. suprascapularis, bei **kranialem operativem Zugang zum Schultergelenk** wird das Tuberculum majus osteotomiert und mit der Ansatzsehne des M. supraspinatus retrahiert.
2 M. infraspinatus; U: Fossa infraspinata, A: distal am Tuberculum majus (Facies m. infraspinati), F: je nach Gelenkstellung Beuger oder Strecker Schultergelenk, Sehne ersetzt fehlendes Kollateralband, N: wie 1
3 M. deltoideus, Pars scapularis; U: Spina scapulae, A: Tuberositas deltoidea, F: Beuger Schultergelenk, N: N. axillaris; wird bei **kaudolateralem operativem Zugang zum Schultergelenk** von Spina abgelöst und verlagert
4 M. deltoideus, Pars acromialis; U: Acromion, A: wie 3, F: wie 3, N: wie 3; bei **operativem Zugang zum Schultergelenk** nach kaudal oder kranial verlagert
5 M. teres major; U: Angulus caudalis scapulae, A: Crista tuberculi minoris, F: wie 3, N: wie 3
6 M. biceps brachii s. Abb. 111, Ziffer 9
7 M. brachialis; U: kaudolateral dicht unterhalb des Collum humeri, A: Tuberositas radii und Proc. coronoideus medialis ulnae, F: Beuger Ellbogengelenk, N: N. musculocutaneus
8 M. triceps brachii, Caput laterale; U: Linea m. tricipitis und Crista humeri, A: Tuber olecrani, F: Strecker Ellbogengelenk, N: N. radialis; **lateraler operativer Zugang zum Humeroulnargelenk** vor dem kranialen Muskelrand
9 M. triceps brachii, Caput longum; U: Margo caudalis scapulae, A: wie 8, F: wie 8 und Beuger Schultergelenk, N: wie 8; bei **Radialislähmung** Ellbogengelenk in Beuge-, Schultergelenk in Streckstellung. Eine **Ruptur** am Übergang des Muskelbauches zur Ansatzsehne ist als Folge eines Traumas (Sprung oder Sturz aus großer Höhe) möglich.
10 M. anconeus; U: kaudodistal am Humerus, A: wie 8, F: wie 8, N: wie 8; sein Ursprung wird beim **lateralen operativen Zugang zum Humeroulnargelenk** abgesetzt
11 M. extensor carpi radialis s. Abb. 112, Ziffer 1
12 Cartilago scapulae, **palpierbar**
13 Angulus caudalis scapulae, **palpierbar**
14 Spina scapulae; **palpierbar, operativer Zugang zur Scapula** entlang der Spina scapulae
15 Acromion; Spina scapulae und Acromion sind Orientierungspunkte beim **operativen Zugang zum Schultergelenk,** dabei evtl. Osteotomie des Acromions
16 Tuberculum majus; **palpierbar**
17 Tuberositas deltoidea; **palpierbar**
18 Epicondylus lateralis humeri; **palpierbar**
19 Crista supracondylaris lateralis, **palpierbar**
20 Olecranon, **sichtbar**

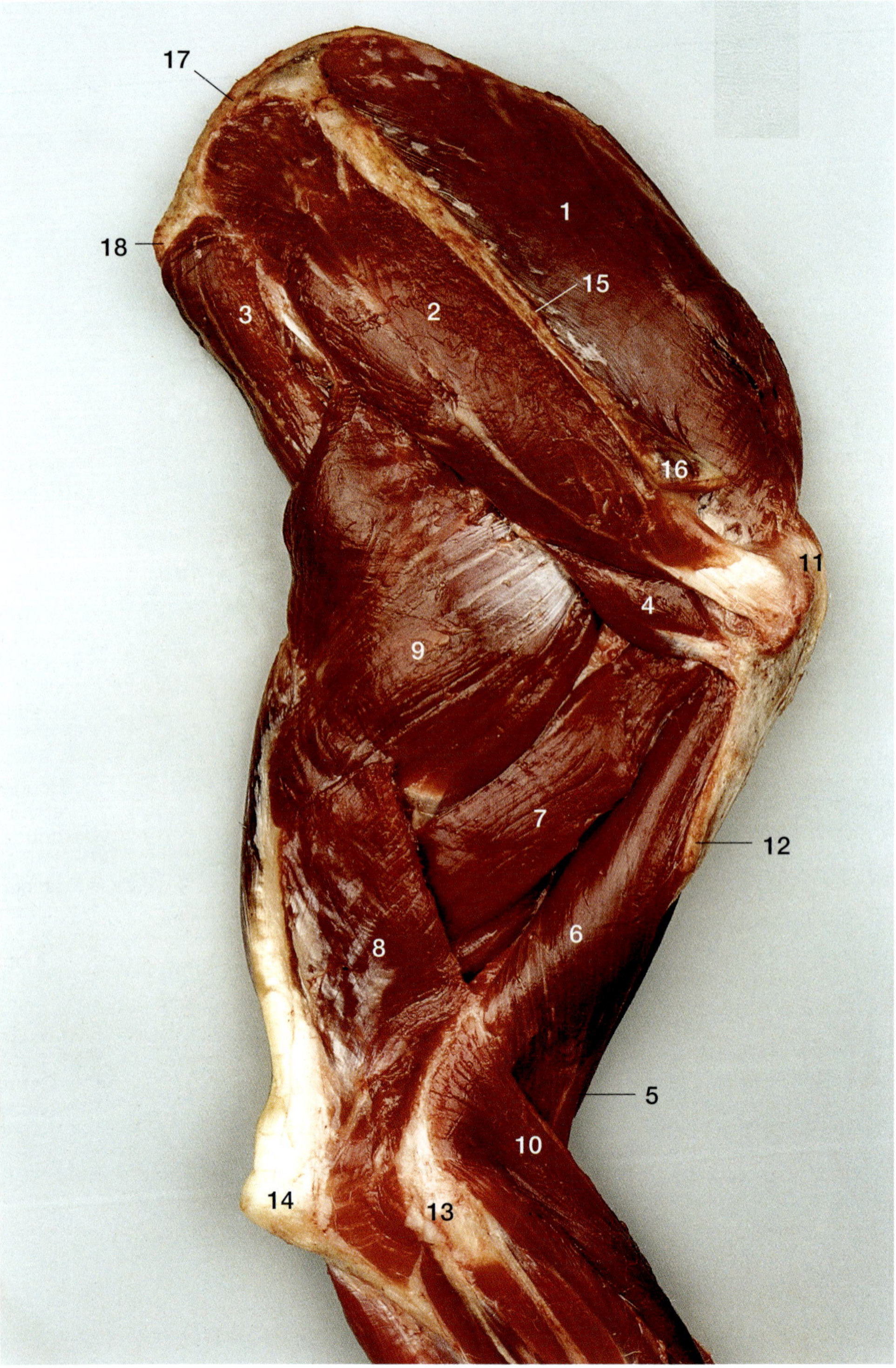
17
18
1
15
3
2
16
11
4
9
7
12
6
8
5
10
14
13

Abb. 110 Muskeln an Schulter und Oberarm, rechte Schultergliedmaße eines Hundes, laterale Ansicht, M. deltoideus vollständig und Caput laterale des M. triceps brachii teilweise entfernt (U = Ursprung, A =Ansatz, F = Funktion, N =Innervation)

1 M. supraspinatus s. Abb. 109, Ziffer 1
2 M. infraspinatus s. Abb. 109, Ziffer 2; seine Ansatzsehne am Tuberculum majus wird bei **kraniolateralem operativem Zugang zum Schultergelenk** durchtrennt; Bei **Myopathie** des M. infraspinatus (bes. bei Jagd- und Arbeitshunden) chronische Lahmheit, Therapie durch Tenotomie der Ansatzsehne nach Tenotomie der Pars acromialis des M. deltoideus am Acromion. Durch **Ruptur** der Ansatzsehne des M. infraspinatus kommt es zur lateralen Luxation des Schultergelenks.
3 M. teres major s. Abb. 109, Ziffer 5
4 M. teres minor; U: distal am Margo caudalis scapulae, A: Tuberositas teres minor, F: Beuger Schultergelenk, N: N. axillaris; seine Ansatzsehne wird bei **kraniolateralem operativem Zugang zum Schultergelenk** bei Bedarf, bei **kaudolateralem Zugang** immer durchtrennt.
5 M. biceps brachii s. Abb. 111, Ziffer 9
6 M. brachialis s. Abb. 109, Ziffer 7; bei **operativem Zugang zum Humerusschaft** von kraniolateral wird der M. brachialis vom Humerus gelöst und mit dem Caput laterale des M. triceps brachii nach kaudal gezogen.
7 M. triceps brachii, Caput accessorium; U: kaudal, unmittelbar distal des Caput humeri, A: Tuber olecrani, F: Strecker Ellbogengelenk, N: N. radialis
8 M. triceps brachii, ansatznaher Rest des Caput laterale s. Abb. 109, Ziffer 8
9 M. triceps brachii, Caput longum s. Abb. 109, Ziffer 9; bei **kaudolateralem operativem Zugang zum Humeroulnargelenk,** z.B. bei **isoliertem Proc. anconeus,** wird nach Durchtrennung der Insertion des M. anconeus und Verlagerung der distalen Portion des Caput longum das Gelenk sichtbar. Prüfen des **Trizepsreflexes** durch Beklopfen der Trizepssehne bewirkt Streckung des Ellbogengelenks.
10 M. extensor carpi radialis s. Abb. 112, Ziffer 1
11 Tuberculum majus; **palpierbar**
12 Tuberositas deltoidea; **palpierbar**
13 Epicondylus lateralis humeri; **palpierbar**
14 Olecranon, **sichtbar**
15 Spina scapulae s. Abb. 109, Ziffer 14
16 Acromion s. Abb. 109, Ziffer 15
17 Cartilago scapulae, **palpierbar**
18 Angulus caudalis scapulae, **palpierbar**

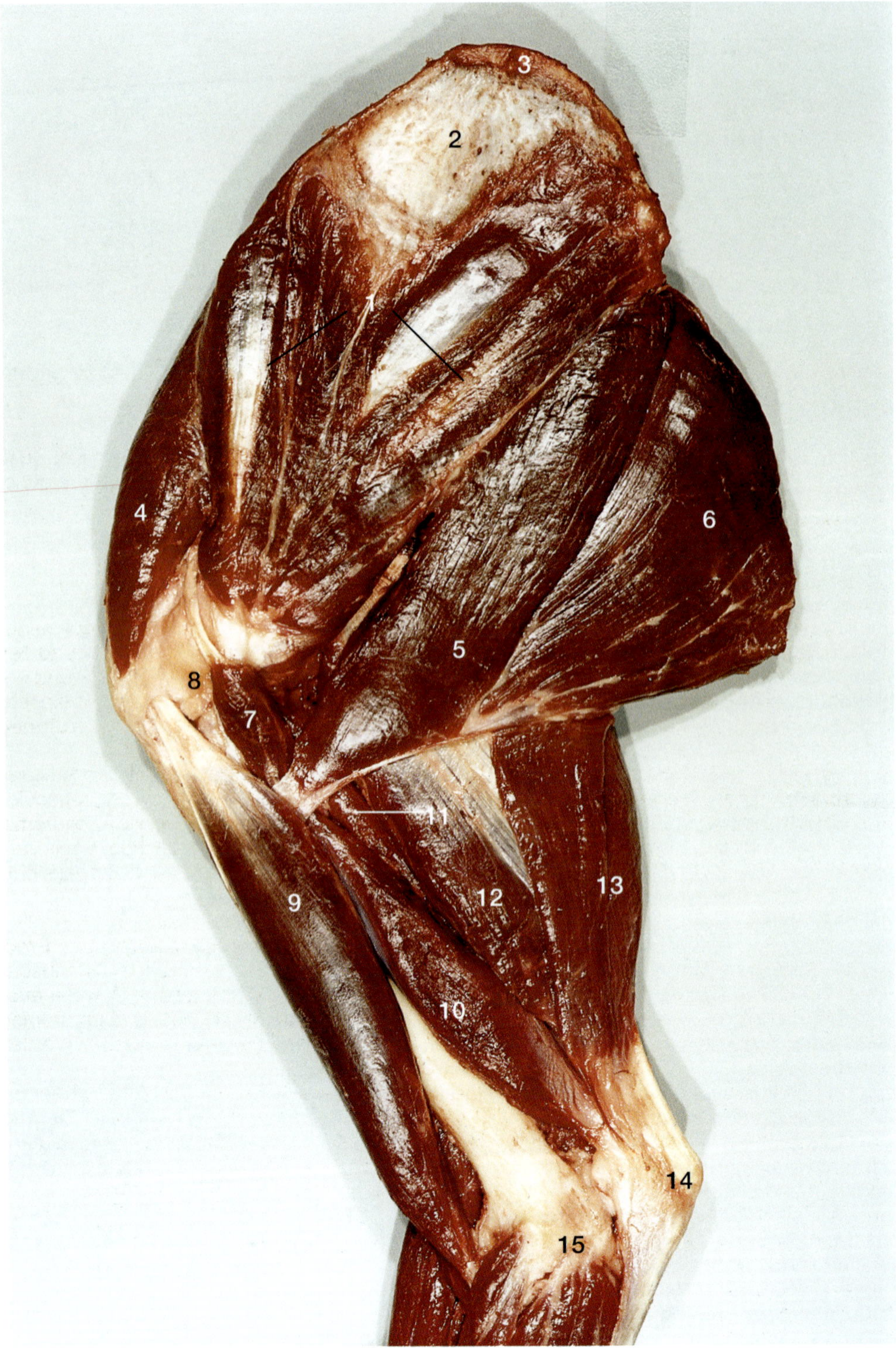
1
2
3
4
5
6
7
8
9
10
11
12
13
14
15

Abb. 111 Muskeln an Schulter und Oberarm eines Hundes, rechte Schultergliedmaße, mediale Ansicht (U = Ursprung, A = Ansatz, F = Funktion, N = Innervation)

1 M. subscapularis; U: Fossa subscapularis, A: Tuberculum minus humeri, F: je nach Gelenkstellung Beuger oder Strecker Schultergelenk; Sehne ersetzt fehlendes Kollateralband, N: Nn. subscapulares und N. axillaris
2 Facies serrata, Ansatzfläche des M. serratus ventralis
3 Cartilago scapulae; **palpierbar**
4 M. supraspinatus s. Abb. 109, Ziffer 1
5 M. teres major s. Abb. 109, Ziffer 5
6 M. latissimus dorsi; U: Fascia thoracolumbalis und letzte 2–3 Rippen, A: Crista tuberculi minoris, F: Beuger Schultergelenk, Rückwärtszieher der Gliedmaße, N: N. thoracodorsalis und Nn. pectorales caudales; Der Muskel kann für die Rekonstruktion von Defekten der Thorax- und der Bauchwand zur Herstellung von **Muskellappen** verwendet werden. Sofern der Lappen einschließlich der darüber gelegenen Haut eingesetzt wird, spricht man von einem **myokutanen Lappen (Flap).**
7 M. coracobrachialis; U: Proc. coracoideus, A: crista tuberculi minoris, F: je nach Gelenkstellung Beuger oder Strecker Schultergelenk, Adduktor, N: R. muscularis proximalis des N. musculocutaneus; bei **kraniomedialem operativem Zugang zum Schultergelenk** wird eine Tenotomie der Ursprungssehne durchgeführt. Dadurch wird der Ansatz des M. subscapularis am Tuberculum minus sichtbar. Nach Tenotomie des M. subscapularis wird die Gelenkkapsel sichtbar.
8 Tuberculum minus
9 M. biceps brachii; U: Tuberculum supraglenoidale, A: Tuberositas radii und distal des Proc. coronoideus medialis ulnae, F: Beuger Ellbogengelenk, Strecker Schultergelenk, N: N. musculocutaneus; Prüfen des **Biceps-brachii-Reflexes** durch Beklopfen der Ansatzsehne. Bei älteren Hunden kommt es mitunter zur **Ruptur der Ursprungssehne.** Bei kompletter Ruptur kann bei vollständig gebeugtem Schultergelenk das Ellbogengelenk maximal gestreckt werden (pathognomonisch!).
10 M. triceps brachii, Caput mediale; U: medial am Humerusschaft, kaudal der Crista tuberculi minoris, A: Tuber olecrani, F: Strecker Ellbogengelenk, N: N. radialis; bei **operativem Zugang zum distalen Schaft des Humerus** von medial sind die kranial vom Caput mediale verlaufenden Nn. ulnaris und medianus sowie die A. und V. brachialis zu beachten.
11 M. triceps brachii, Caput accessorium s. Abb. 110, Ziffer 7
12 M. triceps brachii, Caput longum s. Abb. 109 und 110, Ziffer 9
13 M. tensor fasciae antebrachii; U: lateral am verdickten Epimysium des M. latissimus dorsi, A: medial am Olecranon, F: Strecker Ellbogengelenk, Beuger Schultergelenk, Spanner der Unterarmfaszie, N: N. radialis
14 Olecranon; **sichtbar**
15 Epicondylus medialis humeri, **palpierbar**

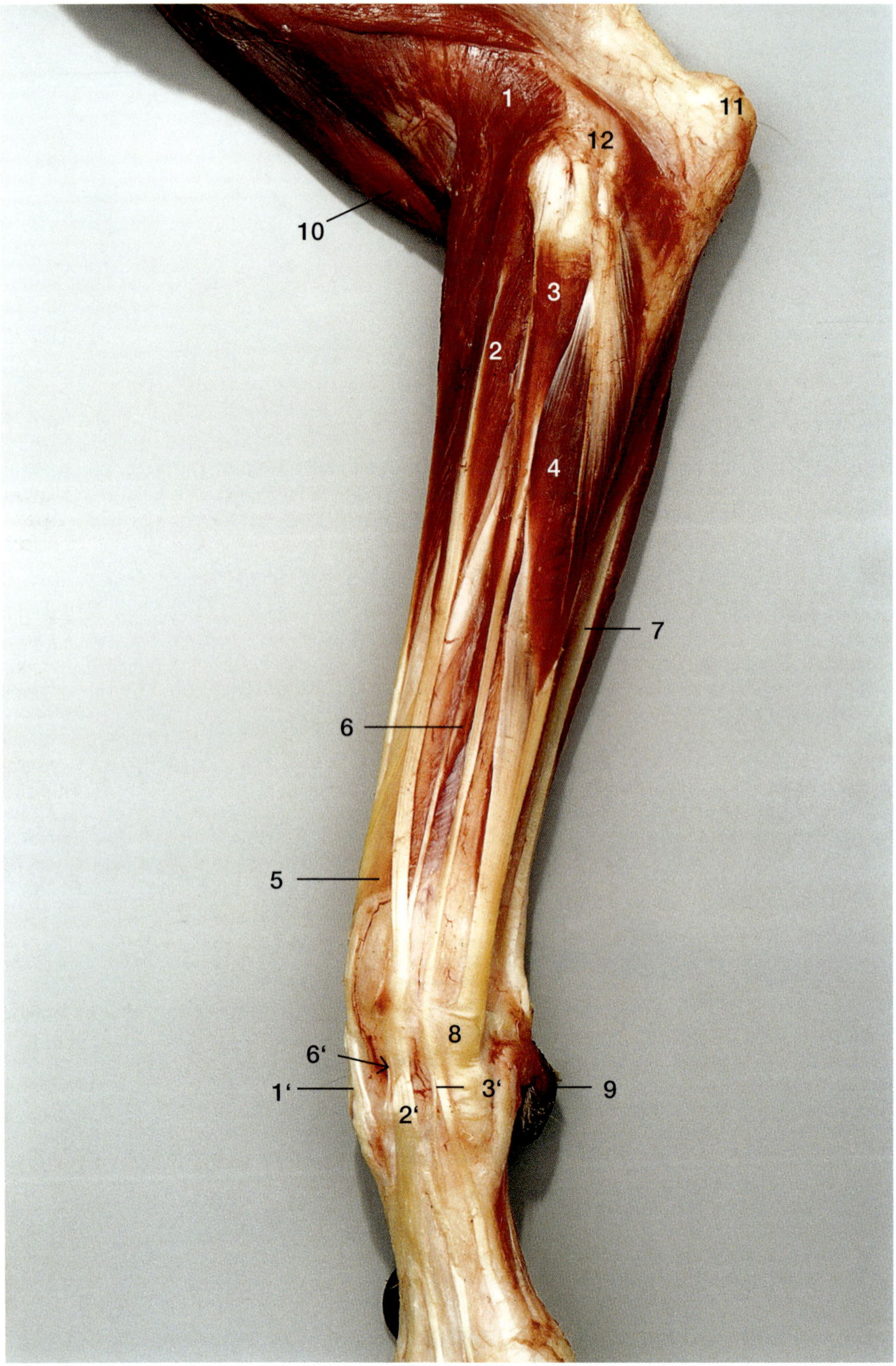
1
11
12
10
3
2
4
7
6
5
8
6‘
1‘
3‘
9
2‘

Abb. 112 Muskeln am Unterarm eines Hundes, linke Schultergliedmaße, laterale Ansicht (U = Ursprung, A = Ansatz, F = Funktion, N = Innervation)

1 M. extensor carpi radialis; U: Crista supracondylaris lateralis, A: proximodorsal am 2. Metakarpalknochen = *M. extensor carpi radialis longus* und proximodorsal am 3. Metakarpalknochen = *M. extensor carpi radialis brevis,* F: Strecker Karpalgelenk, N: N. radialis; Prüfen des **Extensor-carpi-radialis-Reflexes** durch leichtes Beklopfen des Muskels etwas distal des Ellbogengelenks bewirkt leichte Streckung des Karpalgelenks. Bei **lateralem operativem Zugang zum Condylus humeri** wird am Ursprung des Muskels entlang der Crista supracondylaris inzidiert, um den M. extensor carpi radialis von der Gelenkkapsel abzuheben.
1' Sehnen von 1.
2 M. extensor digitorum communis; U: Epicondylus lateralis humeri, A: Dorsalteil des Krallenfalzes der 4 Stützzehen, F: Strecker Zehengelenke, N: N. radialis; bei **operativem Zugang zum Radiusschaft** wird die tiefe Faszie entlang des Kranialrandes des M. extensor digitorum communis inzidiert und dieser gemeinsam mit dem M. extensor digitorum lateralis nach kaudal retrahiert.
2' Ansatzsehnen von 2.
3 M. extensor digitorum lateralis; U: Epicondylus lateralis humeri und Lig. collaterale laterale des Ellbogengelenks, A: gemeinsam mit den Ansatzsehnen von 2 an der 3.–5. Zehe, F: Strecker Zehengelenke, N: N. radialis.
3' Ansatzsehnen von 3.
4 M. extensor carpi ulnaris; U: Epicondylus lateralis humeri, A: proximolateral am 5. Metakarpalknochen, F: Beuger Karpalgelenk; wenn das Gelenk in Streckstellung steht, dann Strecker; Seitwärtsbeweger der Pfote
5 M. abductor digiti I (pollicis) longus; U: mittleres Unterarmdrittel am lateralen Radiusrand und an der Ulna, A: medial an der Basis des 1. Metakarpalknochens, F: Abduktor und Strecker der 1. Zehe, N: N. radialis
6 M. extensor digiti I (pollicis) und M. extensor digiti II (vormals gemeinsam M. extensor pollicis longus et indicis); U: Mitte des dorsolateralen Ulnarandes, A: kürzerer Sehnenschenkel medial am Caput des 1. Metakarpalknochens, längerer Sehnenschenkel vereinigt sich mit Sehnenschenkel des M. extensor digitorum communis für 2. Zehe, F: Strecker 1. und 2. Zehe, Adduktion 1. Zehe, N: N. radialis
6' Sehne von 6 vor der Teilung
7 M. flexor carpi ulnaris; U: kaudomedial am Olecranon = *Caput ulnare* und am Epicondylus medialis humeri = *Caput humerale,* A: Os carpi accessorium, F: Beuger Karpalgelenk, N: N. ulnaris; Bei Verletzungen von Unterarm, Handwurzel und Mittelhand kann das Caput humerale als **Muskellappen (Flap)** zum Abdecken der Wunde verwendet werden.
8 Retinaculum extensorum
9 Karpalballen
10 M. biceps brachii s. Abb. 111, Ziffer 9
11 Olecranon
12 Epicondylus lateralis humeri

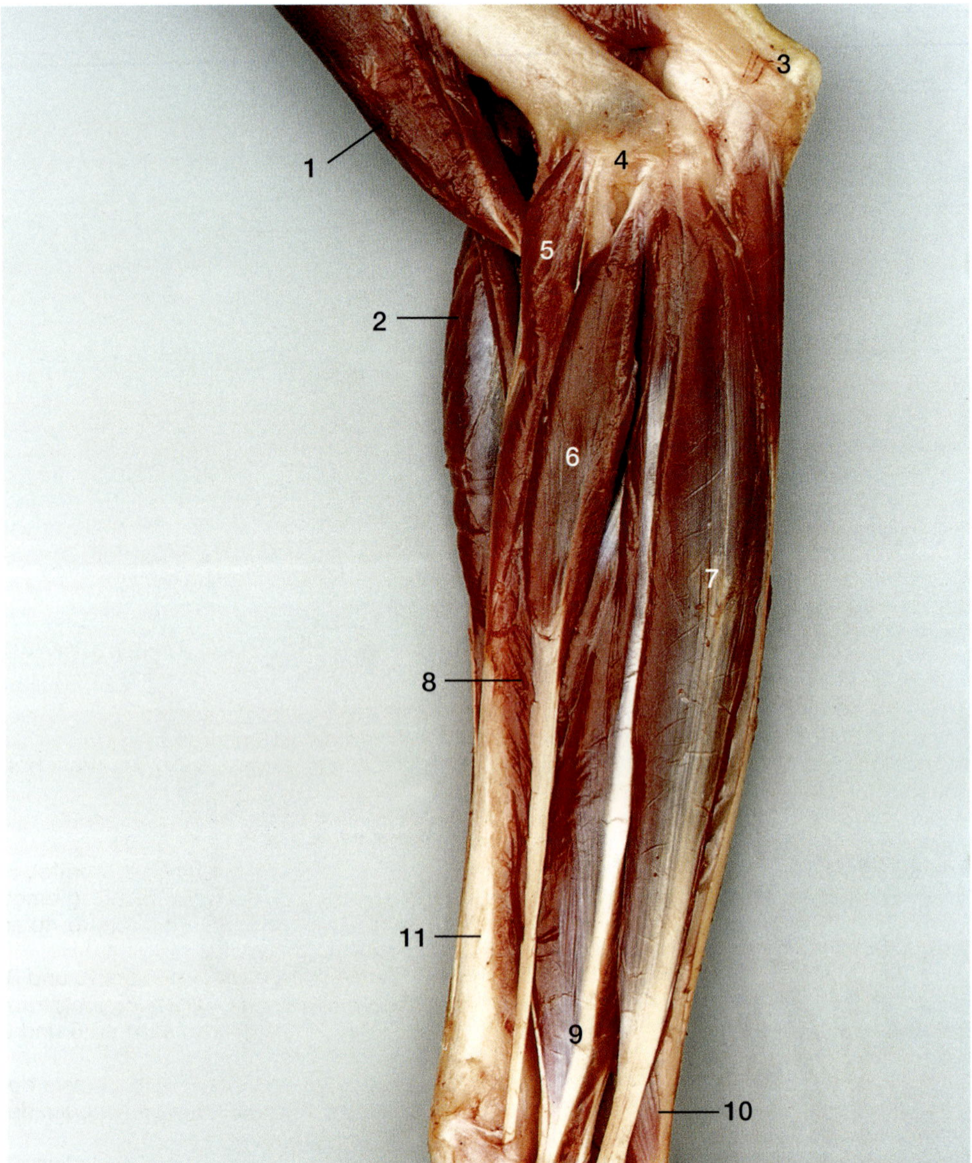
1
2
3
4
5
6
7
8
9
10
11
12

Abb. 113 Muskeln am Unterarm eines Hundes, rechte Schultergliedmaße, mediale Ansicht (U = Ursprung, A = Ansatz, F = Funktion, N = Innervation)

1 M. biceps brachii s. Abb. 111, Ziffer 9
2 M. extensor carpi radialis s. Abb. 112, Ziffer 1; für den **operativen Zugang zum Radiusschaft** von medial wird die tiefe Unterarmfaszie zwischen 2 und 5 inzidiert.
3 Olecranon, **sichtbar**
4 Epicondylus medialis humeri
5 M. pronator teres; U: Epicondylus medialis humeri, A: kraniomedial am oberen Radiusdrittel, F: Pronator Unterarm, Beuger Ellbogengelenk, N: N. medianus; zur operativen **Entfernung eines fragmentierten Proc. coronoideus medialis** wird die Ursprungssehne des M. pronator teres durchtrennt. Unter dem Muskel wird das Coronoid-Fragment sichtbar.
6 M. flexor carpi radialis; U: Epicondylus medialis humeri, A: palmar an der Basis des 2. und 3. Metakarpalknochens, F: Beuger Karpalgelenk, N: N. medianus; **bei operativem Zugang zum medialen Bereich des Condylus humeri** wird das Septum intermusculare zwischen 6 und 9 durchtrennt. Durch Retraktion beider Muskeln wird die Gelenkkapsel sichtbar.
7 M. flexor digitorum superficialis; U: Epicondylus medialis humeri, A: palmar an der Basis der mittleren Phalangen der 2.–5. Zehe (Sehne verläuft nicht durch Karpaltunnel!), F: Beuger der ersten und zweiten Zehengelenke, N: N. medianus
8 M. flexor digitorum profundus, Caput radiale; U: kaudomedial im Mittelabschnitt des Radius, A: s. 9, F: s. 9, N: N. medianus
9 M. flexor digitorum profundus, Caput humerale; U: Epicondylus medialis humeri, A: Aus 8 und 9 sowie aus dem dritten Kopf (Caput ulnare, Abb. 6, Ziffer 4) geht die tiefe Beugesehne hervor. Sie passiert den Karpaltunnel und spaltet sich in 4 Sehnen auf. Diese passieren die Manicae flexoriae der Sehnenschenkel des oberflächlichen Zehenbeugers und inserieren am Tuberculum flexorium des Krallenbeins der 2.–5. Zehe. Die 1. Zehe erhält eine eigene Sehnenabspaltung von der tiefen Beugesehne. F: Beuger Karpalgelenk und Zehengelenke, N: N. medianus und N. ulnaris
10 Endsehne des M. flexor carpi ulnaris s. Abb. 112, Ziffer 7
11 Margo medialis radii
12 Retinaculum flexorum

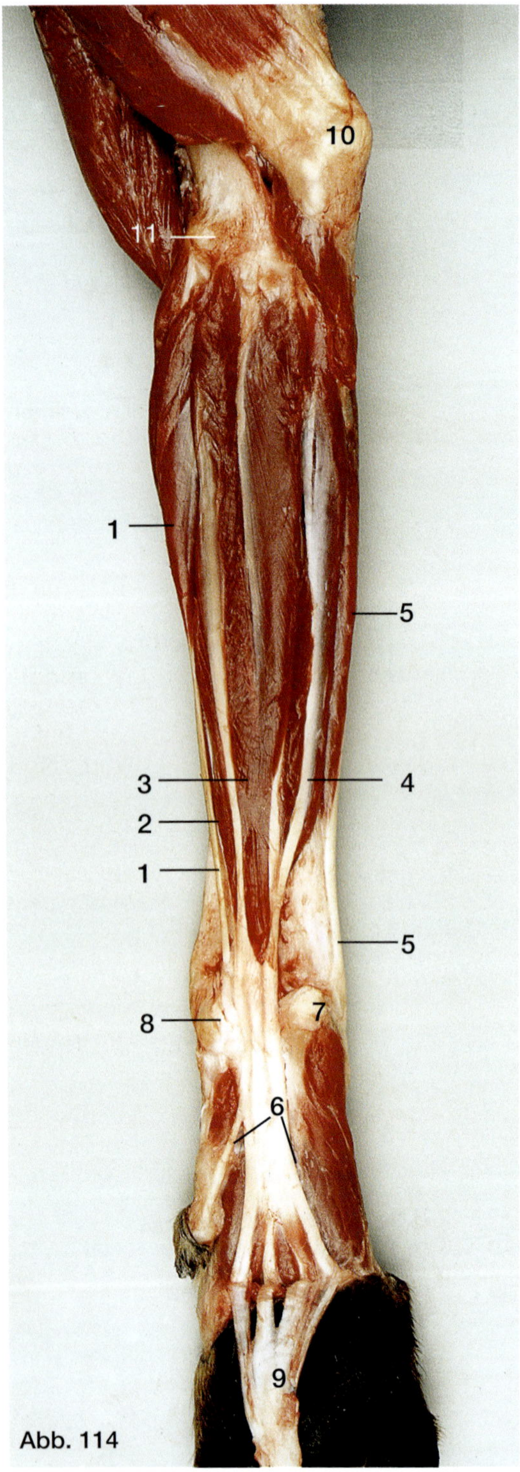

Abb. 114

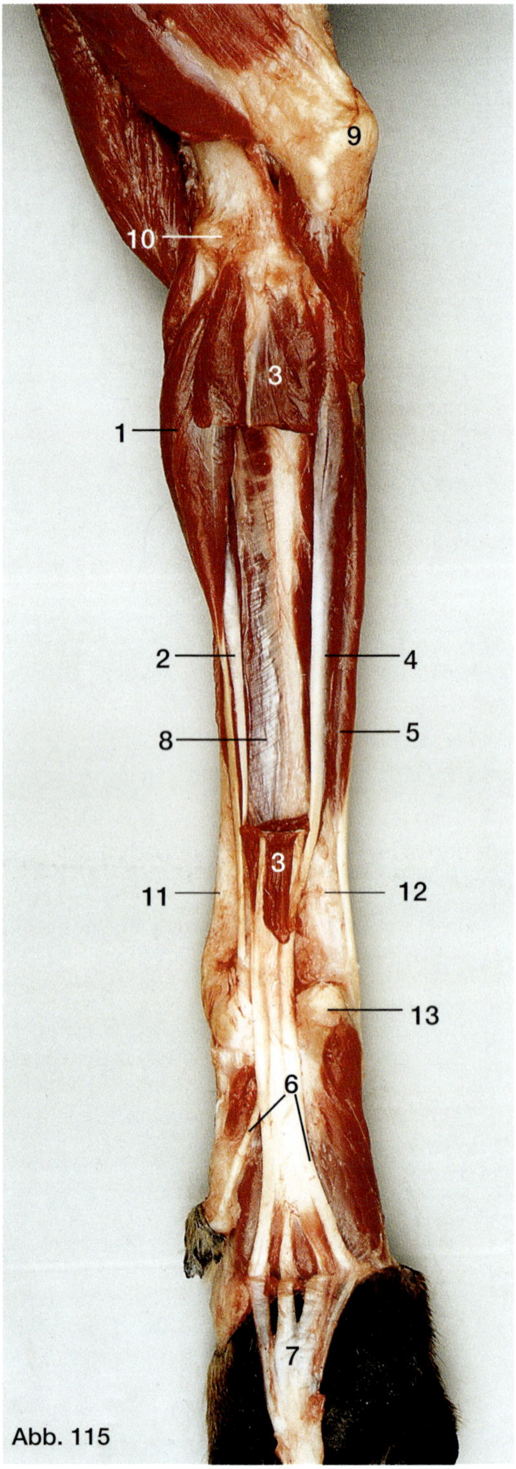

Abb. 115

Abb. 114 Muskeln am Unterarm eines Hundes, rechte Schultergliedmaße, kaudale Ansicht, M. flexor carpi ulnaris entfernt, M. flexor digitorum superficialis am Ursprung abgetrennt und nach distal umgeklappt (U = Ursprung, A = Ansatz, F = Funktion, N = Innervation)

1 M. flexor carpi radialis s. Abb. 113, Ziffer 6
2 M. flexor digitorum profundus, Caput radiale s. Abb. 113, Ziffer 8
3 M. flexor digitorum profundus, Caput humerale s. Abb. 113, Ziffer 9, **Zugang zum medialen Bereich des Condylus humeri** s. Abb. 5, Ziffer 6
4 M. flexor digitorum profundus, Caput ulnare; U: Hinterrand der Ulna, A: s. Abb. 113, Ziffer 9, F: Beuger Karpalgelenk und Zehengelenke, N: N. ulnaris
5 M. extensor carpi ulnaris s. Abb. 112, Ziffer 4
6 Schenkel der tiefen Beugesehne des M. flexor digitorum profundus an die 1.–5. Zehe
7 Os carpi accessorium = lateraler Ansatz des entfernten Retinaculum flexorum
8 medialer Ansatz des entfernten Retinaculum flexorum an den Karpalknochen; durch Inzidieren des Retinaculum flexorum ist der **Zugang zum Karpus von plamar** möglich (z.B. zur Panarthrodese des Karpus mit palmarer Verplattung).
9 Schenkel der oberflächlichen Beugesehne des M. flexor digitorum superficialis an die 2.–5. Zehe s. Abb. 113, Ziffer 7
10 Olecranon
11 Epicondylus medialis humeri

Abb. 115 Muskeln am Unterarm eines Hundes, rechte Schultergliedmaße, kaudale Ansicht, M. flexor carpi ulnaris entfernt, M. flexor digitorum superficialis am Ursprung abgetrennt und nach distal umgeklappt, Mittelstück des Caput humerale des tiefen Zehenbeugers herausgeschnitten (U = Ursprung, A = Ansatz, F = Funktion, N = Innervation)

1 M. flexor carpi radialis s. Abb. 113, Ziffer 6
2 M. flexor digitorum profundus, Caput radiale s. Abb. 113, Ziffer 8
3 M. flexor digitorum profundus, Caput humerale s. Abb. 113, Ziffer 9
4 M. flexor digitorum profundus, Caput ulnare s. Abb. 114, Ziffer 4
5 M. extensor carpi ulnaris s. Abb. 112, Ziffer 4
6 s. Abb. 114, Ziffer 6
7 s. Abb. 114, Ziffer 9
8 M. pronator quadratus; füllt den Spalt zwischen Radius und Ulna mit transversal verlaufenden Fasern, F: Pronator des Vorderfußes, N: N. medianus
9 Olecranon
10 Epicondylus medialis humeri
11 Radius
12 Ulna
13 Os carpi accessorium

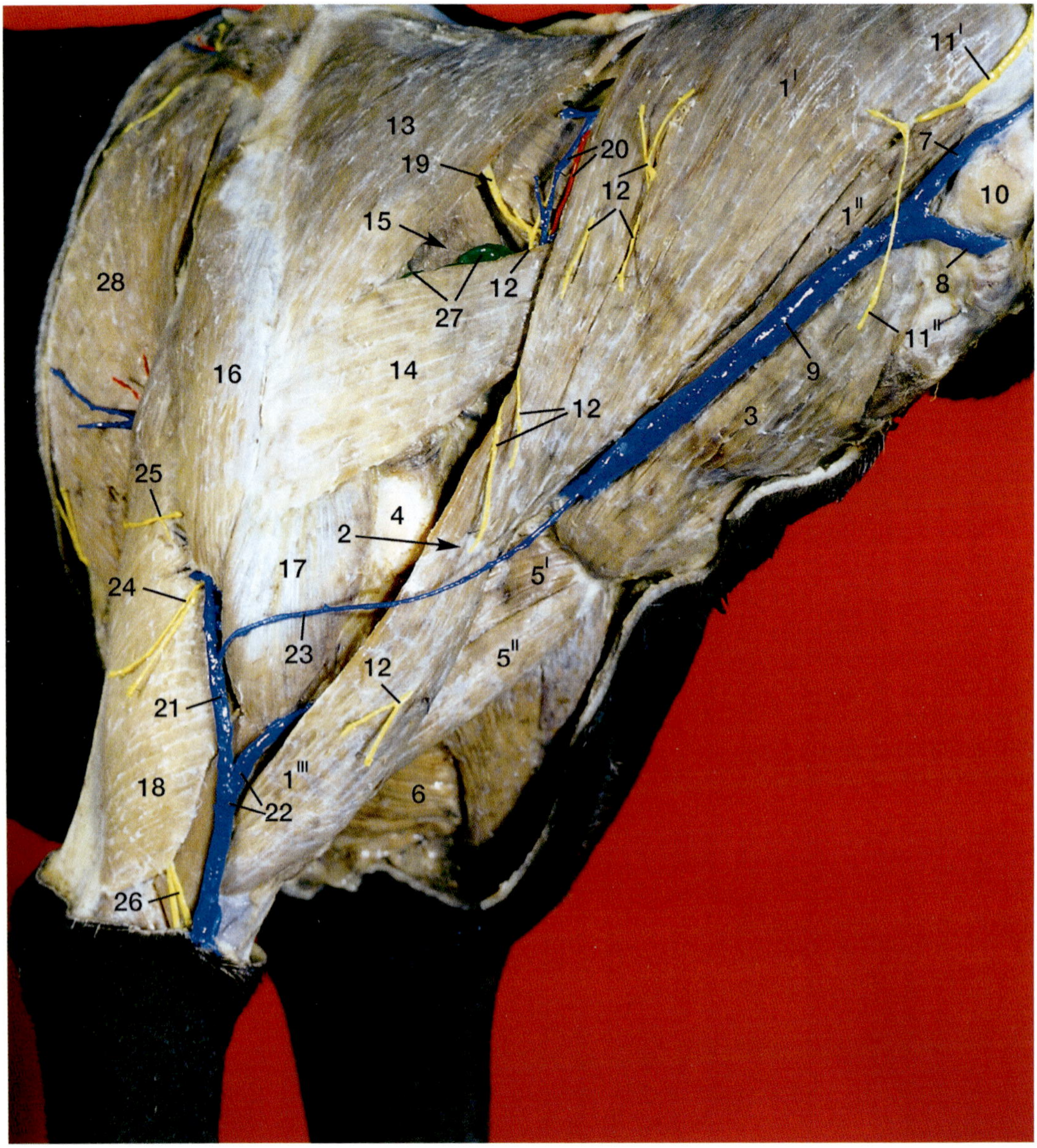
1'
1''
1'''
2
3
4
5'
5''
6
7
8
9
10
11'
11''
12
13
14
15
16
17
18
19
20
21
22
23
24
25
26
27
28

Abb. 116 Hals-, Schulter- und Oberarmgegend eines Hundes, rechte Kraniolateralansicht.

1 M. brachiocephalicus
1' M. cleidocephalicus, Pars cervicalis
1" M. cleidocephalicus, Pars mastoidea
1''' M. cleidobrachialis (auch Pars clavicularis m. deltoidei)
2 Schlüsselbeinstreifen, Intersectio clavicularis
3 M. sternocephalicus
4 Tuberculum majus humeri; **tastbar**
5 Mm. pectorales superficiales
5' M. pectoralis descendens
5" M. pectoralis transversus
6 M. pectoralis profundus
7 V. maxillaris
8 V. linguofacialis
9 V. jugularis externa; **Punktion** zur Entnahme größerer Mengen Blut
10 Glandula mandibularis; **Lage** der Drüse in der Gabelung der Venen kann durch Anstauen der V. jugularis externa lokalisiert werden
11 Ventralast des 2. Halsnerven
11' N. auricularis magnus
11" N. transversus colli
12 Ventraläste weiterer Halsnerven
13 M. trapezius, Pars cervicalis
14 M. omotransversarius
15 M. supraspinatus
16 M. deltoideus, Pars scapularis
17 M. deltoideus, Pars acromialis
18 M. triceps brachii, Caput laterale
19 R. dorsalis des N. accessorius (XI); innerviert Mm. trapezius, omotransversarius, brachiocephalicus
20 A. und V. cervicalis superficialis
21 V. axillobrachialis
22 V. cephalica; sehr geeignet für **Blutentnahme** und **i.v. Injektionen,** s.a. Abb. 117, Nr. 5
23 V. omobrachialis
24 N. cutaneus antebrachii cranialis des N. axillaris
25 N. cutaneus brachii lateralis cranialis des N. axillaris
26 N. radialis, R. superficialis, s.a. Abb. 117, Nr. 8
27 Lnn. cervicales superficiales; Einzugsgebiet umfasst oberflächlichen Halsbereich, Kopf, Rumpf, Schultergliedmaße
28 M. latissimus dorsi

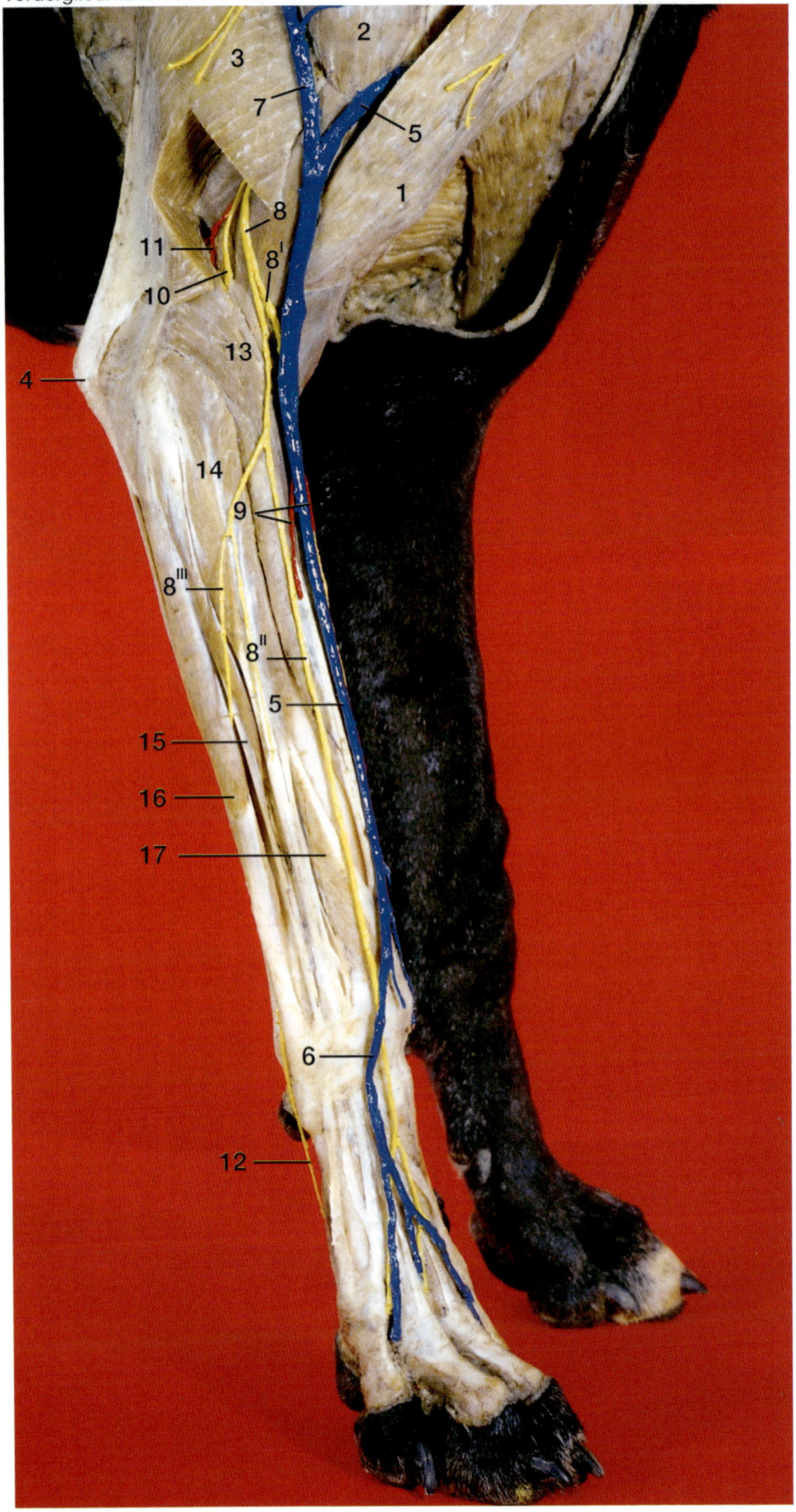
2
3
7
5
1
8
11
8I
10
13
4
14
9
8III
8II
5
15
16
17
6
12

Abb. 117 Rechte Schultergliedmaße eines Hundes, distal der Oberarmmitte, Kraniolateralansicht.

1 M. cleidobrachialis, s.a. Abb. 116, Nr. 1‴
2 M. deltoideus, Pars acromialis, s.a. Abb. 116, Nr. 17
3 M. triceps brachii, Caput laterale, gefenstert
4 Tuber olecrani
5 V. cephalica; sehr geeignet für **Blutentnahme** und **i.v. Injektionen,** s.a. Abb. 116, Nr. 22
6 V. cephalica accessoria
7 V. axillobrachialis
8 N. radialis, R. superficialis
8‘ R. medialis
8“ R. lateralis
8‴ N. cutaneus antebrachii lateralis
9 R. lateralis und R. medialis der A. antebrachialis superficialis cranialis
10 N. radialis, R. profundus; innerviert die Extensoren des Karpalgelenks und der Zehengelenke, den M. abductor pollicis longus und die Supinatoren, **Schädigung** des R. profundus führt zum Überköten, s.a. Abb. 118, Nr. 7 und Abb. 79, Nr. 11
11 A. collateralis radialis
12 R. dorsalis des N. ulnaris
13 M. extensor carpi radialis
14 M. extensor digitorum communis
15 M. extensor digitorum lateralis
16 M. extensor carpi ulnaris
17 M. abductor pollicis longus

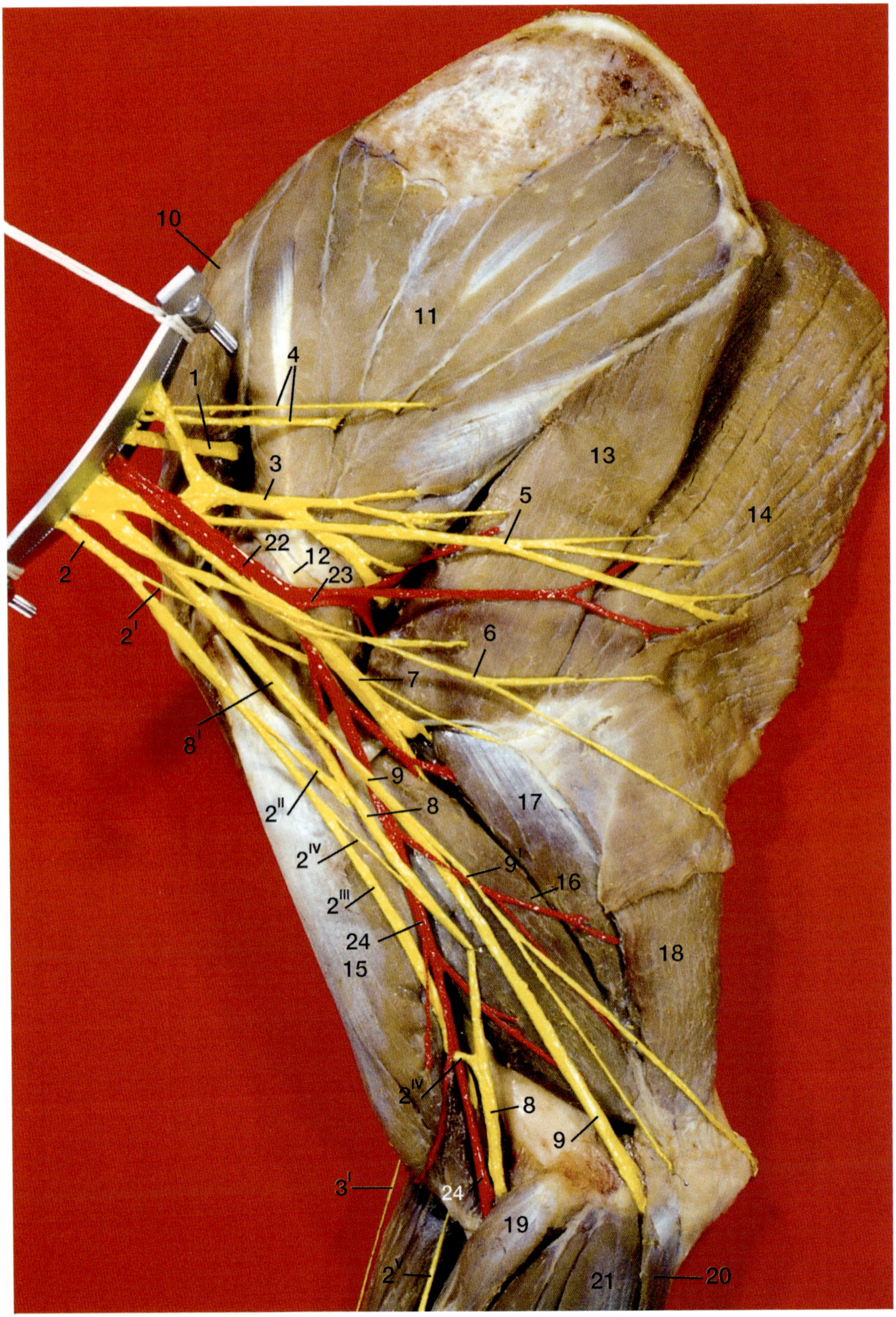
10
11
4
1
3
13
5
14
22
12
23
2
$2'$
6
7
$8'$
9
17
2^{II}
8
2^{IV}
$9'$
16
2^{III}
24
15
18
2^{IV}
8
9
$3'$
24
19
2^{V}
21
20

Abb. 118 Nerven des Plexus brachialis eines Hundes, rechte Vordergliedmaße, Medialansicht.

1 **N. suprascapularis;** innerviert *Mm. supra- und infraspinatus,* s.a. Abb. 79, Nr. 1
2 **N. musculocutaneus,** s.a. Abb. 79, Nr. 2
2' Ast an den *M. coracobrachialis*
2" **Ramus muscularis proximalis** an den *M. biceps brachii*
2"' fortlaufender Stamm des N. musculocutaneus; gibt lateral des distalen Viertels des M. biceps brachii den **R. muscularis distalis** an den *M. brachialis* ab
2^{IV} R. communicans mit dem N. medianus
2^{V} **N. cutaneus antebrachii medialis**
3 **N. axillaris;** biegt gemeinsam mit der A. circumflexa humeri caudalis um den kaudoventralen Rand des M. subscapularis, zuvor Äste an *Mm. subscapularis* und *teres major,* weitere Äste an *Mm. teres minor* und *deltoideus,* s.a. Abb. 79, Nr. 7
3' **N. cutaneus antebrachii cranialis**
4 **N. subscapularis;** beim Hd. gelegentlich doppelt (wie hier), innerviert *M. subscapularis*
5 **N. thoracodorsalis;** innerviert *M. latissimus dorsi*
6 **N. thoracicus lateralis;** innerviert *M. cutaneus trunci,* **Panniculusreflex** s. Abb. 79, Nr. 10
7 **N. radialis;** verlässt Fossa axillaris distal der vereinigten Sehnen der Mm. teres major und latissimus dorsi, versorgt die Streckmuskeln des Ellbogen- und des Karpalgelenks sowie der Zehengelenke, die *Mm. supinator, brachioradialis* und *abductor pollicis longus* dazu den *M. tensor fasciae antebrachii;* unter dem Caput laterale des M. triceps brachii Teilung in **R. superficialis** und **R. profundus** s. Abb. 117, Nr. 8 und 10; **hohe** und **tiefe Schädigung** des N. radialis s. Abb. 79 Nr. 11
8 **N. medianus;** zunächst mit N. ulnaris verbunden, gibt bis zum Ellbogengelenk keine Muskeläste ab, taucht an der Beugeseite des Ellbogengelenks unter den M. pronator teres; Muskeläste an *Mm. flexor carpi radialis, flexor digitorum profundus (Caput radiale, Caput humerale), flexor digitorum superficialis, pronator teres, pronator quadratus*
8' gemeinsamer Stamm von N. medianus und N. ulnaris
9 **N. ulnaris;** keine Muskeläste bis zum Ellbogengelenk, tritt dort unter die kräftige Fascia antebrachii, zieht unter das Caput ulnare des M. flexor carpi ulnaris, Muskeläste an *M. flexor carpi ulnaris, Caput ulnare und Caput humerale des M. flexor digitorum profundus;* im distalen Drittel des Oberrams N. cutaneus antebrachii caudalis abgegeben
9' **N. cutaneus antebrachii caudalis**
10 M. supraspinatus
11 M. subscapularis
12 M. coracobrachialis
13 M. teres major
14 M. latissimus dorsi
15 M. biceps brachii
16 M. triceps brachii, Caput mediale
17 M. triceps brachii, Caput longum
18 M. tensor fasciae antebrachii
19 M. pronator teres
20 M. flexor carpi ulnaris, Caput ulnare
21 M. flexor digitorum superficialis
22 A. axillaris
23 A. subscapularis
24 A. brachialis

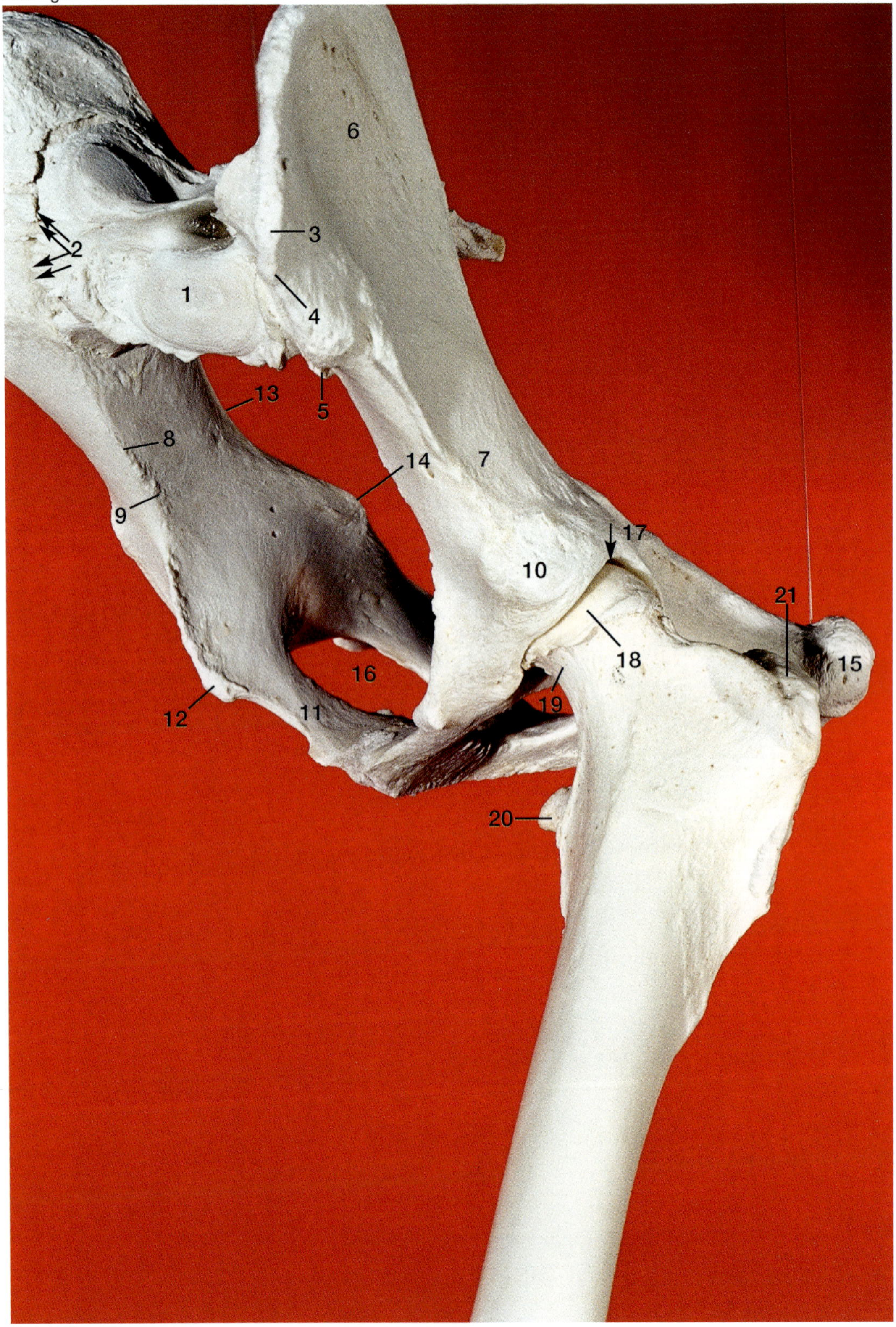
6
3
2
1
4
13
5
8
14
7
9
17
10
21
18
15
16
19
12
11
20

Abb. 119 Knöchernes Becken und linkes Oberschenkelbein eines Hundes, Kraniolateralansicht.

1 Extremitas cranialis des 1. Kreuzwirbels
2 Articulatio sacroiliaca; **Iliosakralluxationen** und **-frakturen** müssen operativ versorgt werden, um die Stabilität des Beckenrings wiederherzustellen
3 Tuber coxae; tastbar
4 Spina iliaca ventralis cranialis
5 Spina alaris
6 Ala ossis ilii; **Frakturen** des **Darmbeins** und des **Azetabulums** bedürfen zur Sicherstellung der Kraftübertragung von den Hintergliedmaßen auf den Rumpf der chirurgischen Intervention.
7 Corpus ossis ilii
8 Linea arcuata
9 Area medialis m. recti femoris
10 Area lateralis m. recti femoris
11 Ramus cranialis ossis pubis; Das Schambein ist nicht an der Kraftübertragung beteiligt. Daher müssen einfache **Schambeinfrakturen** nicht operativ versorgt werden.
12 Eminentia iliopubica
13 Incisura ischiadica major
14 Spina ischiadica; tastbar
15 Tuber ischiadicum; tastbar, bei **Sitzbeinfrakturen** Einklemmung des N. ischiadicus möglich
16 For. obturatum
17 Margo acetabuli
18 Caput ossis femoris; **Luxationen des Hüftgelenks** erfolgen zu 90% nach kraniodorsal und führen zum palpierbaren Hochstand des Trochanter major. **Hüftgelenksdysplasie (HD)** mit fehlerhafter Ausbildung des Femurkopfes und des Azetabulums führt zur Subluxation oder Luxation des Hüftgelenks. s. a. **Aseptische Femurkopfnekrose** (Legg-Calvé-Perthes-Krankheit. Bei der operativen Versorgung von **Frakturen des Femurkopfes** junger Hunde darf die Femurkopfepiphyse nicht blockiert werden (Epiphysenfugenschluss mit 7–12 Monaten).
19 Collum ossis femoris; **Frakturen des Femurhalses** müssen chirurgisch versorgt werden.
20 Trochanter minor
21 Trochanter major; tastbar

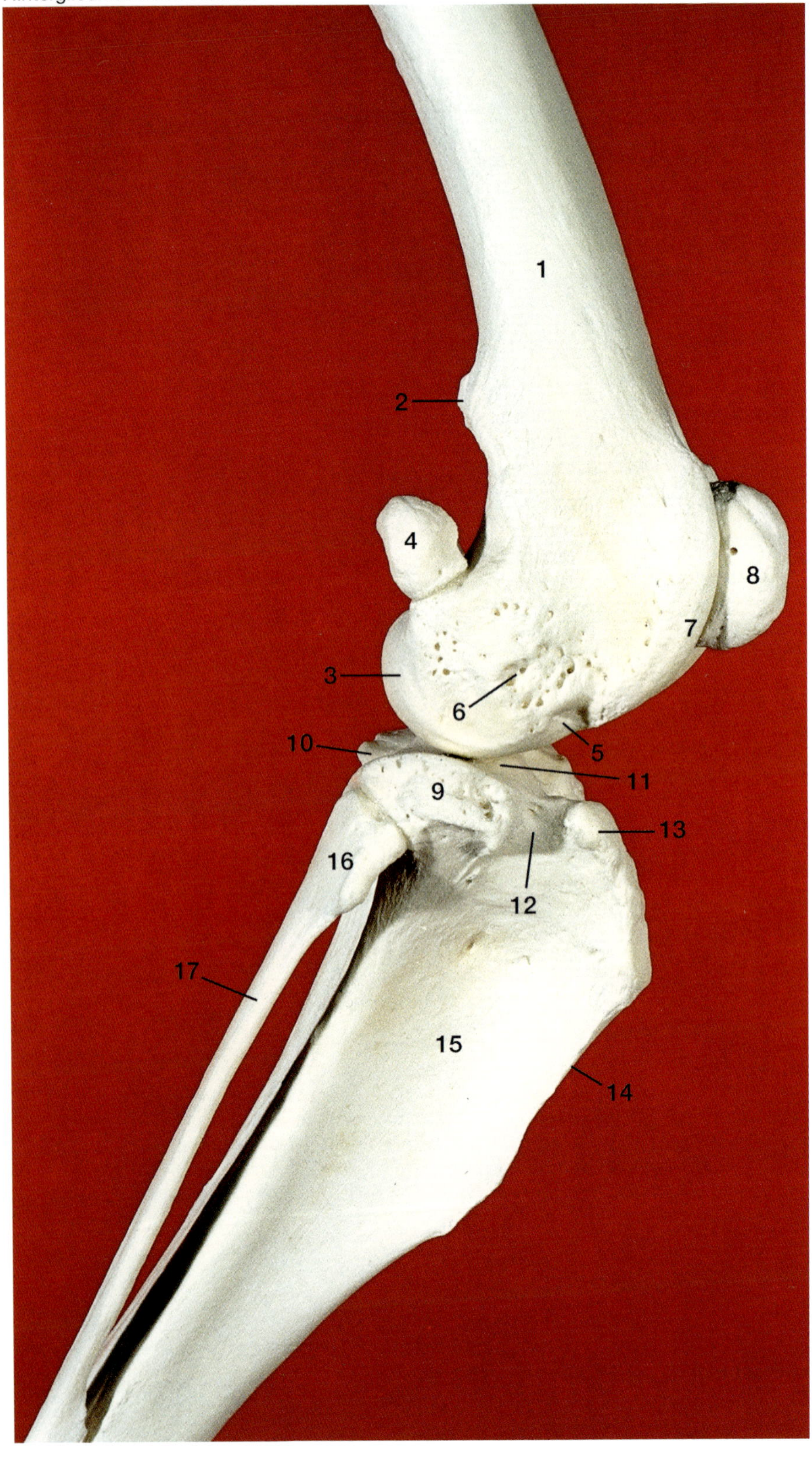
1
2
4
8
7
3
6
5
10
11
9
13
16
12
17
15
14

Abb. 120 Skelett des Kniegelenks eines Hundes, Lateralansicht.

1 Corpus ossis femoris; bei Junghunden nicht selten **suprakondyläre Frakturen der Femurdiaphyse,** distales Fragment meist nach kaudal verlagert
2 Tuberositas supracondylaris lateralis
3 Condylus lateralis; tastbar; **Osteochondrosis dissecans (OCD)** häufiger am lateralen als am medialen Kondylus (betrifft großwüchsige Hunderassen)
4 laterales Os sesamoideum m. gastrocnemii
5 Fossa extensoria, Ursprung des M. extensor digitorum longus; bei jungen Hunden knöcherner **Ausriß der Ursprungssehne** möglich
6 Fossa m. poplitei
7 Trochlea ossis femoris; Hypo- oder Aplasie der Trochlea als Ursache für **Patellaluxation**
8 Patella; **Patellaluxation** bei Achsenfehlstellung von Os femoris und Tibia, Luxationsrichtung fast immer medial; **Patellahochstand** bei Riss des geraden Kniescheibenbandes oder Ablösung der Apophyse der Tuberositas tibiae; **OCD** der Patella bei Bull Terriern, Pit Bull Terriern, Staffordshire Terriern
9 Condylus lateralis tibiae; tastbar; Bei **Riß des vorderen Kreuzbandes** kann die Tibia gegenüber dem Femur >1mm nach vorn verschoben werden (kraniales Schubladenphänomen)
10 Condylus medialis tibiae
11 Eminentia intercondylaris
12 Sulcus extensorius
13 Tuberositas tibiae; tastbar; bei jungen Hunden **Abriß der Apophyse** der Tuberositas tibiae durch Zug des M. quadriceps femoris möglich (Apophysenfugenschluss mit 6–12 Monaten); **Apophysennekrose** bei Terriern
14 Margo cranialis; tastbar
15 Facies lateralis
16 Caput fibulae; tastbar
17 Corpus fibulae

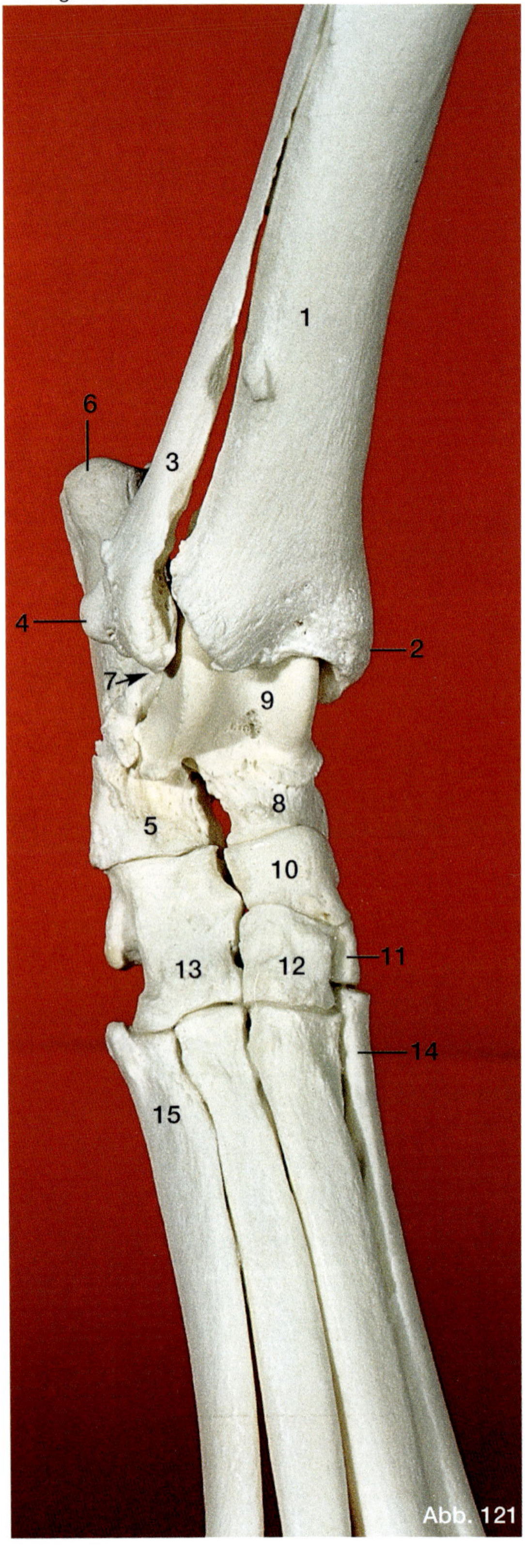

Abb. 121

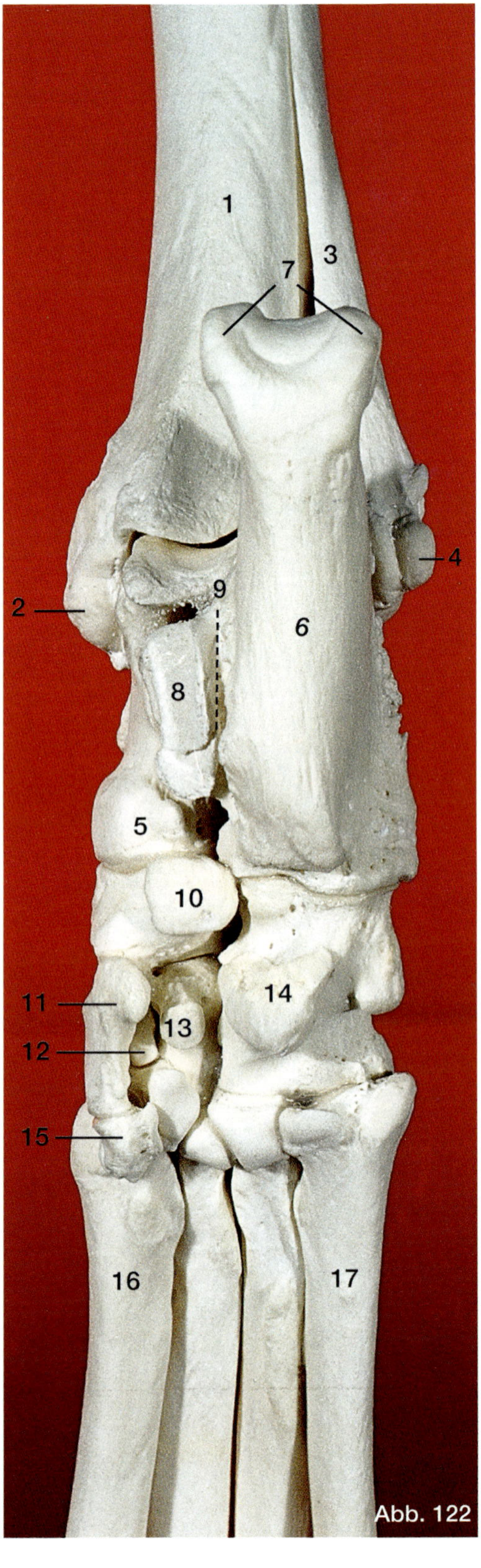

Abb. 122

Abb. 121 Rechtes Hinterfußwurzelskelett eines Hundes, Dorsolateralalansicht.

1 Tibia
2 Malleolus medialis; tastbar; **Frakturen** des Malleolus medialis häufig in Verbindung mit Luxation des Talus
3 Fibula
4 Malleolus lateralis; tastbar
5 Calcaneus; tastbar
6 Tuber calcanei; Bei **Fraktur des Tuber calcanei** zieht der M. gastrocnemius das Fragment nach proximal. Das Sprunggelenk steht dann in Beugestellung.
7 Proc. coracoideus
8 Talus
9 Trochlea tali; **Luxationen des Tarsokruralgelenks** erfolgen wegen Riss der medialen Kollateralbänder meist nach medial. **Osteochondrosis dissecans (OCD)** des Sprunggelenks meist an der medialen Seite der Trochlea tali (bes. bei Retriever, Rottweiler, verschiedenen Terriern)
10 Os tarsi centrale; Bei Renn-Greyhounds ist die **Fraktur des Os tarsi centrale** am rechten Sprunggelenk eine häufige Verletzung (Rennen werden entgegen dem Uhrzeigersinn gelaufen).
11 Os tarsale secundum
12 Os tarsale tertium
13 Os tarsale quartum
14 Os metatarsale secundum
15 Os metatarsale quintum

Abb. 122 Rechtes Hinterfußwurzelskelett eines Hundes, Plantaransicht.

1 Tibia
2 Malleolus medialis; tastbar
3 Fibula
4 Malleolus lateralis; tastbar
5 Talus
6 Calcaneus; tastbar
7 Tuber calcanei
8 Sustentaculum tali
9 Sulcus tendinis für M. flexor digitorum lateralis
10 Os tarsi centrale
11 Os tarsale primum
12 Os tarsale secundum
13 Os tarsale tertium
14 Os tarsale quartum
15 Rudiment des Os metatarsale primum; Der erste Metatarsalknochen ist rassebedingt und individuell unterschiedlich reduziert. Vorwiegend bei großen Hunderassen kann er eine mehr oder weniger komplette Zehe **(After-** oder **Wolfskralle)** tragen.
16 Os metatarsale secundum
17 Os metatarsale quintum

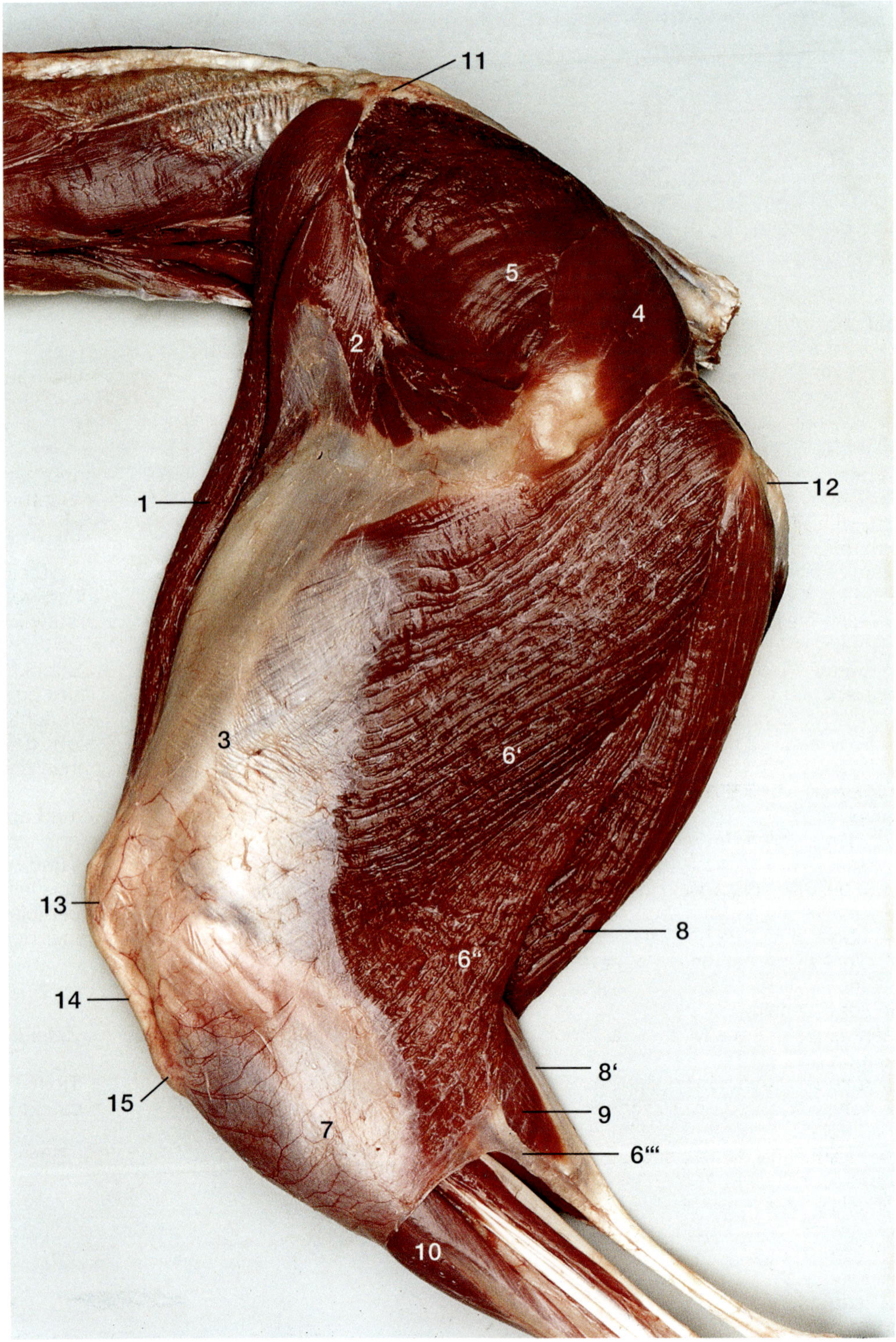
11
5
4
2
12
1
3
6‘
13
8
6“
14
8‘
15
9
7
6‘‘‘
10

Abb. 123 Muskeln der linken Hintergliedmaße eines Hundes, oberflächliche Schicht, laterale Ansicht (U = Ursprung, A = Ansatz, F = Funktion, N = Innervation)

1 M. sartorius, Pars cranialis; U: Crista iliaca und Spina iliaca ventralis cranialis des Darmbeinflügels, A: Oberschenkelfaszie medial über der Patella, F: Beuger Hüftgelenk und Adduktor Oberschenkel, N: N. femoralis; kann für **Muskellappenplastiken** (z.B. bei Femoralhernien oder Ulzerationen über dem Trochanter major) verwendet werden.
2 M. tensor fasciae latae; U: Tuber coxae, A: Fascia lata, F: Beuger Hüftgelenk, Spanner der Faszie, N: N. gluteus cranialis; Bei **operativem Zugang zum Hüftgelenk** wird das Septum intermusculare zwischen M. tensor fasciae latae und M. gluteus superficialis (4) inzidiert.
3 Fascia lata
4 M. gluteus superficialis; U: Fascia glutea, Tuber sacrale, Fascia caudae, A: Tuberositas glutea, F: Strecker Hüftgelenk, N: N. gluteus caudalis; kann als **Muskellappen** zum Abdecken von Perinealhernien verwendet warden. Bei **operativem Zugang zum Hüftgelenk von dorsal** wird die Ansatzsehne tenotomiert.
5 M. gluteus medius; U: Facies glutea des Darmbeins, A: Trochanter major, F: Strecker Hüftgelenk, N: N. gluteus cranialis; **Vorsicht bei intramuskulären Injektionen!** Eventuell entstehende Abszesse können in die Tiefe sinken und nachhaltig die Muskelfunktion beeinträchtigen. Bei **operativem Zugang zum kraniodorsalen und kaudodorsalen Bereich des Hüftgelenks mit Osteotomie des Trochanter major,** wird dieser mit den Ansatzsehnen der Mm. gluteus medius und gluteus profundus nach dorsokaudal gezogen.
6 M. biceps femoris; U: mit kranialem und kaudalem Kopf kaudal am Lig. sacrotuberale und am Tuber ischiadicum, A: Fascia lata und Fascia cruris, F: sehr komplex, Strecker Hüftgelenk, am Hangbein Beuger Kniegelenk, am Stützbein Strecker Kniegelenk, N: N. gluteus caudalis und N. tibialis; bei **operativem Zugang zum kaudalen Bereich des Hüftgelenkes** wird die Fascia lata am Kranialrand des M. biceps femoris inzidiert und die Ansatzsehne des M. gluteus superficialis (4) abgesetzt. Durch Retraktion des M. biceps nach kaudal werden die Auswärtsdreher des Hüftgelenks (Mm. gemelli, obturatorius internus, qudrarus femoris) sichtbar.
6' kranialer Bizepskopf
6" kaudaler Bizepskopf
6''' Fersenbeinsehne des M. biceps femoris zum Tendo calcaneus communis s. Abb.126, Ziffer 3
7 Fascia cruris
8 M. semitendinosus; U: Tuber ischiadicum, A: Fascia cruris und proximomedial an der Tibia, F: sehr komplex, Strecker Hüftgelenk, am Hangbein Beuger Kniegelenk, N: N. gluteus caudalis und N. tibialis
8' Fersenbeinsehne des M. semitendinosus zum Tendo calcaneus communis s. Abb 126, Ziffer 3
9 M. gastrocnemius s. Abb. 126, Ziffer 3
10 M. tibialis cranialis s. Abb 126, Ziffer 5
11 Tuber sacrale
12 Tuber ischiadicum
13 Patella
14 Ligamentum patellae
15 Tuberositas tibiae

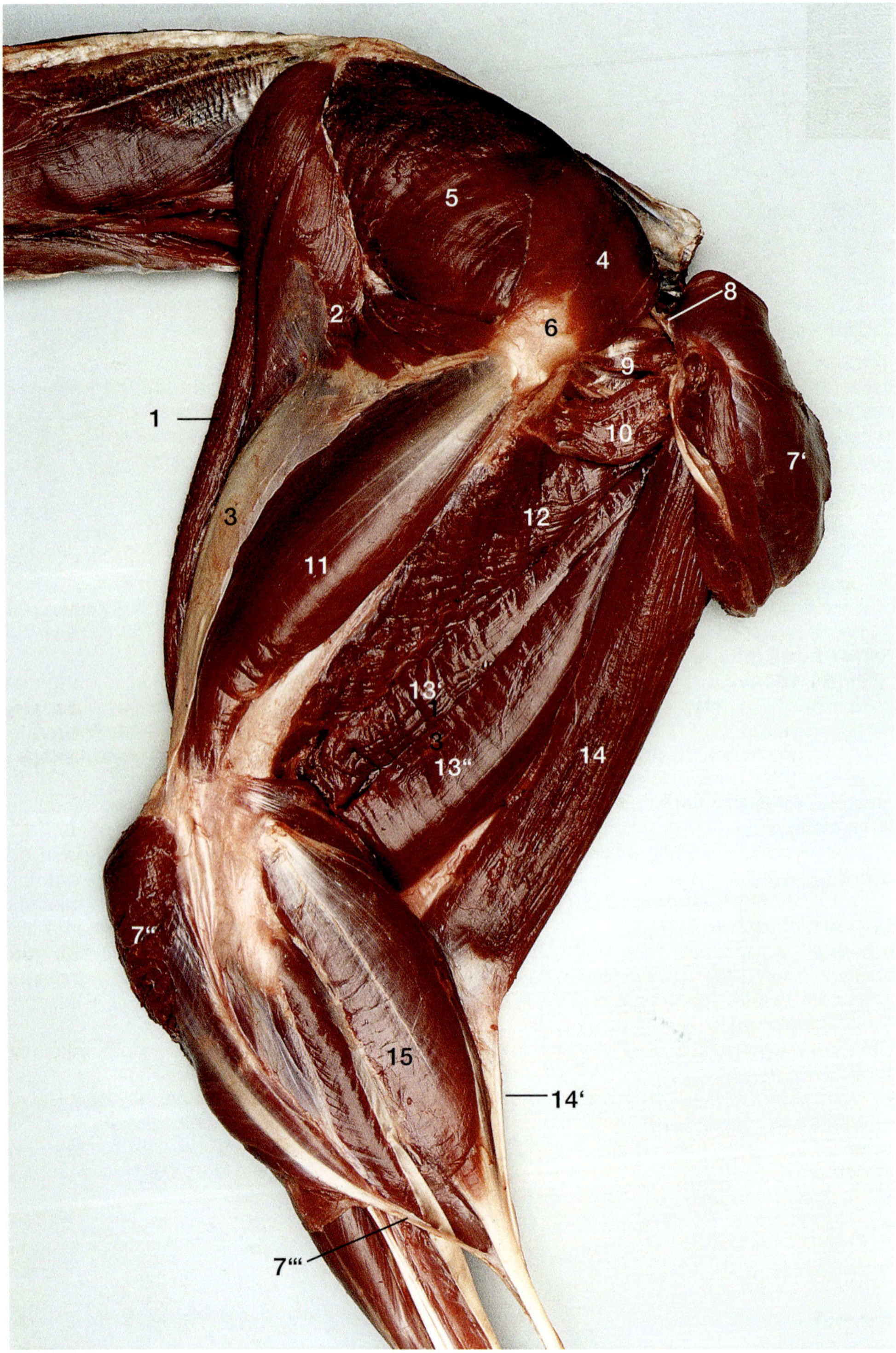
5
4
8
2
6
9
1
10
7‘
3
12
11
13‘
1
3
13“
14
7“
15
14‘
7‘‘‘

Abb. 124 Muskeln der linken Hintergliedmaße eines Hundes, laterale Ansicht, mittlere zwei Drittel des M. biceps femoris entfernt (U = Ursprung, A = Ansatz, F = Funktion, N = Innervation)

1 M. sartorius, Pars cranialis; s. Abb. 123, Ziffer 1
2 M. tensor fasciae latae; s. Abb. 123, Ziffer 2
3 Fascia lata
4 M. gluteus superficialis; s. Abb. 123, Ziffer 4
5 M. gluteus medius; s. Abb. 123, Ziffer 5
6 Trochanter major
7 M. biceps femoris s. Abb. 123, Ziffer 6
7' Ursprung von 7, nach kaudal geklappt
7" insertionsnaher Abschnitt von 7, nach kranial geklappt
7'" Fersenbeinsehne von 7 zum Tendo calcaneus communis, s. Abb. 126, Ziffer 3
8 Lig. sacrotuberale, von Os sacrum und erstem Schwanzwirbel zum Tuber ischiadicum; **palpierbar, bei operativem Zugang zum Sitzbein** wird das Band ertastet und darüber der Hautschnitt gelegt.
9 Mm. gemelli; U: kaudal des Azetabulums am Seitenrand des Sitzbeins, A: Fossa trochanterica, F: Supinatoren Oberschenkel, N: N. ischiadicus; bei **operativem Zugang zum kaudalen Bereich des Hüftgelenks** werden die Mm. gemelli zusammen mit der Sehne des M. obturatorius internus am Ansatz durchtrennt. Durch Retraktion der Muskeln wird die Hüftgelenkskapsel sichtbar.
10 M. quadratus femoris; U: ventral am Sitzbein, A: kaudal am Os femoris, unmittelbar distal der Fossa trochanterica, F: Supinator und schwacher Strecker Hüftgelenk, N: N. ischiadicus
11 M. vastus lateralis des M. quadriceps femoris; U: lateral am Femurschaft, A: Die Sehnen der vier Köpfe des M. quadriceps konvergieren in Richtung Kniescheibe. Von dort zieht das Lig. patellae zur Tuberositas tibiae. F: Der gesamte M. quadriceps ist Strecker des Kniegelenks und durch den M. rectus femoris (Abb. 125, Ziffer 6) auch Beuger des Hüftgelenks. N: N. femoralis; nach **Femurfrakturen** kann es infolge fehlerhafter Osteosynthese zur **Kontraktur des M. quadriceps** kommen, wovon dann besonders der M. vastus lateralis betroffen ist. Bei **operativem Zugang zum kraniodorsalen Bereich des Hüftgelenks von kraniolateral** wird der Ursprung des M. vastus lateralis am Femurhals durchschnitten und abgehoben.
12 M. adductor magnus; U: Tendo symphysialis, A: Facies aspera, F: Adduktor Oberschenkel und Strecker Hüftgelenk, N: N. obturatorius
13 M. semimembranosus; U: ventral am Sitzbeinhöcker, F: Strecker Hüftgelenk, kaudaler Bauch auch Kniegelenk, Adduktor Hüftgelenk, N: N. gluteus caudalis und N. tibialis
13' kranialer Bauch von 13, verbindet sich eng mit M. adductor; A: an Ursprungssehne des M. gastrocnemius
13" kaudaler Bauch von 13; A: Condylus medialis tibiae
14 M. semitendinosus; U, A, F, N s. Abb. 123, Ziffer 8; **Kontraktur** des Muskels bewirkt Hyperflexion von Hüft-, Knie- und Sprunggelenk. In die kaudalen Oberschenkel- oder Hinterbackenmuskeln (Mm. semitendinosus, semimembranosus und biceps femoris) werden **intramuskuläre Injektionen** verabreicht.
14' Fersenbeinsehne von 14 zum Tendo calcaneus communis s. Abb. 126, Ziffer 3
15 M. gastrocnemius, Caput laterale s. Abb. 126, Ziffer 3

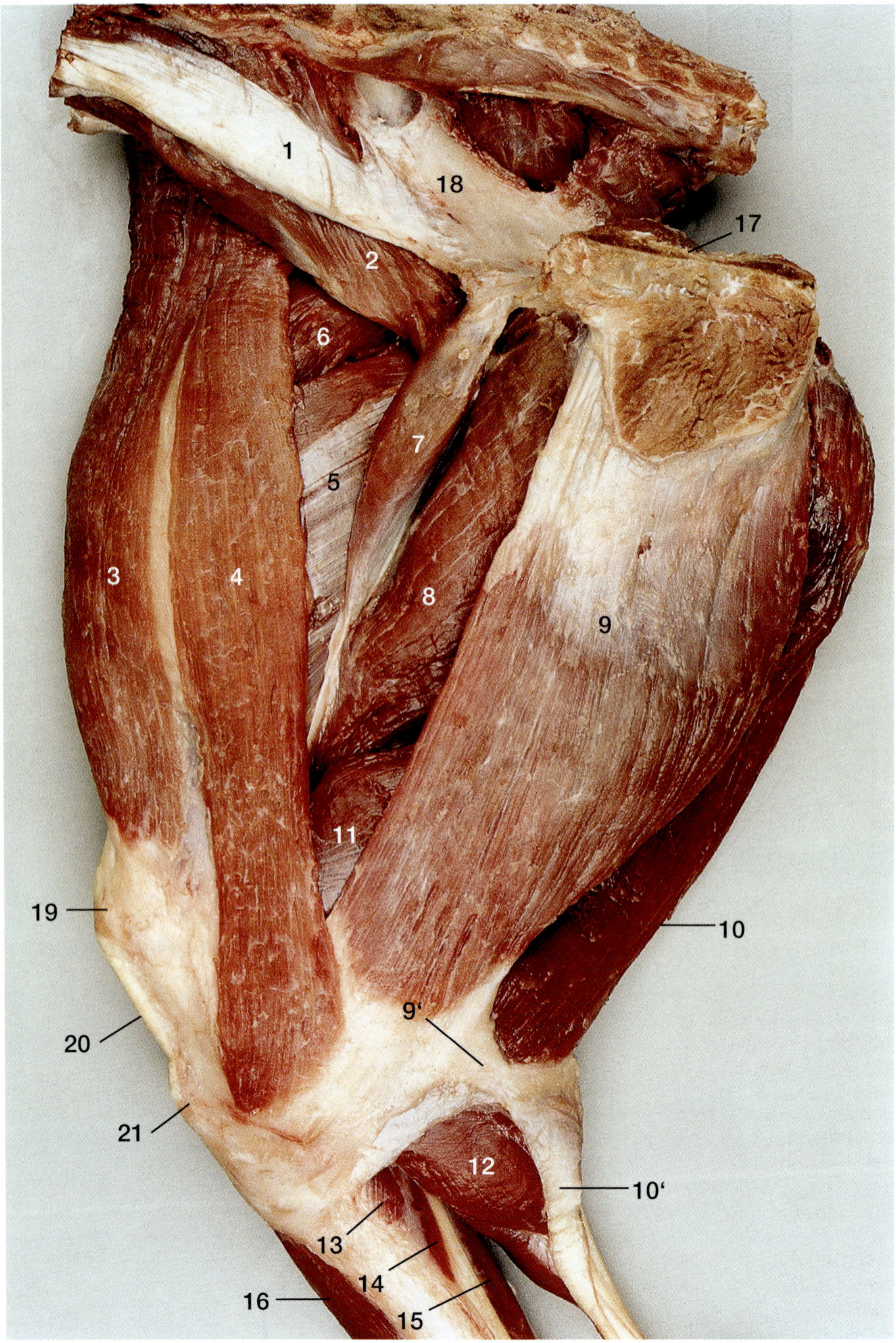
1
18
17
2
6
7
5
3
4
8
9
11
19
10
20
9'
21
12
10'
13
14
16
15

Abb. 125 Muskeln der rechen Hintergliedmaße eines Hundes, mediale Ansicht (U = Ursprung, A = Ansatz, F = Funktion, N = Innervation)

1 M. psoas minor; U: ventral an Körpern der letzten Brust- und ersten 4–5 Lendenwirbel, A: Linea arcuata der Darmbeinsäule, F: Steilerstellen des Beckens, Beuger Lendenwirbelsäule, N: Rr. ventrales der Lendennerven
2 M. iliopsoas; U: seitlich an Körpern und Querfortsätzen der Lendenwirbel und an Fascia iliaca des Darmbeinflügels, A: Trochanter minor ossis femoris, F: Beuger Hüftgelenk, Supinator Oberschenkel, N: dto. 1
3 M. sartorius, Pars cranialis s. Abb. 123, Ziffer 1
4 M. sartorius, Pars caudalis; U: Ventralrand des Darmbeinflügels, A: Aponeurose verschmilzt mit jener des M. gracilis (9), strahlt in Fascia cruris ein, endet am Margo cranialis tibiae, F: Beuger Hüftgelenk, Adduktor Oberschenkel, N: N. femoralis; aus dem kaudalen Anteil des M. sartorius kann ein **Muskellappen** zum Abdecken von Defekten über der Tibia und dem Metatarsus gewonnen werden.
5 M. vastus medialis des M. quadriceps femoris; U: medial am Femurschaft, A, F, N s. Abb. 124, Ziffer 11
6 M. rectus femoris des M. quadriceps femoris; U: Darmbeinsäule, unmittelbar kranial des Azetabulums, A, F, N s. Abb. 124, Ziffer 11; **Prüfen des Patellarreflexes** durch Beklopfen des Lig. patellae. Eine partielle **Ruptur** des M. quadriceps führt zur distalen Patellaluxation.
7 M. pectineus; U: Lateral am Pecten ossis pubis, A: Labium mediale des Facies aspera, F: Adduktor, unterstützt Beugung des Hüftgelenks und Supination des Oberschenkels, N: N. obturatorius und N. femoralis; Kranialrand des Muskels begrenzt mit Kaudalrand des M. sartorius das *Trigonum femorale.* Abschluss nach lateral durch Mm. iliopsoas und quadriceps femoris, nach medial durch Oberschenkelfaszie. Der so umschlossene Raum ist der Schenkelspalt, *Canalis femoralis.* Hier verlaufen A. femoralis **(Pulsfühlstelle),** V. femoralis, N. saphenus. Zugang von der Bauchhöhle ist der Schenkelring, *Anulus femoralis.* Eintritt von Darmteilen in den Schenkelspalt = **Hernia femoralis.**
8 M. adductor magnus s. Abb. 124, Ziffer 12
9 M. gracilis; U: mit Tendo symphysialis an Beckensymphyse, A: aponeurotisch am Margo cranialis tibiae, F: Adduktor, bei festgestellter Gliedmaße Seitwärtszieher des Rumpfes, N: N. obturatorius und N. femoralis; Bei extrem aktiven Hunden kann es zur **Kontraktur** oder zur **partiellen Ruptur** des Muskels kommen.
9' Verstärkungsband von 9 an Fersenbeinsehme von 10
10 M. semitendinosus s. Abb. 123, Ziffer 8 und Abb. 124, Ziffer 14
10' Fersenbeinsehne von 10 zum Tendo calcaneus communis s. Abb. 126, Ziffer 3
11 M. semimembranosus s. Abb. 124, Ziffer 13
12 M. gastrocnemius, Caput mediale s. Abb. 126, Ziffer 3 und Abb. 127, Ziffer 4
13 M. popliteus s. Abb.127, Ziffer 6
14 M. flexor digitorum medialis s. Abb. 127, Ziffer 7
15 M. flexor digitorum lateralis s. Abb. 126, Ziffer 9
16 M. tibialis cranialis s. Abb. 126, Ziffer 5
17 Symphysis pelvina
18 Darmbeinsäule
19 Patella
20 Lig. patellae
21 Tuberositas tibiae

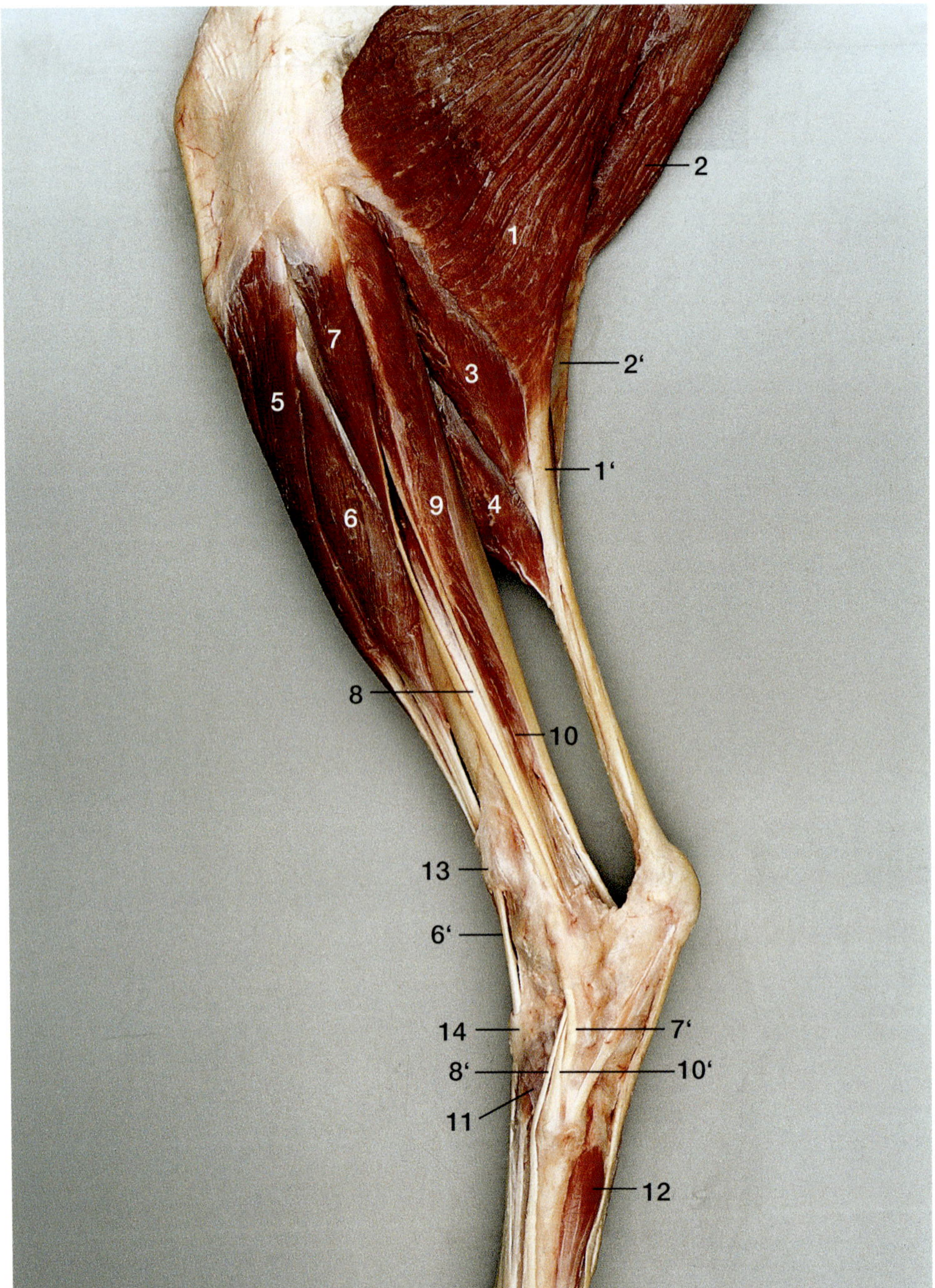

2
1
2‘
7
3
5
1‘
6
9
4
8
10
13
6‘
14
7‘
8‘
10‘
11
12

Abb. 126 Unterschenkelmuskeln der linken Beckengliedmaße eines Hundes, laterale Ansicht (U = Ursprung, A = Ansatz, F = Funktion, N = Innervation)

1 M. biceps femoris, insertionsnaher Abschnitt des kaudalen Kopfes und Fascia cruris entfernt; U, A, F, N s. Abb. 123, Ziffer 6
1' Fersenbeinsehne von 1 zum Tendo calcaneus communis, s. Ziffer 3
2 M. semitendinosus s. Abb. 123, Ziffer 8
2' Fersenbeinsehne von 2 zum Tendo calcaneus communis, s. Ziffer 3
3 M. gastrocnemius, Caput laterale; U: Tuberositas supracondylaris lateralis (Ursprungssehne enthält VESAL-Sesambein), A: Fusion der Ansatzsehne mit jener des Caput mediale, Insertion am Tuber calcanei. Die Gastroknemiussehne **(Achillessehne)** ist die Hauptkomponente des **gemeinsamen Fersensehnenstranges,** *Tendo calcaneus communis.* An seiner Bildung beteiligt sind die Fersenbeinsehnen des M. biceps femoris und des M. semitendinosus sowie das Verstärkungsband des M. gracilis (Abb. 125, Ziffer9'). F: Strecker Tarsalgelenk, N: N. tibialis. Bei **Abriss der Gastroknemiussehne** lastet das gesamte Gewicht auf der Sehne des oberflächlichen Zehenbeugers (Ziffer 4) und das Sprunggelenk wird in Beugestellung gedrückt. Bei **Abriss des gemeinsamen Fersensehnenstranges einschließlich der Sehne von 4** (im tiermedizinischen Sprachgebrauch auch **„Achillessehnenabriss"**) fußt das Tier plantigrad.
4 M. flexor digitorum superficialis; U: Tuberositas supracondylaris lateralis, A: Sehne bildet am Tuber calcanei die Fersenbeinkappe, Insertion plantar an der Phalanx media der 2.–5. Zehe, F: Beuger Zehen, Strecker Sprunggelenk, N: N. tibialis; Bei **Abriss der Sehne eines der Gastroknemiusköpfe** am Tuber calcanei kann es zur Luxation der Sehne des oberflächlichen Zehenbeugers kommen.
5 M. tibialis cranialis; U: Condylus lateralis tibiae, A: medial an Tarsalknochen und proximomedial an Mittelfußknochen, F: Beuger Tarsalgelenk, Auswärtsdreher der Pfote, N. peroneus
6 M. extensor digitorum longus; U: Fossa extensoria des lateralen Femurkondylus, A: dorsal an der Crista unguicularis der Krallenbeine der 2.–5. Zehe, F: Zehenstrecker, Beuger Tarsalgelenk, Strecker Kniegelenk, N: N. peroneus; **Abriss der Ursprungssehne** gelegentlich bei 4–9 Monate alten Hunden; sehr selten Luxation der Sehne aus Sulcus extensorius tibiae
6' Sehne von 6
7 M. peroneus longus; U: Condylus lateralis tibiae und Caput fibulae, A: Sehne zieht plantar am Sprunggelenk nach medial, inseriert plantar an Tarsal- und Metatarsalknochen, F: Beuger Sprunggelenk, Pronator der Pfote, N: N. peroneus
7' Sehne von 7
8 M. extensor digitorum lateralis; U: proximales Drittel der Fibula, A: Sehne verbindet sich mit jener von 6 für die 5. Zehe, F: Zehenstrecker, N: N. peroneus
8' Sehne von 8
9 M. flexor digitorum lateralis (vormals M. flexor hallucis longus) der Mm. flexores digitorum profundi; U: proximokaudal an Tibia und Fibula, A: Sehne bildet mit jener des M. flexor digitorum medialis die **tiefe Beugesehne,** inseriert mit 4 Schenkeln am Tuberculum flexorium des Krallenbeins der 2.–5. Zehe, F: Beuger Zehen, Hilfsstrecker Tarsalgelenk, N: N. tibialis
10 M. peroneus brevis
10' Sehne von 10
11 M. extensor digitorum brevis
12 M. interosseus
13 Retinaculum extensorum crurale
14 Retinaculum extensorum tarsale

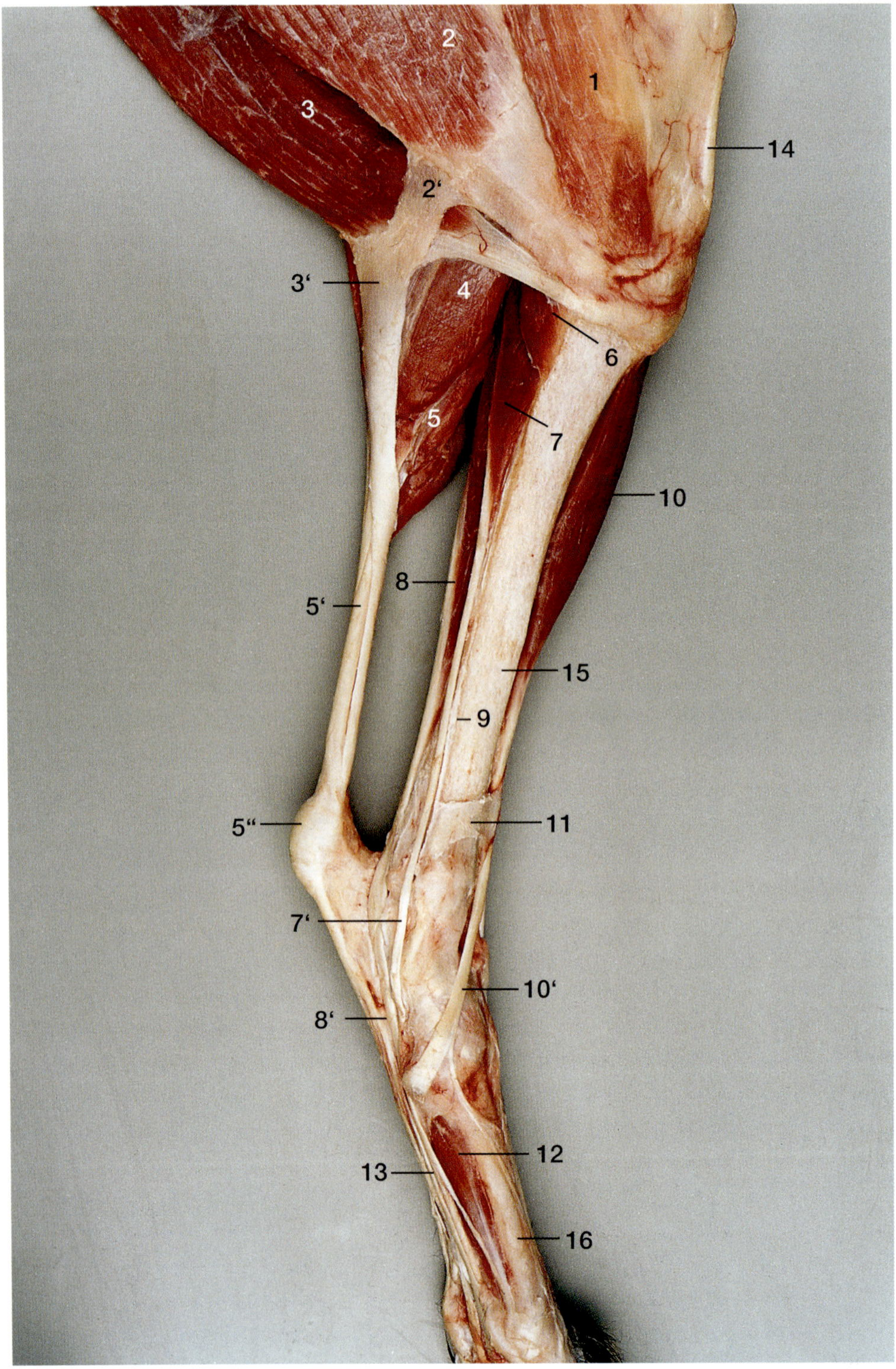
2
1
3
14
2'
3'
4
6
5
7
10
8
5'
15
9
5"
11
7'
10'
8'
12
13
16

Abb. 127 Unterschenkelmuskeln der linken Beckengliedmaße eines Hundes, mediale Ansicht (U = Ursprung, A = Ansatz, F = Funktion, N = Innervation)

1 M. sartorius, Pars caudalis s. Abb. 125, Ziffer 4
2 M. gracilis s. Abb. 125, Ziffer 9
2' Verstärkungsband von 2 an die Fersenbeinsehne von 3
3 M. semitendinosus s. Abb. 123, Ziffer 8 und Abb. 124, Ziffer 14
3' Fersenbeinsehne von 3 zum Tendo calcaneus communis s. Abb. 126, Ziffer 3
4 M. gastrocnemius, Caput mediale; U: Tubersositas supracondylaris medialis (Ursprungssehne enthält VESAL-Sesambein), A, F, N s. Abb. 126, Ziffer 3
5 M. flexor digitorum superficialis s. Abb. 126, Ziffer 4
5' Sehne von 5
5" Fersenbeinkappe
6 M. popliteus; U: Fossa musculi poplitei des Condylus lateralis ossis femoris (Sehne enthält ein kleines, meist knöchernes Sesambein), A: kaudomedial proximal an der Tibia, F: Pronator Unterschenkel, geringfügige Streckwirkung auf Kniegelenk, in der Hauptsache von Bedeutung für die Proriozeption (hoher Gehalt an Muskelspindeln), gelegentlich **Abriss der Ursprungssehne,** Sesambein dann disloziert.
7 M. flexor digitorum medialis (vormals M. flexor digitorum longus) der Mm. flexores digitorum profundi; U: Caput fibulae und Linea musculi poplitei der Tibia, A, F, N s. Abb. 126, Ziffer 9
7' Sehne von 7
8 M. flexor digitorum lateralis s. Abb. 126, Ziffer 9
8' Sehne von 8 kurz vor der Vereinigung mit 7' zur tiefen Beugesehne
9 M. tibialis caudalis (seine Sehne) der Mm. flexores digitorum profundi; U: proximal an der Fibula, Muskelbauch von den beiden anderen tiefen Zehenbeugern vollständig bedeckt, A: medial am Sprunggelenk, nicht an der Bildung der tiefen Beugesehne beteiligt, F: Hilfsstrecker Sprunggelenk, N: N. tibialis; s.a. Ziffer 7 und Abb. 126, Ziffer 9
10 M. tibialis cranialis s. Abb. 126, Ziffer 5
10' Sehne von 10
11 Retinaculum extensorum crurale
12 M. interosseus
13 Schenkel des oberflächlichen Zehenbeugers an die Phalanx media der 2.-5. Zehe; s.a. Abb. 126, Ziffer 4
14 Lig. patellae
15 Margo medialis tibiae
16 Os metatarsale II

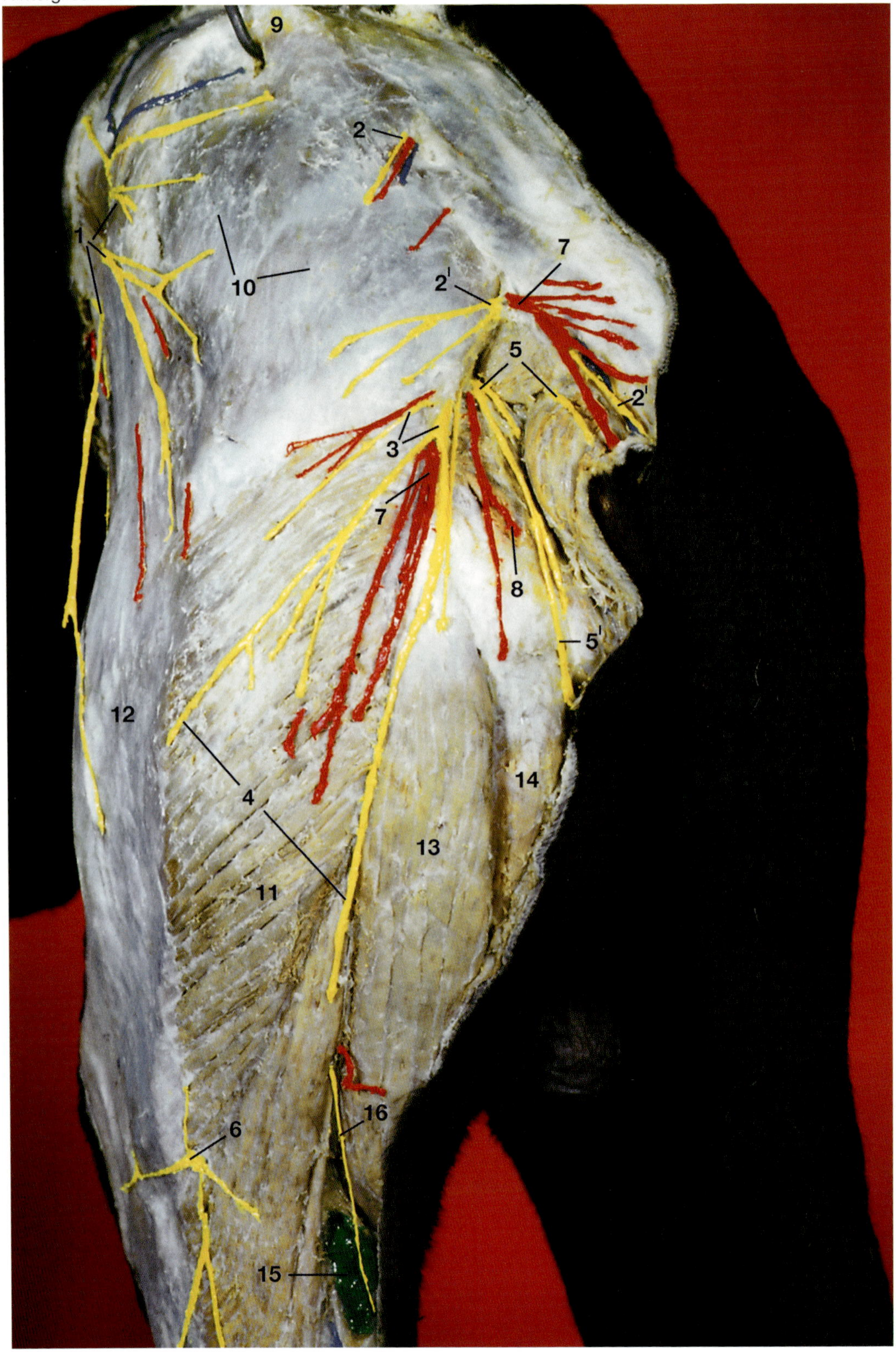
9
2
1
10
2'
7
5
2'
3
7
8
5'
12
4
14
13
11
16
6
15

Abb. 128 Kreuz-, Becken-, Oberschenkel- und Knieregion eines Hundes; N. pudendus, linke Kaudolateralansicht.

1 **N. cutaneus femoris lateralis** (4. Nerv des Lendengeflechts)
2 Nn. clunium medii (Hautäste der Rr. dorsales der Kreuznerven, nur ein Ast dargestellt)
2' Hautäste der Rr. ventrales der Kreuznerven
3 **N. cutaneus femoris caudalis;** stammt aus den Ventralästen von S1 – S3
4 Nn. clunium caudales (Endäste von 3)
5 **N. pudendus** in der Fossa ischiorectalis; verzweigt sich in
- **N. rectalis caudalis** für *M. sphincter ani externus;* bei **Verletzungen,** z.B. durch OP von Perinealhernien kann es zur Incontinentia alvi kommen
- **N. perinealis profundus** für *Mm. urethralis, ischiourethralis, ischiocavernosus, bulbospongiosus* sowie Schleimhaut des Canalis analis; bei **Verletzung** → hypotonische Paralyse des M. urethralis
- **N. perinealis superficialis** (5') an die Haut von Perineum und Hinterbacken, beim männlichen Tier bis zum Scrotum
- **N. dorsalis penis/clitoridis** als direkte Fortsetzung des N. pudendus; wichtigster sensibler Nerv des Penis/der Clitoris

6 N. cutaneus surae lateralis des N. peroneus
7 Äste der A. glutea caudalis
8 A. penis
9 Tuber sacrale
10 Mm. gluteus medius und gluteus superficialis durch die Fascia glutea durchscheinend
11 M. biceps femoris
12 Fascia lata
13 M. semitendinosus
14 M. semimembranosus
15 Lnn. poplitei superficiales
16 N. cutaneus surae caudalis des N. tibialis

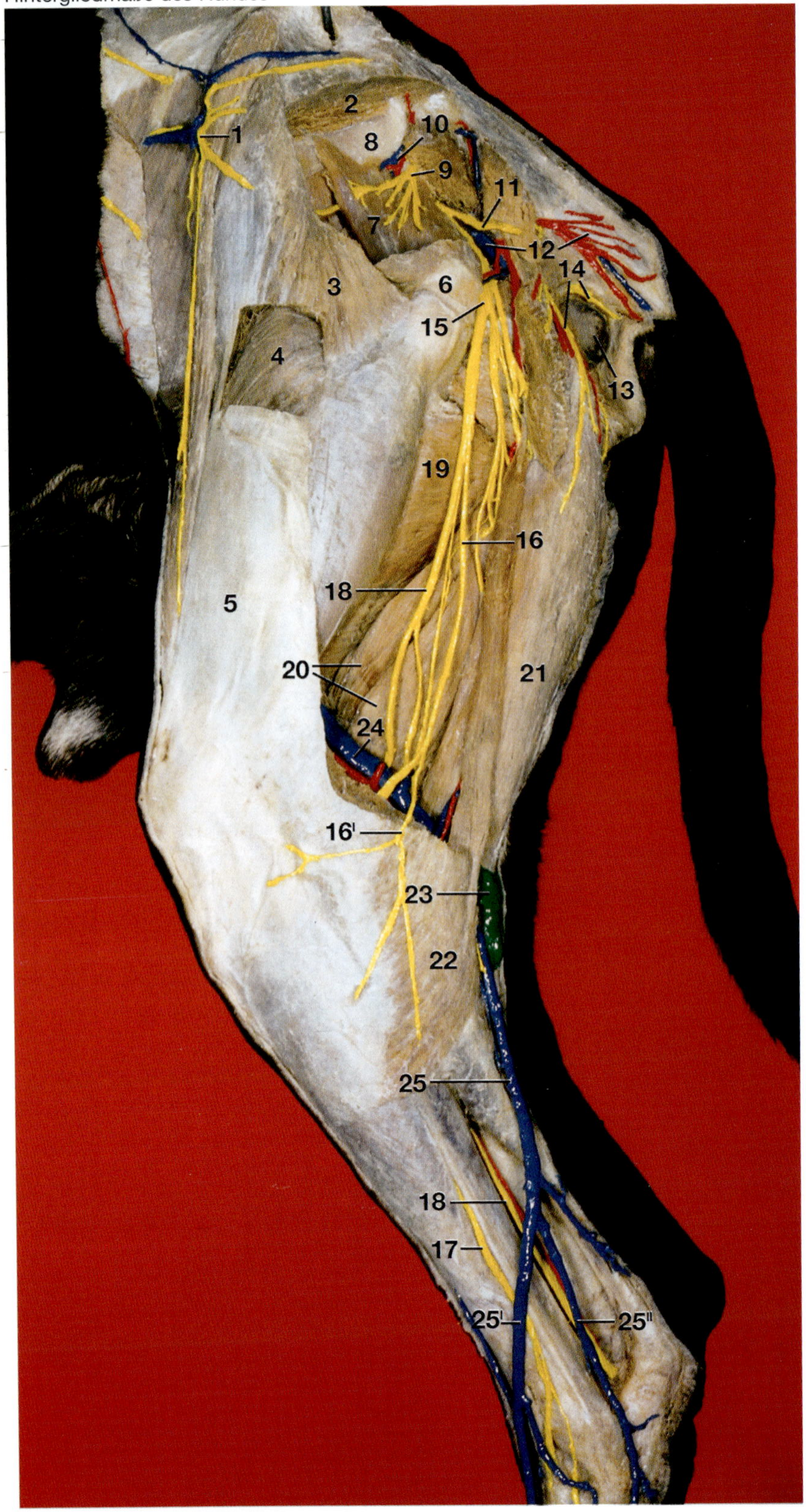

1
2
8
10
9
11
7
12
14
3
6
15
13
4
19
16
18
5
20
21
24
16'
23
22
25
18
17
25'
25''

Abb. 129 Beckengliedmaße eines Hundes, M. biceps femoris zum größten Teil entfernt, Lateralansicht.

1 **N. cutaneus femoris lateralis**
2 M. gluteus medius, gefenstert
3 M. tensor fasciae latae, kraniodistal gefenstert
4 M. vastus lateralis
5 Fascia lata
6 Trochanter major mit Rest des gefensterten M. gluteus medius
7 M. gluteus profundus
8 Darmbeinflügel
9 **N. gluteus cranialis;** innerviert *Mm. gluteus medius, gluteus profundus, tensor fasciae latae*
10 A. und V. glutea cranialis
11 **N. gluteus caudalis;** innerviert *Mm. gluteus superficialis* und *piriformis*
12 A. und V. glutea caudalis
13 Sinus paranalis, von lateral eröffnet
14 N. pudendus (s. Abb. 128, Nr. 5)
15 **N. ischiadicus;** tritt durch For. ischiadicum majus aus Beckenhöhle aus, überquert kaudodorsal das Hüftgelenk **(Vorsicht bei chirurgische Eingriffen am Hüftgelenk!);** Muskeläste an *Mm. gemelli, quadratus femoris, obturatorius internus* und Hinterbackenmuskeln *(M. biceps femoris, abductor cruris caudalis, semitendinosus, semimembranosus);* teilt sich in N. peroneus communis und N. tibialis
16 **N. peroneus communis;** teilt sich in N. peroneus superficialis und N. peroneus profundus, gibt **N. cutaneus surae lateralis** (16‘) ab; **N. peroneus profundus** innerviert Strecker der Zehengelenke und Beuger des Sprunggelenks, bei **Schädigung des N. peroneus** → Überköten und Überstreckung des Sprunggelenks
17 **N. peroneus superficialis;** Muskeläste an *Mm. extensor digitorum lateralis, peroneus longus und peroneus brevis,* Hautäste dorsolateral an Crus, Tarsus, Metatarsus
18 **N. tibialis;** zieht zwischen die Gastroknemiusköpfe, Muskeläste an Beuger der Zehen und Strecker des Sprunggelenks, Muskeln der Pfote, Hautäste plantar an die Pfote, bei **Verletzung des N. tibialis** → unter Belastung Absenken des Sprunggelenks auf den Boden, Zehen stehen in angehobener Stellung
19 M. adductor magnus
20 M. semimembranosus (bei Flfr. in Längsrichtung zweigeteilt)
21 M. semitendinosus
22 Rest des abgetragenen M. biceps femoris
23 Lnn. poplitei superficiales
24 A. und V. caudalis femoris distalis
25 V. saphena lateralis; für **intravenöse Injektion** geeignet
25‘ R. cranialis
25“ R. caudalis

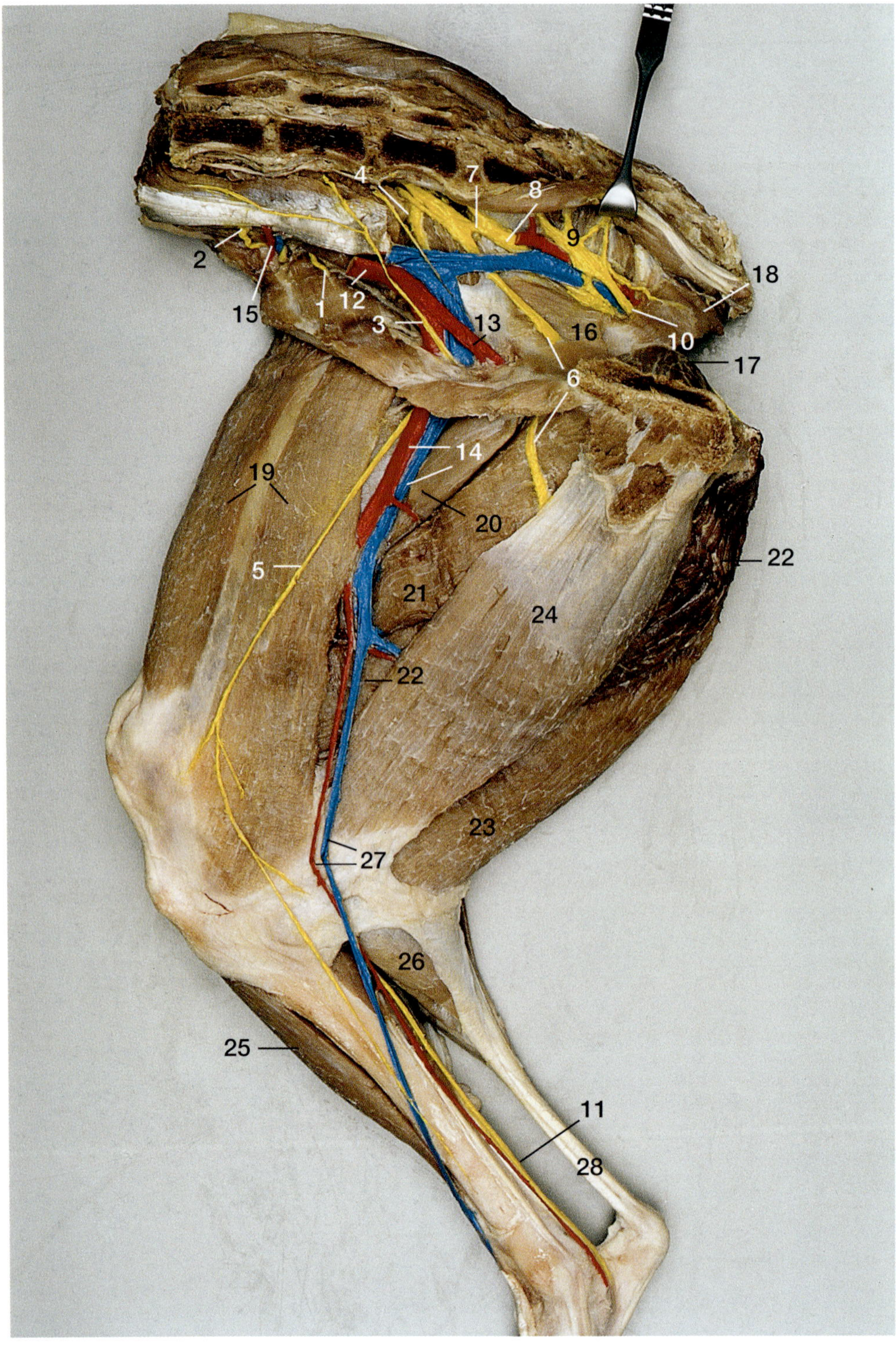
4
7
8
9
2
18
15
1
12
3
13
16
10
17
6
14
19
20
22
5
21
24
22
23
27
26
25
11
28

Abb. 130 Nerven des Plexus lumbosacralis eines Hundes, rechte Hintergliedmaße, Medialansicht; Mm. psoas minor und iliopsioas teilweise entfernt

1 N. ilioinguinalis; innerviert gemeinsam mit N. iliohypogastricus die hypaxiale Muskulatur der Lendengegend sowie die Muskulatur und die Haut der seitlichen und ventralen Bauchwand.
2 N. cutaneus femoris lateralis; zieht gemeinsam mit A. und V. circumflexa ilium profunda in die seitliche Bauchwand; **autonome Zone** kraniolateral am Oberschenkel.
3 N. genitofemoralis; zieht durch den Canalis inguinalis, versorgt M. cremaster, Scrotum, Präputium, Milchdrüse und Haut medial am Oberschenkel; **autonome Zone** über dem Schenkelspalt
4 N. femoralis; dickster Nerv des Plexus lumbalis, verlässt durch die Lacuna vasorum gemeinsam mit den Femoralgefäßen die Bauchhöhle, Muskeläste an *Mm.ilipsoas, psoas minor, quadratus lumborum, sartorius und pectineus,* tritt zwischen Mm. rectus femoris und vastus medialis in *M. quadriceps femoris* ein; bei **Verletzungen** kann Gliedmaße nicht belastet werden, Beugehaltung im Kniegelenk, Hüpfreaktion stark gestört, Patellarreflex vermindert oder fehlt.
5 N. saphenus; bei Flfr. rein sensibel, **autonome Zone** medial an Unterschenkel, Tarsus und Metatarsus, **Blockadestelle** in der Mitte des Schenkelspalts
6 N. obturatorius; tritt durch For. obturatum aus Beckenhöhle aus, innerviert die Adduktoren *(Mm. pectineus, gracilis, adductor)* und *M. obturatorius externus*
7 Truncus lumbosacralis; führt Fasern vom Lenden- zum Kreuzgeflecht
8 N. ischiadicus; stärkster Nerv des ganzen Körpers, verlässt die Beckenhöhle über For. ischiadicum majus, passiert zwischen Spina ischiadica und Trochanter major kaudal des Hüftgelenk **(bei OP am Hüftgelenk beachten),** Muskeläste an *Mm. gemelli, quadratus femoris, obturatorius internus* sowie an die Hinterbackenmuskeln *(Mm. biceps femoris, semitendinosus, semimembranosus)*
9 Plexus sacralis
10 N. pudendus; verläuft nach kaudoventral zum Beckenausgang, verzweigt sich in Fossa ischiorectalis in *N. rectalis caudalis für M. sphincter ani externus* **(bei OP von Perinealhernien Verletzungsgefahr!),** *N. perinealis profundus für Mm. urethralis, ischiourethralis, ischiocavernosus, bulbospongiosus* und Schleimhaut des Canalis analis **(bei Verletzungen hypotonische Paralyse des M. urethralis),** *N. perinealis superficialis* für Haut der Perinealgegend und N. dorsalis penis/clitoridis (Wolllustnerv)
11 N. tibialis, stärkerer der beiden Ischiadikusäste, versorgt Strecker des Sprunggelenks *(M. gastrocnemius)* und Beuger der Zehen *(Mm. flexor digitorum superficialis und flexor digitorum profundus);* **autonome Zone** plantar an Zehen und Hintermittelfuß, hier **Auslösung des Flexorreflexes**
12 A. iliaca externa
13 A. profunda femoris
14 A. und V. femoralis; **Pulsfühlstelle**
15 A. und V. circumflexa ilium profunda
16 Ursprung des M. levator ani
17 M. obturatorius internus
18 M. coccygeus
19 M. sartorius
20 M. pectineus
21 M. adductor magnus
22 M. semimembranosus
23 M. semitendinosus
24 M. gracilis
25 M. tibialis cranialis
26 M. gastrocnemius
27 V. saphena medialis (intravenöse Injektionen und Blutentnahme) und A. saphena
28 Tendo calcaneus communis

Sachregister

Die Ziffern geben die jeweilige Abbildung an. Es gelten folgende Abkürzungen: Pfd. = Pferd, Rd. = Rind; Schf. = Schaf, Zg. = Ziege, Sus = Schwein, Hd. = Hund, Ktz. = Katze.

A

B

C

D

E

F

G

H

I

J

K

L

M

N

O

P

R

S

W

Z